国家级一流本科专业建设成果教材

化学工业出版社"十四五"普通高等教育规划教材

绿色化学与
碳中和

Green Chemistry
and Carbon Neutrality

潘英明 主编

李姝慧 梁 英 崔飞虎 副主编

化学工业出版社

·北京·

内容简介

在"双碳"目标背景下，《绿色化学与碳中和》立足化学学科前沿，系统讲授通过化学途径实现碳中和目标的基础科学知识与技术路径。全书以二氧化碳（CO_2）资源化利用为核心，主要聚焦于新能源电池、电化学技术、光催化、金属催化、有机小分子催化、离子液体催化以及非金属异相催化七个重要技术领域，系统介绍这些技术实现碳中和的基础知识和研究进展，并对碳中和概念的提出背景予以回顾，同时对未来技术路径进行展望。另外，全书特色性地涵盖了大量国内外有关化学途径利用转化 CO_2 的前沿案例。

《绿色化学与碳中和》既可以作为高等院校开展绿色化学与碳中和教学的主要教材或辅助参考书，也可作为"双碳"领域科研人员的参考资料。

图书在版编目（CIP）数据

绿色化学与碳中和 / 潘英明主编；李姝慧，梁英，崔飞虎副主编. -- 北京 : 化学工业出版社，2025. 2.
（普通高等教育教材）. -- ISBN 978-7-122-46980-9

Ⅰ. O6；X511

中国国家版本馆 CIP 数据核字第 2025BH5505 号

责任编辑: 姚晓敏　褚红喜　　　文字编辑: 刘　莎　师明远
责任校对: 张茜越　　　　　　　装帧设计: 刘丽华

出版发行: 化学工业出版社
　　　　　（北京市东城区青年湖南街 13 号　邮政编码 100011）
印　　装: 三河市君旺印务有限公司
787mm×1092mm　1/16　印张 16½　字数 410 千字
2025 年 7 月北京第 1 版第 1 次印刷

购书咨询: 010-64518888　　　　　售后服务: 010-64518899
网　　址: http://www.cip.com.cn
凡购买本书，如有缺损质量问题，本社销售中心负责调换。

定　　价: 49.80 元　　　　　　　　版权所有　违者必究

序

在当今时代，全球变暖已严重威胁到人类社会的长远发展，碳中和已成为全球共同关注的重要议题之一。碳中和是指通过储存或转化等措施，对直接或间接产生的温室气体排放总量进行抵消，达到温室气体净零排放的目标。为了积极响应党中央和国务院关于实现碳达峰、碳中和的战略部署，充分发挥高校作为基础研究主力军及重大科技创新策源地的作用，教育部制定了《高等学校碳中和科技创新行动计划》。该计划旨在利用高校深厚的基础研究和跨学科融合优势，加速构建碳中和领域的科技创新体系与人才培养体系，从而有力推动碳中和进程，确保如期实现碳达峰、碳中和目标。在此背景下，潘英明教授携团队成员编写了《绿色化学与碳中和》一书，旨在为高校相关专业提供科教资源支撑。该书有如下特点：

第一，深刻阐述了实现碳中和的重要性与紧迫性。面对全球变暖这一严峻挑战，实现碳中和不仅关乎生态环境，更与人类可持续发展息息相关。书中详细介绍了自工业革命以来人类活动对大气中二氧化碳浓度的影响，并进一步分析了这种浓度上升对生态系统、人类健康及全球气候变化所带来的影响。这些内容可以增强学生的环保意识，促使他们积极投身于碳中和行动之中，同时点燃他们探索并学习相关绿色技术知识的热情之火，共同为构建可持续发展的未来贡献力量。

第二，强调了化学在实现碳中和目标中的核心作用。化学不仅构筑了人们深入理解并应对碳排放挑战的理论基石，更成为开发应用创新减碳技术的工具箱，为探索低碳未来铺就了坚实的道路。书中系统介绍了化学在揭示大气中二氧化碳循环过程、开发清洁能源技术和二氧化碳减排技术、高效制备高值化学品等方面的重要贡献。这些内容可以激发学生对运用化学策略实现碳中和目标的浓厚兴趣，可以引导学生系统地掌握并深化相关化学知识，为未来在该领域的探索与实践打下坚实基础。

第三，融合了与碳中和相关的基础知识和研究实践，在结构与内容设计上兼具理论性和实践性。全书共分为九章，既包含了碳中和的基本科学原理，又涵盖了实现碳中和的典型案例，还融入了国内外与碳中和相关的重要研究进展，构建了从基础知识到典型案例，再到前沿进展多层次的知识体系。学习这本书可以让学生更好地掌握碳中和领域的专业知识，提高他们在碳中和技术方面的应用实践能力。

　　该书将碳中和理念融入高校人才培养体系中，既可作为高等院校教师开展碳中和教学的教材或辅助工具书，也能为"双碳"领域的科研人员以及所有关心碳中和议题的人士提供参考。让我们携手努力，共同为构建一个绿色和可持续发展的世界贡献我们的智慧与力量。

天津理工大学　教授/博士生导师

2025 年 4 月

　　"碳中和"这一概念在当今世界已不仅仅是一个环保议题，它代表了一种全球性的共识和行动方向，指向了一个更为深远的目标——构建一个可持续的未来。面对全球变暖步步紧逼的严峻挑战，碳中和已经成为国际组织、各国政府、企业和公民共同追求的目标。它不仅关乎我们赖以生存的地球的健康，更关系到人类社会的长期繁荣与发展。

　　自工业革命以来，尤其是 1750 年以后，人类活动对大气中二氧化碳（CO_2）浓度的影响日益显著。这种增长趋势不仅打破了自然界的平衡，更对生态系统、人类健康以及全球气候模式造成了深远的影响。2023 年，大气中的 CO_2 浓度达到 0.04% 以上，远超工业革命前的浓度水平，其连锁反应是全球气温的持续攀升、极端天气事件的频繁发生以及生物多样性的严重损失。科学研究已经明确指出，CO_2 浓度的增加是导致全球变暖的主要原因之一。随着温室效应的加剧，海平面上升、冰川融化、干旱和洪水等自然灾害的发生频率和强度都在增加，这些都对人类社会构成了直接威胁。因此，实现碳中和不仅是对环境的保护，更是对人类自身安全的保障。

　　化学作为一门基础科学，在实现碳中和目标的过程中扮演着至关重要的角色。它不仅为我们提供了理解和解决碳排放问题的基础理论，还为开发和应用减碳技术提供了强大的工具和方法。化学研究为我们揭示了大气中 CO_2 的循环过程，例如，化石燃料的燃烧释放出大量的 CO_2，植物通过光合作用吸收并转化 CO_2。这些研究不仅阐明了 CO_2 的生成机制，还剖析了温室气体对全球气候系统的影响。同时，化学在开发清洁能源和减排技术等方面也发挥着至关重要的作用。再者，化学教育对于提高公众对碳中和重要性的认识至关重要。通过相关化学课程，学生可以学习到碳循环的科学原理、温室气体的化学特性以及减少碳足迹的方法。这些教育不仅能够培养学生的环保意识，还能够激发他们对科学和技术创新的兴趣，培养出一代代致力于碳中和事业的科研和工程人才。

　　在这样的时代背景下，高等院校作为知识传播和人才培养的重要基地，有责任也有义务帮助学生深刻理解碳中和教育的重要性，并将其融入教育体系中。将碳中和的理念和前沿科研进展研究融入化学专业课程中，不仅能够提升学生对环境问题的认识，更能够激发他们的创新思维和实践能力，为实现碳中和的伟大愿景贡献他们的智慧与力量。

　　本书根据化学反应类型共分为九章，从知识探究的维度，专业分析每种类型的化学反应，厘清相关知识点，唤起学生的专业好奇心，激发他们的求知欲望；从能力培养和价值引领的维度，立足于案例，激励学生追求卓越、勇攀高峰，引发学生与知识的共鸣，达到知识、能力与思想共同提升的效果。本书既可作为高等院校开展绿色化学与碳中和教学的教材或辅助参考书，也可作为"双碳"领域科研人员的参考资料。

　　本书由潘英明担任主编，李姝慧、梁英、崔飞虎为副主编。参加本书编写工作的还有林松、陈凯威、潘彦标、林贤辰、秦锦涛、黄玉达、刘泰辰、周杏、方美静、张成林、李扬和武芸杞。本书在编写过程中参阅了大量文献资料，在此向有关作者表示衷心的感谢。中国化学会二氧化碳化学专业委员会秘书长钟地长在百忙之中为本书作序，在此一并表示感谢。

　　限于编者的水平，书中难免存在不妥之处，敬请兄弟院校师生、同行专家和读者批评指正。

潘英明

2025 年 7 月

目录

第一章
绪论

人类进入工业革命时代以来，众多化石燃料被开发利用，这些化石燃料作为人类工业动力的直接能源快速促进了人类社会的发展。然而，化石燃料的持续过量燃烧使得大气中的 CO_2 含量不断增加，这种趋势会导致全球气候发生显著的甚至不可逆转的变化。如果大气中的 CO_2 含量超出了生态系统的吸收能力，过量排放的 CO_2 便无法被生态系统平衡，又因为 CO_2 具有隔热性，会导致太阳辐射热无法被及时散出，造成全球变暖，如果不对其加以干预，将来会严重威胁到人类生存[1]。因此，对 CO_2 等温室气体要尽早、尽快地控制和治理。

第一节　什么是碳中和

一、碳中和提出的背景

根据世界气象组织发布的《2022 年全球气候状况》临时报告，2022 年全球平均气温比工业化前（1850—1900 年）的平均气温高出了约 1.15 ℃，这导致全球各种极端气象灾害频发，人类面临着日益严重的气候危机。近年来，我国的升温速率高于全球平均水平，夏季高温天气增多，降雨减少。欧洲多个国家不断刷新最高气温纪录，法国南部地区的最高温度已达到45 ℃。全球大范围炎热天气导致火灾频发、人员伤亡，高温天气引发的干旱致使部分地区农作物产量减少，人们将面临粮食供应短缺的问题。同时，高温天气造成的水资源短缺也将威胁到人类的生存和发展。与干旱相对的是暴雨洪涝灾害，近年来我国江南、华南和辽河流域均有极端暴雨洪涝灾害发生，部分地区在夏季常发生特大洪水、山洪等地质灾害。受全球天气变暖影响，巴基斯坦国内最高气温升至 50 ℃，极端的高温严重影响了当地人民的生活，导致经济下行、冰川消融、有害物质释放、山洪暴发[2]。纵观地球历史，每一次生物大灭绝事件的发生都和气候变化密切相关（表 1-1）。

全球平均气温每升高 1 ℃，海平面可能会上升超过 2 m，这会导致像巴厘岛、马尔代夫这样海拔较低的沿海地区的面积逐渐缩小甚至消失，岛上的居民将不得不迁往别处。如果全球平均气温上升 2 ℃，全球 99%的珊瑚礁都将消失，接近墨西哥国土面积的冻土会永久解冻，水资源将变得极度紧张。数千年来，地球的全年气候一直保持稳定。正如人体一样，地球可以通过自我调节维持气候的动态平衡，这也是生态系统最重要的特征之一。地球生态系统内在的生态平衡一旦被打破，将对环境造成不可逆的影响。有研究认为，如果全球平均气温上升 5 ℃，地球的整体环境将被完全破坏，甚至有可能引发生物大灭绝。所以，平均气温每上升 1 ℃，都将对地球造成不堪设想的后果（图 1-1）。

表 1-1　生物大灭绝时发生的气候变化

时期	距今时间	气候变化	大气 CO_2 浓度	海平面变化	生物灭绝数量	毁灭程度排名
白垩纪末	0.65 亿年前	温室效应	升高	下降	约 50%	第二
三叠纪末	2.08 亿年前	温室效应	升高	海退-海侵旋回	约 23%的科与 48%的属	第五
二叠纪末	2.50 亿年前	气候快速升温	升高	海退	约 96%海洋生物的种、70%陆地生物的种	第一
晚泥盆世	3.75 亿～3.60 亿年前	温室效应	降低和升高	海退-海侵旋回	约 82%海洋生物的种	第四
奥陶纪末	4.46 亿年前	气候变冷	升高	大幅度下降	约 85%的种、27%的科与 57%的属	第三

导致全球变暖的"罪魁祸首"是人类活动不断排放的温室气体，这些气体使大气的保温作用增强，从而使全球温度升高。因此，应对温室气体增加所导致的气候变化和温室效应，是全人类所要面对的共同课题，全球人民应当携手共进，齐心协力，有目标、有计划、有组织地面对气候危机，未雨绸缪，共建人类命运共同体，守护我们共同生存的美好家园，为人类可持续性发展作出贡献。

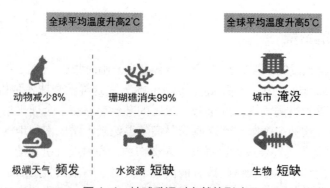

图 1-1　地球升温对自然的影响

CO_2 是温室气体的主要成分，它既有优点也有缺点。一方面，CO_2 和其他温室气体的存在，为地球上的生物创造了一个温暖的环境。但另一方面，化石燃料的过度燃烧使得大气中的 CO_2 浓度不断攀升，引发了全球气候的重大变化，这些变化可能具有不可逆性。在过去的几十年里，大气中 CO_2 浓度增长速率越来越快。2018 年，约有 3389080 万吨 CO_2 释放到大气中。截至 2019 年 9 月，全球大气中的 CO_2 浓度达到 0.040765%（体积分数），在过去 40 年中增长了约20%。毫无疑问，减少CO_2排放已成为一个亟待解决的挑战性课题，其突破可能为全球"3E"问题，即能源、环境和经济挑战（energy-environment-economy challenges）提供创新的解决方案。

二、碳中和的提出

为了将全球各国人民联合起来共同应对全球气候危机，1997年12月，《联合国气候变化框架公约》第三次缔约方大会在日本京都召开，会议上通过了《京都议定书》（以下简称议定书），并于2005年2月16日正式生效，制定此议定书的目的在于限制发达国家的气体排放量，以此应对全球气候变暖问题；议定书规定发达国家的温室气体排放量到2010年要比1990年减少5.2%。随后，为了全面应对气候变化危机，2015年12月12日，《联合国气候变化框架公约》的近200个缔约方在巴黎举行的联合国气候变化大会上通过了《巴黎协定》，这是人类历史上第二个具有法律效力的气候协议。2016年4月22日，中国正式加入了《巴黎协定》。2016年11月4日，联合国气候大会组委会宣布《巴黎协定》正式生效，人类开启了应对气候变化的新篇章。《巴黎协定》的目标是在21世纪将全球气温升幅控制在比工业化水平之前高2℃的范围内，并且争取将升温幅度控制在1.5℃以内[3]。为达成此目标，全球应在21世纪中叶实现CO_2的"净零排放"，即达到碳中和，也就是在进入大气的CO_2排放和吸收的碳汇之间达到平衡。广义上，碳中和是指人类化石能源利用、土地利用及自然界火山喷发碳排放等碳源体系与地球碳循环系统、海洋碳溶解、生物圈碳吸收等碳汇体系间形成动态平衡；狭义上，碳中和是指一个组织、团体或个人在一段时期内CO_2的排放量，通过森林碳汇、人工转化、地质封存等技术加以抵消，实现CO_2"净零排放"。

《巴黎协定》一共有29条细则，主要包括目标、减缓、适应、损失损害、资金、技术、能力建设、透明度、全球盘点等方面的内容。参与协定各方可以依据本国国情及自身发展状况来提交各自的减排计划和目标。《巴黎协定》对发达国家的减排目标提出了绝对值要求（图1-2），也鼓励发展中国家根据自身国情尽可能达标。在资金方面，《巴黎协定》明确了发达国家要继续向发展中国家应对气候变化提供资金支持，同时也鼓励其他国家在自愿基础上提供援助。另外，从2023年开始，每五年将会对全球行动进展进行一次总体盘点，以保证尽力实现全球应对气候变化的长期目标。《巴黎协定》的签署对世界各国都有重大而深远的意义。首先，开展国际合作以应对气候变化符合全人类的共同利益。地球是人类与其他生物共同的家

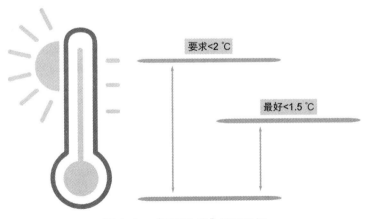

要求<2℃

最好<1.5℃

图1-2 《巴黎协定》控温目标

园，我们每一个人都身处其中，都有责任为环境保护出一份力。其次，《巴黎协定》是建立在各国明确的政治共识之上的一份具有法律约束力的国际条约，与《联合国气候变化框架公约》共同构成了应对气候变化的国际法律制度的基础。《巴黎协定》通过让各国自主决定贡献的方式，回避了对于强制分配的减排义务公平性的质疑，为全球气候治理提供了新思路。同时，该协定的签署也让国际碳市场看到了各国应对气候变化的决心。碳排放权交易机制的不断完善，将会为国际碳市场带来新的发展机遇。

三、国际碳中和行动趋势

《巴黎协定》签署生效以来，越来越多的国家参与到了碳中和的行动之中，部分国家也根据本国的实际情况制定了具体的实施标准和策略。然而，据联合国环境规划署报道，各国实施的举措与《巴黎协定》所要实现的最终目标还存在着较大的差距。因此，为了将碳中和目标落到实处，国际组织积极推进碳中和计划的实施和发展，举办了一系列与碳中和相关的会议和活动，推动了各国碳中和计划的实施和完善。2017 年 12 月，29 个国家在"同一个地球"峰会上签署了《碳中和联盟声明》，做出了 21 世纪中叶实现零碳排放的承诺；2019 年 9 月，在联合国气候行动峰会上，66 个国家承诺碳中和目标，并组成"气候雄心联盟"；2020 年 5 月，有 449 个城市参与由联合国气候领域专家提出的零碳竞赛。截至 2020 年 6 月 12 日，已有 125 个国家承诺了 21 世纪中叶前实现碳中和的目标，其中，不丹和苏里南已经实现了碳中和目标，英国、瑞典、法国、丹麦、新西兰、匈牙利六国将碳中和目标写入法律，欧盟、西班牙、智利和斐济等国家和地区提出了相关法律草案（图 1-3）[4]。

图 1-3　世界主要国家和地区实现碳中和目标时间

为了推动我国绿色低碳发展，应对全球气候变化，2020 年 9 月 22 日，我国在第七十五届联合国大会上提出"中国将提高国家自主贡献力度，采取更加有力的政策和措施，CO_2 排放力争于 2030 年前达到峰值，努力争取 2060 年前实现碳中和"，正式向世界递交了我国减排的时间表。这标志着我国正式做出碳中和承诺，全面提升长期减排行动力度，对我国社会经济发展和应对气候变化都具有重要意义。

四、实现碳中和的意义

（一）促进绿色低碳可持续发展

人类社会进入工业化时代以来，共经历了三次工业革命，分别是机械化、电气化和信息化工业革命。纵观历史，每一次工业革命的发展都引发了巨大的科技进步，促进了人类文明的进步。目前，第四次工业革命的浪潮即将来袭，以人工智能和大数据为代表的先进技术首当其冲，其在碳中和的大背景下，必将引发新一轮科学技术的发展和改革，并改变高碳、粗放的传统发展模式，加速构建起低碳、环保、高效的绿色经济发展模式，带来新的发展机遇和行业生机。构建绿色低碳循环发展体系需要生产体系、流通体系、消费体系的协同转型。碳中和推动的能源技术革命将向交通、工业、建筑以及其他行业传导，推动全产业全面低碳化与现代化。碳中和将促进低碳可持续产业的发展和进步，有效降低资源消耗强度，减少垃圾污染物，减少各类温室气体排放。依托循环经济实现经济效益、社会效益、生态效益的平衡，构建实现经济发展与环境和谐有机融合的经济发展模式。

（二）提升人类幸福指数

发展新能源是实现碳中和与绿色低碳发展的战略重点。新能源技术进步是推动能源从资源型向技术型转变的关键，是实现能源利用"零碳排放"的重要环节。当前，在碳中和目标下，全球能源系统投资正逐渐从化石能源转向可再生能源、提高能效和电气化。据国际可再生能源机构（IRENA）预测，到 2050 年全球实现"零碳排放"，能源系统总投资将达到 130 万亿美元，其中可再生能源占 29%，提高能效占 33%，终端用能电气化占 21%，化石能源占 17%。同时，新能源技术领域投资收益远高于投入，将进一步推动以新能源技术进步和规模发展为核心的能源转型进程。

碳中和是推动人类社会经济发展和经济增长的新动力，引领社会经济发展模式发生变化，提升 GDP 增速，增加全人类的福祉指数。加速利用可再生能源、促进能源转型将成为推动全球经济复苏的重要因素，预计到 2050 年全球可再生能源就业岗位将增加 3 倍，达到 4200 万个，能源相关工作岗位将达到 1 亿个，比当前就业岗位增加 72%。到 2050 年，碳中和将带来 GDP 额外增加 2.4%，从 2019 年到 2050 年，由能源转型带来的累计 GDP 增量将达到 99 万亿美元。碳中和提升了全球生态环境和人类健康水平，深入改善民生，到 2030 年和 2050 年人类的福祉指数将分别提高 6.9% 和 13.5%[5,6]。这种与产业升级匹配的就业机会变迁将对劳动力的素质与技能提出更高的要求，有利于促进高质量就业。

（三）推动产业技术升级

技术研发与技术突破是实现净零排放的关键，只有充分融合各种新型技术，依托原始创新，打造以低碳为核心的新型竞争力，才能实现长期的可持续高质量发展。这种科技发展的趋势，必然带动第一、二、三产业和基础设施的绿色升级。为了提高我国在全球多技术领域内的竞争力与领导地位，我国相关行业，特别是在电力系统、工业行业原燃料替代、交通电气化等领域，必须主动发力，开展从基础研究到技术应用多层次的探索，解决关键技术"卡脖子"的问题，建立更有主导能力的技术标准，不仅能确保我国在世界各行业的发展中抢占先机，而且能从更深层次激发高质量发展的潜力。

（四）构建人类命运共同体

气候变化具有全球性和长期性，是全人类共同面临的挑战，发达国家与发展中国家需共同承担责任。全球气候变化是冷战以后全球环境与发展领域或非传统安全领域少数最受全球瞩目、影响极为深远的议题之一，是全球框架下国家治理体系和治理能力现代化中的新兴主题。全球气候变化和碳中和对国际关系有着重要影响，并已经超越了传统的地缘政治范畴，逐步成为全球治理的关键领域。未来，全球需要建立以多赢、生态化、互信、协同、参与、分享为基础的科技创新与国际合作新模式，共同应对气候变化问题。2017 年 1 月 18 日，中国提出了"构建人类命运共同体"理念。同年 2 月，该理念首次载入联合国安理会决议，成为国际社会的共识。冷战结束之后，全球气候变暖议题是少数备受世界人民关注的课题，其影响时间之远、影响程度之深，均不容小觑。气候变化的防治是全人类所共同面对的大课题，不论是发达国家还是发展中国家，都需要携起手来共同努力、共同参与、共同应对。碳中和是构建人类命运共同体的里程碑，从长远角度来看，碳中和将会改变人类社会的发展进程，人类将会共同创造人类命运的美好未来。

第二节　我国实现碳中和的举措

一、政策体系

未来，到 21 世纪中叶，碳中和都将是我国长期要践行的一项计划和目标，这也是我国经济发展和环境保护的必然趋势。因此，制定完善的政策体系来为碳中和行动的实施提供保护和支持是十分必要的。通过立法手段来保障减排政策的合法性和效力，可以把碳中和的长期愿景转换为全社会的行动共识，从政府到企业再到个人，全面促进碳中和行动的贯彻落实。

2021 年 10 月 24 日，中共中央、国务院发布了《关于完整准确全面贯彻新发展理念做好碳达峰碳中和工作的意见》（中发〔2021〕36 号）（以下简称《意见》），《意见》指出实现碳达峰、碳中和目标，要坚持"全国统筹、节约优先、双轮驱动、内外畅通、防范风险"五项原则，并提出了主要目标：一是到 2025 年，绿色低碳循环发展的经济体系初步形成，重点行业能源利用效率大幅提升；二是到 2030 年，经济社会发展全面绿色转型取得显著成效，重点耗能行业能源利用效率达到国际先进水平；三是到 2060 年，绿色低碳循环发展的经济体系和清洁低碳安全高效的能源体系全面建立，能源利用效率达到国际先进水平，非化石能源消费比重达到80%以上，碳中和目标顺利实现，生态文明建设取得丰硕成果，开创人与自然和谐共生新境界。总的来说，以上目标主要包括五个方面的内容：①建立绿色低碳循环发展的经济体系；②提升能源利用效率；③提高非化石能源消费比重；④降低 CO_2 排放水平；⑤提升生态系统碳汇能力。

目前，我国经济还处在一个不稳定的发展阶段，各种发展方案还在实施，经济发展和民生改善工作仍然任重道远，这些任务的开展都对能源的用量有着较高的需求。作为一个发展中国家，做出碳中和的承诺是具有人类命运共同体意识和大国担当责任感的体现，但同时也存在着一定的困难。因此，我国在中央层面制定印发《意见》，对碳达峰、碳中和这项重大工作进行系统谋划和总体部署，进一步明确总体要求，提出主要目标，部署重大举措，明确实施路径，对统一全党认识和意志，汇聚全党全国力量来完成碳达峰、碳中和这一艰巨任务具有重大意义。在《关于完整准确全面贯彻新发展理念做好碳达峰碳中和工作的意见》的指导下，各行各业都将制定出与其相呼应的碳达峰、碳中和实施方案，系列文件将构建起完整、分工合理、切实可行的碳中和政策体系。

二、地方行动

地方碳中和行动方案的探索是实现碳中和目标的重要一环，地方碳中和行动方案对达成碳中和目标有着重要影响。碳中和行动的开展与地方经济的发展和生态环境的保护是相互促进的关系，低碳转型有利于地方经济的高质量发展和对生态环境的高水平保护。因此，地方应当制定相关战略，将碳中和目标纳入未来十年的碳达峰行动中来。我国各地区地理环境不同，所能利用的资源不同，地理因素对地方碳中和行动如何实施有着重要的影响，所以各地区要根据自身发展阶段、地理环境和产业结构分布，发挥资源和产业优势，因地制宜，选择合适的碳中和实施路径，进行低碳转型发展[7]。

2018 年 8 月 1 日，第二届国际城市可持续发展高层论坛在成都举行。经测算，此次论坛共产生温室气体 921 t（以 CO_2 计），为践行碳中和理念，成都决定以建森林的方式来中和论坛产生的温室气体——在龙泉山城市森林公园建设 500 亩（15 亩=1 公顷）碳中和林。2018 年 10 月 30 日，龙泉山城市森林公园碳中和林正式建成。这些碳中和林在未来 20 年里增加的森林碳汇量将抵消掉论坛产生的温室气体排放量。

土壤碳汇是吸收碳排放、实现碳中和目标的重要路径。土壤碳库在陆地生态系统碳库中占比达 60% 以上，约为植物碳库的 3 倍、大气碳库的 2 倍，如果全球 2 m 深土壤的有机碳储量每年增加千分之四，那么大气层中的 CO_2 浓度就很有可能不再增加。2022 年，由中国科学院南京土壤研究所主导建设的"土壤碳中和与气候应对试验设施"项目已落地南京市江宁区淳化街道。该研究项目主攻农田"土壤固碳"研究，是江苏省首个以"土壤固碳"为研究方向的碳达峰、碳中和科技创新项目，符合中共中央、国务院颁布的碳中和意见指导方针，是地方施行碳中和行动的代表之一。

在杭州亚运会、亚残运会期间，杭州亚组委、亚残组委设计、制订了一系列低碳、零碳、减碳的活动方案，在杭州亚组委、亚残组委的领导下，在杭州市民的积极参与下，2023 年 12 月 6 日，杭州亚组委、亚残组委宣布：杭州亚运会和亚残运会在亚运史上首次实现碳中和。

三、行业和企业碳中和约束与激励

碳中和目标的实现归根结底还是要靠技术，而企业既是技术创新的主体，同时又是碳排放的直接来源。因此，鼓励并督促企业规划出低碳转型方案并实施与自身实际相结合的碳中和行动是实现碳中和目标的关键。我国碳中和目标的提出对企业的碳排放行为提出了更高的要求，碳排放较多的企业，尤其是与能源化工相关的企业，在未来能否良好地进行或者完成低碳、零碳转型，对企业自身的发展有着至关重要的影响，碳中和目标终将通过市场的竞争转变为行业标准。

2021 年 12 月 17 日，阿里巴巴发布《阿里巴巴碳中和行动报告》，提出三大目标：不晚于 2030 年实现自身运营碳中和；不晚于 2030 年实现上下游价值链碳排放强度减半，率先实现云计算的碳中和，成为绿色云；用 15 年时间，以平台之力带动生态减碳 15 亿吨。这是国内互联网科技企业首个碳中和行动报告。阿里巴巴作为一家国内的互联网大型企业，率先带头做出碳中和规划，这对同行业或其他行业企业是一个很好的激励，将鼓励更多同类型企业走向碳中和之路。

2022 年 4 月 22 日"世界地球日"，达能（中国）食品饮料有限公司宣布位于武汉和邛崃的脉动工厂成为中国饮料行业率先实现碳中和的两家工厂，这也是达能在中国的首批碳中和工厂。2019 年达能已经实现碳达峰目标，此次碳中和工厂的建立，是达能向全面碳中和目标迈进的一步，预计，达能将在 2050 年前实现碳中和目标。

四、面向社区和个人的鼓励政策

碳中和是全人类共同的目标，需要全世界人民共同努力，离不开我们每一个人的行动，而个人又离不开社区，社区是连接个人的重要平台。因此，社区层面的低碳减排行动是个人参与碳中和行动的关键环节。社区可以以零碳社区为目标,制订零碳行动方案和鼓励零碳生活的相关措施,在社区进行零碳生活的科普和宣传,形成良好的低碳氛围,向零碳目标迈进。要调动民众实行低碳生活的积极性,政府和社区要了解群众对生活和工作的具体需求,做到满足群众的基本所需,例如增加新能源汽车停车位、设立公共充电桩、发放环保购物袋等。只有把群众的生活问题放在心上,帮助群众解决这些问题,看到政府的决心和力度,才能让群众更加自觉、主动地参与到碳中和行动之中。社区还可以通过经济奖励方式,设立标准且合理的量化评价制度,表彰零碳模范家庭,起到促进和推广的作用。

2021年1月,全国首个碳中和垃圾分类站在四川省成都市建立,当地居民可以投放自己日常生活中产生的可回收垃圾,通过回收站回收利用抵消掉碳排放量,实行线下称重、线上结算的模式。此方式具有便捷、快速的特点,不仅能回收废旧垃圾,还能使居民获得收益,一举两得。成都市将持续推广"政府主导+居民参与+市场化运作"的垃圾分类模式,实现区域全覆盖。这种政府和居民结合的碳中和方式具有可复制性、方便性和快捷性,值得在全国范围内推广运行,只有全民都参与到碳中和行动中,才能早日实现我国的碳中和目标。

第三节　实现碳中和的绿色化学技术

绿色化学是致力于环保和可持续性发展的一个化学分支,其主要目标是在化学制品的设计、合成过程以及产品的全生命周期中,最小化甚至消除对环境的不利影响。随着全球变暖和环境污染问题的日益严峻,实现碳中和已成为国际社会的共同目标。碳中和意味着通过减少温室气体排放和增加碳汇,实现净碳排放量为零的平衡状态。绿色化学技术作为实现这一目标的关键手段,正逐渐成为化学工业和环境科学领域的研究热点。

一、低碳技术

低碳技术是指在生产和消费过程中达到低碳、高效能、低排放目的所需的技术,重点是节能减排技术。CO_2 排放量排名前五的行业分别为电力、热力的生产和供应业,石油加工、炼焦及核燃料加工业,黑色金属冶炼及压延加工业,非金属矿物制品业,化学原料及化学制品制造业,其 CO_2 排放量在 CO_2 排放总量中所占比例已经达到80%以上。所以,这五个主要产业应当成为发展和应用减排技术的重要领域。

碳减排技术的核心是围绕化石能源的绿色开发、利用和减少污染的技术创新,着重发展节能减排的关键技术,如:①多能互补耦合、低碳建材、低碳工业原料、低氟原料等;②强化产业链/行业低碳技术集成耦合、低碳工业流程再造、重点行业效率提高等关键工艺技术的研发;③在减少污染、减少碳排放、协同治理和生态循环、CO_2 捕获/输送/封存、减少 CO_2 排放等方面,应加强对终端排放的控制。

二、零碳技术

零碳技术主要是指大力发展洁净能源技术,其基本特点是不产生 CO_2,包括风力发电、太阳能发电、水力发电、地热供暖与发电、生物燃料、核能等,其终极目标是完全替代矿物能源。矿物燃料的燃烧是碳排放的主要来源,每年通过这个途径排放大约80亿吨的 CO_2,利用清洁能源代替矿物能源可以极大地减少 CO_2 的排放。

发展零碳技术的关键在于开发新型太阳能、风能、地热能、海洋能、生物质能、核能等新能源技术，以及利用机械、热化学、电化学等能源技术，加强可再生能源并网、特高压输电、新型直流配电、分布式能源等先进能源网络技术的研究。发展零碳非电的能源技术，如可再生资源制氢、储氢和运氢技术，以及低品位废热的利用。无碳原料/燃料的替代技术包括：生物质能利用、氨能利用、废弃物循环利用、非二氧化碳温室气体转化利用、能量梯级利用等；开发钢铁、化工、建材、石化和有色等重点行业的零碳工艺改造。

塔里木沙漠公路于 1995 年贯通，全长 522 公里。为响应国家碳中和政策，新疆维吾尔自治区政府决定将塔里木沙漠公路建设为零碳示范公路，2022 年 6 月，塔里木沙漠公路零碳示范工程正式投入运行，用时 140 多天建设完成。此后，塔里木沙漠公路成为中国首条"零碳排放"公路。塔里木沙漠公路正式运行后，每年将减少柴油消耗 1000 吨，减少 CO_2 排放量约 3410 吨。与此同时，每年大约有 2 万吨的 CO_2 可以被塔里木沙漠公路两侧的防护林带吸收固定，这将完全中和过往车辆的碳排放。

三、负碳技术

负碳技术是指捕获、利用和有效地封存 CO_2。负碳技术包括化学转化、物理固碳、生物吸附等。其中，化学转化又包括电催化、光催化、金属和非金属催化等方法，其对碳的捕获和利用具有重大意义，是负碳技术的主要方法之一。据联合国政府间气候变化专门委员会（IPCC）称，负碳技术可以降低全球 CO_2 排放的 20%～40%，对气候变化有正面的作用。

碳中和目标下，大力发展 CO_2 捕集、利用与封存（carbon capture，utilization and storage，CCUS）技术不仅是未来我国减少 CO_2 排放、保障能源安全的战略选择，而且是构建生态文明和实现可持续发展的重要手段。CCUS 技术作为我国实现碳中和目标技术组合的重要组成部分，不仅是我国化石能源低碳利用的唯一技术选择和保持电力系统灵活性的主要技术手段，而且是钢铁水泥等难减排行业的可行技术方案。

CCUS 技术是指将 CO_2 从工业过程、能源利用或大气中分离出来，直接加以利用或注入地层以实现 CO_2 永久减排的过程。CCUS 在 CO_2 捕集与封存（CCS）的基础上增加了"利用（utilization）"，这一理念是随着 CCS 技术的发展和对 CCS 技术认识的不断深化，在中美两国的大力倡导下形成的，目前已经获得了国际上的普遍认同。CCUS 按技术流程分为捕集、输送、利用与封存等环节。

CO_2 捕集是指将 CO_2 从工业生产、能源利用或大气中分离出来的过程，主要分为燃烧前捕集、燃烧后捕集、富氧燃烧和化学链捕集。

CO_2 输送是指将捕集的 CO_2 运送到可利用或封存场地的过程。根据运输方式的不同，分为罐车运输、船舶运输和管道运输，其中罐车运输包括汽车运输和铁路运输两种方式。

CO_2 利用是指通过工程技术手段将捕集的 CO_2 实现资源化利用的过程。根据工程技术手段的不同，CO_2 利用可分为 CO_2 地质利用、CO_2 化工利用和 CO_2 生物利用等。其中，CO_2 地质利用是将 CO_2 注入地下，进而实现强化能源生产、促进资源开采的过程，如提高石油、天然气采收率，开采地热、深部咸（卤）水、铀矿等多种类型资源。

CO_2 封存是指通过工程技术手段将捕集的 CO_2 注入深部地质储层，实现 CO_2 与大气长期隔绝的过程。按照封存位置不同，CO_2 封存可分为陆地封存和海洋封存；按照地质封存体的不同，可分为咸水层封存、枯竭油气藏封存等。生物质能碳捕集与封存（BECCS）和直接空气碳捕集与封存（DACCS）作为负碳技术受到了高度重视。

综上，发展负碳技术应强化 CO_2 地质利用、高效 CO_2 转化燃料化学品、直接空气 CO_2 捕获、生物炭土壤改良等技术的创新。通过对 CO_2 负排技术与气候变化的协调作用研究，为我国建立生态安全负排放技术体系奠定基础。同时，加强森林、草原、湿地、海洋、土壤和冻土的碳汇技术改造，提高碳汇水平。

第四节　实现碳中和过程中存在的问题

一、碳中和行动问题

目前，就全世界对于碳中和目标的态度和采取的行动来看，一方面，碳中和目标虽然是各国自愿决定是否参与，但是越来越多的国家制定了长期低排放发展战略并向联合国秘书处提交，这意味着碳中和目标在各个国家的努力之下，越来越能落到实处，越来越成为可能，也让人们和尚未参与到碳中和行动中的国家看到了希望和向好态势。但另一方面，还有许多国家尚未制定或向联合国提交长期低排放发展战略，多数国家碳中和完成年仍未落到实处，即使是已经制定了低碳转型策略的国家，在执行力度和深度上也与目标存在比较大的差距[7]。比如，碳排放量第三的欧盟国家制定了比较积极的减排方案和目标，发展了有针对性的技术，并且有相应的政策体系支持；气候比较脆弱的小岛国家提出了比较激进的碳中和方案，它们更加强调国际经济援助和技术支持；部分发达国家提出的碳中和策略相对保守，等等。

碳中和是全人类的事情，各个国家应当主动承担起气候变化的责任，出台可靠的、民众信赖的、有保障的政策文件，将碳中和承诺落到实处，结合本国实际情况，把碳中和行动融入未来国家经济的发展过程中，制定可行的战略措施。未来，如何让各个国家全部参与到碳中和行动中，如何将碳中和行动落到实处以及如何确定各国碳中和目标，将是联合国、全人类和缓解地球气候变化危机所要面对的共同难题。

二、技术难题

碳中和已经成为全球普遍认同的应对气候变化的目标，但是，要达到这一目标，还存在一些技术上的难题，比如说，氢能、CCUS、储能等技术的应用成本高，还没有大规模的商品化推广和应用[8]。要解决碳中和路上这些技术性的难题，还需要科研人员不懈努力，继续在碳中和领域攻坚克难，开发出一些固碳效果又好，又可以大规模实施的方案。本书将在之后的章节中介绍化学领域已经存在或正在研发的一系列化学助力碳中和的技术手段，供读者更深入地了解这一领域的最新进展。

习题

1. 什么是"碳中和"？"碳中和"的概念是在什么样的背景下提出的？
2. 我国承诺的"碳中和"时间安排是怎样的？
3. 实现"碳中和"有什么意义？
4. 为实现"碳中和"目标，我们在日常生活中可以怎么做？
5. 从技术层面来看，实现"碳中和"有哪些方式？目前存在的困难有哪些？

参考文献

[1] 侯存东. 碳排放的危害及碳减排的对策分析 [J]. 皮革制作与环保科技, 2022, 3(13): 67-69.

[2] 邹才能, 薛华庆, 熊波. "碳中和"的内涵、创新与愿景 [J]. 天然气工业, 2021, 41(08): 46-57.

[3] 邹才能, 何东博, 贾成业. 世界能源转型内涵、路径及其对碳中和的意义 [J]. 石油学报, 2021, 42(2): 233-247.

[4] 邓旭, 谢俊, 滕飞. 何谓"碳中和"? [J]. 气候变化研究进展, 2021, 17(01): 107-113.

[5] 张雅欣, 罗荟霖, 王灿. 碳中和行动的国际趋势分析 [J]. 气候变化研究进展, 2021, 17(01):88-97.

[6] Gielen D, Gorini R, Leme R. World energy transitions outlook: 1.5 ℃ pathway [R]. 2021.

[7] Irena I. Global renewables outlook: Energy transformation 2050 [R]. Abu Dhabi, 2020.

[8] 王灿, 张雅欣. 碳中和愿景的实现路径与政策体系 [J]. 中国环境管理, 2020, 12(06): 58-64.

第二章
基于 CO_2 的新能源电池

新能源又称非常规能源，是指传统能源之外的各种能源形式，即刚开始开发利用或正在积极研究、有待推广的能源，如太阳能、地热能、风能、海洋能、生物质能和核聚变能等。

本章主要介绍了新能源电池的发展及现状，详细介绍了几种新能源电池的工作原理，并概括了几种能够固定 CO_2 的电池，包括金属-CO_2 电池和非金属电池。

第一节　发展新能源电池的意义

可充电金属-空气电池是一种以金属作为阳极，空气中的氧气或者二氧化碳作为阴极活性物质的电池。金属-空气电池的工作原理类似于普通电池，即在阳极和阴极之间通过化学反应来产生电能。金属-空气电池具有较高的理论能量密度，因此备受人们的关注[1]，特别是在最近十年。然而，大多数报道的金属-空气电池实际上是在纯 O_2 气氛中工作的，而环境空气中的 CO_2 和水分会对金属-空气电池的电化学性能产生显著的影响。之后，在对电池污染的研究中，研究人员逐渐发现 CO_2 可以单独作为反应气，也就是说，金属-CO_2 电池也可以工作。在碳达峰和碳中和的背景下，由于 CO_2 对全球气候变化的潜在威胁，特别是其在大气中的浓度日益稳步上升，回收利用 CO_2 的研究备受关注。

能源供应日益增长的需求和有限的化石燃料储备，对可持续发展的人类社会造成了具有挑战性的冲突[1]。新能源，特别是可再生能源，正在被大量开发，已部分取代化石燃料。因此，电化学能量转换和存储装置对于最大限度地利用来自剩余化石燃料和核能以及可再生能源的电能具有重要意义。化学工业对化石燃料的持续依赖和不断增加的人为二氧化碳排放也对可持续发展的人类社会构成了挑战。新的二氧化碳利用技术，特别是具有增值产品和由可再生能源驱动的技术，正在开发中。

表 2-1 列出了几种电池技术的储能容量和造价，这几种兆瓦级和千瓦级的储能系统对输配电变电站电网支持、调峰、资本延迟、可靠性和频率调节等几个方面都有潜在的影响。

表 2-1　几种电池技术的储能容量和造价

技术方法	容量/MWh	能量/MW	持续时间/h	效率/%（总循环次数）	总费用/（美元/kW）	费用/（美元/kWh）
CAES（地面设施）	250	50	5	（>10000）	1950~2150	390~430
Pd-酸	3.2~48	1~12	3.2~4	75~90（4500）	2000~4600	625~1150
Na/S	7.2	1	7.2	75（4500）	3200~4000	445~555
Zn/Br 流	5~50	1~10	5	60~65（>10000）	1670~2015	340~1350
V 氧化还原	4~40	1~10	4	65~70（>10000）	3000~3310	750~830
Fe/Cr 流	4	1	4	75（>10000）	1200~1600	300~400
Zn/空气	5.4	1	5.4	75（4500）	1750~1900	325~350
Li 离子	4~24	1~10	2~4	90~94（4500）	180~4100	900~1700

第二节　金属-CO_2电池

一、简介

金属-CO_2（M-CO_2）电池是指将金属作为阳极的电池。表 2-2 给出了不同金属-CO_2 电池的性能比较。深入了解电池的反应机理是设计高性能 M-CO_2 电池的第一步，然而 M-CO_2 电池涉及复杂的电化学环境（如工作气氛、温度）和测试条件（如电流密度、截止电压、放电/充电程度等）。就目前的研究成果而言，在放电/充电过程中的产物和基本反应的确认方面存在较多争议，尚需进一步阐明 M-CO_2 电池的反应机理。为了提高电池的性能，需要系统地研究其机理和电池的所有组成部分，以及解决 M-CO_2 电池缺乏合适电极和电解质材料的问题。电极反应动力学的滞后限制了高性能、稳定的 M-CO_2 电池的快速发展。可逆 M-CO_2 电池一般由金属阳极、电解质（包括隔膜）和 CO_2 阴极组成。在放电过程中，金属阳极失去电子形成 M^{n+} 溶解在电解质中。在电位差的驱动下，电解质中的 M^{n+} 向 CO_2 阴极移动。在阴极/电解质界面，CO_2 分子捕获电子并与 M^{n+} 结合形成 $M_2(CO_3)_n$ 和碳。在充电过程中，$M_2(CO_3)_n$ 与碳结合，释放 M^{n+}、电子和二氧化碳。

表 2-2　不同金属-CO_2电池性能比较[1]

电池类型	阴极材料	电池容量/(Ah·g^{-1})	电池循环次数	电压/V
Li-CO_2 电池[2]	科琴黑（KB）	1.00	7	1.5
Li-CO_2 电池[3]	还原氧化石墨烯（rGO）	1.00	20	1.22
Na-CO_2 电池[4]	t-多壁碳纳米管（t-MWCNT）	1.00	200	1
固体 Na-CO_2 电池[5]	a-多壁碳纳米管（a-MWCNT）	1.00	400	1.75
Na-CO_2/O_2 电池[6]	Super P	0.80	21	3
Al-CO_2 电池[7]	哈氏合金 C（HAS-C）	0.17	—	—
Al-CO_2 电池[8]	钯包覆多孔纳米金（NPG@Pd）	—	60	0.091
Mg-CO_2 电池[9]	多孔碳	0.3	—	—

二、Li-CO_2电池

锂空气电池，更准确的称呼应该是锂-氧电池（Li-O_2），是一种基于金属与空气化学能转换电能的可充电电池。$Li-O_2$ 电池是由 Abraham 等在 1996 年首次报道的，随着研究的深入，研究人员发现 CO_2 对 $Li-O_2$ 电池的电化学反应有巨大的干扰作用。2011 年，Takechi 等[10]首次报道了 $Li-CO_2$ 电池，从而改变了 CO_2 在金属-空气电池中的角色。2013 年，Archer 等[2]研究人员首先发现 $Li-CO_2$ 电池可以捕获和利用二氧化碳。$Li-CO_2$ 电池之所以能够捕获并利用二氧化碳，是由于放电时电池发生如下反应：

$$3CO_2 + 4Li \longrightarrow 2Li_2CO_3 + C$$

$Li-CO_2$ 电池可以有效地将 CO_2 转化为 C。自此，研究人员对 $Li-CO_2$ 电池的研究进入了另一个阶段。但是，Archer 等报道的 $Li-CO_2$ 电池是在高温条件下工作的，这阻碍了其实际应用。

作为一个新兴的研究方向，$Li-CO_2$ 电池系统仍面临许多需要克服的困难，现有的 $Li-CO_2$ 电池存在的问题主要有：

① 极化高[11]、循环性能差。这主要是由反应生成绝缘和不溶性放电产物 Li_2CO_3 造成的。
② 过电位高。这主要是由可逆性差、能量效率低、电化学反应动力学差等原因导致的。

因此，设计和开发具有良好催化活性和稳定性的 $Li-CO_2$ 电池催化剂是解决上述循环性能差、可逆性差等问题的关键[12]。2018 年，陈人杰等[11]报道了一种在多孔碳纳米片（CNFs）表面完全覆盖一层超薄 Ir 纳米片（Ir NSs-CNFs）的合成方法，并将其作为 $Li-CO_2$ 电池的阴极。该电池可以稳定放电和充电至少 400 次循环，$500 \ mA \cdot g^{-1}$ 时的截止容量为 $1000 \ mAh \cdot g^{-1}$。同时，阴极在 $100 \ mA \cdot g^{-1}$ 时的电荷终止电压低于 3.8 V，有效地降低了电荷过电位。对中间产物的非原位分析表明，在放电过程中，Ir NSs-CNFs 可以极大地稳定非晶态颗粒中间体（可能是 $Li_2C_2O_4$），并延缓其进一步转变为薄片状 Li_2CO_3，而在充电过程中，它可以使沉积的 Li_2CO_3 易于完全分解。Li_2CO_3 的完全分解能够使电池进行充电时的逆反应更容易进行，这能大大提高 $Li-CO_2$ 电池的性能。$Li_2C_2O_4$ 的形成和分解如图 2-1 所示。

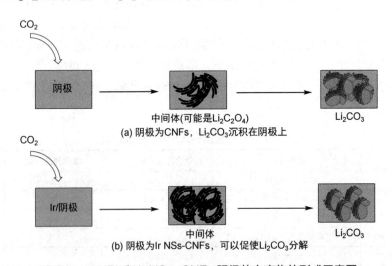

图 2-1　CNFs 和 Ir NSs-CNFs 阴极放电产物的形成示意图

针对上述 $Li-CO_2$ 电池体系中放电产物 Li_2CO_3 难以分解的关键挑战，南京大学徐骏教授[13]、宋虎成[14]副研究员和合作者们在太阳能光热电池技术的基础上报道了一种基于原位内建的等离激元异质结构来实现超低充电电位和长循环寿命固态 $Li-CO_2$ 电池的新策略。由此策略构建的固态 $Li-CO_2$ 电池在 $500 \ mA \cdot g^{-1}$ 和 $500 \ mAh \cdot g^{-1}$ 以及低于 3.0 V 的超低充电电位下仍可以稳定地可逆循环运行。这也是截至目前报道的充电电位最低的可循环固态 Li-CO₂ 电池，其电极的制备过程如图 2-2 所示。首先将 CNT 薄膜酸洗干燥，之后经过热溶剂法处理和碳热还原将 CNT 薄膜还原成 CC@Mo₂C NPs（锚定在碳纳米管上的超细 Mo₂C 纳米颗粒）薄膜，之后再将其包裹在锂线上，封装之后即可制成电池的部件。

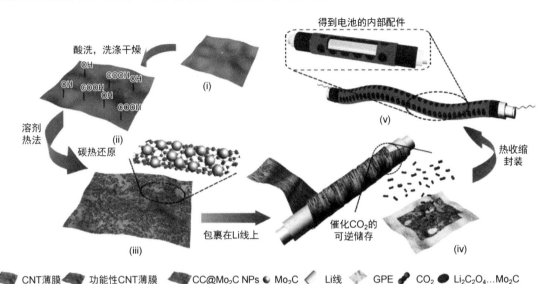

图 2-2　以 CC@Mo₂C NPs 薄膜为工作电极的准固态柔性纤维型 Li-CO₂ 电池部件制备过程示意图[15]

根据 Li-CO₂ 电池的还原反应机理，可将电池分为三种，分别如下：

（1）第一种 Li-CO₂ 电池反应机理是空气中的 CO₂ 在阴极先被还原成草酸根离子（$C_2O_4^{2-}$），草酸根离子部分分解成亚碳酸根离子（CO_2^{2-}）和 CO₂，多余的 $C_2O_4^{2-}$ 与 CO₂ 反应生成碳酸根离子（CO_3^{2-}）和碳单质（C），最后 CO_3^{2-} 与锂离子（Li^+）反应生成碳酸锂（Li_2CO_3）。该反应机理是 2013 年由 Archer 等提出[2]，CO₂ 具体发生的转化反应如下所示：

$$2CO_2 + 2e^- \longrightarrow C_2O_4^{2-}$$

$$C_2O_4^{2-} \longrightarrow CO_2^{2-} + CO_2$$

$$C_2O_4^{2-} + CO_2 \longrightarrow 2CO_3^{2-} + C$$

$$CO_3^{2-} + 2Li^+ \longrightarrow Li_2CO_3$$

相应的电池还原反应为：

$$4Li^+ + 3CO_2 + 4e^- \longrightarrow 2Li_2CO_3 + C(E^o = 2.80 \text{ V vs. } Li/Li^+)$$

（2）第二种是基于三维多孔锌材料，实现了以燃料气体 CO 为主要产物的 Li-CO₂ 电池体系。该 Li-CO₂ 电池反应机理是 2018 年由 Xie 等提出[16]，电池还原反应如下：

$$2Li^+ + 2CO_2 + 2e^- \longrightarrow CO + Li_2CO_3$$

（3）第三种是 Zhou 等[15]采用超细 Mo₂C 纳米颗粒锚定在碳纳米管（CNT）上作为阴极，实现了 3.4 V 以下的低充电电位，约 80%的高能效，可逆放电和充电可达 40 次循环。该电池的反应机理如下：

$$2CO_2 + 2e^- \longrightarrow C_2O_4^{2-}$$

$$2Li^+ + C_2O_4^{2-} \longrightarrow Li_2C_2O_4$$

三、Na-CO₂电池

在众多的可充电电池系统中，锂离子电池被认为是最有应用前景的储能技术，也是构建低碳、可持续发展的关键。它在几乎所有的便携式电子设备、电动和混合动力汽车以及电网规模的储能系统中都有广泛的应用[17]。虽然锂的可用性很高但是成本也高，其大规模生产以及应用是不现实的。此外，非质子电解质中锂离子电导率有限、安全性差，也可能给其大规模应用带来问题。这些缺点促使研究人员寻找新的储能技术来替代锂电池，可充电 Na-CO₂ 电池就是其中一种。

可充电的 Na-O₂ 和 Na-CO₂ 电池具有超高的能量密度和低廉的成本，为开发下一代储能系统提供了广阔的方向，它们均属于 Na-空气电池。第一个 Na-O₂ 电池是由 Peled 等[18]在 2011 年报道的，他们成功地证明了在 105 ℃下使用聚合物电解质的液态 Na-O₂ 电池可以替代 Li-O₂ 电池成为另一种有发展潜力的电池。

Na-CO₂ 电池对于 CO₂ 的利用和存储非常重要[19]，然而之前所报道的 Na-CO₂ 电池在控制放电比容量为 200 mAh·g⁻¹ 的条件下不可逆，Hu 等[4]采用了一种多壁碳纳米管作为电池的阴极，成功地在纯 CO₂ 气氛中让电池循环了 200 次充电放电。通过大量的原位和非原位测试提出并证实在充放电过程中有以下可逆反应的发生：

$$4Na + 3CO_2 \rightleftharpoons 2Na_2CO_3 + C$$

图 2-3 是 Na-CO₂ 电池吸收 CO₂ 的反应机理图，最终产生的能源可用于解决部分日常能源问题。该电池在电流密度为 1 A·g⁻¹ 的条件下可逆比容量为 60000 mAh·g⁻¹。在控制比容量为 2000 mAh·g⁻¹ 的情况下，能够稳定循环 200 次，且保持充电电压小于 3.7 V。高电导率、三维多孔、浸润性良好的阴极降低了电化学反应的极化，进而提高了电池的电化学性能。碳酸钠（Na₂CO₃）作为电池的放电产物，其绝缘性会导致电池的电容量保持率低、循环性差，解决这个问题是加速 Na-CO₂ 电池发展的关键。

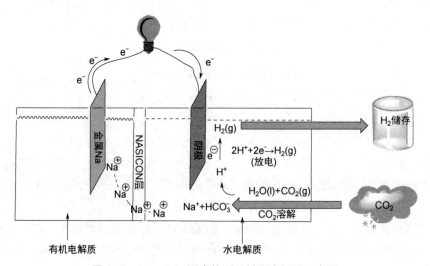

图 2-3　Na-CO₂混合体系及其反应机理示意图

Na-CO₂ 电池根据电解质的不同可分为三类，即质子电解质 Na-CO₂ 电池、固态电解质

Na-CO$_2$电池、混合电解质（质子和水混合）Na-CO$_2$电池，如图 2-4 所示。

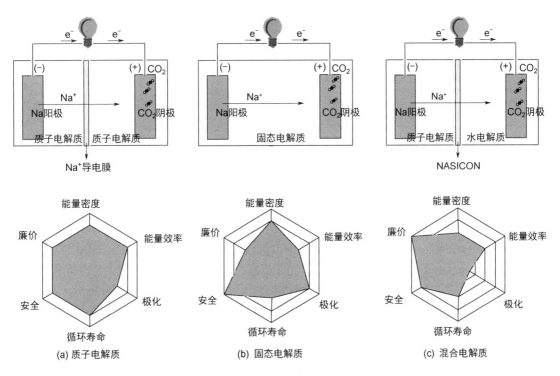

图 2-4　不同类型电解质的 Na-CO$_2$ 电池[20]

（一）质子电解质 Na-CO$_2$ 电池

质子电解质 Na-CO$_2$ 电池的电池结构如图 2-5 所示，其中 CNT 是一种有助于 Na$_2$CO$_3$ 分解的材料，它的存在有效缓解了 Na$_2$CO$_3$ 沉积的问题。在质子电解质 Na-CO$_2$ 电池放电过程中，

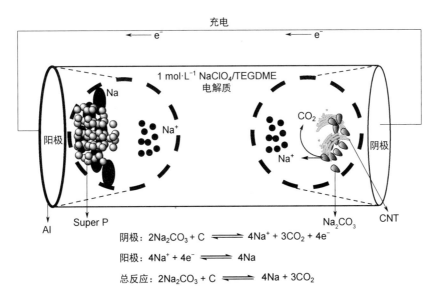

阴极：$2Na_2CO_3 + C \rightleftharpoons 4Na^+ + 3CO_2 + 4e^-$

阳极：$4Na^+ + 4e^- \rightleftharpoons 4Na$

总反应：$2Na_2CO_3 + C \rightleftharpoons 4Na + 3CO_2$

图 2-5　质子电解质 Na-CO$_2$ 电池的结构示意图

该电池的阳极由 Super P/Al 组成，阳极上包裹有 Na 金属层[21]

金属 Na 在阳极被氧化，形成 Na$^+$和电子，分别通过电解液和外电路到达 CO$_2$ 阴极；而 CO$_2$ 在催化 CO$_2$ 电极表面被还原并形成固体放电产物 Na$_2$CO$_3$[4]。电池充电时，固体 Na$_2$CO$_3$ 在阴极分解而 Na 金属电镀在阳极[21]。因此，催化多孔 CO$_2$ 电极的利用对于非质子 Na-CO$_2$ 电池至关重要，不仅有助于不溶性放电产物的存储，而且有助于 CO$_2$ 的还原反应。

（二）固态电解质 Na-CO$_2$ 电池

固态电解质 Na-CO$_2$ 电池不含有任何液体电解质，可消除泄漏、干燥和液体电解质填充等问题。迄今为止，有两种主要的固态钠离子导电材料已经被应用到 Na-CO$_2$ 电池上：一种是聚合物固态电解质，另一种是 Na 超离子导体无机固体陶瓷电解质。聚合物固态电解质[22]具有柔软和灵活的结构，使其能够与电极紧密接触，被广泛用于构建固态 Na-CO$_2$ 电池，这也有利于未来可穿戴电子设备的应用。Na 超离子导体无机固体陶瓷电解质[23]具有不可燃性、宽电化学窗口、热稳定性和无毒等特性，但由于金属钠阳极/无机固体电解质/CO$_2$ 阴极界面之间的相容性和稳定性较差，限制了其应用。固相体系的电池反应机理与非质子体系相似，但是固态体系中 Na$_2$CO$_3$ 在固态电解质和 CO$_2$ 阴极界面上的过度积累会导致电池过早失效[22-24]。目前，固态 Na-CO$_2$ 电池的发展障碍是缺少适合的固态材料以及在 CO$_2$ 阴极中会沉积过多的 Na$_2$CO$_3$。全固态 Na-CO$_2$ 电池是一种有效利用温室气体 CO$_2$ 进行储能的新兴技术，具有最小化电解液泄漏和抑制 Na 金属阳极 Na 枝晶生长的优点。然而，CO$_2$ 在固体电解质/CO$_2$ 阴极界面上缓慢的还原/析出反应会导致电池过早失效。多孔、高导电性的氮掺杂纳米碳具有优异的 CO$_2$ 吸附和结合能力，可显著加速 CO$_2$ 电还原，促进放电产物形成厚度为 200 nm 的片状薄片，且充电后易于分解。因此，从金属有机骨架中提取的氮掺杂纳米碳被设计为阴极催化剂，从而优先缓解了电池过早失效的难题。

（三）混合电解质 Na-CO$_2$ 电池

通常，混合电解质 Na-CO$_2$ 电池同时使用有机电解质和水电解质，阳极室的设计类似于非质子 Na-CO$_2$ 电池，CO$_2$ 阴极电极浸泡在水中[25]，金属 Na 和有机阳极电解质则需要保护层保护，从而使其能够发生稳定的电化学反应。这样既能物理分离有机阳极液和水性阴极液，又能消除 H$_2$O 和 CO$_2$ 对金属 Na 和有机阳极液可能造成的污染，避免 Na 与 CO$_2$ 阴极之间的内部短路相互作用[26]。钠超离子导体（NASICON）是一类钠的混合聚阴离子固体电解质，这种固体电解质的化学稳定性良好、电导率较高、成本低廉，是固态钠离子电池理想的电解质材料，具有极大的应用潜力。而且 NASICON 是一种只允许 Na$^+$传输的保护层材料，在一些混合电解质体系中常常也会使用到[27]。典型的 Na-CO$_2$ 混合电池结构为：Na|阳极液|NASICON|阴极液|催化阴极。在放电过程中，金属 Na 通过阳极液和 NASICON 被氧化为 Na$^+$，并进入阴极室，Na$^+$与电子和 CO$_2$ 结合，在阴极上形成 Na$_2$CO$_3$ 和 C。充电时，Na$_2$CO$_3$ 会与 C 结合，释放出 Na$^+$、电子和 CO$_2$，Na$^+$可以迁移回来并电沉积在阳极上。

2012 年，Archer 团队[9]首次提出了用于捕获二氧化碳和用于发电的非水相 Na-O$_2$/CO$_2$ 电池。Na-O$_2$/CO$_2$ 电池在室温下工作，使用导电炭黑 Super P（也叫 TIMCAL，是一种高密度的石墨）作为阴极，金属钠作为阳极，电解液有两种，一种是 NaClO$_4$ 溶于四乙二醇二甲醚（TEGDME）中，另一种是 NaCF$_3$SO$_3$ 溶于 1-乙基-3-甲基咪唑三氟甲烷磺酸中。

（四）非水相电解质 Na-CO$_2$ 电池的放电-充电机理

非水相电解质 Na-CO$_2$ 电池的放电-充电的可能机理有三种。

机理 1：首先是 O_2 的单电子还原，形成超氧自由基（O_2^-）。生成的超氧自由基是强亲核试剂，能与 CO_2 分子的羰基碳原子成键生成 CO_4^-，最终通过亲核加成还原反应生成 Na_2CO_3。反应如下：

$$4O_2 + 4e^- \longrightarrow 4O_2^-$$
$$O_2^- + CO_2 \longrightarrow CO_4^-$$
$$CO_4^- + CO_2 \longrightarrow C_2O_6^-$$
$$C_2O_6^- + O_2^- \longrightarrow C_2O_6^{2-} + O_2$$
$$C_2O_6^{2-} + 2O_2^- + 4Na^+ \longrightarrow 2Na_2CO_3 + 2O_2$$

机理 2：首先是 O_2 的双电子还原形成 O_2^{2-}，O_2^{2-} 随后与 CO_2 反应形成 CO_4^{2-}，最后 CO_4^{2-} 与钠离子和 CO_2 结合形成 $Na_2C_2O_4$ 并释放出 O_2：

$$O_2 + 2e^- \longrightarrow O_2^{2-}$$
$$O_2^{2-} + CO_2 \longrightarrow CO_4^{2-}$$
$$CO_4^{2-} + CO_2 + 2Na^+ \longrightarrow Na_2C_2O_4 + O_2$$

机理 3：与机理 1 和机理 2 中有 O_2 参与的电化学还原相比，机理 3 的反应过程相对简单。当从阴极捕获电子时，溶解的 CO_2 分子可以还原为 CO 并生成 Na_2CO_3，CO_2 电解还原反应如下：

$$2CO_2 + 2e^- \longrightarrow C_2O_4^{2-}$$
$$2CO_2 + 2e^- \longrightarrow CO_3^{2-} + CO$$
$$C_2O_4^{2-} + 2Na^+ \longrightarrow Na_2C_2O_4$$
$$CO_3^{2-} + 2Na^+ \longrightarrow Na_2CO_3$$

（五）混合电解质 Na-CO_2 电池的放电-充电机理

2018 年，Kim 等[25]提出了一种混合电解质 Na-CO_2 电池，其阳极为金属钠，阴极为二氧化碳气体，阴极溶液为氢氧化钠溶液。金属钠阳极浸在有机电解质中，用 NASICON 膜将金属钠与水分离。研究者认为 CO_2 会自发地溶解在水中使水溶液酸化，发生反应如下（K_h 为水解常数）：

$$CO_2(aq) + H_2O(l) \rightleftharpoons H_2CO_3(aq) \quad K_h = 1.70 \times 10^{-3}$$
$$H_2CO_3(aq) \rightleftharpoons HCO_3^-(aq) + H^+(aq) \quad pK_{a_1} = 6.3$$

放电过程中发生析氢反应（氧化还原析氢反应），产生氢气和电能，如下：

$$\text{阳极：} 2Na \longrightarrow 2Na^+ + 2e^- \quad E^o = -2.71 \text{ V}$$
$$\text{阴极：} 2H^+ + 2e^- \longrightarrow H_2(g) \quad E^o = 0.00 \text{ V}$$
$$\text{能斯特方程：} 2Na + 2H^+ \longrightarrow 2Na^+ + H_2(g) \quad E^o = 2.71 \text{ V}$$

水溶液的 pH 值会影响阴极反应的电位，pH 值越低则析氢反应越快，因此，CO_2 的自发溶解加速了析氢反应的产生。放电过程中产生的 H_2 气体在电极表面产生并离去，在充电过程中发生 H_2O 氧化的析氧反应（OER）。

充电时，电池阴极反应为：

$$2H_2O \longrightarrow O_2(g) + 4H^+ + 4e^- \quad E^o = 1.229 \text{ V}$$

四、K-CO₂电池

K-CO$_2$电池[1]将是 Li-CO$_2$电池的另一种替代品，因为钾也是地球上丰富的元素，而且其还原电位为-2.924 V，与 Li-CO$_2$电池的还原电位-3.04 V 基本相当。2019 年，Zhang 等[28]报告了第一个具有碳基无金属电催化剂的 K-CO$_2$电池，该电池结构及原理如图 2-6 所示，该电池采用一种名为 N-CNT/rGO 的杂原子掺杂碳纳米材料作为催化阴极，这种杂原子掺杂碳纳米材料能够有效催化 K$_2$CO$_3$的沉积。

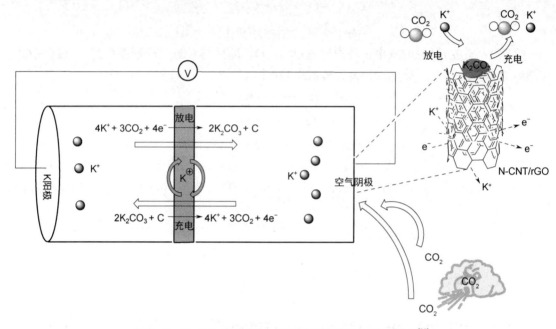

图 2-6 K-CO$_2$电池及 N-CNT/rGO 用于 CO$_2$电催化[28]

唐永福等[29]直接将 CO$_2$引入球差校正环境透射电子显微镜（ac-eTEM）作为阴极，用钨尖蚀刻金属钾为阳极，氧化钾（K$_2$O）包裹在金属钾上作为固体电解质，并以碳纳米管（CNT）或银纳米线为介质进行充放电反应，构建了 K-CNT/CO$_2$纳米电池。原位放电/充电观察表明，在放电过程中，碳纳米管阴极进行放电反应（$2K + 2CO_2 \longrightarrow K_2CO_3 + CO$），形成了大量的纳米气泡和碳酸钾（K$_2CO_3$）空心球；充电过程中，K$_2CO_3$与 CNT 结合并发生反应，分解为 K 和 CO$_2$（$2K_2CO_3 + C \longrightarrow 4K + 3CO_2$），纳米气泡减小，从图 2-7 中能够直观地观察到 K$_2$CO$_3$的形成和分解。此碳酸钾（K$_2$CO$_3$）空心球产物的增大和缩小如图 2-8 所示，放电时不断产生 K$_2$CO$_3$，所以能观察到空心球不断增大，充电时 K$_2$CO$_3$分解为 CO$_2$，空心球不断减小。图 2-7（b）中①和②为一组放电和充电的循环，③和④为一组放电和充电的循环，往下同理。

值得关注的是，金属 K-CO$_2$电池存在较大极化和安全隐患，主要原因是 K$_2$CO$_3$难以分解以及 K$_2$CO$_3$的枝晶生长。此外，对 K-CO$_2$电池氧化还原的机理仍未完全了解。Chen 等[30]报道了以 KSn 合金为阳极、含羧基多壁碳纳米管（MWCNT-COOH）为阴极催化剂的 K-CO$_2$电池，证明了氧化还原机理为：

$$4KSn + 3CO_2 \rightleftharpoons 2K_2CO_3 + C + 4Sn$$

电池结构如图 2-9 所示。

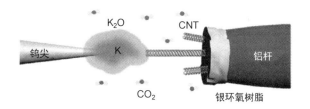

(a) 采用钨尖刻蚀K金属到阳极上，之后再将保护层K₂O层包裹在K上。
该装置暴露在气压为0.1 kPa的CO₂气体中

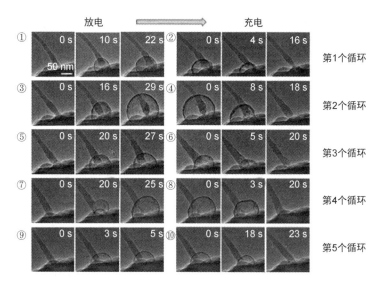

(b) K-CO₂纳米电池中空气阴极的时移结构演化（在第一次放电反应中，
在CNT/K₂O接触点10 s处出现一个小球，然后在恒定的负偏压下长大；
在反向偏压下发生的充电反应中，小球不断缩小直到完全消失。
放电和充电反应是可循环的，图中显示前5个循环）

图2-7　实验装置示意图[29]

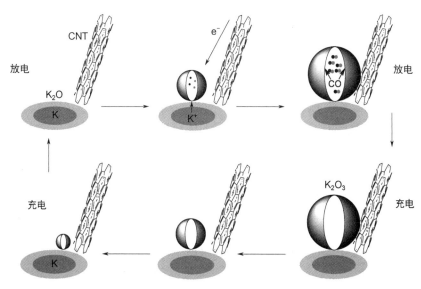

图2-8　K-CO₂电池球状产物生长分解过程示意图[29]

与金属 K 相比,活性较低且不会产生枝晶的 KSn 阳极有效地提高了 K-CO$_2$ 电池的安全性和稳定性。更重要的是,MWCNT-COOH 与 K$_2$CO$_3$ 之间的强静电相互作用削弱了 K$_2$CO$_3$ 中的 C=O 键,从而促进了 K$_2$CO$_3$ 的分解。研究结果表明,K-CO$_2$ 电池表现出优异的循环稳定性(400 次循环后过电位仅增加了 0.89 V)和良好的倍率性能(高达 2000 mA·g^{-1})。

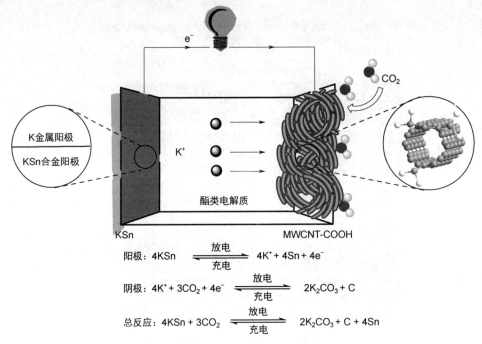

图 2-9 KSn 阳极、MWCNT-COOH 阴极催化剂和酯基电解质组成的
K-CO$_2$ 电池的结构和氧化还原机理[30]

五、Zn-CO$_2$ 电池

目前对锂、Zn-CO$_2$ 电池的研究最多,也有许多其他 Zn-空气电池的技术正在探索,一些 Zn-空气类型的电池已经被用于商业,比如 Zn-O$_2$ 电池已用于助听器、导航灯、铁路信号等方面。Zn-CO$_2$ 电池具有平衡电位低、电化学可逆性、比能高、易获得、成本低、毒性低、易处理等多种优点,而且具有比表面积大、放电电位低、导电性高的特点[31]。

与无水、无氧条件下的 Li/Na-CO$_2$ 电池不同[32],Zn-CO$_2$ 电池由于金属锌[33]的活性相对较低,可以直接在水电解质中工作,但是锌离子的溶解度较差,为了提高它的溶解度,阳极电解质通常是碱性的。为了避免电池工作条件下一些有关 CO$_2$ 的副反应,阴极电解液需与阳极电解液分离并保持中性。一些常见的阳极添加剂有 KOH 和 KCl,常见的阴极添加剂有 NaCl、KHCO$_3$ 和 ZnCO$_3$ 等[34-36]。2018 年,王要兵等[34]提出并实现了一种水溶液可充电的 Zn-CO$_2$ 电化学电池,该电池在放电过程中可产生 CO 燃料气体(法拉第效率为 90%),在充电电位为 2 V 时可产生 O$_2$,模拟了光合作用过程中 CO$_2$ 固定和水氧化的分离步骤,同时具有效率高、产物可调节、不依赖阳光运行的优点。该电池通过燃料发电实现了 68% 的显著能源效率,为金属-二氧化碳电池绿色、高效、安全地利用二氧化碳提供了一种可行的方案。

王要兵等[35]利用三维(3D)多孔钯(Pd)纳米片作为双功能电催化剂,提出并实现了 CO$_2$ 与液态甲酸(HCOOH)可逆转化的水相可逆 Zn-CO$_2$ 电池,电池结构如图 2-10 所示。在放电过程中，锌阳极溶解并释放电子，CO_2 得到电子并还原为 HCOOH；在充电过程中，金属锌沉积在锌阳极上，HCOOH 失去电子被氧化成 CO_2。$Zn-CO_2$ 电池可循环使用 100 次，能效高达 81.2%。

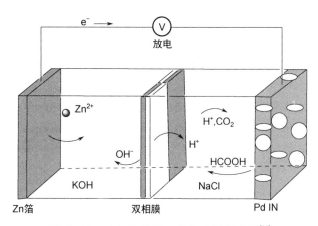

图 2-10　水相可逆 $Zn-CO_2$ 电池示意图[35]

随后，研究者利用 Ir@Au 双金属纳米材料作为催化剂发现，在电池放电过程中，CO_2 与 H^+ 发生反应释放出 CO：

$$CO_2 + 2H^+ + 2e^- \longrightarrow CO + H_2O$$

充电过程中产生 O_2：

$$H_2O \longrightarrow 1/2O_2 + 2e^- + 2H^+$$

这类电池的原理与两步光合作用相似[34]。王要兵等的这一工作突破了 $M-CO_2$ 电池中固体产品绝缘的局限，为水相 CO_2 电池的发展和绿色能源转换提供了新的思路。表 2-3 列举了不同 $Zn-CO_2$ 电池的性能。

表 2-3　不同 $Zn-CO_2$ 电池的性能[1]

阴极催化剂	放电电压/电流密度	充电电压/电流密度	法拉第效率（FE）/电流密度
HF-CNT[37]	0.86 V/0.4 mA·cm^{-2}	—	94%-CH$_4$/0.4 mA·cm^{-2}
N/Si 共掺杂碳[38]	0.47 V/0.25 mA	—	70%-CO/0.375 mA
Ni—N/P—O 共掺杂石墨烯[36]	0.47 V/0.25 mA	2.58 V/0.25 mA	66%-CO/1.5 mA
N、Fe 掺杂碳多面体[39]	0.7 V/0.5 mA·cm^{-2}	1.2 V/0.5 mA·cm^{-2}	96%-CO/0.5 V
Cu$_3$P@C[38]	1.5 V/0.0 mA	—	—
纳米金[40]	0.15 V/10 mA·cm^{-2}	—	82%-CO/5 mA
Ir 核 Au 壳纳米线（Ir@Au）[34]	0.69 V/0.1 mA	2.25 V/0.01 mA	90%-CO/1.5 mA
三维多孔 Pd[35]	0.78 V/0.56 mA·cm^{-2}	0.96 V/0.56 mA·cm^{-2}	81%-HCOOH/0.56 mA·cm^{-2}

水电解质中含有丰富的质子，能够提供足够的质子，然后通过耦合电子转移的途径将 CO_2 转化为不同的含碳产物，这一特性也不同于 Li/Na-CO_2 电池，Li/Na-CO_2 电池的 CO_2 需要在放电和充电过程中循环。虽然理论上水相 $Zn-CO_2$ 电池的能量密度低于 Li/Na-CO_2 电池，但水相 $Zn-CO_2$ 电池的锌阳极成本低，而且水相 $Zn-CO_2$ 电池能够生产一些有价值的含碳化合物。目前，基于碱性电解下 Zn/ZnO 标准还原电位（1.22 V vs 标准氢电极），已经开发了三种用于

CO、HCOOH 和 CH$_4$ 生产的 Zn-CO$_2$ 电池。其反应机理可以写成如下形式[42, 42]：

放电过程：

$$\text{阴极：} CO_2 + H_2O + 2e^- \longrightarrow CO + 2OH^-$$

$$\text{阳极：} Zn + 2OH^- \longrightarrow ZnO + H_2O + 2e^- (1\ mol \cdot L^{-1}\ KOH)$$

$$Zn + 4OH^- \longrightarrow Zn(OH)_4^{2-} + 2e^- (6\ mol \cdot L^{-1}\ KOH)$$

充电过程：

$$\text{阴极：} 4OH^- \longrightarrow O_2 + 2H_2O + 4e^-$$

$$\text{阳极：} ZnO + H_2O + 2e^- \longrightarrow Zn + 2OH^- (1mol \cdot L^{-1}\ KOH)$$

$$Zn(OH)_4^{2-} + 2e^- \longrightarrow Zn + 4OH^- (6\ mol \cdot L^{-1}\ KOH)$$

总反应：

$$CO_2 \longrightarrow CO + O_2$$

六、Mg-CO$_2$ 电池

Mg-CO$_2$ 电池也是一种具有良好应用前景的金属-CO$_2$ 电池，相比于其他金属-CO$_2$ 电池，研究人员对 Mg-CO$_2$ 电池的研究相对较少，其发展也相对较慢，但仍有一些关于 Mg-CO$_2$ 电池的报道，比如 Kim 等[43]就曾设计了一种无膜（membrane-free，MF）Mg-CO$_2$ 电池，这是一种二次电池，不会产生任何有害的副产物，其电池结构如图 2-11 所示。

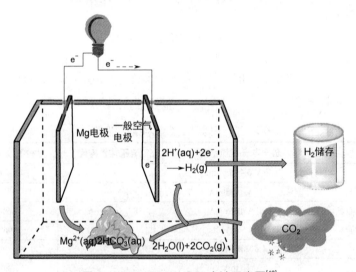

图 2-11　MF Mg-CO$_2$ 电池示意图[43]

Kim 等设计的 MF Mg-CO$_2$ 电池由水电解质、镁阳极和产气阴极组成，与传统的有机/水/金属-CO$_2$ 电池不同，MF Mg-CO$_2$ 电池不直接利用 CO$_2$ 作为原料气，而是利用水溶液中 CO$_2$ 的自发溶解［式（2-1）和式（2-2）］，以及金属 Mg 的电化学氧化和析氢反应［式（2-3）和式（2-4）］。在放电过程中，金属 Mg 阳极氧化反应的高负电化学电位会驱动整个电池化学反应的进行；在充电过程中 Mg 离子又可以轻松被还原，因此，这是一个高效的可充电电池系统。

CO$_2$ 的溶解方程：

$$CO_2(aq) + H_2O(l) \Longleftrightarrow H_2CO_3(aq), \quad K_h = 1.70 \times 10^{-3} \tag{2-1}$$

$$H_2CO_3(aq) \rightleftharpoons HCO_3^-(aq) + H^+(aq), \quad K_h = 6.3 \qquad (2\text{-}2)$$

Mg 的氧化反应:

$$Mg(s) \longrightarrow Mg^{2+}(aq) + 2e^-, \quad E_a = -2.37 \text{ V vs. SHE} \qquad (2\text{-}3)$$

析氢反应:

$$2H^+(aq) + 2e^- \longrightarrow H_2(g), \quad E_c = -0.44 \text{ V vs. SHE} \qquad (2\text{-}4)$$

在放电过程中,式(2-4)中的质子消耗导致 CO_2 气体的进一步自发溶解。这种质子离子消耗和产生的良好循环使溶液 pH 值维持在 7.46 左右,溶解的碳酸氢根离子和 Mg^{2+} 形成碳酸氢镁:

$$Mg^{2+}(aq) + 2HCO_3^-(aq) \longrightarrow Mg(HCO_3)_2(aq)$$

因此,这种 MF $MgCO_2$ 电池通过不断产生电能和氢气,将 CO_2 转化为增值碳酸盐物种,从而实现 CO_2 的自发固定。

图 2-12 展示了各种金属-CO_2 电池的最大功率密度(P_{max})和工作电流密度($mA \cdot cm^{-2}$)。

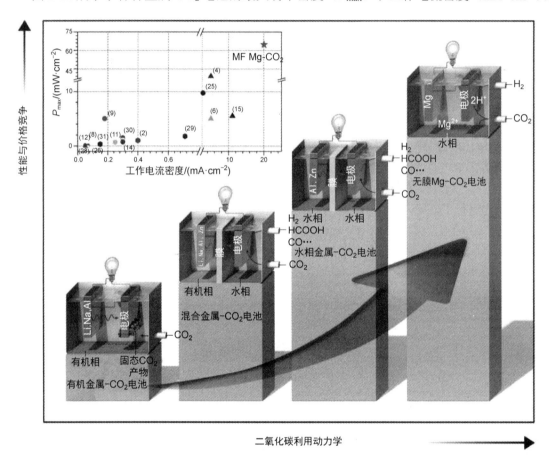

图 2-12 几种金属-CO_2 电池系统的原理图及工作原理
（插图为各种金属-CO_2 电池的最大功率密度和工作电流密度）[43]

其中,MF Mg-CO_2 电池的电化学性能明显优于之前报道的金属-CO_2 电池(图 2-12 小插图中的五角星),他们设计的电池最大功率密度和工作电流明显高于之前报道的电池。且 MF Mg-CO_2 电池不需要膜,而是由水电解质、镁阳极和生成气体（H_2）的阴极组成。与传统的有机和含水金属-二氧化碳电池不同,MF Mg-CO_2 电池不直接利用二氧化碳作为原料气来减少二氧化碳，而是将其转化为 H^+ 之后再进行消耗 [式（2-2）]。

七、Al-CO₂ 电池

Al-CO₂ 电池是一种以金属 Al 作为阳极的电池，2016 年，Archer 等[7]报道了一种反应中产生 O_2 的 Al-CO₂ 电池。通过实时直接分析质谱（DART-MS）、扫描电镜-能量色散 X 射线能谱（SEM-EDX）、X 射线光电子能谱（XPS）和热重分析傅里叶变换红外光谱（TGA-FTIR）分析表明，电池首先将 O_2 还原为 O_2^-，然后 O_2^- 将 CO_2 还原为 CO_4^-，最后生成 $Al_2(C_2O_4)_3$，该体系的放电电压在 1.4 V 左右，在 $70\ mA\cdot g^{-1}$ 的电流密度下，放电比容量高达 $13000\ mAh\cdot g^{-1}$。Al-CO₂ 电化学电池的反应机理如下：

$$2Al \Longleftrightarrow 2Al^{3+} + 6e^-$$
$$6O_2 + 6e^- \Longleftrightarrow 6O_2^-$$
$$3CO_2 + 3O_2^- \Longleftrightarrow 3CO_4^-$$
$$3CO_4^- + 3O_2^- \Longleftrightarrow 3CO_4^{2-} + 3O_2$$
$$3CO_4^{2-} + 3CO_2 \Longleftrightarrow 3C_2O_4^{2-} + 3O_2$$
$$2Al^{3+} + 3C_2O_4^{2-} \Longleftrightarrow Al_2(C_2O_4)_3$$

总反应：

$$2Al + 6CO_2 \Longleftrightarrow Al_2(C_2O_4)_3$$

2018 年，罗俊等[8]提出并实现了一种以铝箔为负极、离子液体为电解质、钯包覆多孔纳米金（NPG@Pd）为正极的可充电 Al-CO₂ 电池。电池放电/充电电压差仅为 0.091 V，能量效率高达 87.7%。通过拉曼光谱、XPS、傅里叶红外光谱（FTIR）和电子能量损失光谱（EELS）对放电产物进行了表征，经证明电化学电池的反应机理如下：

$$4Al + 9CO_2 \Longleftrightarrow 2Al_2(CO_3)_3 + 3C$$

在该电池反应中，CO_2 在放电过程中生成 $Al_2(CO_3)_3$ 和 C，并在充电时分解，实现对 CO_2 的可逆利用。该研究工作为开发高效、安全、绿色、可充电的 CO_2 能源装置提供了基础，有待进一步研究。

第三节　非金属电池

一、简介

为了稳定电力供应，不断扩大可变可再生能源，需要更多新的电力储能（EES）技术来调节供需平衡。目前，最主要的蓄能方式是抽水蓄能技术，这是一种大容量电力系统技术，但由于此方法所需空间较大，因此难以普及[44]。尽管锂离子电池具有高能量密度（ED）和功率密度（PD），但与抽水蓄能的成本相比，锂离子电池的使用成本过高[45]。因此，需要开发新的大容量微电网电力储能技术。电能制气（P2G）系统以氢气的形式储存能量，适用于大容量 EES 系统。电能制气产生的氢气可用于燃气网供应、汽车燃料、燃烧产生热量、分布式燃料电池系统，并通过大型混合燃烧涡轮机或燃料电池向电网供电（H₂/H₂O-power-to-gaspower，H_2/H_2O-P2G2P）。由于电解电池/燃料电池的充放电功率（CDP）和能量存储容量（ESC，即 H_2 存储容量）可以独立控制，所以 H_2/H_2O-P2G2P 系统可以大规模存储能量并且不需要占据很大的空间。图 2-13 为一种理想燃料电池的简易电池结构，该电池只产生 CO_2 废气。

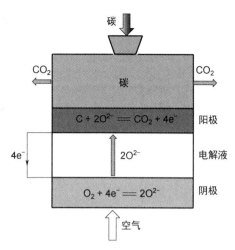

图 2-13　理想碳燃料电池（CFC）的通用图解，其中固体燃料通过电化学转化为电能，同时只产生二氧化碳[46]

二、碳熔融空气电池

由于大气中 CO_2 浓度的显著持续上升和碳基能源资源的日益枯竭，二氧化碳释放已成为一个重要的全球性问题[47]。等离子体分解是一种非常节能的过程，通过利用可再生电力将二氧化碳转化为 CO 和 O_2，重新将二氧化碳引入能源和化学循环。该工艺的瓶颈是 CO 与 O_2 和残余 CO_2 混合在一起，这会导致难以获得纯净的 CO，因此，高效的气体分离和回收对于获得纯 CO 至关重要。

二氧化碳分解是消耗能源的过程[47]，按照目前已被证实的技术，非热等离子体辅助解离二氧化碳已被证明能够达到 80% 的能量效率。虽然非热等离子体辅助解离二氧化碳的技术有很高的能量效率，但此工艺解离出来的气体是三种气体（CO_2、CO 和 O_2）的混合物，在此情况下，就需要额外的分离步骤来纯化 CO，以便后续用于水煤气变换反应和合成气制燃料工艺，如图 2-14 所示。

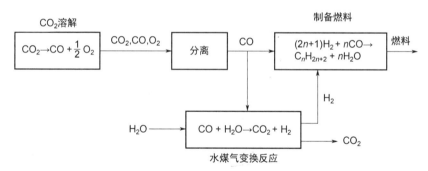

图 2-14　二氧化碳中性燃料生产示意图[47]

2021 年，Ihara 等[48]提出了一种碳/空气二次电池（CASB）系统，该系统通过 CO_2 电解产生 C 来储存能量，储存的 C 在需要时可与空气中的 O_2 反应放出热量，最后再将热能转化为电能。而且，他们绘制了 CASB 系统和 H_2/H_2O-P2G2P 系统的体积和质量 Ragone 图（一种用于分析储能器件性能的图形表示方法，展示了能量密度与功率密度之间的对数-对数关系），并将 CASB 系统与其他 EES 设备 [如锂离子电池、钠硫（NaS）电池、铅酸电池、镍镉（NiCd）电池和钒氧化还原流液电池（VRFB）] 进行了比较。Ragone 图（图 2-15）显示，在相同 PD 下，CASB 系统的体积能量密度（VED）高于 H_2/H_2O-P2G2P 系统，并且预计其 VED 和质量能量密度（GED）均高于上述其他 EES 设备。Ihara 等通过使用两个参比电极和一个间歇式反应器，首次测量了电动势（emf）和终端电压的经过时间变化，该项研究表明该电池的充电过程，也就是储存能量的过程（将 CO_2 电解成 C）是通过 CO_2 电解的 Boudouard 分解（即碳的气化反应，是碳和二氧化碳生成一氧化碳的过程）进行的。CASB 系统在 800 ℃和 100 mA·cm^{-2}下的最大库仑效率（η_C）为 84%，充放电效率（η_{cd}）为 38%，PD 为 80 mW·cm^{-2}。

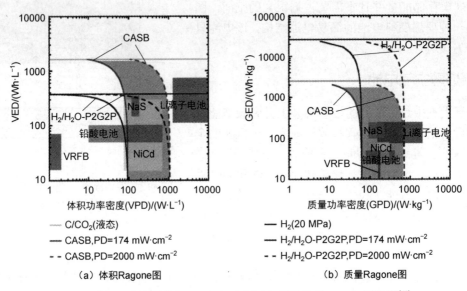

（a）体积Ragone图 　　　　　（b）质量Ragone图

图 2-15 CASB 系统和 H_2/H_2O-P2G2P 系统的 Ragone 图比较[48]

CASB 系统是一种集 CO_2 电解充电和 CFC 发电于一体的 EES 系统。用于 CASB 系统的氯氟烃主要有两类[46,50,51]，即熔融碳酸盐基氯氟烃[49,52]和固体氧化物基氯氟烃[53-57]。图 2-16 展示了一种 CASB 系统，使用熔融碳酸盐基氟氯氟烃作为电解质，在运行时二氧化碳在燃料电极和空气电极之间循环。Ihara 等[48]在 CASB 系统中使用固体氧化物燃料电池和电解电池（SOFC/EC）进行充放电操作。放电反应过程中，C 氧化可产生电能，如图 2-17（a）所示。在电极上金属、氧化物离子导体和燃料的三相边界（TPB）处，C 和 CO 的电化学反应如下所示。

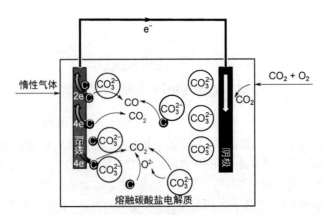

图 2-16 熔融碳酸盐基直接碳燃料电池（MC-DCFC）系统示意图[49]

CO_2 和 O_2 在阴极获得电子生成碳酸盐离子；碳酸盐离子和碳在阳极产生 CO 或 CO_2 和电子。

同时，碳酸盐离子很容易分解成 O^{2-} 和 CO_2

$$C + O^{2-} \longrightarrow CO + 2e^- \qquad (2\text{-}5)$$

$$C + 2O^{2-} \longrightarrow CO_2 + 4e^- \qquad (2\text{-}6)$$

$$CO + O^{2-} \longrightarrow CO_2 + 2e^- \qquad (2\text{-}7)$$

在充电过程中，当施加电压发生反应（2-7）和反应（2-8）的逆反应时，可以反复供给 C 进行放电，如图 2-17（b）所示。

$$C + CO_2 \Longleftrightarrow 2CO \qquad (2\text{-}8)$$

$$CO + \frac{1}{2}O_2 \longrightarrow CO_2 \qquad (2\text{-}9)$$

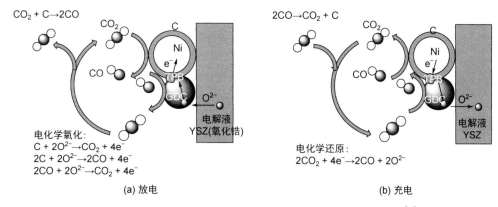

图 2-17　CASB 系统中放电和充电时燃料电极上的反应机理[48]

按照式（2-5）或式（2-6）进行的电化学碳沉积仅发生在 TPB 上。为了增加与 ESC 直接相关的 C 的量，需要通过 Boudouard 分解［式（2-8）］在整个电极表面沉积 C。虽然在发电过程中可以通过 C 的直接电化学氧化［式（2-5）式（2-6）］来控制过电压的增加，但还需要开发一种在 Boudouard 平衡的 CO_2 电解过程中过电压小的电极。当 CO 分压随反应（2-7）的逆反应增加时，即当电池在进行反应（2-7）的逆反应时，生成的 CO 在平衡态下进行 Boudouard 分解反应，在 Ni 上转化为 C。平衡气体组成取决于温度和压力，如图 2-18 所示。

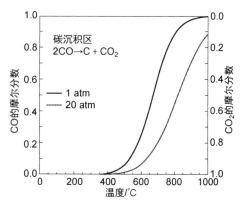

图 2-18　总压为 1 atm 和 20 atm（1 atm= 101.325 kPa）的 Boudouard 平衡状态下 CO 和 CO_2 的摩尔分数与温度的关系，根据式（2-7）和式（2-9）的平衡常数计算相关性[48]

CASB 系统由充放电单元（SOFC/EC）和存储材料（C 和 CO_2）组成，其储能方法如图 2-19 所示。

与氧化还原液流电池或 H_2/H_2O-P2G2P 系统一样，CASB 系统中的 CDP 和 ESC 可以独立控制。因此，CASB 系统可以有较大的 ESC。为了增加 ED，在放电过程中，CO_2 应冷却，然后压缩，最后以液态储存在 SOFC/EC 外，但是因为放电时［图 2-19（b）］出口气体是 CO 和 CO_2 在平衡组成下的混合物，想要直接回收利用纯净的 CO_2 继续储存就比较困难。增加气体中 CO_2 分压的方法有化学或物理吸收、压力和/或温度变化吸附[47, 58]、膜分离[59, 60]、冷凝、CO 燃烧等。因此，必须根据系统的优先级，如

ED 和总效率，设计合适的排放工艺，从而将不同的气体分离开来。由于充电循环过程中产生的 C 存储在 SOFC/EC 中，所以 CASB 系统存在储能容量（ESC）的上限。不过，上限可以通过扩大燃料电极一侧的内部空间来提高。Ihara 等[48]得出 CASB 体系的电荷反应机理分为三个阶段，如图 2-20 所示。

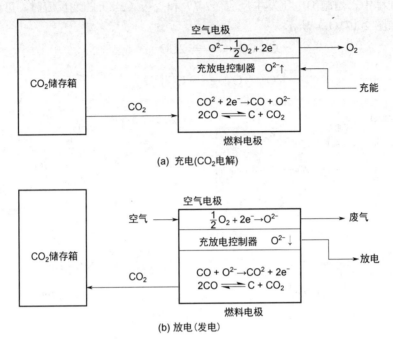

(a) 充电(CO₂电解)

(b) 放电（发电）

图 2-19　CASB 系统中的充电和放电[48]

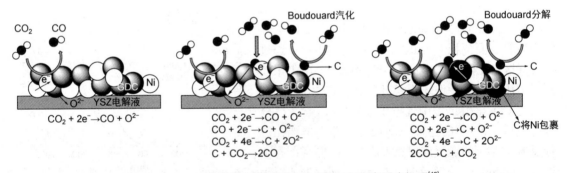

图 2-20　Ihara 等提出的燃料电极上的三级充电反应机理[48]

　　Ihara 等的实验结果是第一次直接观察到二氧化碳电解过程中通过 Boudouard 分解沉积 C。如图 2-20 所示，燃料电极存在 Boudouard 平衡态，C 的沉积是 CO_2 电化学还原为 CO 和 Boudouard 分解共同作用的结果。

习题

1. 我国为何要大力发展新能源？
2. $Na\text{-}CO_2$ 电池可分为哪几种？
3. $K\text{-}CO_2$ 电池作为一种更有潜力的电池，为何得不到快速发展？

4．碳熔融空气电池的优缺点是什么？

5．碳/空气二次电池（CASB）系统的反应原理是什么？

参考文献

[1] Muhammad K A, Wang H, Chen S, et al. Progress and perspectives of metal (Li, Na, Al, Zn and K)-CO$_2$ batteries [J]. Materials Today Energy, 2023, 31: 101196.

[2] Xu S, Shyamal K D, Lynden A A. The Li-CO$_2$ battery: A novel method for CO$_2$ capture and utilization [J]. RSC Advances, 2013, 3(18): 6656.

[3] Zhang Z, Zhang Q, Chen Y, et al. The first introduction of graphene to rechargeable Li–CO$_2$ batteries [J]. Angewandte Chemie International Edition, 2015, 54(22): 6550-6553.

[4] Hu X, Sun J, Li Z, et al. Rechargeable room-temperature Na-CO$_2$ batteries [J]. Angewandte Chemie, 2016, 128(22): 6592-6596.

[5] Hu X, Li Z, Zhao Y, et al. Quasi-solid state rechargeable Na-CO$_2$ batteries with reduced graphene oxide Na anodes [J]. Science Advances, 2017, 3(2): e1602396.

[6] Xu S, Lu Y, Wang H, et al. A rechargeable Na-CO$_2$/O$_2$ battery enabled by stable nanoparticle hybrid electrolytes [J]. Journal of Materials Chemistry A, 2014, 2(42): 17723-17729.

[7] Wajdi I, Al S, Lynden A, et al. The O$_2$-assisted Al/CO$_2$ electrochemical cell: A system for CO$_2$ capture/conversion and electric power generation [J]. Science Advances, 2016, 2(7): e1600968.

[8] Ma W, Liu X, Li C, et al. Rechargeable Al-CO$_2$ batteries for reversible utilization of CO$_2$ [J]. Advanced Materials, 2018, 30(28): 1801152.

[9] Shyamal K D, Xu S, Lynden A A. Carbon dioxide assist for non-aqueous sodium-oxygen batteries [J]. Electrochemistry Communications, 2013, 27: 59-62.

[10] Kensuke T, Tohru S, Takahiko A. A Li-O$_2$/ CO$_2$ battery [J]. Chemical Communications, 2011, 47(12): 3463–3465.

[11] Xing Y, Yang Y, Li D, et al. Crumpled Ir nanosheets fully covered on porous carbon nanofibers for long-life rechargeable lithium-CO$_2$ batteries [J]. Advanced Materials, 2018, 30(51): 1803124.

[12] Lv H, Huang X L, Zhu X, et al. Metal-related electrocatalysts for Li-CO$_2$ batteries: An overview of the fundamentals to explore future-oriented strategies [J]. Journal of Materials Chemistry A, 2022, 10(48): 25406-25430.

[13] Wang S, Xu K, Song H, et al. A high-energy long-cycling solid-state lithium-metal battery operating at high temperatures [J]. Advanced Energy Materials, 2022, 12(38): 2201866.

[14] Wang S, Song H, Zhu T, et al. An ultralow-charge-overpotential and long-cycle-life solid-state Li-CO$_2$ battery enabled by plasmon-enhanced solar photothermal catalysis [J]. Nano Energy, 2022, 100: 107521.

[15] Zhou J, Li X, Yang C, et al. A quasi‐solid‐state flexible fiber‐shaped Li-CO$_2$ battery with low overpotential and high energy efficiency [J]. Advanced Materials, 2018, 31(3): 1804439.

[16] Xie J, Liu Q, Huang Y, et al. A porous Zn cathode for Li-CO$_2$ batteries generating fuel-gas CO [J]. Journal of Materials Chemistry A, 2018, 6(28): 13952-13958.

[17] Bruce D, Haresh K, Jean-Marie T. Electrical energy storage for the grid: A battery of choices [J]. Science, 2011, 334(6058): 928-935.

[18] Peled E, Golodnitsky D, Mazor H, et al. Parameter analysis of a practical lithium-and sodium-air electric vehicle battery [J]. Journal of Power Sources, 2011, 196(16): 6835-6840.

[19] Chang S, Liang F, Yao Y, et al. Research progress of metallic carbon dioxide batteries [J]. Acta Chimica Sinica, 2018, 76(7): 515.

[20] Xu C, Dong Y, Shen Y, et al. Fundamental understanding of nonaqueous and hybrid Na-CO₂ batteries: challenges and perspectives [J]. Small, 2023, 19(15): 2206445.

[21] Sun J, Lu Y, Yang H, et al. Rechargeable Na-CO₂ batteries starting from cathode of Na₂CO₃ and carbon nanotubes [J]. Research, 2018, 2018(9): 6914626.

[22] Wang X, Zhang X, Lu Y, et al. Flexible and tailorable Na-CO₂ batteries based on an all - solid - state polymer electrolyte [J]. ChemElectroChem, 2018, 5(23): 3628-3632.

[23] Yi J, Guo S, He P, et al. Status and prospects of polymer electrolytes for solid-state Li-O₂ (air) batteries [J]. Energy & Environmental Science, 2017, 10(4): 860-884.

[24] Hu X, Paul H J, Edward M, et al. Designing an all-solid-state sodium-carbon dioxide battery enabled by nitrogen-doped nanocarbon [J]. Nano Letters, 2020, 20(5): 3620-3626.

[25] Changmin K, Jeongwon K, Sangwook J, et al. Efficient CO₂ utilization via a hybrid Na-CO₂ system based on CO₂ dissolution [J]. iScience, 2018, 9: 278-285.

[26] Ziyauddin K, Mikhail V, Xavier C. Can hybrid Na-air batteries outperform nonaqueous Na-O₂ batteries? [J]. Advanced Science, 2020, 7(5): 1902866.

[27] Xu C, Zhang K, Zhang D, et al. Reversible hybrid sodium-CO₂ batteries with low charging voltage and long-life [J]. Nano Energy, 2020, 68: 104318.

[28] Zhang W, Hu C, Guo Z, et al. High-performance K-CO₂ batteries based on metal - free carbon electrocatalysts [J]. Angewandte Chemie International Edition, 2020, 59(9): 3470-3474.

[29] Zhang L, Tang Y, Liu Q, et al. Probing the charging and discharging behavior of K-CO₂ nanobatteries in an aberration corrected environmental transmission electron microscope [J]. Nano Energy, 2018, 53: 544-549.

[30] Lu Y, Cai Y, Zhang Q, et al. Rechargeable K-CO₂ batteries with a Ksn anode and a carboxyl-containing carbon nanotube cathode catalyst [J]. Angewandte Chemie International Edition, 2021, 60(17): 9540-9545.

[31] Pei P, Wang K, Ma Z. Technologies for extending zinc-air battery's cyclelife: a review [J]. Applied Energy, 2014, 128: 315-324.

[32] Zhang R, Wu Z, Huang Z, et al. Recent advances for Zn-gas batteries beyond Zn-air/oxygen battery [J]. Chinese Chemical Letters, 2023, 34(5): 107600.

[33] Zhang R, Guo Y, Zhang S, et al. Efficient ammonia electrosynthesis and energy conversion through a Zn-nitrate battery by iron doping engineered nickel phosphide catalyst [J]. Advanced Energy Materials, 2022, 12(13): 2103872.

[34] Wang X, Xie J, Muhammad A G, et al. Rechargeable Zn-CO₂ electrochemical cells mimicking two - step photosynthesis [J]. Advanced Materials, 2019, 31(17): 1807807.

[35] Xie J Wang X, Lv J, et al. Reversible aqueous zinc- CO₂ batteries based on Co₂-hcooh interconversion [J]. Angewandte Chemie International Edition, 2018, 57(52): 16996-17001.

[36] Yang R, Xie J, Liu Q, et al. A trifunctional Ni-N/P-O-codoped graphene electrocatalyst enables dual-model rechargeable Zn-CO₂/Zn-O₂ batteries [J]. Journal of Materials Chemistry A, 2019, 7(6): 2575-2580.

[37] Wang K, Wu Y, Cao X, et al. A Zn-CO₂ flow battery generating electricity and methane [J]. Advanced Functional Materials, 2020, 30(9): 1908965.

[38] Xie J, Wang Y. Recent development of CO₂ electrochemistry from Li–CO₂ batteries to Zn-CO₂ batteries [J]. Accounts of Chemical Research, 2019, 52(6): 1721-1729.

[39] Wang T, Sang X, Zheng W, et al. Gas diffusion strategy for inserting atomic iron sites into graphitized carbon supports for unusually high - efficient CO₂ electroreduction and high-performance Zn-CO₂ batteries [J]. Advanced Materials, 2020, 32(29): 2002430.

[40] Wang Y, Liu J, Wang Y, et al. Efficient solar-driven electrocatalytic CO₂ reduction in a redox-medium-assisted system [J]. Nature Communications, 2018, 9(1): 5003.

[41] Huang Z, Chen A, Mo F, et al. Phosphorene as cathode material for high - voltage, anti-self-discharge zinc ion hybrid capacitors [J]. Advanced Energy Materials, 2020, 10(24): 2001024.

[42] Zhang Y, Jiao L, Yang W, et al. Rational fabrication of low - coordinate single - atom Ni electrocatalysts by

mofs for highly selective CO_2 reduction [J]. Angewandte Chemie International Edition, 2021, 60(14): 7607-7611.

[43] Jeongwon K, Arim S, Yang Y, et al. Indirect surpassing CO_2 utilization in membrane-free CO_2 battery [J]. Nano Energy, 2021, 82: 105741.

[44] Turgut M Gür. Review of electrical energy storage technologies, materials and systems: challenges and prospects for large-scale grid storage [J]. Energy & Environmental Science, 2018, 11(10): 2696-2767.

[45] Luo X, Wang J, Mark D, et al. Overview of current development in electrical energy storage technologies and the application potential in power system operation [J]. Applied Energy, 2015, 137: 511-536.

[46] Turgut M. Gür. Critical review of carbon conversion in "Carbon Fuel Cells" [J]. Chemical Reviews, 2013, 113(8): 6179-6206.

[47] Perez-Carbajo J, Matito-Martos I, Salvador R G B, et al. Zeolites for CO_2-CO-O_2 separation to obtain CO_2-neutral fuels [J]. ACS Applied Materials & Interfaces, 2018, 10(24): 20512-20520.

[48] Keisuke K, Sergei M, Manabu I. Carbon/air secondary battery system and demonstration of its charge-discharge [J]. Journal of Power Sources, 2021, 516: 230681.

[49] Cui C, Li S, Gong J, et al. Review of molten carbonate-based direct carbon fuel cells [J]. Materials for Renewable and Sustainable Energy, 2021, 10(2): 12.

[50] Adam C R, Sarbjit G, Sukhvinder P S B, et al. Review of fuels for direct carbon fuel cells [J]. Energy & Fuels, 2012, 26(3): 1471-1488.

[51] Yu F, Han T, Wang Z, et al. Recent progress in direct carbon solid oxide fuel cell: advanced anode catalysts, diversified carbon fuels, and heat management [J]. International Journal of Hydrogen Energy, 2021, 46(5): 4283-4300.

[52] Vutetakis D G, Skidmore D R, Byker H J. Electrochemical oxidation of molten carbonate‐coal slurries [J]. Journal of the Electrochemical Society, 2019, 134(12): 3027-3035.

[53] Yu F, Zhang Y, Yu L, et al. All-solid-state direct carbon fuel cells with thin yttrium-stabilized-zirconia electrolyte supported on nickel and iron bimetal-based anodes [J]. International Journal of Hydrogen Energy, 2016, 41(21): 9048-9058.

[54] Jiao Y, Tian W, Chen H, et al. In situ catalyzed boudouard reaction of coal char for solid oxide-based carbon fuel cells with improved performance [J]. Applied Energy, 2015, 141: 200-208.

[55] Cai W, Liu J, Xie Y, et al. An investigation on the kinetics of direct carbon solid oxide fuel cells [J]. Journal of Solid State Electrochemistry, 2016, 20(8): 2207-2216.

[56] Liu R, Zhao C, Li J, et al. A novel direct carbon fuel cell by approach of tubular solid oxide fuel cells [J]. Journal of Power Sources, 2010, 195(2): 480-482.

[57] Nobuyoshi N, Masaru I. Performance of an internal direct-oxidation carbon fuel cell and its evaluation by graphic exergy analysis [J]. Industrial & Engineering Chemistry Research, 2002, 27(7): 1181-1185.

[58] Rajamani K. Adsorptive separation of CO_2/CH_4/CO gas mixtures at high pressures [J]. Microporous and Mesoporous Materials, 2012, 156: 217-223.

[59] Liu Y, Hu E, Easir A. K, et al. Synthesis and characterization of Zif-69 membranes and separation for Co_2/Co mixture [J]. Journal of Membrane Science, 2010, 353(1-2): 36-40.

[60] Park C, Chang B, Kim J, et al. Uv-crosslinked poly(pegma-co-Mma-co-Bpma) membranes: synthesis, characterization, and CO_2/N_2 and CO_2/CO separation [J]. Journal of Membrane Science, 2019, 587: 117167.

第三章
电化学技术实现碳中和

全球范围内 CO_2 的无限制排放已经造成了严重的环境污染和气候变化问题。为了人类文明的可持续发展，通过清洁和经济的化学过程将 CO_2 转化为可再生燃料是非常必要的。近年来，电催化 CO_2 转化被认为是碳资源循环利用和燃料可持续生产的一条有前景的途径。本章介绍了将 CO_2 转化成醇类化合物、醛类化合物、羧酸类化合物、烷烃类化合物、烯炔类化合物、含氮类化合物等不同还原产物的方法。

所使用的电催化剂和所施加的电极电势对于 CO_2 还原的效率和选择性是至关重要的。近年来，在许多专家的研究下，已设计出大量有应用前景的电催化还原 CO_2 为高价值产物的方法。但由于现有电催化剂的选择性和稳定性不足，现有技术仍不能充分满足大规模工业应用的要求。

第一节　电化学技术

一、电化学技术及其发展史

电化学技术是利用电流与化学反应之间的相互作用来实现物质转化、储能、传感和分析的一种技术，涉及电解、电沉积、电化学合成、电化学腐蚀、电池等方面。

（一）常见的电化学技术

1. 电解

电解（electrolysis）是利用外加电流将电解质溶液或熔融盐体系中的化合物分解为正负离子的过程。电解技术广泛应用于金属提取、水电解制氢、电镀、电解分离等领域。

2. 电沉积

电沉积（electrodeposition）是利用外加电流在电极表面沉积金属、合金或其他物质的过程。电沉积技术常用于电镀、材料制备、纳米颗粒合成等。

3. 电化学合成

电化学合成（electrochemical synthesis）利用外加电流促进化学反应进行有机合成或无机合成，具有选择性高、反应温和等优点，常用于有机合成、药物合成、燃料合成等领域。

4. 电化学腐蚀

电化学腐蚀（electrochemical corrosion）是材料在电解质溶液中由于电化学反应而发生的腐蚀现象。电化学腐蚀研究可用于材料的腐蚀行为评估、防腐蚀措施设计等。

5. 电池

电池（battery）是将化学能转化为电能的装置，利用电化学反应在正负极之间产生电势差，并通过外部电路释放电能。常见的电池包括锂离子电池、铅酸蓄电池、燃料电池等，广泛应用于电动车辆、便携设备、储能系统等。

6. 电化学传感器

电化学传感器（electrochemical sensors）是利用电化学方法检测和测量化学物质浓度、pH值、氧气含量等的装置，具有灵敏度高、选择性好、实时监测等特点，常用于环境监测、生物传感等领域。

7. 电化学储能

电化学储能（electrochemical energy storage）技术通过将电能转化为化学能并储存起来，然后在需要时将其释放出来。常见的电化学储能技术包括锂离子电池、超级电容器等，广泛应用于电动车辆、可再生能源储能等领域。

以上是常见的电化学技术，它们在能源、环境、材料等领域发挥着重要作用，并为解决许多社会问题提供了新的途径。随着科学技术的不断进步，电化学技术也在不断发展和创新。电化学技术的发展经历了从基础实验到应用开发的过程。

（二）电化学的发展史

1. 18 世纪末—19 世纪初：电化学学科的起源

电化学的起步可以追溯到 18 世纪末期。英国化学家亨利·卡文迪许（Henry Cavendish）在 1780 年观察到了水的电解现象，这是电化学的早期实验之一。随后，意大利化学家路易吉·加尔瓦尼（Luigi Galvani）于同年发现"生物电"现象；1800 年，亚历山德罗·伏打（Alessandro Volta）发明了世界上首个可连续供电的化学电源"伏打电堆"（voltaic pile）。

2. 19 世纪：电化学技术发展的关键时期

英国化学家迈克尔·法拉第（Michael Faraday）是电化学领域的重要人物。他在 1834 年提出了电解的法拉第定律，描述了电流与电解物质的质量和化学反应之间的关系。法拉第还研究了电化学沉积现象，并提出了"法拉第电解定律"，描述了电解沉积物的质量与通过电解沉积的电量之间的关系。电解、阳极和阴极等术语就是在这个时期被引入使用的。法拉第敏锐地观察到电化学电势诱导离子通过溶液的运动，从而催生了现代使用离子盐作为电解质来增加有机体系导电性的方法。阿道夫·科尔贝（Adolph Kolbe）受到法拉第对乙酸的电解实验的启发，发明了 Kolbe 电解法[1]，其反应机理如图 3-1 所示。Kolbe 电解法也为后世的科学家们提供了一种简易的用电化学氧化羧酸制烷基自由基的手段。与此同时，电化学分析方法也得到了快速发展。研究人员们在过去已有的技术基础上先后发展了电解分析法（electronic analysis）和电位滴定法（potentiometric titration）等技术，用于定量测定化合物的浓度和化学活性。

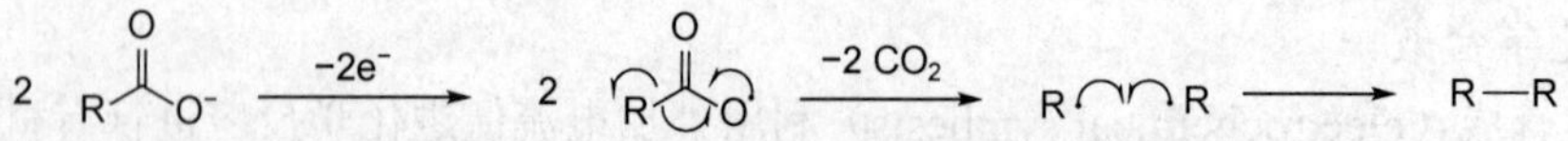

图 3-1　Kolbe 电解反应机理

到 19 世纪中叶，德国化学家弗里茨·哈贝（Fritz Haber）发明了电解水制氢的方法，这对农业和工业的发展有着重要意义。通过电解水，可以将水分解成氢气和氧气，其中氢气可用于燃料和工业用途。

3. 20 世纪：电化学技术得到了进一步发展

在 20 世纪初，科学家们开始利用电化学方法进行有机合成，如电化学还原和电化学氧化合成有机化合物。有机电合成作为在有机合成中以电流作为驱动能源的方法，具有独特的优势，被认为是一种温和而强大的合成方法。有机电合成将电子作为试剂直接应用于氧化还原过程中，替代通常使用的氧化剂、还原剂，不仅可以降低合成方案的风险和成本，还能减少废物产生并提高原子利用率和反应效率，符合绿色化学的本质要求。随着这些环境友好的特性逐渐被揭示和研究，有机电合成逐渐发展起来，并成为合成领域中一个快速发展的领域。图 3-2 列举了部分有机电合成体系。

图 3-2　有机电合成主要体系

在 20 世纪 70 年代，第一代可充电锂离子电池成功面世，这是一种能够在充放电循环中反复使用的电池。锂离子电池的发明为便携式电子设备、电动车辆等提供了重要的电力来源。到了 20 世纪后期，燃料电池已成为研究热点之一。燃料电池将化学能转化为电能，通过氢气或可燃气体与氧气的反应产生电力，同时产生副产品水。

4. 21 世纪：电化学技术得到了更多的关注和研究，尤其是在能源和环境领域

在能源领域，电化学储能技术是重要的研究方向之一。随着可再生能源的快速发展，电化学储能技术成为重要的能源存储手段。锂离子电池、钠离子电池、超级电容器等储能技术

不断发展，推动了电动车辆、智能电网等应用的普及。例如：碳酸二甲酯作为一种重要的能源工业化学品，常被应用于生物柴油制品的试剂原料、燃料添加剂、锂电池中的电解液以及聚碳酸酯合成的中间体[2]。制备碳酸二甲酯的反应机理如图 3-3 所示。在环境领域，电化学促进 CO_2 还原更是重中之重。为了减少 CO_2 排放和实现碳中和，电化学 CO_2 还原技术引起了广泛的关注。这项技术利用电流将 CO_2 转化为有价值的化合物，如甲醇、乙醇等，从而实现碳资源的循环利用。另外，电化学 CO_2 还原技术还广泛应用于环境监测、电化学传感器、电解金属沉积、电化学腐蚀等领域。

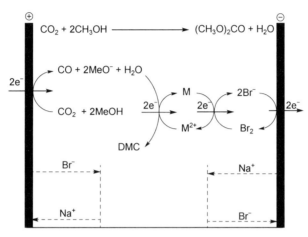

图 3-3　CO_2 制备碳酸二甲酯氧化还原中性电合成体系

总体而言，经过一个多世纪的发展，有机电合成的工艺逐渐成熟，化合物的氧化还原、官能团的引入与脱离以及电解产物的制备均有很大的发展。进入 21 世纪，随着全球工业化城镇化的兴起，人类活动在自然中扮演着重要的角色，极大地参与了自然环境演变的进程。在众多人类活动中，影响最为深刻、范围最为广泛的是：CO_2 的过量排放已经远远超出了自然界吸收的能力，长期以来的碳循环稳定出现了巨大的缺口，导致了全球温室效应的增强。为了应对气候变化和环境问题，实现可持续发展和建立低碳经济；为了减少温室气体排放、循环利用资源、推动能源转型，同时保护环境和促进经济发展，科学家们将目光放在了 CO_2 的还原上。

二氧化碳电还原反应（carbon dioxide electroreduction，CO_2ER）是一类通过电化学过程将 CO_2 转化为高附加值化合物的反应。早在 20 世纪中叶，科学家就开始研究 CO_2 的电化学还原反应，并尝试利用电流将 CO_2 转化为有机物质。然而，在那个时候，CO_2ER 的效率非常低，并且对产物的选择性也很差。到了 21 世纪初，随着对气候变化和可持续能源关注的增加，CO_2ER 的研究得到了更多的关注。科学家们开始开发新的电催化剂、电解池和反应条件，以提高 CO_2ER 的反应效率和选择性。研究人员还使用新的表征技术和计算方法来深入理解 CO_2ER 的机理。

二、CO_2 电还原反应概述

在 CO_2ER 过程中，CO_2 在电化学电极上受到外加电势的作用而发生还原反应，转化为其他化合物，可以用如下的化学方程式来表述：

$$x CO_2 + n H^+ + n e^- \longrightarrow 产物 + y H_2O$$

CO_2ER 的发生电极是阴极，通常由导电材料制成，如金属（如铜、银、铁、铝等）或导电聚合物。与之对应的阳极反应必须是析氧反应（oxygen evolution reaction，OER）：

$$2H_2O \longrightarrow O_2(g) + 4H^+ + 4e^-（酸性条件）$$

$$2OH^- \longrightarrow 2H_2(g) + H_2O + 2e^-（碱性条件）$$

这是因为水可以同时提供质子和电子，可再生且易大量获取。而 CO_2ER 根据还原产物的不同，可用电子转移的电荷量来区分。CO_2 在环境条件下通常是非常稳定的，其还原反应需较高的负电势来驱动。然而，在有些反应中，质子伴随着多电子的转移过程，也需要相近的电势，这导致产物选择性控制变得非常困难。例如，还原反应可通过电子转移过程和反应产生一系列的产物，包括一氧化碳（CO）、甲酸（HCOOH）、甲醇（CH_3OH）、甲醛（HCHO）、甲烷（CH_4）、乙烯（$CH_2{=}CH_2$）、乙醇（CH_3CH_2OH）、羧酸衍生物和其他产物（表3-1）。

此外，在水溶液中进行 CO_2 电催化还原通常都伴有阴极的析氢反应（hydrogen evolution reaction，HER）发生：

$$2H^+ + 2e^- \longrightarrow H_2(g)（酸性条件）$$

$$2H_2O + 2e^- \longrightarrow H_2(g) + 2OH^-（碱性条件）$$

在 CO_2ER 反应过程中，阴极的 HER 通常是一个不期望的副反应。虽然主要目标是将 CO_2 还原为有用的化合物，但由于电极反应的复杂性和反应条件的影响，一部分电流可能会导致 H_2 的生成。大量的 HER 会导致 CO_2ER 的能量效率降低，同时降低 CO_2ER 的效率和选择性，使得目标产物的产量低、能耗大。因此，高活性的 CO_2 还原电催化剂在反应中不仅要有高效率和高选择性，还要能抑制 H_2 的产生。

常用的抑制 HER 反应的策略包括：

① 催化剂设计。选择合适的阴极催化剂，使其在 CO_2ER 中具有高的活性和选择性，同时降低析氢反应的速率。催化剂的设计可以通过调节其电极表面结构、活性位点和电子传递性能来实现。

② 反应条件控制。调整反应条件，如电流密度、温度和电解质浓度等，以最大限度地抑制析氢反应的发生。优化反应条件可以提高 CO_2ER 的效率和产物选择性。

③ 材料涂层。在阴极表面引入特殊的涂层材料，以限制析氢反应的发生。这些涂层可以通过调节电极与电解质之间的界面特性，减少氢气生成的倾向等。

表3-1 CO_2 的不同还原产物的反应电极电位与可逆氢电极（RHE）的关系[3]

编号	电化学热力学半反应	过电位/V (vs RHE)
1	$CO_2 + H_2O + 2e^- \longrightarrow CO + 2OH^-$	−0.10
2	$CO_2 + 2H_2O + 2e^- \longrightarrow HCOOH + 2OH^-$	−0.20（pH < 4）
3		−0.20 + 0.059（pH > 4）
4	$CO_2 + 3H_2O + 4e^- \longrightarrow CH_2O + 4OH^-$	−0.07
5	$CO_2 + 5H_2O + 6e^- \longrightarrow CH_3OH + 6OH^-$	0.02
6	$CO_2 + 6H_2O + 8e^- \longrightarrow CH_4 + 8OH^-$	0.17
7	$2CO_2 + 8H_2O + 12e^- \longrightarrow C_2H_4 + 12OH^-$	0.08
8	$2CO_2 + 9H_2O + 12e^- \longrightarrow CH_3CH_2OH + 12OH^-$	0.09

电流密度以及过电位共同决定反应活性。过电位是一个电极反应偏离平衡时的电极电位

与这个电极反应的平衡电位的差值。同一过电位下，电流密度越大，反应活性越大，产率越高；或者，同一电流密度下，过电位越低，反应活性越大。电流密度代表电催化过程中施加的电位与产物产生的热力学平衡电位之差，与催化剂本体性质有关，直接显示催化剂的催化能力并可反映 CO_2ER 过程的能量效率。活性的标准化通常用电流密度来表示，计算电流密度时所用面积包括电极的几何面积和电化学活性面积。催化剂的比表面积和载量会影响基于几何面积的电流密度。而 CO_2 的电还原反应的选择性通常用法拉第效率（FE）来表示。法拉第效率指稳态反应下，转移到特定产物的电子数占总电子转移数的百分比。通常电还原反应的法拉第效率越高，反应的选择性就越好；反之，该反应的选择性较差。稳定性是指催化剂在催化反应过程中保持活性、产物选择性、抗毒性等性质的能力，也指催化剂的使用寿命。稳定性是评价催化剂性能优劣的重要指标之一。

为了得到特定还原产物，电化学还原反应中的其他参数，如电解液组成和浓度、pH、温度、催化剂、掺杂剂等，都必须考虑。其中尤为重要的是催化剂的选择，将直接影响还原产物以及反应的过电位和法拉第效率。例如，CO_2 在 Ag 上还原的主要产物是 CO，而在 Cd 上则主要产生 $HCOO^-$。此外，不同形态的 Cu 催化剂能够产生多种不同的还原产物。早在 1985 年，Yoshio Hori 等[4]首次报道了同时定量气态和液态产物的研究，实现了法拉第效率的闭合验证。其团队在多个多晶金属电极上进行了长达 1 h 的饱和 CO_2 的 $0.5\ mol\cdot L^{-1}$ $KHCO_3$ 在 $5\ mA\cdot cm^{-2}$ 下的恒电流电解实验。随后采用基本相同的方法将金属电极分为四组进行研究：①Pb、Hg、Tl、In、Sn、Cd 和 Bi 主要产生甲酸盐（$HCOO^-$）；②Au、Ag、Zn、Pd 和 Ga 主要生成 CO；③Ni、Fe、Pt、Ti 还原 CO_2 的量很少，几乎完全将水还原为 H_2；④Cu 的独特之处在于产生了大量的烃类、醛类和醇类。因此，Cu 是唯一可以将 CO_2 还原为需要两个以上电子转移且具有可观法拉第效率的产物的纯金属。

除了催化剂的选择，在电极表面由于 CO_2 还原被消耗，存在有 pH 梯度，进而影响产物选择性。pH 值和离子的存在可以稳定反应中间体，从而促进一种或另一种产物的形成。各形态催化剂、不同电解质下的 FE 与主要产物见表 3-2。

表 3-2　不同催化剂和电解质下 FE 和主要产物总结

催化剂	电解质	pH	过电位/V（vs RHE）	FE	产物	参考文献
CuO-Cu₂O	$0.1\ mol\cdot L^{-1}$ $KHCO_3$	6.8	−1	32.1	C_2H_4	[5]
CuO-Cu₂O	$0.1\ mol\cdot L^{-1}$ $KHCO_3$	6.8	−1	16.4	C_2H_5OH	[5]
Cu₂O-PdClₓ	$0.1\ mol\cdot L^{-1}$ $KHCO_3$	6.8	−1	30.1	C_2H_6	[5]
石墨基-PdCl₂	$0.1\ mol\cdot L^{-1}$ $KHCO_3$	6.8	−1	4.7	$HCOO^-$	[5]
石墨基-PdCl₂	$0.1\ mol\cdot L^{-1}$ $KHCO_3$	6.8	−1	8.1	CO	[5]
石墨基-PdCl₂	$0.1\ mol\cdot L^{-1}$ $KHCO_3$	6.8	−1	0.2	CH_4	[5]
Cu	KCl	5.9	−1.44	47.8	C_2H_4	[6]
Cu	$KHCO_3$	6.8	−1.41	30.1	C_2H_4	[6]
Cu NP	$0.1\ mol\cdot L^{-1}$ $KClO_4$	—	−1.1	30	CO	[7]
Cu NP	$0.1\ mol\cdot L^{-1}$ $KClO_4$	—	−1.1	35	C_2H_4	[7]
Cu NP	$0.1\ mol\cdot L^{-1}$ $KHCO_3$	6.8	−1.1	20/70	CO/H_2	[8]
Cu NW	$0.1\ mol\cdot L^{-1}$ $KHCO_3$	—	−0.6	30.7	HCOOH	[9]
Cu NW	$0.1\ mol\cdot L^{-1}$ $KHCO_3$	—	−0.4	60	CO	[9]

催化剂	电解质	pH	过电位/V（vs RHE）	FE	产物	参考文献
Cu 介晶	0.1 mol·L^{-1} KHCO$_3$	—	−0.99	81	C$_2$H$_4$	[10]
Cu NC	0.1 mol·L^{-1} KHCO$_3$	—	−0.6	26	C$_2$H$_4$	[11]
泡沫铜片	0.5 mol·L^{-1} KHCO$_3$	—	−0.5	26	HCOOH	[12]
光滑铜片	0.5 mol·L^{-1} KHCO$_3$	—	−0.5	3	HCOOH	[12]
泡沫铜片	0.5 mol·L^{-1} KHCO$_3$	—	−0.5	37	HCOOH	[12]
Cu NR	0.5 mol·L^{-1} KHCO$_3$	—	−2.75	24.5	CO	[13]
Cu D	0.5 mol·L^{-1} KHCO$_3$	—	−3.0	7	C$_2$H$_4$	[13]
Cu D	0.5 mol·L^{-1} KHCO$_3$	—	−2.75	7	C$_2$H$_4$	[13]
Cu 八面体	0.5 mol·L^{-1} KHCO$_3$	—	−3.0	5	CO	[13]
Cu D	0.5 mol·L^{-1} KHCO$_3$	—	−2.5	2.8	CH$_4$	[13]
Sn/SnO$_2$	0.5 mol·L^{-1} KHCO$_3$	7.2	−1.4	70	HCOO$^-$	[14]
Au/Cu NP	0.1 mol·L^{-1} KHCO$_3$	6.8	−1.2	20	CO/CH$_4$	[15]
Cu$_2$Cd/Cd/Cu	0.1 mol·L^{-1} KHCO$_3$	—	−1.0	84	CO	[16]
CuCo NP	0.1 mol·L^{-1} KHCO$_3$	—	−1.1	11	HCOOH	[17]
CuCo NP	0.1 mol·L^{-1} KHCO$_3$	—	−1.1	7.5	CO	[17]
Co NF	0.1 mol·L^{-1} KHCO$_3$	—	−0.456	63.4	HCOO$^-$	[18]
SnO$_2$	0.1 mol·L^{-1} KHCO$_3$	—	−0.8	37/40	CO/HCOO$^-$	[19]
铜铅纳米颗粒	NaOH+CH$_3$OH	14	−2.3	80	HCOOH	[20]
铜铅纳米颗粒	NaOH+CH$_3$OH	14	−2.1	12	CH$_4$	[20]
Cu 气体扩散电极	1 mol·L^{-1} KHCO$_3$	14	−2.8	69	C$_2$H$_4$	[21]

　　除了以上影响 CO$_2$ER 反应产物的活性与选择性的主要因素外，还应该考虑电解质的选择、电解槽的设计、高性能离子交换膜以及气体控制等因素。

　　电解质是电解槽中的溶液，具有导电和溶解 CO$_2$ 的性质。选择合适的电解质对于实现高效的 CO$_2$ER 至关重要。常用的电解质包括碳酸盐类、氯化物盐类和酸性溶液等。选择电解质时应考虑其溶解 CO$_2$ 的能力、离子导电性、对催化剂的影响以及产物选择性等因素。

　　作为电化学反应的装置，电化学反应器通常包括间歇式反应器和微反应器。间歇式反应器又包括不分流反应池、分流反应池和准分流反应池（准分流反应池与不分流反应池的区别在于准分流反应池的对电极比工作电极小得多）。传统的间歇式反应器具有装置结构简单、加工方便、操作弹性大、反应条件易于控制和改变等特点，但间歇式反应器也存在一些局限性，如电极表面有限、需要添加支持电解质（支持电解质是指在电化学反应中，不参与反应，但能够提高化学电池中溶液导电率的电解质）、难以放大反应等[22]。而微反应器具有以下优点：表面积大，传质和传热效率高，简化了放大方案；可精确控制温度、流速、压力和停留时间；由于是连续流反应，反应混合物连续流出反应器，降低了过氧化的可能性。

　　CO$_2$ER 通常需要对 CO$_2$ 气体的供应进行控制。合适的离子交换膜应具备良好的阻隔性能，以防止气体交叉传输，同时具备足够的电导率，促进离子传输。化学稳定性和适度的水合性也是考虑因素，以确保膜在酸碱环境下的长期稳定性和离子传输性能。常用的离子交换膜包括阳离子交换膜、阴离子交换膜和混合离子交换膜。电解槽中的气体通道应设计合理，以实现 CO$_2$ 的均匀分布和饱和度控制。气体的饱和度和流量可以通过流量控制器、气体分配器和气体透析膜等设备进行调节。

三、CO₂电还原反应机理

CO₂ER 的反应机理具有很高的复杂性，不同的催化剂和反应条件可能导致不同的反应途径和产物选择性。此外，CO₂ER 涉及多个电子和质子传递步骤，其中每个步骤的速率和能垒也会对反应效率和选择性产生影响。因此，详细的反应机理研究仍然是活跃的研究领域，旨在深入理解 CO₂ER 的反应过程，并指导催化剂的设计和反应条件的优化。CO₂ER 主要包括以下几个反应环节：

（1）CO₂ 吸附。在电极表面，CO₂ 分子首先吸附到催化剂表面的活性位点上。CO₂ 可以以不同的方式吸附，如线性吸附、端吸附或桥吸附，这取决于催化剂的表面结构和 CO₂ 的供应方式。

（2）质子和电子转移。在 CO₂ 吸附的基础上，质子和电子由电解质或水提供，转移到 CO₂ 分子上。这一步骤通常涉及氢离子的溶解、电解质的离子传输和电子从阴极到阳极的传递。

（3）中间体形成。在 CO₂ 分子上发生质子和电子转移后，产生活性中间体。这些中间体可以是 CO₂ 还原的过渡态或产物的前体，它们的形成通常是决定 CO₂ER 产物选择性的关键步骤。

（4）还原反应。中间体进一步经历一系列反应步骤，包括质子和电子的进一步转移、键的形成和断裂等，最终形成 CO₂ER 的产物。产物种类多样，包括甲酸、甲醇、甲烷、乙烯等，具体产物取决于催化剂和反应条件。

这里以生成*COOH 中间体的路线（如图 3-4 所示）为例：作为一个涉及双电子、双质子

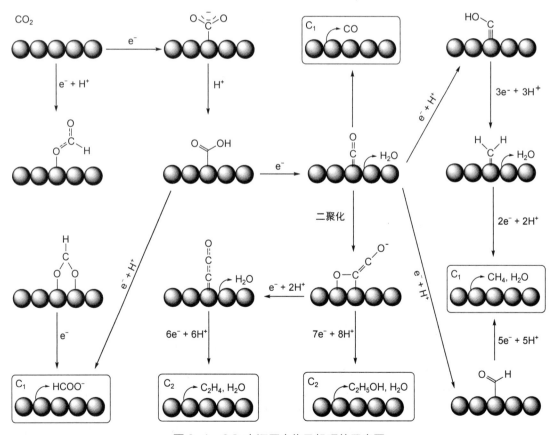

图 3-4　CO₂ 电还原产物及机理的示意图

的反应过程，CO$_2$ 分子首先在催化剂表面吸附，然后通过协同质子-电子转移（CPET）过程还原为 *COOH 中间体，然后另一个 H$^+$ 和 e$^-$ 攻击 *COOH 中间体，形成 H$_2$O 和 *CO 中间体。最后 *CO 中间体从电极表面脱附，得到 CO 气体产物。结果表明，*COOH 中间体易于转化为 *CO 中间体，但催化剂与 *COOH 结合较弱，抑制了 CO$_2$ 转化为 *COOH 中间体；并且 *CO 中间体与催化剂的结合较强，阻碍了 CO 在电极表面的脱附。这两个步骤被认为是 CO$_2$ 还原成 CO 的速率限制步骤。

另一种可能生成 *COOH 的途径对 CO$_2$ 的初始活化略有不同。CO$_2$ 活化的第一步不涉及 CPET 过程，而是一个解耦的电子和质子转移过程，从电极表面 CO$_2^{\cdot-}$ 自由基阴离子的形成开始。使用合适的电催化剂可稳定 CO$_2^{\cdot-}$ 自由基阴离子，通过在 CO$_2$ 和催化剂之间形成化学键，从而降低活化过电位。CO$_2$ER 的活性和选择性本质上取决于反应路径上各反应步骤中的中间体结合能。不同中间体的结合能通过热力学标度关系成比例关联。因此，无法在不影响另一种中间体的情况下优化某一中间体的结合能。此外，HER 是水溶液中主要的竞争反应，催化剂上的 H 结合能也需要考虑。因此，为提高 CO$_2$ER 的活性和 CO 产物的选择性，应采取打破标度关系以及抑制 HER 的策略。

事实上，若 CO$_2$ER 的产物选择性较差、法拉第效率（FE）低，不仅会导致 CO$_2$ 电解槽利用率降低，而且会使得产物分离的成本增加，不符合大规模工业化的要求。目前，只有 CO 和 HCOOH 的产率高，FE 接近 100%，而乙烯的最大选择性为 80%，乙醇的最大选择性为 52%，正丙醇的最大选择性为 30%。长链烃类需要多个 CO$_2$ 分子在催化剂表面吸附并协同转化，导致选择性急剧下降。除了选择性高的优点，CO 和 HCOOH 还是重要的化工原料和能源载体，具有广泛的应用前景。CO 可以用于合成多种有机化合物，如聚合物、烯烃和化学品。HCOOH 则可作为氢源、燃料和电池媒介物等，用于能源存储和电动车辆等领域。CO 和 HCOOH 相对于其他 CO$_2$ER 产物而言，具有较高的稳定性和低毒性。它们可以相对容易地储存、传输和处理，提供了更便利的处理和利用方式。同时，HCOOH 还可以在液体状态下储存和运输，与现有的基础设施相兼容。CO 和 HCOOH 的 CO$_2$ER 机理相对较为清晰，已经有较多的研究和理论支持。这为进一步优化催化剂设计和反应条件提供了基础，使其工业化实现更具可行性。基于以上因素，CO 和 HCOOH 被认为是 CO$_2$ER 中最有潜力实现大规模工业化的产物。然而，仍需进一步的研究和技术发展来提高产物选择性、催化效率和经济可行性，以推动 CO$_2$ER 技术的商业化应用。

除了合成 CO 和 HCOOH 用于化工行业、合成碳酸二甲酯用于能源行业，CO$_2$ER 在医疗药物合成行业最大的作用是以更加温和、环保、高效的方式去合成羧酸类药物（图 3-5）。

羧酸衍生物具有良好的药理活性，广泛存在于药物中。由于 CO$_2$ 的反应活性低，直接与 CO$_2$ 反应生成羧酸通常需要使用亲核性高的格氏试剂或锂试剂。近几十年来，过渡金属催化的 CO$_2$ 羧化反应取得了显著进展。然而，这些方法需要使用化学计量的还原剂，这使得反应成本过高且对环境不友好。在过去的十年中，化学家已经成功地使用 CO$_2$ 光催化固定合成了羧酸化合物，避免了使用化学计量的还原剂。有机电合成利用电实现有机分子或催化介质在"电极/溶液"界面的电荷转移，以及电能和化学能的相互转化，使旧键断裂、新键形成成为可能。通过电子转移实现氧化还原反应，成功替代了传统氧化还原剂的使用，降低了反应成本，抑制了副反应，对环境友好。因此，电化学固定 CO$_2$ 生成羧酸类化合物是一种合理的手段。

研究表明，需要使用牺牲阳极条件的电化学羧化反应是：有机卤化物金属催化的电化学羧化或烯烃的电化学羧化；一些特定底物（例如芳基砜、*N*-Boc-*α*-氨基砜、环丙烷、*N*-酰基亚胺、杂芳族化合物、β-羟基酸）的电化学羧化；需要使用特殊金属材料作为阳极以活化 CO_2 的电化学羧化反应。

瑞格列奈

甲氧萘丙酸

坎地沙坦

舒林酸

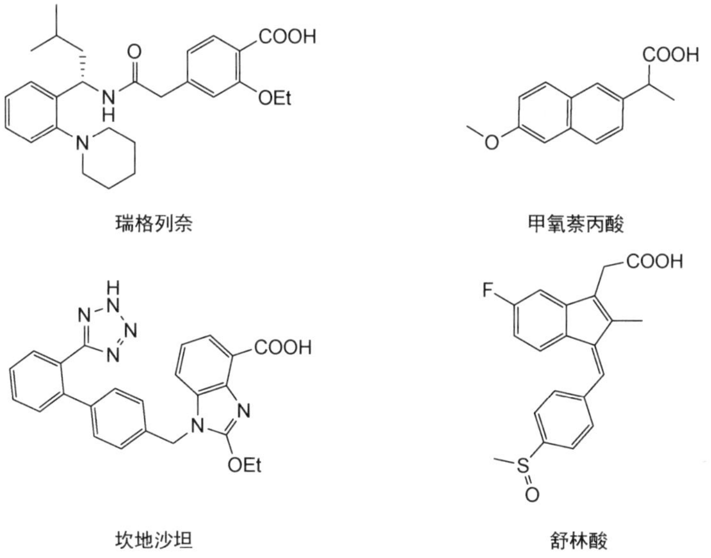

图 3-5　一些含有羧酸的代表性药物分子

除了上述三种情况之外，CO_2 的电化学羧化反应通常不使用牺牲阳极。决定反应是否可以使用非牺牲阳极的因素是：其他物质（例如 Et₃N、DMF、DABCO）可以在阳极氧化产生阳离子而不产生金属离子，也可以起到稳定负离子的作用；底物需要在阳极处被氧化，而使用牺牲阳极会有竞争反应。

四、电化学技术在促进碳中和方面的优势

（一）条件温和且可控

大多数情况下，电催化过程的条件十分温和且容易控制，如控制电流、pH 值等。因此，在实验过程中可以相对精确地调控反应条件，保证实验的准确性。温和的条件也意味着安全的实验环境。可控的条件也说明可以使用更加自动化的生产设备，降低人工生产带来的隐患，将更加安全、绿色环保。

（二）可控制还原产物且副产物少

电化学还原的产物可以通过反应参数如氧化还原电位、反应温度、电解质等来调节。催化剂会影响反应产物，例如，Ag 催化剂的主要产物是 CO，Cd 催化剂的主要产物是 $HCOO^-$，而不同形态的 Cu 催化剂可以产生多种多样的产物。Hori 及其团队的工作首次揭示了 CH_4 和 C_2H_4 之间的选择性受 pH 值的影响。由于 $KHCO_3$ 电解质浓度增加，低 pH 值时甲烷的生成加快，高 pH 值时 C_2H_4 的生成加快。溶液 pH 值可以调节 CO_2ER 的反应机理和产物选择性。酸性条件通常有利于产生低碳数的产物，而碱性条件有利于产生高碳数的产物。

通过优化电催化剂，CO_2 还原的副产物产量可以最小化到较低的水平：在金属催化剂中只有 Cu 催化剂才能生成 C_2 产物，而吴景杰及其团队提出了一种无金属纳米尺寸的 N 掺杂石墨烯量子点作为电催化剂进行 CO_2 电催化还原，也可以产生 C_2 产物[23]。这种 N 掺杂石墨烯

量子点的 CO_2 还原的总法拉第效率可达 90%，其中乙烯和乙醇的法拉第效率达到 45%。

（三）不额外产生 CO_2

作为驱动力的电力，可以用其他可再生能源（例如太阳能、风能等）获得，而不产生任何额外的 CO_2。例如，实验室中使用油浴锅加热时，超高的温度会加热周边的空气，空气中附带的灰尘（$PM_{2.5}$～PM_{10}）等会燃烧，产生少量 CO_2、SO_2 等气体；冶金工厂要达到高温一般都是使用高炉煤气、液体燃料重油等，这些燃料经过燃烧，不可避免地产生 CO_2。

（四）应用广泛

CO_2 电还原系统不仅可以产生多种高价值的产品，如乙醇、乙烯、尿素等，还能在温和可控的条件下制备和生产。通过调节催化剂种类、电解质浓度、反应条件和电极表面结构等因素，电化学技术可以实现对反应的选择性调控。这意味着可以控制所生成产物的种类和比例，以满足特定的需求和应用。目前用可再生能源作为驱动力、水作为质子和电子供体，将 CO_2 转化为碳基燃料或化学品的主要方法有光催化法、生物化学转化法、热催化法以及电化学转化法。其中光催化法需要较强的光辐射，生物化学转化法的难度大，均难以大规模应用；热催化法在同样需要大量能源加热的同时，其尾气处理也成大规模应用的难点之一。

（五）高效转化碳源

电化学技术可以将 CO_2 转化为有用的碳基化合物，如燃料、化工产品和材料等。这种转化过程可以高效利用 CO_2 这一常见的温室气体，并将其转化为有经济价值的产品，实现碳资源的循环利用。

（六）可扩展性和灵活性

电化学技术具有较高的可扩展性和灵活性，可以适应不同规模和应用领域的需求。从小型实验室设备到大型工业生产装置，电化学技术可以根据需要进行调整和优化，以满足不同规模的碳中和要求。而能够产生当前社会所需要的高价值产品，就意味着 CO_2 电还原系统能够在实际中运用。

五、用于电化学技术的新型催化剂

传统 CO_2 电催化的主要研究对象是单一相的贵金属催化剂。但是在不改变催化剂材料的情况下，已很难改善反应活性和反应速率。因此，越来越多的研究者倾向于新型催化活性位点或催化剂结构的研究，以提高电化学 CO_2 还原过程的效率。目前，已经开发出的催化剂类型包括以下几种。

（一）金属催化剂

具有纳米结构的金属催化剂一般具有高的比表面积，表面活性位点的数目也随比表面积成比例增加，因此纳米金属催化剂会有更多的活性位点。纳米催化剂颗粒的几何形貌、粗糙度和尺寸可能对 CO_2 还原过程中的活性和产物选择性产生影响。常见的有纳米多孔银催化剂（NP-Ag）、AgCl、Au、Pd、Au-Cu、Ag-Sn、Bi、Bi/Cu 等。

（二）金属氧化物催化剂

具有纳米结构的金属氧化物催化剂已经被报道可用于低电位下 CO_2 高选择性还原。

Co_3O_4、Cu_2O、Au 的金属氧化物、SnO_2 等均属于该类催化剂。

（三）金属络合物催化剂

金属络合物催化剂（如过渡金属复合物）可以通过系统地改变化学结构进而提高反应活性和选择性，特别是它们的纳米结构组装可以提高活性位点数量和加快反应速率。如多孔共价有机框架（COF）材料、Zn-MOF 等。

（四）碳基底非贵金属单原子催化剂

碳基底非贵金属单原子催化剂（carbon-supported non-precious metal single-atom catalysts，NPM-SACs/CS）作为一种新型催化剂，在 CO_2ER、HER、OER、ORR 和 NRR 等能量转换应用中展示出了巨大的应用前景[24]。该类催化剂具有较低的成本、高效的电催化性能和良好的稳定性。

（五）其他类型催化剂

其他类型催化剂包括石墨烯催化剂、将金属嵌入石墨烯中的材料、N 镶嵌的石墨烯材料等。

第二节　典型电化学技术促进碳中和

一、制备醇类化合物

（一）制备甲醇

甲醇（CH_3OH）在工业中具有广泛的应用。首先，甲醇是重要的化工原料，用于合成甲醛、甲酸、甲胺等有机化合物，这些化合物被广泛用于制造塑料、树脂、溶剂、染料和药物等。其次，甲醇作为清洁燃料，在能源领域用于发电、加热和燃料电池等。此外，甲醇还用于制备氢气、甲醚和甲苯等化合物，以及作为金属表面处理剂和反应溶剂。由于其多功能性和广泛的应用领域，甲醇在化学工业中扮演着重要的角色，促进了各种产品的生产和创新。

1. 四齿膦铁配合物酰胺化电催化还原 CO_2 制甲醇

2019 年，中国科学院青岛生物能源与过程研究所的毕娇娇研究员提出基于四齿膦配体{三[2-(二苯基膦)乙基]磷}的铁配合物[Fe(PP₃)(MeCN)₂](BF₄)₂催化 CO_2 电化学还原生成甲酸和甲醇[25]。在不添加二乙胺的情况下，还原 CO_2 生成甲酸的 FE 为 97.3%。加入二乙胺作为助催化剂，生成 CH_3OH 的 FE 为 68.8%，反应过程如图 3-6 所示。机理研究表明，在二乙胺的催化下，形成的氨基甲酸酯类化合物绕过了惰性的甲酸酯机理，并允许还原形成最终目标产物 CH_3OH，而[FeH(PP₃)](BF₄)氢化物络合物是电催化的活性物种。

加入的胺作为助催化剂可以与 CO_2 反应生成氨基甲酸酯，然后被还原为甲酰胺，进而生成甲醇。利用四齿膦铁配合物通过酰胺化策略进行 CO_2 电还原反应能够有效催化甲醇的生成。酰胺基团的引入增强了配合物的电子传递和 CO_2 活化能力，提高了催化剂的活性和选择性。此外，铁配合物还具有良好的稳定性和可再生性，可在长时间的反应过程中保持催化性能的稳定；与贵金属催化剂相比，基于铁的催化剂种类丰富、成本效益高且对环境友好。通过酰胺化策略开发四齿膦铁配合物在 CO_2 电催化还原制备甲醇方面取得了重要进展，为将 CO_2 转化为有价值的化学前体提供了可持续且高效的方法。

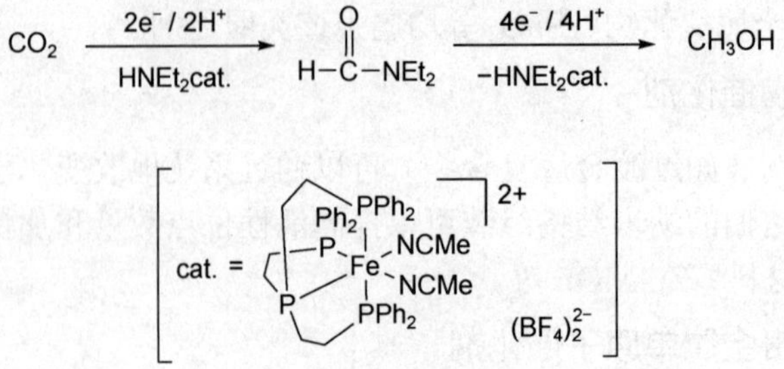

图 3-6 以四齿膦铁配合物为催化剂的还原反应

2. 酞菁钴在水相中电化学还原 CO_2 生成甲醇

酞菁钴是一种可将 CO_2 还原为 CO 的催化剂，也能在水溶液中在常温常压下进一步还原 CO 为甲醇。2019 年，Etienne 团队发现了甲醛是反应路径上的中间体，并探讨了 pH 值对选择性的影响[26]，提出了一个简单的顺序策略——利用同一种催化剂在两个电解槽中分别进行 CO_2 到 CO 和 CO 到甲醇的电化学还原，该策略最终实现了从 CO_2 到甲醇 19.5% 的总法拉第效率和 7.5% 的化学选择性。如图 3-7 所示，此还原反应使用了金属基分子复合物作为级联电催化剂，利用可再生电力在温和水溶液条件下实现了利用 CO_2 生产液体燃料；简单易制备的催化剂和电极，以及低负载量的催化剂，使得反应过程具有灵活性和易实施性。该团队还通过同位素标记实验、高效液相色谱分析、循环伏安法和 X 射线吸收近边结构光谱等手段，对反应机理和催化剂稳定性进行了深入的研究。

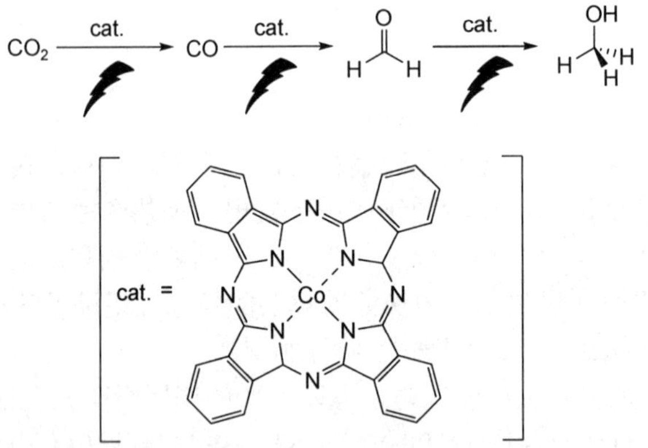

图 3-7 CO_2 到 CO 再到甲醇的电化学还原反应

然而，该研究也存在一些不足之处，例如催化剂在长时间电解后活性逐渐降低，甲醇产率受到甲醛浓度变化的影响，以及未考虑其他可能影响反应效率和选择性的因素（如电解液成分、温度、压力、流速等）。

以 CO_2ER 制备甲醇实现了 CO_2 资源的循环利用，为可持续发展提供了清洁的化学品和燃料。甲醇作为广泛应用的化工原料和燃料，具有高能量密度和工业成熟度，可以作为清洁燃料替代传统燃料，减少温室气体排放；此外，甲醇的液态状态便于储存和传输，适应现有基础设施，有利于实际应用和商业化。这项研究为开发高效的 CO_2 电还原催化剂提供了新的策略，在实现 CO_2 转化和可持续能源生产方面具有重要意义。

（二）制备乙醇

乙醇（C_2H_5OH）是一种重要的工业化合物，广泛应用于多个领域。首先，乙醇在化工工业中用作溶剂和反应介质，也用于合成各种有机化合物，如醚类、酯类和醇类化合物。其次，乙醇是酒精饮品的主要成分，用于制造啤酒、葡萄酒、烈酒等。此外，乙醇也被用作清洁燃料，可用于汽车燃料混合物和生物燃料的生产。另外，乙醇还用于医药领域，作为溶剂和药物成分。乙醇具有广泛的工业用途，它的多功能性和可替代性使其成为化学工业中重要的化合物之一。

1. 原位构建的 Cu/CuNC 界面还原 CO_2 制备乙醇

2023 年，中国科学院化学研究所胡劲松研究员和东南大学王金兰教授等合作，通过理论模拟和实验证明了电子结构不对称的 Cu-Cu/Cu-N-C 双位点界面可以在低过电位下，有效实现高效地 C—C 偶联，并由此合成了用于电还原 CO_2 制 C_2 产物的高选择性催化剂，在 -0.35 V（vs RHE）的还原电势下，其法拉第效率为 60.3%（乙醇为 55%）[27]。图 3-8 为其还原反应过程。

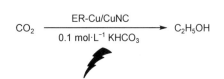

图 3-8　ER-Cu/CuNC 电催化还原 CO_2 制备乙醇

ER-Cu/CuNC 是通过对 Cu-N-C 进行原位电化学还原制备而成的。按照工作电极制备工艺，首先将 Cu-N-C 样品负载在工作电极上，然后在 0.1 mol·L^{-1} $KHCO_3$ 电解液中，在 CO_2 还原条件下，在 -0.30 V（vs RHE）下电化学还原 2 h，形成 ER-Cu/CuNC 催化剂。

在 Cu/CuNC 界面构建的催化剂中，CO_2 的还原反应显示出低过电位和高效的特性，实现了高选择性生成乙醇。Cu 和 CuNC 之间的界面相互作用提供了更高的活性位点和协同效应，促进了 CO_2 的活化和反应的进行。同时，界面构建还能够调控反应中的电子转移和表面吸附过程，提高催化效率和产物选择性。电化学 CO_2 还原制备高附加值的多碳（C_2）产物是可持续能源转换的关键，然而 C—C 偶合的高能量势垒导致催化剂对特定液体 C_2 产物具有高过电位和低选择性。这项研究通过理论计算发现电子不对称的 Cu-Cu/Cu-N-C 界面位点（Cu/CuNC）增强了 *CO 中间体的吸附，降低了还原反应中 C—C 偶联的反应势垒，实现了低过电位下的高效 C—C 偶联。在高负载量的 Cu-N-C 单原子催化剂（SAC）上，设计并原位构筑由高密度 Cu/CuNC 界面位点（记为 ER-Cu/CuNC）组成的催化剂，创造电子不对称的双位点，以有效地将 CO_2 转化为 C_2 产品。

2. 双金属 Ag/Cu 催化剂还原 CO_2 制备乙醇

2019 年，Sargent 及其团队引入了多样的结合位点到 Cu 催化剂中，这种方法破坏了乙烯反应中间体的稳定性，从而促进了乙醇的产生。如图 3-9 所示，该团队开发了一种双金属 Ag/Cu 催化剂，并将这一设计应用于改进乙醇催化剂[28]。该催化剂在 250 mA·cm^{-2} 和 -0.67 V（vs RHE）下创纪录地实现了乙醇的法拉第效率达 41%，导致阴极侧（半电池）能量效率达到 24.7%。新催化剂在与 CO 伸缩振动相关的区域展现出比纯 Cu 对照样品宽得多的原位拉曼光谱，这一发现可通过结合位点多样性来解释。这种涉及多位结合的物理图像解释了双金属催化剂促进乙醇产生的机制，并提供了设计多金属催化剂以控制 CO_2 还原反应路径向期望产物方向发展的框架。

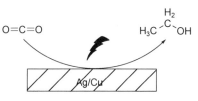

图 3-9　双金属 Ag/Cu 电催化还原 CO_2 制备乙醇

Sargent 及其团队提出的这种基于反应中间体稳定性调控的催化剂设计策略，为优化 CO_2ER 路径提供了新思路。利用密度泛函理论（DFT）计算和原位光谱等手段得到了多结合位机制的物理图像，为多金属催化剂的设计提供了理论指导。然而，研究团队只考虑了 Ag 和 Cu 两种元素对 CO_2R 的影响，没有探索其他可能有利于乙醇生成的元素或合金，并且只在碱性和中性电解质中进行了电化学测试，没有考虑酸性条件下催化剂的性能和稳定性。

二、制备醛类化合物

甲醛（HCHO）是一种重要的有机合成原料，可用于合成许多化学品，如甲醛树脂、脲醛树脂、甲醛胶等。这些化学品被广泛用于家具、建筑材料、涂料、胶黏剂等行业。甲醛也可用作防腐剂和消毒剂，常见于医疗、卫生和农业领域。此外，甲醛还是制备其他有机化合物的重要中间体，如甲醛胺、甲醛酸等，这些化合物在医药、染料和农药等领域有广泛应用。甲醛还可以作为燃料电池的燃料，在能源领域具有潜在的应用价值。总之，甲醛作为一种多功能化学品，在工业上有着广泛的用途。

高活性的甲醛是一种基本的 C_1 结构单元。2014 年，Bontemps 及其团队研究报道了利用聚氢化钌催化剂以硼烷为还原剂进行 CO_2 还原反应，直接观察到自由甲醛的现象（图 3-10）。在机理研究的指导下揭示了在非常温和的条件下通过原位与一级胺发生缩合反应将甲醛选择性地捕获成相应的亚胺。随后，通过水解生成胺和福尔马林溶液的反应首次证明了 CO_2 可以作为 C_1 原料用于生产甲醛[29]。以上研究结果表明，利用聚氢化钌复合物催化剂对 CO_2 进行还原可以直接观察到甲醛的生成，并且通过与一级胺的反应实现了甲醛的选择性捕获。这一发现为利用 CO_2 作为 C_1 原料合成甲醛提供了重要的证据支持，并且在温和条件下展示了这一反应的可行性。这项工作为开发可持续的 CO_2 转化技术和化学品合成提供了新的思路和策略。

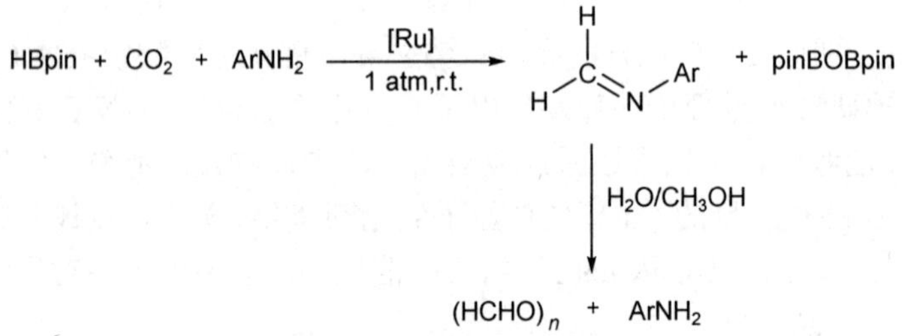

图 3-10　钌催化的 CO_2 还原为甲醛

该报道也指出了该方法存在的一些问题，如催化活性和选择性受到多种因素的影响、催化剂易失活等，为进一步优化该方法提供了方向。

三、制备羧酸类化合物

（一）制备甲酸

甲酸（HCOOH）是最简单的羧酸，具有很强的酸性和抗菌特性，作为一种常用的基本有机化工原料，甲酸广泛应用于农药、医药、皮革、染料、电镀、食品和化学等领域。在传统应用中，甲酸在橡胶工业中主要用作凝聚剂，在医药工业中用于生产咖啡因、安乃近等药物，在农药工业中用于生产粉锈宁等。在有机合成中，甲酸是一个重要的合成砌块，它不仅作为一碳合成子参与反应，而且由于其双重性质，可以作为还原剂、羰基源和氢原子转移试剂。在 CO₂ER 的众多产物中，甲酸作为制药和化工原料因方便工业储存和运输而被认为具有巨大的竞争优势，可作为理想的氢载体和液体燃料，也可直接应用于甲酸燃料电池。此外，C₂ 以上的产物涉及多电子和多质子偶联的反应，这也使得 CO 和甲酸成为最具有商业化的产物，其中锡基（Sn）和铋基（Bi）催化剂被公认为最优的产甲酸催化剂。

2018 年，来自苏州大学的韩娜及其团队研究并报道了一种通过电化学还原 BiOI 纳米片模板来制备超薄 Bi 纳米片的方法，以及展示了这种纳米片在水溶液中作为 CO₂ 还原反应电催化剂的优异性能[30]。该团队利用 BiOI 和 Bi 之间的晶体结构相似性，实现了在阴极电位下由 BiOI 向 Bi 的拓扑转变，同时保持了二维纳米片的形貌和单晶性。这种纳米片具有较大的比表面积和丰富的低配位 Bi 位点，催化反应如图 3-11 所示，能够高效地将 CO₂ 还原为甲酸盐，具有接近 100% 的选择性、较大的偏电流密度和良好的稳定性。该团队还通过密度泛函理论计算揭示了 Bi（001）表面上甲酸盐中间体的稳定性相对于 COOH 或 H 的优势，以及 CO₂ER 过程所需的较低过电位；此外，还将 Bi 纳米片与 Ir/C 结合，实现了高效的 CO₂ER-OER 全电池电解。

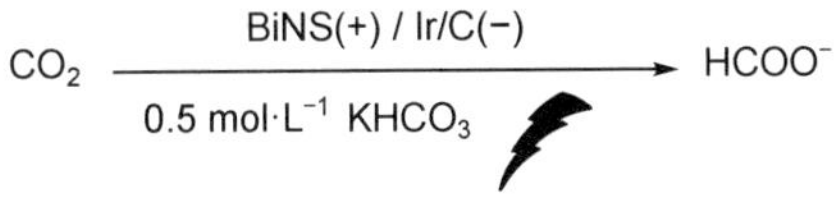

图 3-11　超薄 BiNS 电催化 CO₂
还原为甲酸反应式

这种纳米片不仅具有高甲酸盐选择性、活性和稳定性，而且还优于许多其他基于 Bi 或 Sn 的 CO₂ER 电催化剂。这项研究为开发高效、环保和可持续的 CO₂ER 电催化剂提供了新思路和新材料。这项研究的不足之处是没有对比其他形貌或结构的 Bi 材料在 CO₂ER 中的性能差异，也没有探索其他可能影响 CO₂ER 性能的因素，如 pH 值、温度、压力等。此外，这项研究使用了贵金属 Ir/C 作为 OER 电催化剂，限制了其全电池电解的成本效益和实用性。

（二）制备羧酸衍生物

1. 牺牲阳极法电化学羧化

2019 年，Mellah 及其团队使用钐电极作为牺牲阳极对芳基卤化物进行还原羧化反应，生成了相应的苯甲酸[31]。利用该方法可以将各种带有吸电子和供电子基团的芳基卤化物和苄基卤化物转化为相应的羧化产物（如图 3-12 与图 3-13 所示）。羧基化反应发生在 CO₂ 高效还原后，利用 Sm(Ⅱ) 配合物作为强单电子还原剂进行还原。在装有不锈钢网格为阳极、圆柱形钐棒为阴极的无隔膜电池中通入 CO₂，在 DMF 中以 100 mA·cm⁻² 恒电流电解底物溴苯，以 $^nBu_4NBF_4$ 为电解质，室温下反应 4 h，生成苯乙酸。

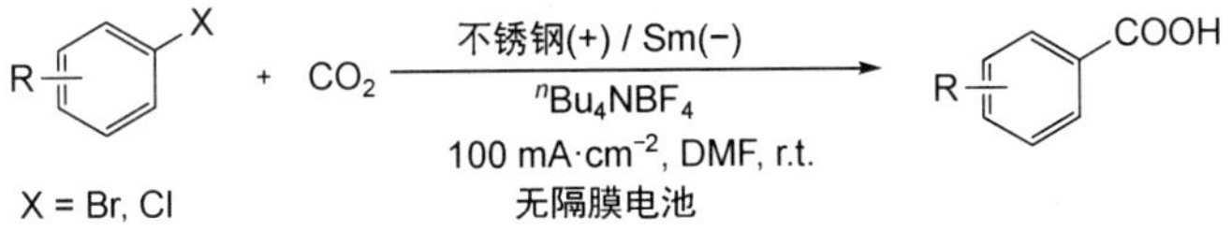

图 3-12　二价钐活化 CO₂ 用于芳基卤化物电化学羧化反应

图 3-13　二价钐活化 CO₂ 用于苄基卤化物电化学羧化反应

2020 年，康奈尔大学的林松教授及其团队采用电解策略，以烷基溴化物提供自由基，以 CO_2 作为亲电试剂，实现了烯烃的双官能化[32]。反应如图 3-14 所示，在以镁为阳极、碳为阴极、$10\ mA\cdot cm^{-2}$ 恒定电流、DMF 为溶剂的无隔膜电池中进行。该反应可用于处理富电子、贫电子苯乙烯，以及芳基氯化物和溴化物。实验结果表明，当用 DMF 或 MeCN 代替 CO_2 时，该方法可以成功合成甲酰化产物或氢烷基化产物，具有较宽的底物范围和良好的官能团相容性。

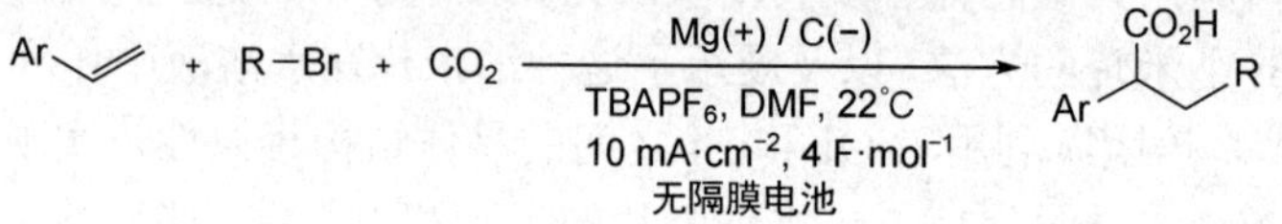

图 3-14　牺牲阳极进行烯烃的电化学羧化反应

2. 非牺牲阳极法电化学羧化

2015 年，Senboku 及其团队报道了在不使用牺牲阳极的准分隔电池中实现高效的电化学羧化反应[33]。该反应如图 3-15 所示，苄基卤化物在 DMF 中以 $20\ mA\cdot cm^{-2}$ 的恒定电流进行电解，该过程在带有 Pt 金属板的阴极和 Pt 金属丝的阳极的准分隔电池中进行，并且实现了苄卤、CO_2 和 DMF 的三组分偶联，以较好的产率得到 N-甲基-N-（苯乙酰氧基）甲基甲酰胺。

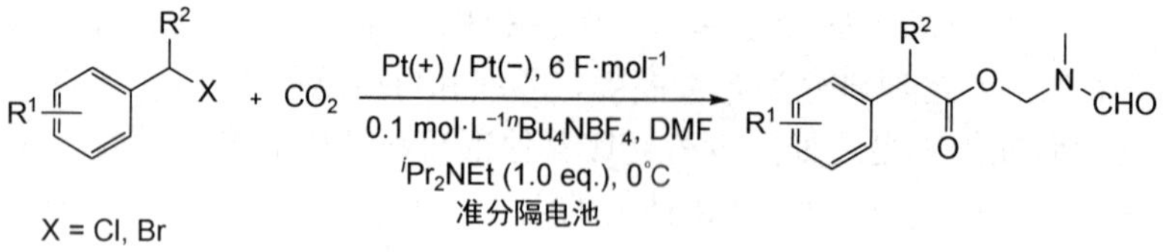

图 3-15　非牺牲阳极的有机卤化物的电化学羧化

2020 年，Buckley 及其团队研究了一种新的烯烃与 CO_2 的电羧化反应。所报道的方法能够以高区域选择性的方式直接获得由 β,β-三取代烯烃衍生的羧酸[34]。该反应如图 3-16 所示，以苯乙烯为底物，碳棒为阴极和阳极，DMF 为溶剂，$60\ mA\cdot cm^{-2}$ 恒定电流电解。同时，根据氘标记实验和循环伏安法研究，提出了以下合理的机理：烯烃在阴极表面发生电子转移，得到烯自由基阴离子；随后发生羧化反应，并进一步发生电子转移和来自水的质子化反应，得到最终的单羧化产物。

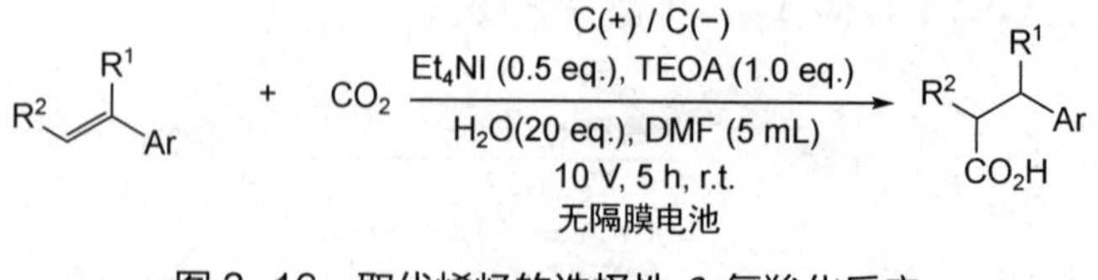

图 3-16　取代烯烃的选择性 β-氢羧化反应

2021 年，Buckley 及其团队以 α,β-不饱和烯烃为底物，成功地在电化学条件下与 CO_2 结合，以良好的产率生成了 α,β-取代丙酸[35]。该反应如图 3-17 所示，使用碳棒作为阳极和阴极，在无隔膜电池中进行电解。他们研究了该电化学方法在烯官能化方面的应用范围和局限性，观察到该方法对一系列碱性、亲核性和亲电性添加剂具有良好的耐受性。他们发现，无论是使用商用间歇反应器还是商用流动反应器，该电化学方法都可以合成收率为 81% 的羧酸化合物。

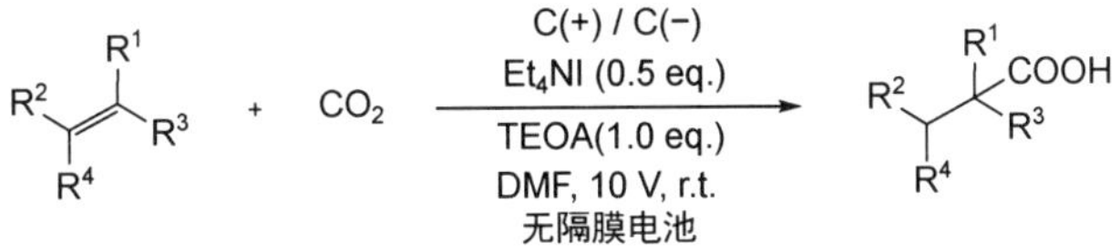

图 3-17 从 α,β-不饱和烯烃电合成 α,β-取代丙酸

（三）制备二羧酸类衍生物

二羧酸是大量药物和天然产物中的重要结构基团。此外，二羧酸也是构建功能性聚合物的有吸引力的单体。图 3-18 列举了一些二羧酸类药物及其前体。开发合理高效的催化系统以合成二羧酸衍生物具有重要的意义。

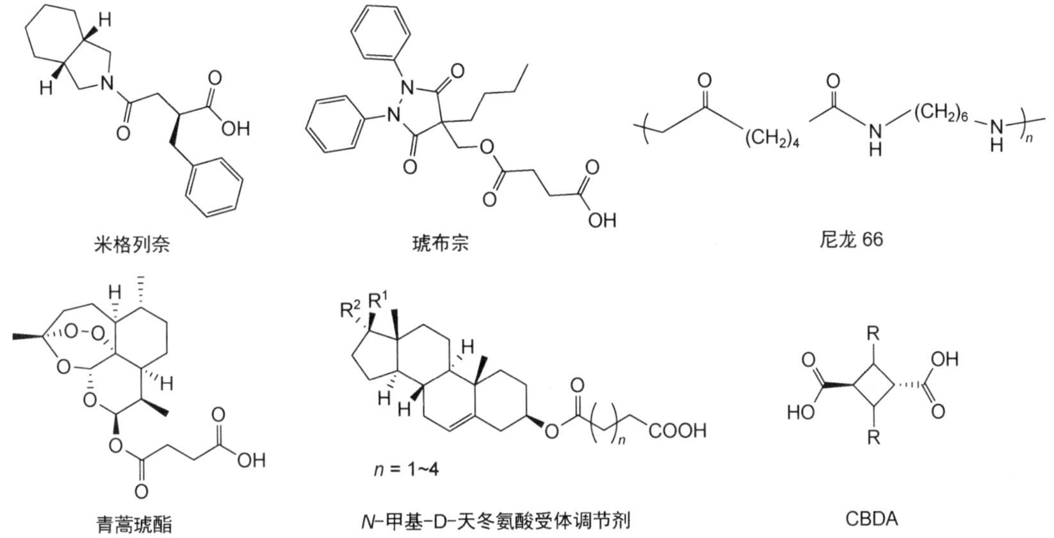

米格列奈   琥布宗   尼龙 66

青蒿琥酯   N-甲基-D-天冬氨酸受体调节剂   CBDA

图 3-18 一些常见的二羧酸类药物及其前体

通常，不饱和底物的光催化、电化学 CO_2 二羧化反应涉及单电子还原过程，有两条可能的 C—C 键形成途径：将不饱和底物还原为相应的自由基阴离子，后者可以与 CO_2 反应形成羧酸自由基；或者是直接将 CO_2 还原为 CO_2^- 自由基阴离中间体，然后与不饱和底物反应生成羧酸自由基。此外，通过低价态过渡金属催化也可以实现二羧化过程：通过氧化金属环化生成含 CO_2 的烷基金属环中间体，再将另一个 CO_2 插入烷基金属键中。除了不饱和化合物的二羧化外，通过电化学、碱媒介和过渡金属催化策略，C—X（X = C、B、O 和 H）单键的二羧化反应也可以形成多样的二羧酸。

1. 烯烃与 CO_2 的电化学羧化

在 2013 年，De Vos 及其团队报道了一系列内部 1,3-双烯聚合物与 CO_2 的电化学二羧化反应。如图 3-19 所示，以 Mg 作为牺牲阳极、Ni 作为阴极，在 CO_2 气体中以中等收率到高收率获得所需的二羧酸产物[36]。牺牲阳极的逐渐消耗阻碍了连续过程，降低了原子效率。De Vos 及其团队进一步开发了一种配对的电化学 CO_2 二羧化合成方法（图 3-20），以非金属石墨作为非牺牲阳极、Ni 作为阴极。值得注意的是，连续阴极羧化反应与阳极三氟乙酸盐与烯烃的乙酰化反应同时进行，在非分隔电解池中，分别形成二羧酸盐和二乙酸酯。这些研究展示了

工业中利用 CO_2 电化学合成二羧酸的新途径。

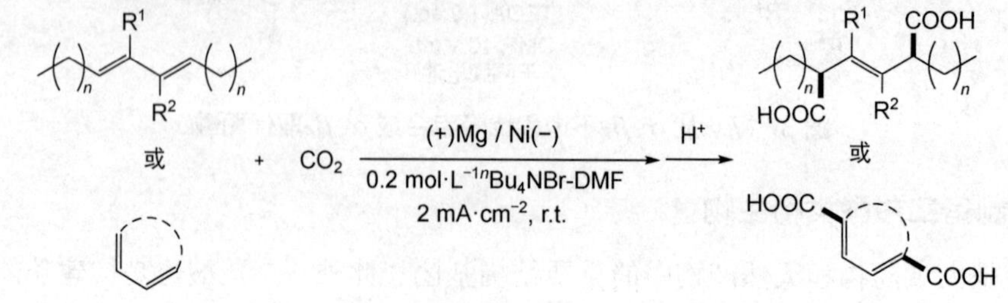

图 3-19　牺牲阳极电还原 1,3-双烯聚合物二羧化

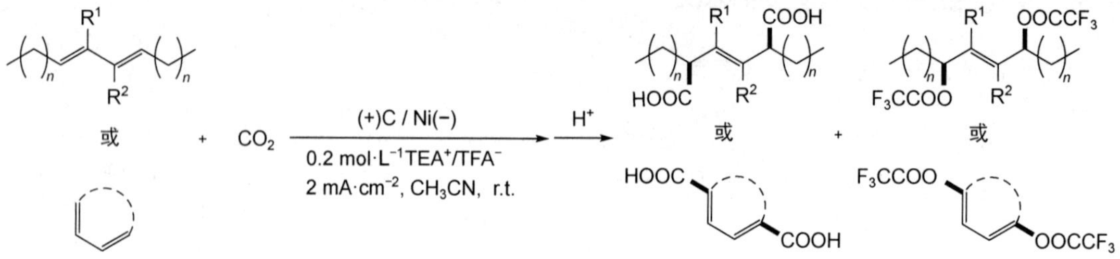

图 3-20　非牺牲阳极电还原 1,3-双烯聚合物二羧化

烯烃的电化学二羧化反应常常伴随一些不希望的副反应，例如烯烃的直接还原、单羧化和其他所需区域选择性的二羧化。尽管早期在烯烃与 CO_2 的二羧化方面已经克服了一些上述困难，但非牺牲性体系仍需要进一步探索，以提高效率和选择性。

2. 炔烃与 CO_2 的电化学羧化

在 2016 年，Senboku 及其团队还报道了炔烃的级联二羧化反应[37]。基于他们先前关于与 CO_2 的羧化级联反应的研究，如图 3-21 所示，该团队在 TBABF$_4$-DMF 溶液中以 Pt 作为阴极、Mg 作为牺牲阳极，并使用 4-叔丁基苯甲酸酯作为电子转移介质，在−10 ℃下进行了反应。这些反应可产生各种五元环和六元环化合物，但产率和对映选择性中等。在电子转移介质的还原步骤和溴离子释放的过程中，生成的芳基自由基会发生自由基加成反应，形成烯基自由基物种。经过进一步的电子转移还原生成烯基阴离子后，它们可以对 CO_2 进行亲核攻击，生成烯基羧酸酯，并经过电子转移还原生成阴离子，与镁离子形成离子化合物，最后对另一个 CO_2 进行攻击和质子化生成二羧酸产物。根据他们先前的工作，电子转移介质可以降低产物的还原电位，避免对芳基溴化物的过度还原生成苯甲酸，增强芳基自由基环化的选择性，从而形成级联产物。

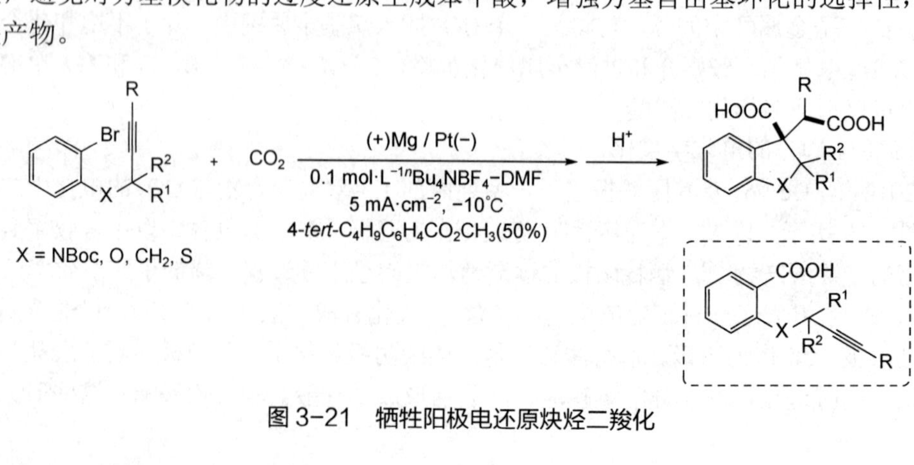

X = NBoc, O, CH$_2$, S

图 3-21　牺牲阳极电还原炔烃二羧化

到目前为止，现有的电化学体系确实对炔烃的二羧化反应研究做出了贡献，无论最终的二羧酸是饱和的还是不饱的。然而，在上述工作中，内部炔烃、末端炔烃和1,3-二炔都需要牺牲阳极体系才能得到目标产物。开发经济的高效电化学体系将是一个具有挑战性的问题。

3. 芳香化合物与 CO_2 的电化学羧化

含羧基的杂环芳香化合物在医药领域中被广泛使用。2022 年，Maeda、Mita 及团队提供了一个高度还原的电化学条件（如图 3-22 所示），实现了杂环化合物的脱芳香二羧化反应，得到含羧基取代的杂环芳香化合物，这些化合物有潜力转化为高附加值的生物活性化合物[38]。该反应可合成吲哚、（苯并）呋喃、（苯并）噻吩和吡唑衍生物。值得注意的是，这种策略可以应用于八氢吲哚-2-羧酸衍生物的合成。该研究中也使用镁作为牺牲阳极。机理研究表明，CO_2 或底物的电子转移还原是反应的关键步骤。

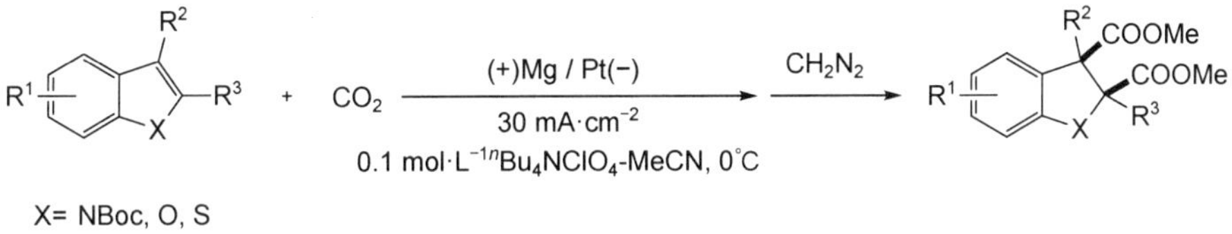

图 3-22　牺牲阳极电还原芳香化合物二羧化

在多个研究团队的共同努力下，已有多种活化的不饱和化合物能与 CO_2 发生电化学还原二羧化反应，产生高价值的二羧酸及其衍生物。然而，二羧化反应底物范围有限，期待未来能成功地将非活化的不饱和化合物（如烷基烯烃、烷基炔烃和苯等）进行二羧化反应。一般来说，CO_2 的二羧化反应是通过使用牺牲阳极来实现的，所以现在的主要任务是开发一个合适的非牺牲性阳极反应，使高附加值的氧化产物与还原的羧化产物甚至二羧化产物相匹配。在理想情况下，CO_2 的二羧化反应只使用水氧化作为阳极反应或其他更有价值的阳极反应。

四、制备烷烃类化合物

甲烷（CH_4）是一种重要的工业气体，具有广泛的应用。首先，作为天然气的主要组成部分，甲烷被广泛用作燃料，用于家庭供暖、工业加热、发电和燃料驱动车辆等领域。其高热值和低碳排放使其成为一种清洁、高效的能源选择。其次，甲烷在化学工业中用作重要的原料和中间体，可以通过催化转化为合成气，进一步合成各种化学品，如甲醇、乙烯、丙烯等。甲烷还可以经过催化裂解制备碳纳米管、碳纤维和其他碳材料，用于材料科学和电子工业。此外，甲烷也被用作化学工艺的还原剂和催化剂，在一系列化学反应中发挥重要的作用，如氢化、脱氢、氧化和聚合等反应。甲烷的高反应活性、易于储存和运输的特性使其成为工业化学品制造中的重要组成部分。

2022 年，Sargent 及其团队研究利用掺杂铜铝的三元催化剂（doped CuAl）来实现 CO_2 电化学还原生成甲烷的过程[39]。该团队首先探索了不同的掺杂元素（Au、Zn、Ga）对于铜铝催化剂的 CO_2ER 性能的影响，研究发现掺杂 Ga 可以提高甲烷的选择性和活性，同时抑制氢气和 C_2 产物的生成。随后研究员进一步优化了掺杂 Ga 的铜铝催化剂的结构和组成，通过调节 Ga 的浓度和腐蚀时间，达到了 53% 的法拉第效率和 109 mA·cm^{-2} 的偏电流密度。利用原位拉曼光谱（operando raman spectroscopy）、X 射线吸收光谱（XAS）和 X 射线衍射（XRD）

等技术分析了掺杂 Ga 的铜铝催化剂在 CO₂ER 过程中的结构变化和反应机理，认为掺杂 Ga 可以打断 C—C 偶联，促进*CO 质子化（*CO protonation），从而实现从 C₂ 产物向甲烷的产物分布转变。最后，评估了掺杂 Ga 的铜铝催化剂在中性电解质（1 mol·L⁻¹ KHCO₃）中的稳定性，发现催化剂在 10 小时内保持了较高的甲烷 FE，并且表面形貌没有明显变化。

如图 3-23 所示，这项研究的亮点是提出了一种新颖的三元催化剂体系，通过掺杂 Ga 来调节铜铝催化剂上*CO 中间体的结合能和转移动力学，实现了高效、选择性和稳定地将 CO₂ 还原为甲烷，为解决可再生能源存储和利用提供了一种潜在途径。其优势是采用了多种表征手段来揭示掺杂 Ga 对于铜铝催化剂结构和反应机理的影响，以及在不同电解质条件下对于 CO₂ER 性能的改善，展示了较高水平的实验设计和数据分析能力。然而，这项研究的不足之处是没有对比其他类型或形貌的催化剂（如纳米粒子、纳米线、纳米片等）来评估掺杂 Ga 对于 CO₂ER 性能的普适性和优越性，也没有考虑其他可能影响 CO₂ER 性能的因素（如电解质浓度、温度、压力、气体流速等）来优化反应条件和参数。

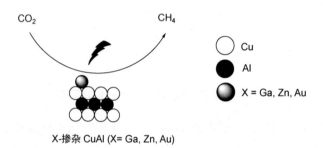

图 3-23　掺杂铜铝的三元催化剂将 CO₂ 还原为甲烷的示意图

五、制备烯炔类化合物

（一）制备乙烯

乙烯（C₂H₄）是聚合物工业的基础原料，可用于合成常用的塑料——聚乙烯。聚乙烯具有良好的可塑性和耐用性，广泛应用于包装材料、塑料袋、瓶子、管道等。乙烯也被用于制造其他合成纤维和合成橡胶。例如，乙烯可以合成聚丙烯、聚酯和聚氨酯等合成纤维，用于制造纺织品、地毯、绳索等。乙烯还可以用于生产合成橡胶，用于制造轮胎、密封件和其他橡胶制品。此外，乙烯也是化学工业中的重要原料，可用于合成各种有机化合物。乙烯可以通过加氢、氧化和聚合等反应转化为乙醇、醛类、酯类和醚类化合物。这些化合物在溶剂、染料、塑料添加剂、医药品和农药等领域具有广泛的应用。通过 CO₂ER 将 CO₂ 还原成乙烯具有重要的优势，包括资源循环利用、高能量密度和促进可持续发展。这使得 CO₂ER 技术在碳中和、能源转化和化学工业领域具有潜力，并为实现清洁能源和可持续发展目标提供了一种有前景的途径。

CO₂ 可以在铜催化剂上电化学还原为碳氢化合物。有研究开发了具有较低 CO₂ 电还原过电位的氧化铜催化剂，并通过简单和可调节的等离子体处理，实现了电化学还原 CO₂ 制备乙烯的高选择性和稳定性[40]。通过将电化学测量与微观和光谱表征技术相结合，对这些催化剂的性能改进提供了见解。X 射线吸收光谱和横截面扫描透射电子显微镜实验结果表明铜氧化物具有惊人的抗还原性，反应过程中铜物种保留在表面。这项研究结果表明，氧化后还原铜箔催化剂的粗糙度在改变催化性能方面只起到部分作用，而铜的存在是降低起始电位和提高选择性生成乙烯的关键。

同时研究结果显示，经过等离子激活的铜催化剂在 CO_2ER 中表现出良好的活性和选择性。如图 3-24 所示，这些催化剂能够在相对温和的条件下将 CO_2 高效转化为乙烯，而不产生其他副产物。该研究为 CO_2 还原和乙烯生产领域提供了一种新的催化剂设计和优化策略，有助于推动碳中和以及可持续化学品合成的发展。更深入的研究能进一步优化等离子激活催化剂的性能，以实现更高效、经济和可持续的 CO_2 转化过程。

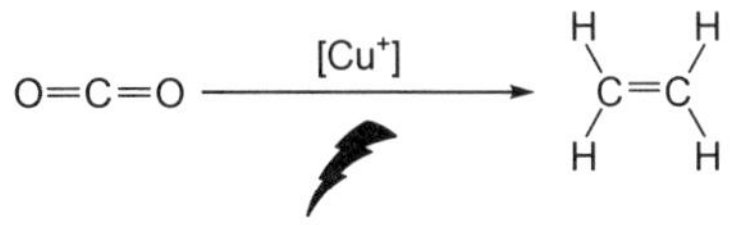

图 3-24　活化铜离子电催化 CO_2 生成 C_2H_4

（二）制备乙炔

乙炔（C_2H_2）是一种炔烃化合物，俗称电石气或风煤。乙炔在氧气中燃烧时，氧炔焰的温度可以达到 3200 ℃左右，可用于切割和焊接金属。除此之外，乙炔还是制造乙醛、醋酸、苯以及合成橡胶、纤维等的基本原料。同时，乙炔可以作为一种强还原剂，例如将硝基化合物还原为胺；还可以作为一种分析试剂，例如检测铜离子。

将诸如 CO_2 和 CH_4 等强温室气体电化学转化为有用的碳基产物是一个高度理想的可持续发展目标。然而，在水相电化学过程中，选择性地将 CO_2 还原为所需产物难度很大，而电化学 CH_4 氧化通常速率很低。在这些领域中，形成 C—C 偶合产物尤其理想，可为高价值燃料和化学品的生产提供新途径。

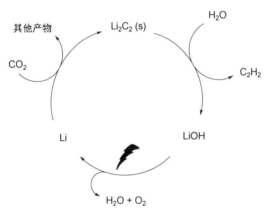

图 3-25　锂循环电催化 CO_2 生成乙炔

2020 年，McEnaney 及其团队提出并实现了一种锂循环电化学策略，利用 CO_2、CH_4 或其他碳源和水制备乙炔[41]。如图 3-25 所示，该方法包括三个步骤：电解锂氢氧化物生成锂金属和 O_2；锂金属与碳源反应生成锂碳化物；锂碳化物与水反应释放乙炔并再生锂氢氧化物。该团队主要以 CO_2 为碳源进行了实验，达到了 15% 的电流效率，并通过气相色谱和傅里叶变换红外光谱进行了验证；还探索了 CH_4、CO 和固体碳作为替代碳源的可能性，并通过理论计算和材料表征技术对反应过程进行了分析和解释。结果表明，使用固体碳在较高温度下进行反应，可以提高电流效率到 55% 以上。

这项研究展示了一种使用金属锂作为电催化剂，利用可再生电力在常温常压下实现 C—C 偶联合成乙炔的新方法。该方法避免了水溶液中电化学 CO_2 还原和 CH_4 氧化常见的副反应，如 H_2、CO、HCOOH 或 CO_2 的生成，提高了反应的选择性。同时，该研究通过控制反应步骤中存在的元素，生成了不稳定的锂碳化物，并利用其水解特性实现循环过程。但是，这一过程中也存在一些不足之处，例如锂金属在长时间电解后活性逐渐降低，乙炔产率受到副产物（如锂氧化物或锂碳酸盐）形成的影响，以及未考虑其他可能影响反应效率和选择性的因素（如电解液成分、温度、压力、流速等）。

六、合成含氮类化合物

（一）制备尿素

尿素，$CO(NH_2)_2$，是一种由无机原料生产的高浓度氮肥，属中性速效肥料，可用于生产多种复合肥料。尿素的含氮量高（46%），在土壤中很容易转化为氨（NH_3），且不残留任何有害物质，长期施用没有不良影响，是一种常用的氮肥。虽然生产的尿素 90% 以上用作肥料，但它在其他领域也有重要应用。因此，维持一个可持续、高效的尿素工业对人类社会的发展具有重要意义。目前，工业上尿素的生产主要是通过 NH_3 和 CO_2 在高温高压下的反应来完成的。然而，这种方法不仅相对耗能，而且依赖于一些复杂的设备和多循环过程来提高转换效率。值得注意的是，尿素生产消耗了全球约 80% 的 NH_3，主要来自氮还原反应（nitrogen reduction reaction，NRR）。其中，NRR 的阳极反应式为：

$$4OH^- \longrightarrow O_2(g) + 2H_2O + 4e^- \quad（碱性条件）$$
$$2H_2O \longrightarrow O_2(g) + 4H^+ + 4e^- \quad（酸性条件）$$

NRR 的阴极反应式为：

$$N_2 + 6H_2O + 6e^- \longrightarrow 2NH_3 + 6OH^- \quad（碱性条件）$$
$$N_2 + 6H^+ + 6e^- \longrightarrow 2NH_3 \quad（酸性条件）$$

NRR 过程巨大的能源消耗和大量温室气体 CO_2 的排放加剧了能源和环境问题。因此，人们一直在努力寻求可以在温和条件下进行的绿色合成氨技术。通过电化学 NRR 生产 NH_3 是一种高效和绿色的策略，它可以利用可再生能源产生的电力和直接从水中产生的质子。然而，从水性电解质中分离纯化 NH_3 非常困难，不利于其进一步应用。此外，目前大多数研究主要集中在 N_2 电化学还原为 NH_3 上，而很少考虑产品的进一步加工。因此，为了开发新兴的电化学尿素合成技术，非常需要能够将 N_2 和 CO_2 固定在一起的廉价且高效的电催化剂。

1. 水溶液中通过电催化 N_2 和 CO_2 反应生成尿素

湖南大学王双印课题组开发了一种在水溶液中通过电催化反应生成尿素的新方法，直接将 N_2 和 CO_2 在水中偶合，在环境条件下合成了尿素[42]。如图 3-26 所示，这一过程是用一种负载在 TiO_2 纳米片上的 PdCu 合金纳米颗粒组成的电催化剂进行的。在流动池中 -0.4 V（vs RHE）电势下测得尿素的生成速率为 3.36 $mmol \cdot g^{-1} \cdot h^{-1}$，相应的法拉第效率为 8.92%。原位同步辐射实验表征结合理论计算发现，这种偶合反应是通过吸附态的氮气（$^*N{=}N^*$）与 CO_2 还原产物（CO）迁移后发生反应形成 C—N 键，该反应在

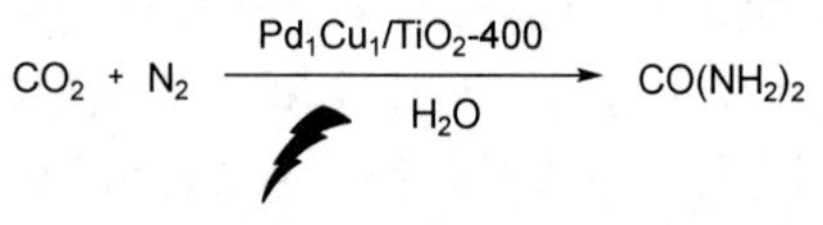

图 3-26　负载在 TiO_2 纳米片上的 PdCu 合金催化生产尿素

热力学与动力学上具有明显优势。

研究结果表明，在常规环境条件下，通过在水中偶合 N_2 和 CO_2，可以有效合成尿素。这种方法避免了传统合成尿素所需的高温高压条件，并且减少了能源消耗和环境污染。此外，该方法还可以在常规实验室中进行，并且具有较高的转化率和选择性。该研究为实现 N_2 和 CO_2 的资源利用提供了新的途径，有助于解决环境问题和实现碳中和目标。为了提高尿素合成的效率和经济性，并实现在实际工业应用中的可行性，还需要进一步的研究和优化。

2. CO_2 还原与亚硝酸盐还原偶合，实现电化学合成尿素

2022 年，长安大学的凤永刚教授及其团队设计了一种掺杂了碲的钯纳米晶（Te-Pd/NCs）作为催化剂，通过 CO_2ER 和 NO_2ER，实现了尿素的高效合成[43]，反应如图 3-27 所示。利用

可再生电能驱动的 CO_2ER 和 NO_2ER 为碳资源的利用和尿素的绿色生产提供了一种新的策略，有助于缓解传统尿素合成过程中的高能耗和高温高压问题。通过在钯表面掺杂碲，调节表面电子结构和反应物种的吸附能，有效抑制了竞争性的 HER 和 N_2 生成反应，提高了 CO_2ER 和 NO_2ER 的选择性，从而实现了尿素形成的高法拉第效

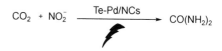

图 3-27　CO_2 电还原与亚硝酸盐还原偶合生产尿素

率和氮原子效率。该团队还在流动电池系统中优化了反应条件，获得了高浓度的尿素溶液，并对催化剂进行了详细的表征和理论计算，揭示了尿素合成过程中的机理。

但是，这项研究没有对比其他金属或合金催化剂在相同条件下的尿素合成性能，缺乏对 Te-Pd/NCs 优异活性的充分说明；没有考虑 CO_2 和 NO_2^- 来源和纯度对尿素合成效率和稳定性的影响，以及尿素溶液中其他副产物的分离和回收问题；也没有对尿素合成过程中可能产生的环境影响进行评估，如电能消耗、废水排放等。

（二）制备含氮有机化合物

含氮有机化合物包括硝基化合物、胺类化合物、酰胺类化合物、氮杂环和腈等。其中，硝基化合物可看作是烃分子中一个或多个氢原子被硝基（—NO_2）取代后生成的衍生物，按烃基的不同可以分为脂肪族硝基化合物（R—NO_2）和芳香族硝基化合物（Ar—NO_2）。胺是指氨分子中的一个或多个氢原子被烃基取代后的产物，根据胺分子中氢原子被取代的数目，可将胺分为伯胺、仲胺、叔胺；胺类广泛存在于生物界，具有极重要的生理活性和生物活性，如蛋白质、核酸、激素、抗生素和生物碱等都是胺的衍生物，临床上使用的大多数药物也都是胺或者胺的衍生物，因此掌握胺的性质和合成方法是研究这些复杂天然产物及更好地维护人类健康的基础。

氮集成电催化 CO_2 还原中的 C—N 偶联是获得高附加值有机氮化合物的一种有前途的策略[44]。该方法不仅具有电催化 CO_2 还原的优点，而且开发了反应体系，可以利用更便宜、更丰富的反应物产生更有价值的产物（如图 3-28 列举了几种 C—N 偶联的反应底物与有机氮产物）。利用废水中的 NO_3^- / NO_2^- 等环境污染物作为 N 源可实现 CO_2 还原过程的多样化，使反应同时用于环境修复和精细化学合成。如果有效的电催化剂可以将分子活化为羟胺等活性中间体，N_2 也可以作为该反应的 N 前驱体。除了拓展 CO_2 电还原的反应和产物范围外，也能利用无机原料电化学构建 C—N 键。随着 N 集成电催化 CO_2/CO 还原合成尿素、乙酰胺和胺的成功示范，有望获得更复杂的有机氮化合物。

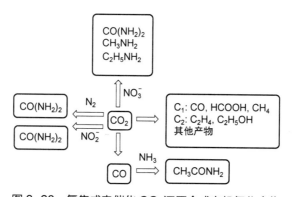

图 3-28　氮集成电催化 CO_2 还原合成有机氮化合物

七、制备其他化合物

（一）制备 CO

尽管 C_2 产物（如乙烯、乙醇等）在市场规模和能量密度方面具有优势，但由于涉及多电子和多质子转移过程，其电化学转化过程相对复杂，需要更高的催化效率和选择性才能实现商业化应用。相比之下，CO 在 CO_2ER 中是最有潜力实现大规模商业化的产物之一。CO_2ER 的主要气体产物是 CO 和 H_2（通过竞争反应），因此可以通过调整实验条件来控制 CO 和 H_2 的比例，使其满足工业上的费-托合成反应。费-托合成是一种将 CO 和 H_2 转化为多碳化合物（如烃类）的重要工业过程，用于合成燃料和化工原料。CO 作为中间产物，可以进一步转化为其他化合物，如甲醇、甲酸、乙烯等。此外，CO 在催化反应中的转化效率较高，同时具有较低的电极动力学和反应活化能，是 CO_2ER 中较为有利的产物选择之一。

Ni 单原子是由 CO_2ER 产生 CO 研究最多的催化剂。中国科学院大学、国家纳米科学中心的黄小雄教授及其团队通过热解含镍金属有机骨架结构（MOF）和二氰二胺制得负载高含量镍单原子（7.77%）的超薄氮掺杂二维碳纳米片用于电催化还原 CO_2 生成 CO（图 3-29）[45]。在热解过程中会发生结构转变，即 Ni^{2+}-N-C 转变成 Ni^+-N-C，Ni^+-N-C 具有较大的比表面积和多孔结构，可作为 CO_2 还原为 CO 的活性位点。当电解液（碳酸氢钾）浓度为 $0.5\ mol \cdot L^{-1}$ 时，电压在 $-0.77\ V$（vs RHE）时，法拉第效率可达到 99%，电流密度为 $12.6\ mA \cdot cm^{-2}$。

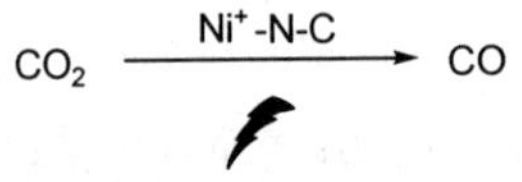

图 3-29　Ni^+-N-C 催化电还原 CO_2 制备 CO

研究结果表明，超薄氮化碳纳米片上的单原子镍催化剂具有优异的 CO_2 还原活性和选择性。这种催化剂能够在较低的电位下高效地将 CO_2 转化为有用的碳氢化合物，例如甲酸和甲醇。此外，催化剂还表现出良好的稳定性和耐久性，对于实现可持续的 CO_2 还原反应具有重要意义。

这种催化剂具有高效、高选择性、稳定性好等优点，可以用于将 CO_2 转化为 CO 等高附加值的燃料和化学品。不足之处是，这种催化剂的制备过程较为复杂，需要较高的技术水平和设备支持。

（二）制备 α-氨基酸

α-氨基酸存在于许多天然产物和生物活性化合物中，广泛应用于生物化学、制药科学、材料科学和合成有机化学等领域。α-氨基酸是蛋白质的主要组成部分之一。它们是羧酸分子中的 α 碳原子上的氢原子被氨基取代而生成的化合物。α-氨基酸可以用于生产食品添加剂、医药、化妆品、日用品等，还可以用于生产染料、树脂、塑料等，也可以用于生产肥料、农药等。

2022 年，来自大连理工大学的张文珍及其团队报道了以 N-酰亚胺为底物，结合 CO_2，在以铂为阴极、镁为牺牲阳极、四丁基碘化铵（TBAI）为电解质的不分流电解池中，在 DMF 中以 $10\ mA \cdot cm^{-2}$ 的恒定电流电解生成 α-氨基酸[46]。如图 3-30 所示，在 50 mL 干燥的电化学电池中加入搅拌棒，排空装置内气体并充入 CO_2 气体，如此操作至少 3 次，保证装置内的 CO_2 气氛。接着，在 CO_2 气氛下，将原料（0.30 mmol）、TBAI（0.45 mmol）和 DMF（6 mL）加入安装有铂阴极和镁阳极的电化学电解池中。反应混合物在 $10\ mA \cdot cm^{-2}$ 恒定电流下电解 4 h，然后用盐酸（10 mL）仔细淬灭，并用乙酸乙酯（20 mL）萃取 3 次。合并的萃取液用盐水洗涤，并用无水 Na_2SO_4 干燥。减压除去溶剂，粗残留物经闪蒸柱色谱纯化，得到所需的产品。

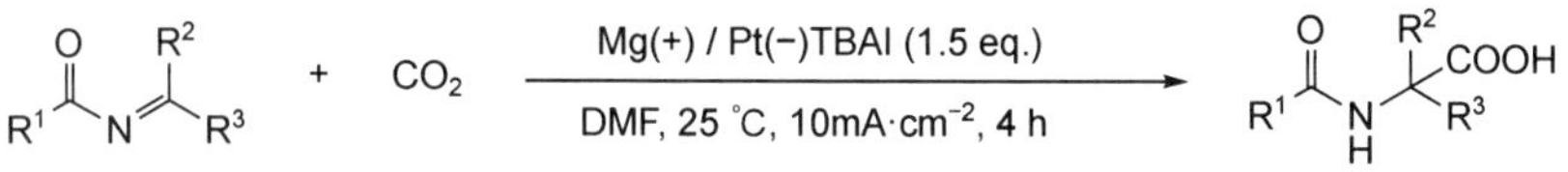

图 3-30　通过 N-酰亚胺和 CO_2 的电化学羧化合成 α-氨基酸途径（1）

利用这种方法，各种含有不同芳香基团的酮胺以及含有不同官能团的乙酰二胺都可以得到相应的羧化产物。

他们还发现用三乙醇胺（TEOA）作为外加还原剂与用铂作为非人工阳极具有相同的反应效果。在图 3-31 所示的反应条件下进行：在装有搅拌棒的 50 mL 干燥电化学电池中，排空装置内气体并充入 CO_2 气体，如此操作至少 3 次。在 CO_2 气体中，将原料（0.30 mmol）、TBAI（0.45 mmol）、TEOA（0.45 mmol）和 DMF（6 mL）加入以 Pt 为阴极和阳极的电化学电解池中。反应混合物在 10 mA·cm^{-2} 恒定电流下电解 4 h，然后用盐酸（10 mL）仔细淬灭，并用乙酸乙酯（20 mL）萃取 3 次。合并的萃取液用盐水洗涤，并用无水 Na_2SO_4 干燥。减压除去溶剂，粗残留物经闪蒸柱层析纯化，得到所需的产品。

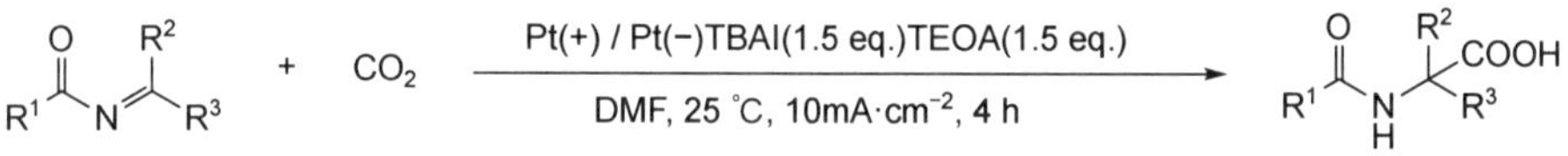

图 3-31　通过 N-酰亚胺和 CO_2 的电化学羧化合成 α-氨基酸途径（2）

根据循环伏安法研究，提出了以下机理：N-酰亚胺在阴极发生单电子转移，生成氮自由基碳离子。后者与 CO_2 结合生成氮自由基羧酸盐，然后通过单电子转移生成氮阴离子，最终在酸性条件下得到目标产物。

（三）制备 β-内酯

β-内酯是各种天然产物和药物中常见的亚结构，在生物体内具有多种生理活性，是许多生物活性分子的核心结构单元，可在生产有价值的化学衍生物时充当多用途的合成中间体，如抗生素、抗肿瘤药物和抗病毒药物等。因此，β-内酯化合物在药物研发和医药领域具有重要的地位。

2022 年，来自上海的 E2P2L 实验室和法国里昂的化学实验室的研究人员开发了一种简单的电化学方法，可以利用含有 2 位甲基的末端烯烃和 CO_2 直接合成一类特定的 β-丙内酯[47]，如图 3-32 所示。这种方法利用了原位电化学形成的金属纳米团簇（Cu 或 Fe）作为催化剂，通过调节施加的电势和电流密度，可以实现对二酸或 β-丙内酯活性和选择性的调控。该方法不仅简化了传统的多步合成过程，减少了有毒化合物、复杂催化剂、昂贵反应性化学品的使用，还可以将温室气体 CO_2 转化为有价值的产品。这种方法还展示了一种新的反应机理，即通过 CO_2 对二烯进行 C2 位攻击而不是 C1 位攻击，从而形成 β-丙内酯；扩展了适用的二烯范围，包括异戊二烯、α-甲基苯乙烯和松油烯等。

这是首次报道利用电化学方法直接从二烯和 CO_2 合成 β-丙内酯，为这类重要的有机分子提供了一种原创、简单和高效的合成途径。这种方法具有较高的产率（最高达 81%）和选择性（最高达 100%），并且可以通过改变电化学条件来调节目标产物。基于原位形成的金属纳米团簇作为催化剂，不仅简化了反应步骤，也降低了回收催化剂和反应废料的难度，还提供了一种吸引人的反应途径：金属纳米团簇作为有机电合成催化剂。

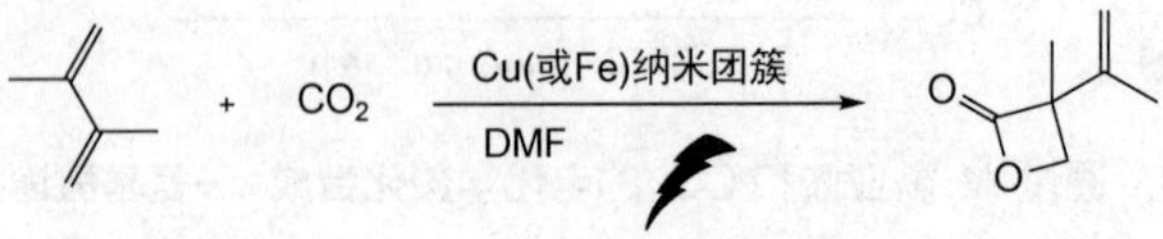

图 3-32　通过电化学方法一步合成 β-丙内酯的反应途径

目前这种方法只适用于含有 2 位甲基的末端烯烃，对于其他类型的烯烃，如苯乙烯，则没有观察到 β-丙内酯的形成。因此，这种方法的适用范围还有待进一步拓展和优化。另外，该方法只合成了一类特定的 β-丙内酯，即 3-取代的 4-环氧戊酮；对于其他结构和功能的 β-丙内酯，如 3,3-二取代的或含有其他官能团的，还没有报道。因此，这种方法的多样性和创新性还有待进一步探索和提高。这项研究只在实验室规模进行了验证，还没有进行工业化生产的评估和测试，因此，其可行性和可持续性还有待进一步证明和改进。

第三节　走进电化学技术实现碳中和的世界

一、电化学为人工和半人工合成"粮食"提供新技术

葡萄糖和油脂属于人体进行生命活动的重要营养成分。长期以来，要获得大量葡萄糖和油脂只有通过农作物种植这一方式。但是，随着我国科学家们对电化学技术和微生物培养研究的不断深入，提出了另一条能大规模产出葡萄糖和油脂的方式。

在图 3-33 的研究中，科研人员首先将 CO_2 电解高效还原合成高纯度 CH_3COOH，然后用酿酒酵母对乙酸进行发酵，即先将 CO_2 转化为酿酒酵母的"食物"——醋，然后酿酒酵母不断"吃醋"来合成葡萄糖和脂肪酸[48]。对此，中国科学院院士、中国化学会催化专业委员会主任李灿评价，该项研究为人工和半人工合成"粮食"提供了新技术和思路。中国科学院院士、上海交通大学微生物代谢国家重点实验室主任邓子新认为，这项研究工作开辟了电化学结合生物催化制备葡萄糖等粮食产物的新策略，为进一步发展基于电力驱动的新型农业与生物制造业提供了示范。接下来，研究团队将进一步研究电催化与生物发酵这两个平台的适配性和兼容性。同时，未来如果要合成淀粉、制造色素、生产药物等，只需保持电催化设施不改变，更换发酵使用的微生物就能实现。

精确控制 C_1 分子实现 C—C 偶联合成特定 C_2 化合物是当前电催化合成的难点。研究人员发现电催化 C_1 分子合成乙酸受催化剂表面几何结构影响，并通过理论模拟发现晶界结构能有效提高 C_1 分子转化效率。首先，研究人员利用 Ni-N-C 单原子催化剂催化 CO_2 形成一氧化碳中间体，其法拉第效率近 100%。然后将收集的 CO 经脉冲电化学还原工艺形成的晶界铜催化合成乙酸。在气体扩散流动池中，合成乙酸盐的法拉第效率最高可达 52%；随着偏电流密度的提高，其法拉第效率将有所下降。当偏电流密度达到最高的 321 $mA \cdot cm^{-2}$ 时，与之对应的乙酸盐的法拉第效率也能维持在 46%左右。为降低液体产物与电解质溶液及相关副产物分离成本和方便产物乙酸的下游利用，研究人员进一步开发了多孔固态电解质反应器，使阴极得

到的乙酸根离子与阳极得到的氢离子结合形成高纯乙酸水溶液，无须分离提纯便可直接用于下游生物发酵。通过新型电解装置测试，催化剂可在 $250\ mA\cdot cm^{-2}$ 偏电流密度条件连续 140 h 制得纯度为 97% 的乙酸水溶液，从而解决了电合成过程中"浓度"与"纯度"两个关键难点。随后，研究人员将电合成得到的高纯乙酸溶液投喂给酿酒酵母，以期通过酵母的代谢工程进一步合成葡萄糖等食品分子。

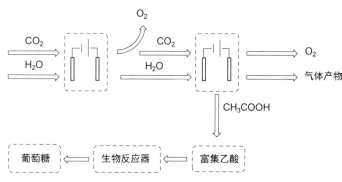

图 3-33　体外 CO_2 人工合成高能长链食品分子

近年来，随着新能源发电的迅速崛起，电力成本下降，CO_2 电还原技术已经具备与依赖化石能源的传统化工工艺竞争的潜力。

2023 年 5 月 27 日，中国科学院天津工业生物技术研究所所长马延和宣布，目前 CO_2 合成淀粉的装置已经建成，正在测试当中。

二、电化学助力太空挑战

自人类首次踏足月球表面以来，对太空以及行星的探索与日俱增。目前人类已经实现了进驻空间站而且能长时间逗留在外太空进行研究探索，下一步便是在其他星体表面搭建基地促使人类能够在外太空生存。要实现这个目标，一需要能源，二需要药品，三需要食品，四需要肥料。然而仅仅依赖从地球带来的物资属实是杯水车薪。在已探明的天体中，火星具有丰富的太阳能资源、CO_2 甚至有水。有了这三样原料，人类就可以在外太空直接进行化学制造，而无须把地球上所有的生存物品带到上面。因此 CO_2 制糖的一个最大应用场景，是在外太空探索中利用太阳能把 CO_2 转化成对深空探索有用的化学物质。当宇航员进入太空以后，收集他们呼出的 CO_2，即可进行再利用。

CO_2 是火星上原位资源利用（in situ resource utilization，ISRU）的主要对象。如果有一个自给自足的基础设施来专门生产关键的物质，将在长期内降低任务成本、提高操作弹性、保护机组人员健康，从而实现前所未有的行星表面探索。此外，利用废弃的 CO_2 可以防止这种温室气体在地球大气中的进一步积累。电化学 CO_2 还原反应平台可以通过可再生的太阳能或风能提供电力，是实现闭环碳循环的有前途的方式。

2019 年 9 月，美国国家航空航天局（NASA）发起一场挑战赛：在太空环境中，通过非生物途径将 CO_2 转化为糖。经过多轮的角逐以及各方面的评估，2021 年，来自加州大学伯克利分校化学系的华裔教授杨培东及其团队的研究成果进入 NASA 大赛前三名，也是进入决赛的唯一一支学术实验室团队，其他两支团队均为企业参赛。

杨培东及其团队的设想分为两步：先通过电化学的方式将 CO_2 催化还原为甲醛和乙醇醛；

然后通过 Formose 反应，乙醇醛自催化下将甲醛和乙醇醛转化为糖（如图 3-34 所示）。其中，在 75 ℃下，70 mmol·L⁻¹ 甲醛和 10 μmol·L⁻¹ 乙醇醛反应，反应产物如图 3-35 所示：葡萄糖是主要产品（49%），其次是果糖（20%）、核糖（17%）、半乳糖（8%）、阿拉伯糖（5%）[49]。

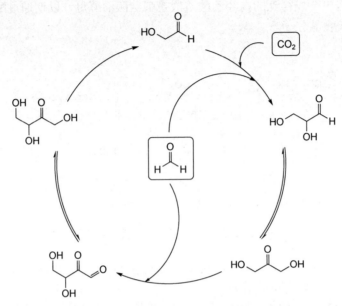

图 3-34　乙醇醛自催化的 Formose 反应示意图

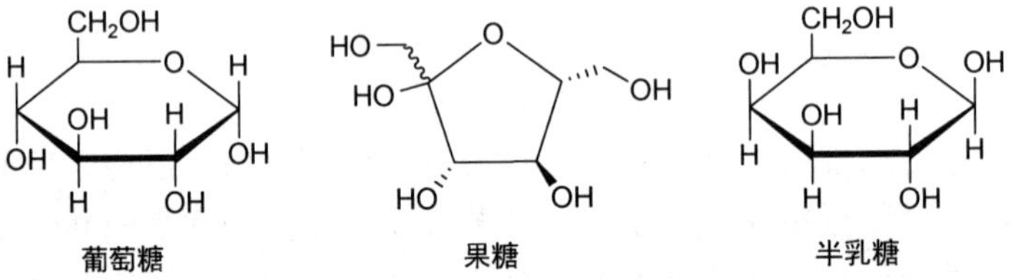

<table>
<tr><td>葡萄糖</td><td>果糖</td><td>半乳糖</td></tr>
</table>

图 3-35　通过 Formose 反应所制得的相关糖

　　这项研究展示了一种通过电催化还原 CO_2 与 Formose 反应联合产糖的方法（如图 3-36 所示），为其他研究者提供了参考，让业界重新思考被忽略的副产物的价值。未来的研究中还需考虑一些步骤的放大问题，催化剂的设计、电化学条件和反应器的设计需要进一步研究。这种方法可以在商业化制糖中与光合作用竞争，并可以缓解 CO_2 带来的气候变化。总体而言，这项研究为设计各种催化系统以促进 CO_2 转化为维持生命的分子提供了思路。

三、CO_2 高值化转化利用取得突破性进展

　　在众多工业生产过程中，建筑材料水泥的生产是最大的 CO_2 排放源之一。统计报告显示，每生产 1 吨水泥约排放 0.6 吨 CO_2，其中约 60% 的 CO_2 排放来自石灰石的热分解，其余约 40% 来自加热过程中的化石燃料利用及相关设备的电力消耗。使用可再生燃料和可再生能源可以减少化石燃料利用和电力消耗产生的 CO_2，但消除石灰石热分解生成生石灰过程中排放的 CO_2 仍然面临巨大挑战。

　　2021 年，南开大学与安徽芜湖市人民政府、海螺集团开启战略合作，罗景山教授作为项目负责人与海螺集团三碳（安徽）科技研究院有限公司共建南开大学-海螺集团"CO_2 资源化

综合利用"联合实验室，共同探索 CO_2 资源化利用方式和水泥行业碳减排途径，助力水泥行业绿色低碳发展，用科技支持我国实现"双碳"目标。

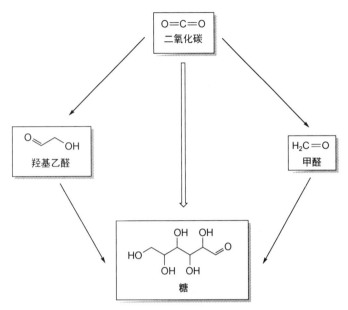

图 3-36　通过非生物途径将 CO_2 转化为糖的过程

针对 $CaCO_3$ 热分解生成 CaO 过程中排放 CO_2 的难题，罗景山课题组基于以往报道的电化学转化 $CaCO_3$ 制备 $Ca(OH)_2$ 研究，结合课题组在电化学水分解和 CO_2 还原反应方面的研究基础，提出了一种基于电化学系统的石灰石转化生产消石灰和有价值碳质产物的方法[50]。有别于石灰石高温热解方法，该方法不排放 CO_2，而是将石灰石中的碳元素直接转化成有价值的碳质产物，可以用作燃料和化学品，为水泥行业碳减排提供了新的思路。

2023 年 4 月，海螺集团联合南开大学共同研发的电催化 CO_2 还原制合成气系统在白马山水泥厂完成设备安装、试验工作，各项技术指标均满足要求。

如图 3-37 所示，此项研究工作基于中性水分解反应体系对 $CaCO_3$ 进行处理转化。首先利用中性水分解反应中析氧反应过程产生的氢离子（H^+）与 $CaCO_3$ 反应生成钙离子（Ca^{2+}）及 CO_2，Ca^{2+} 与体系中生成的氢氧根（OH^-）结合形成 $Ca(OH)_2$，可直接用于水泥生产。其次，通过切换施加电压，将体系中生成的 CO_2 原位转化成有价值的碳质产物，如一氧化碳、甲烷、烯烃等，反应产物可以通过调换催化剂实现调控。经测算，中试成功后，工业化应用中单设备每年可转化 CO_2 达 1400 吨，生成合成气 900 吨，年节约标煤 450 吨。这不管是对于企业还是国家规划而言都是双赢的结果。

四、CO_2 的电催化还原技术在工业应用中的机遇与挑战

CO_2ER 技术是一种利用电能将 CO_2 转化为有价值的化学品和燃料的方法，被认为是一种应对气候变化和实现碳中和的重要途径。基于此，香港理工大学 Shu Ping Lau 教授联合英国牛津大学 Shik Chi Edman Tsang 教授从电催化剂、电解槽、气体扩散电极、离子交换膜、反应机理等方面对 CO_2ER 技术进行了全面的分析，并且结合技术经济分析（TEA）和生命周期分析（LCA）对 CO_2ER 产品的市场竞争力进行了评估[51]。

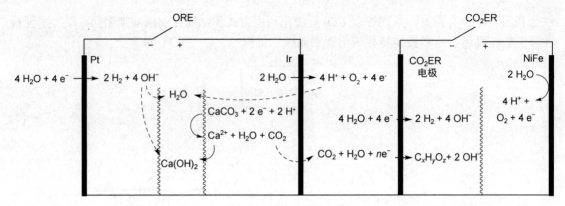

图 3-37 电解池体系中石灰石（CaCO₃）电化学转化为消石灰〔Ca(OH)₂〕和碳质产物过程

通过将 CO₂ 转化为有机化合物和高附加值化学品，可以实现对 CO₂ 的资源回收和利用，减少温室气体的排放和对有限化石资源的依赖，有助于应对气候变化问题；同时可以将可再生能源（如太阳能和风能）转化为化学品和燃料，实现能源的储存和分布式利用，促进可持续发展。发展 CO₂ER 技术将带来新兴产业的兴起，涉及催化剂设计、电解设备制造、离子交换膜开发等多个领域，为经济增长和就业创造机会。然而，CO₂ER 技术提升带来机遇的同时，也带来了巨大挑战。

CO₂ER 技术需要进一步优化，包括电解槽、离子交换膜、催化剂、气体扩散电极以及电解系统的辅助设施。新一代的电解槽需要进行性能评估和可扩展性分析，催化剂需要考虑氧化态和步态表面的设计，气体扩散电极需要解决溢流、碳酸盐形成和穿透等问题，离子交换膜需要提高离子导电性和水分吸收性，辅助设施需要引入高功率电解系统和人工智能电解系统。

CO₂ER 技术的发展还强烈依赖于整个产业链的协调进步。例如，上游高浓度 CO₂ 的供应是一个巨大的挑战，因为高效地捕获 CO₂ 一直是一个难题。该研究团队建议利用有机溶剂从燃料燃烧发电厂捕获 CO₂，甚至可以从空气中捕获 CO₂，为 CO₂ER 提供高浓度的 CO₂ 原料。此外，低浓度 CO₂ 的电还原也值得关注，因为它可以避免捕获 CO₂ 所需的高能耗，并且可能实现负净 CO₂ 排放。该研究团队提出了一种能在催化剂表面局部富集 CO₂ 浓度的方法，可以直接、有效地还原燃料气体中的低浓度 CO₂。

CO₂ER 技术面临着高市场准入壁垒，导致市场竞争力低。如图 3-38 所示，CO₂ER 技术是为了减少 CO₂ 排放和实现碳中和而服务于传统石油能源系统的，并不是要取代它。因此，不能简单地根据当前的电价、材料成本和原料成本来计算 CO₂ER 产品的经济成本。此外，一些成本计算忽略了全球各国政府开始征收的碳税。CO₂ER 产品可以免除昂贵的碳税，并且下游的化学品和燃料也可以享受税收优惠或补贴，这样可以显著降低 CO₂ER 产品的市场准入壁垒，从而大大减少 CO₂ 的排放，加快实现碳中和的进程。总之，为了应对当前严重的气候变化，政策支持是 CO₂ER 技术发展初期不可或缺的。最后，还需要尽快建立 CO₂ER 示范工厂，将这一先进技术从研发阶段推向示范阶段。我们也共同期待着 CO₂ER 技术能够从实验室层面向工程和工业部署转化，为缓解气候变化作出贡献。将实验室的发现转化为工业部署是实现可持续、低排放能源结构的核心技术的关键。

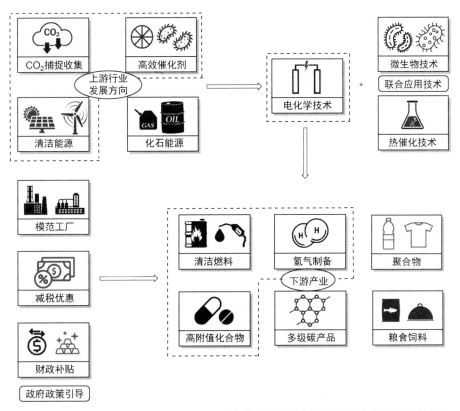

图 3-38　未来低碳能源系统中的 CO₂ER 技术需要整合先进技术并建立上下游产业链

习题

1. 描述二氧化碳电化学还原的基本原理，并列举至少三种可能的还原产物。

2. 介绍电化学方法如何促进气体混合物中二氧化碳的捕获，并讨论其与传统方法的区别。

3. 探讨电化学方法去除大气中二氧化碳的可行性和潜在挑战，包括技术、经济和环境方面的考虑。

4. 在电解精炼铜的过程中，如果通过的总电量为 1000 C，且最终得到纯铜的质量为 0.01 g，已知铜的摩尔质量为 63.55 g/mol，电子的电荷量为 1.602×10^{-19} C，计算该过程的电流效率。

5. 解释碳酸盐电解质在电化学电池中的作用，并讨论其稳定性和导电性对电池性能的影响。

参考文献

[1] Kolbe H. Beobachtungen Über Die Oxydirende Wirkung Des Sauerstoffs, Wenn Derselbe Mit Hülfe Einer Elektrischen Säule Entwickelt Wird [J]. Journal für Praktische Chemie 1847, 41:137-139.

[2] Lee K M, Jang J H, Balamurugan M, et al. Redox-neutral electrochemical conversion of CO₂ to dimethyl carbonate [J]. Nature Energy, 2021, 6(7): 733-741.

[3] Kortlever R, Shen J, Schouten K J P, et al. Catalysts and reaction pathways for the electrochemical reduction of carbon dioxide [J]. The journal of physical chemistry letters, 2015, 6(20): 4073-4082.

[4] Hori Y, Kikuchi K, Suzuki S. Production of CO and CH_4 in electrochemical reduction of CO_2 at metal electrodes in aqueous hydrogencarbonate solution [J]. Chemistry letters, 1985, 14(11): 1695-1698.

[5] Chen C S, Wan J H, Yeo B S. Electrochemical reduction of carbon dioxide to ethane using nanostructured Cu_2O-derived copper catalyst and palladium (Ⅱ) chloride [J]. The Journal of Physical Chemistry C, 2015, 119(48): 26875-26882.

[6] Hori Y, Murata A, Takahashi R. Formation of hydrocarbons in the electrochemical reduction of carbon dioxide at a copper electrode in aqueous solution [J]. Journal of the Chemical Society, Faraday Transactions 1: Physical Chemistry in Condensed Phases, 1989, 85(8): 2309-2326.

[7] Tang W, Peterson A A, Varela A S, et al. The importance of surface morphology in controlling the selectivity of polycrystalline copper for CO_2 electroreduction [J]. Physical Chemistry Chemical Physics, 2012, 14(1): 76-81.

[8] Reske R, Mistry H, Behafarid F, et al. Particle size effects in the catalytic electroreduction of CO_2 on Cu nanoparticles [J]. Journal of the American Chemical Society, 2014, 136(19): 6978-6986.

[9] Raciti D, Livi K J, Wang C. Highly dense Cu nanowires for low-overpotential CO_2 reduction [J]. Nano letters, 2015, 15(10): 6829-6835.

[10] Chen C S, Handoko A D, Wan J H, et al. Stable and selective electrochemical reduction of carbon dioxide to ethylene on copper mesocrystals [J]. Catalysis Science & Technology, 2015, 5(1): 161-168.

[11] Roberts F S, Kuhl K P, Nilsson A. High selectivity for ethylene from carbon dioxide reduction over copper nanocube electrocatalysts [J]. Angewandte Chemie International Edition, 2015, 54(17): 5179-5182.

[12] Sen S, Liu D, Palmore G T R. Electrochemical reduction of CO_2 at copper nanofoams [J]. ACS Catalysis, 2014, 4(9): 3091-3095.

[13] Malik K, Bajaj N K, Verma A. Effect of catalyst layer on electrochemical reduction of carbon dioxide using different morphologies of copper [J]. Journal of CO_2 Utilization, 2018, 27: 355-365.

[14] Liu S Y, Pang F J, Zhang Q W, et al. Stable nanoporous Sn/SnO_2 composites for efficient electroreduction of CO_2 to formate over wide potential range [J]. Applied Materials Today, 2018, 13: 135-143.

[15] Mistry H, Reske R, Strasser P, et al. Size-dependent reactivity of gold-copper bimetallic nanoparticles during CO_2 electroreduction [J]. Catalysis Today, 2017, 288: 30-36.

[16] Wang C Q, Cao M L, Jiang X X, et al. A catalyst based on copper-cadmium bimetal for electrochemical reduction of CO_2 to CO with high faradaic efficiency [J]. Electrochimica Acta, 2018, 271: 544-550.

[17] Bernal M, Bagger A, Scholten F, et al. CO_2 electroreduction on copper-cobalt nanoparticles: Size and composition effect [J]. Nano Energy, 2018, 53: 27-36.

[18] Yang G, Yu Z P, Zhang J, et al. A highly efficient flower-like cobalt catalyst for electroreduction of carbon dioxide [J]. Chinese Journal of Catalysis, 2018, 39(5): 914-919.

[19] Ge H T, Gu Z X, Han P, et al. Mesoporous tin oxide for electrocatalytic CO_2 reduction [J]. Journal of colloid and interface science, 2018, 531: 564-569.

[20] Kaneco S, Ueno Y, Katsumata H, et al. Electrochemical reduction of CO_2 in copper particle-suspended methanol [J]. Chemical Engineering Journal, 2006, 119(2-3): 107-112.

[21] Cook R L, MacDuff R C, Sammells A F. High rate gas phase CO_2 reduction to ethylene and methane using gas diffusion electrodes [J]. Journal of the Electrochemical Society, 1990, 137(2): 607.

[22] Elsherbini M, Wirth T. Electroorganic synthesis under flow conditions [J]. Accounts of chemical research, 2019, 52(12): 3287-3296.

[23] Wu J J, Ma S C, Sun J, et al. A metal-free electrocatalyst for carbon dioxide reduction to multi-carbon hydrocarbons and oxygenates [J]. Nature communications, 2016, 7(1): 13869.

[24] Liu L X, Ding Y Y, Zhu L N, et al. Recent advances in carbon-supported non-precious metal single-atom catalysts for energy conversion electrocatalysis [J]. National Science Open, 2023, 2(2): 20220059.

[25] Bi J J, Hou P F, Liu F W ,et al. Electrocatalytic reduction of CO_2 to methanol by iron tetradentate phosphine

complex through amidation strategy [J]. ChemSusChem, 2019, 12(10): 2195-2201.

[26] Boutin E, Wang M, Lin J C, et al. Aqueous electrochemical reduction of carbon dioxide and carbon monoxide into methanol with cobalt phthalocyanine [J]. Angewandte Chemie International Edition, 2019, 58(45): 16172-16176.

[27] Yang Y, Fu J J, Ouyang Y X, et al. In-situ constructed Cu/CuNC interfaces for low-overpotential reduction of CO_2 to ethanol [J]. National Science Review, 2023, 10(4): nwac248.

[28] Li Yuguang C, Wang Z Y, Yuan T G, et al. Binding site diversity promotes CO_2 electroreduction to ethanol [J]. Journal of the American Chemical Society, 2019, 141(21): 8584-8591.

[29] Bontemps S, Vendier L, Sabo-Etienne S. Ruthenium-catalyzed reduction of carbon dioxide to formaldehyde [J]. Journal of the American Chemical Society, 2014, 136(11): 4419-4425.

[30] Han N, Wang Y, Yang H, et al. Ultrathin bismuth nanosheets from in situ topotactic transformation for selective electrocatalytic CO_2 reduction to formate [J]. Nature communications, 2018, 9(1): 1320.

[31] Bazzi S, Le Duc G, Schulz E, et al. CO_2 activation by electrogenerated divalent samarium for aryl halide carboxylation [J]. Organic & Biomolecular Chemistry, 2019, 17(37): 8546-8550.

[32] Zhang W, Lin S. Electroreductive carbofunctionalization of alkenes with alkyl bromides via a radical-polar crossover mechanism [J]. Journal of the American Chemical Society, 2020, 142(49): 20661-20670.

[33] Senboku H, Nagakura K, Fukuhara T, et al. Three-component coupling reaction of benzylic halides, carbon dioxide, and N,N-dimethylformamide by using paired electrolysis: sacrificial anode-free efficient electrochemical carboxylation of benzylic halides [J]. Tetrahedron, 2015, 71(23): 3850-3856.

[34] Alkayal A, Tabas V, Montanaro S, et al. Harnessing applied potential: selective β-hydrocarboxylation of substituted olefins [J]. Journal of the American Chemical Society, 2020, 142(4): 1780-1785.

[35] Sheta A M, Alkayal A, Mashaly M A, et al. Selective electrosynthetic Hydrocarboxylation of α,β-Unsaturated Esters with Carbon Dioxide [J]. Angewandte Chemie International Edition, 2021, 60(40): 21832-21837.

[36] Matthessen R, Fransaer J, Binnemans K, et al. Electrochemical dicarboxylation of conjugated fatty acids as an efficient valorization of carbon dioxide [J]. RSC advances, 2013, 3(14): 4634-4642.

[37] Katayama A, Senboku H, Hara S. Aryl radical cyclization with alkyne followed by tandem carboxylation in methyl 4-tert-butylbenzoate-mediated electrochemical reduction of 2-(2-propynyloxy) bromobenzenes in the presence of carbon dioxide [J]. Tetrahedron, 2016, 72(31): 4626-4636.

[38] You Y, Kanna W, Takano H, et al. Electrochemical dearomative dicarboxylation of heterocycles with highly negative reduction potentials [J]. Journal of the American Chemical Society, 2022, 144(8): 3685-3695.

[39] Rasouli A S, Wang X, Wicks J, et al. Ga doping disrupts C—C coupling and promotes methane electroproduction on CuAl catalysts [J]. Chem Catalysis, 2022, 2(4): 908-916.

[40] Mistry H, Varela A S, Bonifacio C S, et al. Highly selective plasma-activated copper catalysts for carbon dioxide reduction to ethylene [J]. Nature communications, 2016, 7(1): 12123.

[41] McEnaney J M, Rohr B A, Nielander A C, et al. A cyclic electrochemical strategy to produce acetylene from CO_2, CH_4, or alternative carbon sources [J]. Sustainable Energy & Fuels, 2020, 4(6): 2752-2759.

[42] Chen C, Zhu X R, Wen X J, et al. Coupling N_2 and CO_2 in H_2O to synthesize urea under ambient conditions [J]. Nature chemistry, 2020, 12(8): 717-724.

[43] Feng Y G, Yang H, Zhang Y, et al. Te-doped Pd nanocrystal for electrochemical urea production by efficiently coupling carbon dioxide reduction with nitrite reduction [J]. Nano Letters, 2020, 20(11): 8282-8289.

[44] Tao Z X, Rooney C L, Liang Y Y, et al. Accessing organonitrogen compounds via C—N coupling in electrocatalytic CO_2 reduction [J]. Journal of the American Chemical Society, 2021, 143(47): 19630-19642.

[45] Huang X X, Ma Y J, Zhi L J. Ultrathin nitrogenated carbon nanosheets with single-atom nickel as an efficient catalyst for electrochemical CO_2 reduction [J]. Acta Physico-Chimica Sinica, 2022, 38(2): 2011050.

[46] Zhang K, Liu X F, Zhang W Z, et al. Electrocarboxylation of N-acylimines with carbon dioxide: Access to substituted α-amino Acids [J]. Organic Letters, 2022, 24(19): 3565-3569.

[47] Schwiedernoch R, Niu X, Shu H, et al. One-step electrocatalytic approach applied to the synthesis of

β-propiolactones from CO_2 and dienes [J]. The Journal of Organic Chemistry, 2023, 88(15): 10403-10411.

[48] Zheng T T, Zhang M L, Wu L H, et al. Upcycling CO_2 into energy-rich long-chain compounds via electrochemical and metabolic engineering [J]. Nature Catalysis, 2022, 5(5): 388-396.

[49] Cestellos-Blanco S, Louisia S, Ross M B, et al. Toward abiotic sugar synthesis from CO_2 electrolysis [J]. Joule, 2022, 6(10): 2304-2323.

[50] Xie Q X, Wan L L, Zhang Z, et al. Electrochemical transformation of limestone into calcium hydroxide and valuable carbonaceous products for decarbonizing cement production [J]. Iscience, 2023, 26(2): 106015.

[51] She X J, Wang Y F, Xu H, et al. Challenges and opportunities in electrocatalytic CO_2 reduction to chemicals and fuels [J]. Angewandte Chemie International Edition, 2022, 61(49): e202211396.

第四章
光催化实现碳中和

21世纪，科学与技术取得了突飞猛进的发展，人类对于能源的需求与日俱增。近几年，随着化石能源被大量地开采利用，能源危机逐渐显现，新能源（太阳能、风能、潮汐能等）的开发利用就变得尤为重要。现如今太阳能的转化利用逐渐成为研究热点，太阳能除了用于光伏发电（光电转化）之外，还可以利用光照实现光催化，从而将光能转化为化学能，进而生产一系列具有开发价值的化学品，例如光解水制备氢气、光还原CO_2制备一氧化碳等。因此，光催化在能源领域中显现出广阔的应用前景。光催化CO_2还原反应的产物主要分为C_1类产物、C_2类产物和C_{2+}类产物，这三类产物的合成过程中有多种光催化材料的参与，反应机理也各不相同。光催化CO_2还原反应的产物具有多种不同的用途，例如：CO可作为生产高碳类化学品的原材料；CH_4是天然气的主要成分，可以作为日常生活的能源物质，同时也可用于CO_2的重整反应；CH_3OH和$HCOOH$主要用于燃料电池，CH_3OH也可作汽油的额外添加成分；C_2H_4主要用于聚乙烯和乙二醇的生产；乙二醇可以用于聚乙烯对苯二甲酸酯（涤纶原料）及聚呋喃二酸乙二醇酯（可降解塑料原料）的生产。光催化技术将CO_2转化为烷烃、醇或其他有机物质，可以实现碳的循环使用，减少碳排放。所以，开发CO_2减排和转化技术对保护环境、推动经济和社会可持续发展具有重大而深远的意义。

第一节 光催化概论

一、走进光催化

（一）光催化的概念

1967年，藤岛昭在一次试验中，偶然发现用紫外灯照射水中的氧化钛单晶时，水被分解成氧气和氢气，而氧化钛单晶没有发生变化，这一现象便是最早被发现的光催化现象。1972年，光催化类反应随着藤岛昭与其导师本多健一的报道也正式被人们所知晓，从而开辟了光催化这一新的研究领域。

光催化（photocatalysis）是光化学和催化科学的交叉点，一般指在催化剂参与下的光化学反应。光催化过程中用到的催化材料是一种在光的照射下自身不发生变化，但是可以促进化学反应，使光能转化为化学能的材料[1]。

（二）光催化 CO_2 还原的原理

光催化 CO_2 还原是一个利用光能催化 CO_2 还原生成一系列新产物的过程，该过程类似于自然光合作用，故有时也被称为人工光合作用。光催化 CO_2 还原过程中，光能推动光催化剂激发出光生电子和光生空穴，并推动光生电子-空穴对的分离迁移，CO_2 和 H_2O 在催化剂表面进行催化转化，从而发生光催化反应。光催化 CO_2 还原分为以下三个步骤（图4-1）：

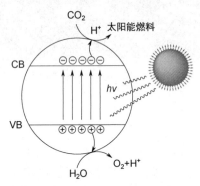

图4-1　光催化 CO_2 还原机理

第一步（吸收光子）：通过使用能量大于或等于光催化剂带隙的光对反应体系进行照射，此时能量大于或等于价带（VB）和导带（CB）之间带隙能量的光子被吸收，电子从VB激发到CB，此时 VB 中会留下一个空穴，此时即形成高活性的光生电子-空穴对（光生空穴数与光生电子数一致）。

第二步（电荷分离）：光生电子与其相对应形成的光生空穴相互分离，并向光催化剂表面迁移。

第三步（表面反应）：在理想状态下，光生电子迁移到催化剂表面后，吸附的 CO_2 与 H^+ 进行反应生成还原产物，而光生空穴会氧化 H_2O 或氧化牺牲剂[1]。

（三）光催化 CO_2 还原的发展概况

在 20 世纪 80 年代末至 90 年代初，光催化 CO_2 还原的相关研究有了系统的报道。随后，大量的学者开始关注并着手该领域的研究，这一过程催生了很多有价值的研究报道。

在 1978 年，Halmann[2]首次采用 P 型半导体磷化镓充当光催化剂进行了 CO_2 还原制甲醇的相关研究，该研究开辟了光催化 CO_2 还原的新方向。次年，Inoue 等[3]开发了基于二氧化钛和碳化硅等材料的粉末光催化还原反应体系，并首次提出了光催化还原 CO_2 的反应机理。随后，Inoue 等[4]又继续研究了利用硫族半导体微晶光催化还原 CO_2 制备甲酸盐，研究结果表明，负载镉的 ZnS 微晶最高量子效率是 ZnS 微晶的 2 倍。随着对稀土元素研究的不断深入，在 1982 年，Halmann 等[5]通过实验发现，将稀土掺杂物掺入大带隙半导体，可以提高光催化 CO_2 还原的效率，增加甲酸盐产量。4 年后，Lehn 等[6]首次开展了金属铼相关的配合物均相催化剂对 CO_2 的光催化还原研究。2000 年，徐用军等[7]探究了常温常压气-固光催化 CO_2 还原加氢反应体系，使用 $Pd/RuO_2/TiO_2$ 作为光催化剂，成功催化 CO_2 加氢合成一碳化合物。2005 年，有学者利用涂有 Cu/TiO_2 的纤维设计了光学纤维光反应器[8]，在紫外线照射下，可以光催化 CO_2 还原制得甲醇。4 年后，$BiVO_4$ 光催化剂出现了，该催化剂在光照下可将 CO_2 光催化还原成乙醇，且单晶 $BiVO_4$ 催化活性高[9]。2015 年，一种具有异质结构的新型光催化剂 $CdS-WO_3$ 被报道[10]，该催化剂可以通过光催化 CO_2 还原生成 CH_4，该催化剂比单相光催化剂的光催化 CO_2 还原能力更强。3 年后，林启普等[11]构建了一种基于 Zr 的 MOF 材料，该材料可以在强酸强碱条件下不被破坏，且具有良好的光催化活性，可以光催化 CO_2 还原产生 CH_4，选择性达到 96.4%。2022 年，王定胜等[12]通过在红磷上植入一个 Au 单原子来促进 C—C 偶合过程，靠近 Au 单原子的富含电子的磷原子可以作为 CO_2 的活化位点，从而催化 CO_2 形成 C_2H_6，该反应选择性达到 96%。

这些研究大部分都是为了提高光催化效率，并使化合物的形成具有一定的方向性，从而生产更多高附加值产品。现阶段，光催化 CO_2 还原反应的产物主要分为三类：C_1 类产物（一氧化碳、甲烷、甲醇、甲醛、甲酸）、C_2 类产物（乙烷、乙烯、乙醛、乙醇、乙酸等）、C_{2+} 类产物（丙烯、芳香醛、碳酸酯等）。

由于光催化剂的研究还在探索中，光催化 CO_2 还原的转化率和选择性都不理想，所以目前的光催化 CO_2 还原研究仍处于实验室开发阶段，但光催化 CO_2 还原仍被认为是解决全球能源和环境问题最有前途的方案之一。相信在不久的未来，光催化 CO_2 还原将赋能我国"双碳"目标，为我国"双碳"目标的实现提供新方案，注入新动力[1]。

（四）光催化 CO_2 的优缺点

在热力学上，CO_2 的活化需要很高的能量，其标准吉布斯自由能为-394.39 kJ·mol^{-1}，这说明 CO_2 分子的化学性质稳定，不易发生反应。在分子结构上，CO_2 呈线性对称结构，所以 CO_2 是一种高度稳定的分子，不容易被活化。现阶段，对 CO_2 进行转化的主要方法有光催化法、生物催化法、热催化法、电化学催化法等。其中热催化法的适用范围最广，应用场景最多，反应条件也最容易控制，但热催化法耗能多，反应条件也不温和。基于上述问题，急需开发更优的催化方案，从而在降低能耗的同时尽量选择温和的反应条件。随着新材料的不断研究与开发，越来越多的高效光催化剂被研究并开发，这使得光催化 CO_2 还原在各类催化转化方法中脱颖而出，成为当今研究的热点[1]。光催化 CO_2 还原有诸多优点：

① 反应的外部能量供给为清洁、绿色、可再生的太阳能；

② 催化过程中所用的溶剂体系通常为低成本、易获取的 H_2O；

③ 光催化反应条件温和，通常在常温常压下即可反应，实现太阳能燃料和高附加值化学品的生产；

④ 光催化方法相对于电化学方法来说，受到热力学观点的青睐；

⑤ 光催化反应不产生二次污染。

当然，优点与缺点往往并存，光催化转化也并不是无懈可击的。光催化 CO_2 还原存在部分缺点如下：

① CO_2 较难被吸附活化，导致 CO_2 的反应性不高；

② 现阶段的光催化剂稳定性及催化活性还不理想；

③ 光催化产物的选择性有待提高，反应的机理还需要多加验证；

④ 新型光催化剂的合成较为复杂；

⑤ 光催化反应的反应条件有待优化与开发；

⑥ 现有光催化剂对光的利用率不高。

二、常用光催化剂

（一）催化剂及光催化剂简介

催化剂（catalyst）是指不改变化学平衡，但可以提高化学反应速率的物质。催化剂本身的质量及化学性质在反应前后均不发生变化。催化剂在现代化学工业中占有极其重要的地位，在我们的生产生活中也有广泛的应用，比如使用"铂网"可以高效催化氨气的产生，从而利用氨气生产化肥。催化剂的种类有很多，按催化剂的物理性质可分为液体催化剂和固体催化剂，按其反应体系的相态可以分为均相催化剂和非均相催化剂[13]。

光催化剂（photocatalyst）是指在光能转化为化学能的过程中，具有光催化功能的材料。现阶段最具代表性的光催化剂材料是二氧化钛，二氧化钛可以在光照条件下用于某些化合物的合成与分解，比如在二氧化钛参与下，可以通过光催化反应将 CO_2 还原生成一氧化碳与甲烷等化合物，同时也可以通过光催化反应将甲醛等有害物质进行无害化分解处理。

（二）光催化常用催化剂类型

在过去几十年中，随着催化剂材料的不断发展，可用于 CO_2 还原的光催化剂被大量地开发研究（图4-2），其中很大一部分的研究是基于 TiO_2 光催化剂进行的升级改造，但是也不乏新型材料的研发制备。目前可以用于光催化的催化剂除了最常用的宽禁带 n 型半导体 TiO_2 之外，还逐步发展扩充了贵金属、金属硫化物、氮化金属、单金属氧化物、双金属氧化物、混合金属氧化物、金属氧化物复合材料、金属盐复合材料（钛酸盐、钽酸盐、钒酸盐）、金属有机骨架（MOF）、类石墨相氮化碳（g-C_3N_4）、石墨烯（GR）、碳纳米管（CNT）等催化剂。以上光催化剂按材料属性可以分为金属光催化剂、半导体光催化剂、碳质光催化剂、有机-无机杂化光催化剂；或按照催化剂物相分为均相催化剂、非均相催化剂[14-21]。

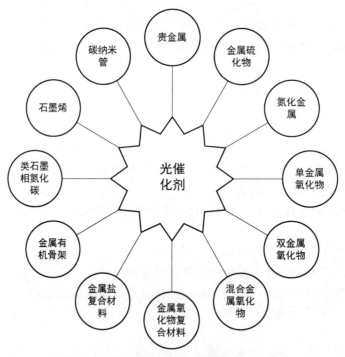

图 4-2　光催化剂类型概览

（三）光催化常用催化剂应用列举

近几年来，越来越多光催化 CO_2 转化为高附加值产品的研究案例被陆续报道出来（表4-1），其中大部分都为异相光催化剂在氙灯的照射下进行 CO_2 的光催化转化，转化得到的产物涵盖了烷基类物质、烯烃类物质、醇类物质、醛类物质、羧酸类物质、酯类物质以及氨基酸等化合物。可以看出，光催化 CO_2 转化为其他高附加值产品，是一个极具开发潜力的实现碳中和的方案。

表 4-1　光催化剂应用列举

催化剂	年份	光源	主要产物	参考文献
$CoS/g\text{-}C_3N_4$	2023	300 W 氙灯	甲烷	[22]
$Au@Bi_{12}O_{17}Br_2$	2022	300 W 氙灯	乙烷	[23]
$MoS_2@COF\text{-}15mg\ MoS_2$	2023	300 W 氙灯	乙烷	[24]
$AgInP_2S_6$	2021	300 W 氙灯	乙烯	[25]
$Bi_2S_3@In_2S_3$	2023	300 W 氙灯	乙烯	[26]
$S\text{-}TiO_2$	2018	8W UV-A 灯、20 W 白光 LED 灯	丙烯	[27]
Er-doped $CeO_2/rGO/CuO$	2017	250 W 氙灯	甲醇	[28]
$Cu_1@BiOBr$	2023	50 W 氙灯	甲醇	[29]
g-CNQDs@MOF	2022	20 W LED 灯	甲醇	[30]
$SrTiO_3{:}RuO_2{:}NiO$	2021	300 W 氙灯	乙醇	[31]
$Mo_4^{V}-Mo_{12}^{VI}$	2018	13 W 紫外灯	甲醛	[32]
Janus Ag/AgClBr	2021	500 W 氙灯	乙醛	[33]
FEM-10	2022	20 W 白光 LED 灯	羟基苯甲醛	[34]
$rGO@NH_2\text{-}MIL\text{-}125$	2019	250 W 高压汞灯	甲酸甲酯	[35]
Cu_2O/Cu	2018	300 W 氙灯	苄基乙酸酯	[36]
4CzBnBN	2021	15 W 蓝光 LED 灯	γ-氨基丁酸酯	[37]
$CoPc/TiO_2$	2018	20 W 白光 LED 灯	环状碳酸酯	[38]
ConPET	2023	30 W 蓝光 LED 灯	氨基酸	[39]
10% $Ni(bpy)_3Cl_2/\alpha\text{-}Fe_2O_3$	2022	20 W LED 灯	2-乙酰基-3-氧代丁酸	[40]
CoAl-LDH/InVO$_4$-30	2023	300 W 氙灯	一氧化碳	[41]

第二节　典型光催化技术促进碳中和

一、光催化 CO_2 制备烷烃类化合物

（一）光催化 CO_2 制备甲烷

近年来，光催化制备甲烷的各类催化剂被广泛地开发报道，包括金属氧化物、贵金属和氮化物等，但是这些催化剂的性能存在一定缺陷，且制备成本较高，不利于大规模的应用。目前研究较为火热的为异质结构催化剂，该类催化剂可以通过增强光生电荷的分离和转移，扩大光吸收范围，同时扩大氧化还原电位，从而改善材料的光催化性能。除了良好的光催化效果之外，异质结构催化剂还具有化学稳定性好、易于合成等优点，所以备受广大学者的青睐。

钒酸铟（$InVO_4$）在光催化还原 CO_2 方面具有很好的潜力。2023 年，来自南京理工大学的科研团队[42]在含有氮缺陷的石墨氮化物（$g\text{-}C_3N_4$）的片状结构上，通过原位形成 $InVO_4$ 纳米颗粒的方式，制备得到一种具有异质结构的新型 $InVO_4/g\text{-}C_3N_4$（InVO-CN）复合光催化剂。研究结果表明，30%的 InVO-CN 在常温常压下对 CO_2 光催化还原为甲烷的催化性能最佳，甲

烷产率达到 3.46 μmol·g⁻¹·h⁻¹，比纯 g-C₃N₄ 和 InVO₄ 的催化性能高 2.8 倍。基于以上实验结果，分析认为 InVO₄ 和 g-C₃N₄ 之间会形成 Z 型异质结构，该结构使 InVO-CN 的还原能力大大增强，从而促使其催化性能得到提高。可能的反应机理如图 4-3 所示：在可见光照射下，HDCN 和 InVO₄ 上都发生了电子跃迁，产生了电子-空穴对，之后，InVO₄ 的激发电子在 BIEF 的作用下转移到界面，并迅速与 HDCN 界面的空穴重新结合，此时，吸附在表面的气态 CO₂ 和 H₂O 被 HDCN 的 CB 上的电子激活，并发生复杂的反应生成 CH₄，反应过程如下：

$$HDCN + h\nu \longrightarrow e^-(HDCN) + h^+(HDCN) \xrightarrow{e^-(InVO_4)} e^-(HDCN)$$

$$InVO_4 + h\nu \longrightarrow e^-(InVO_4) + h^+(InVO_4) \xrightarrow{h^+(HDCN)} h^+(InVO_4)$$

$$CO_2 + H_2O + e^-(HDCN) \longrightarrow CO + CH_4 + OH^-$$

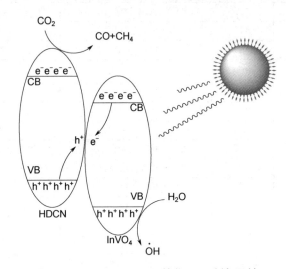

图 4-3　InVO₄/g-C₃N₄ 催化 CO₂ 制备甲烷

除了 Z 型异质结构光催化剂，p-n 型异质结构光催化剂也可用于 CO₂ 的光催化转化制备甲烷，且 p-n 型异质结构能有效减缓光生电子-空穴对的复合速度，段伦博等[22]通过超声-机械混合法，成功制备了 CoS 与 g-C₃N₄ 质量比不同的 CoS/g-C₃N₄ 异质结构材料，并首次将其应用于光还原 CO₂ 领域，光照 3 小时后，CH₄ 最大产率分别是 g-C₃N₄ 和 CoS 单体的 21.06 倍和 5.44 倍，此外，与 CH₄ 相比，CO 产量可以忽略不计，这一结果说明该复合催化剂具有出色的产品选择性。可能的反应机理为：当 n 型半导体 g-C₃N₄ 与 p 型材料 CoS 紧密接触时，形成了具有 p-n 型异质结构的复合光催化剂。在反应过程中，n 型 g-C₃N₄ 中的电子可以转移到 p 型 CoS，产生正电荷，而 CoS 中的空穴则转移到 g-C₃N₄，产生负电荷。当电子和空穴达到平衡时，将会形成一个空间电荷区，称为内置电场。当光催化剂被照亮时，在内置电场的作用下，CoS 中的电子进入正极区，空穴流入负极区。此时，CoS 的 VB 上的空穴被 H₂O 捕获，形成质子和 O₂，而 g-C₃N₄ 的 CB 上的电子与 CO₂ 发生反应，将 CO₂ 高选择性地转化为 CH₄（图 4-4），反应过程如下：

$$CoS/g\text{-}C_3N_4 \xrightarrow{光照} e^- + h^+$$

$$2H_2O + 4h^+ \longrightarrow 4H^+ + O_2$$

$$CO_2 + 8H^+ + 8e^- \longrightarrow CH_4 + 2H_2O$$

$$CO_2 + 2H^+ + 2e^- \longrightarrow CO + H_2O$$

$$CO + 2H^+ + 2e^- \longrightarrow \cdot C + H_2O$$

$$\cdot C + 4H^+ + 4e^- \longrightarrow CH_4$$

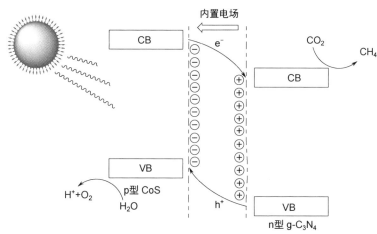

图 4-4　CoS/g-C₃N₄ 催化 CO₂ 制备甲烷

虽然可以通过光催化的方法将 CO_2 转化为甲烷,但是甲烷是一种温室气体,这样的转化可能会导致温室效应的加剧,所以,还有学者进行了光催化甲烷转化的相关研究。唐军旺等[43]系统而全面地总结归纳了甲烷转化过程中光催化剂以及助催化剂的发展现状,为光催化甲烷转化效率的提升以及催化特异性的提高提供了一定的参考(图 4-5)。

(二)光催化 CO₂ 制备乙烷

乙烷作为一种最简单的含有 C—C 单键的烷烃,现阶段的制备方法主要是通过分离石油气、天然气、石油裂解气而制备,其在工业中的主要应用是通过蒸汽裂解的方法生产乙烯。由于分离法制备乙烷的生产成本高,且分离过程复杂,所以现阶段有很多学者着手于将 CO_2 转化为乙烷,而其中有大量的研究都集中于抑制光生电子-空穴复合。例如,Ehsan 等制备了 $AgCu/TiO_2$ 纳米管阵列催化剂,该催化剂具有较低的光载流子重组率,可以改善 C—C 偶合的多电子转移,使乙烷的生产率达到 $14.5\ \mu mol \cdot h^{-1} \cdot g_{cat}^{-1}$,选择性达到 60%。然而,由于 CO_2 直接光还原为乙烷涉及多电子转移,并且难以大幅改善其反应效果,所以有学者设想将 CO_2 先还原为一氧化碳,之后一氧化碳再还原为乙烷,这样可能更利于反应的进行。王倩等[44]将 $Au@TiO_x$ 和 Co 位点整合到串联光催化剂中,实现了乙烷的高效催化合成,在 650 ℃下,通过紫外光照射,乙烷的产量达到 $58.65\ \mu mol \cdot h^{-1} \cdot g_{cat}^{-1}$。其可能的反应机理为:首先,在光照射下产生的光电子和空穴分别被 Au 和 Co 以及氧空位捕获,随后,H_2O 在氧空位处被活化,与光生空穴发生反应,CO_2 被 Au^δ 激活,与光生电子进行反应,从而在 $Au@TiO_x$ 的 Au^δ-V_O 位点形成 CO 和 H_2。之后,合成气在 Co 纳米颗粒表面形成的 CHO^* 中间体经过 C—C 偶联反应,形成 C_2H_6(图 4-6)。

夏杰祥等[23]设计并合成了 $Au@Bi_{12}O_{17}Br_2$ 纳米管光催化剂,CO_2 在该催化剂的催化下,生产乙烷的速率可以达到 $29.26\ \mu mol \cdot h^{-1} \cdot g^{-1}$,选择性达到 90.81%。可能的催化机理为:在光照下,$Bi_{12}O_{17}Br_2$ 纳米管的 VB 中的电子被激发并跃迁至 CB,由于 Au 的功函数较高,所以电

子从 $Bi_{12}O_{17}Br_2$ 纳米管转移到 Au 纳米颗粒上，Au 纳米颗粒在 $Bi_{12}O_{17}Br_2$ 表面捕获电子，从而加快了光生载流子的迁移速率，促进了界面电荷转移，同时，Au 纳米颗粒的 LSPR 效应促进了热电子的产生，热电子的注入有效地提高了电子利用率（图 4-7）。

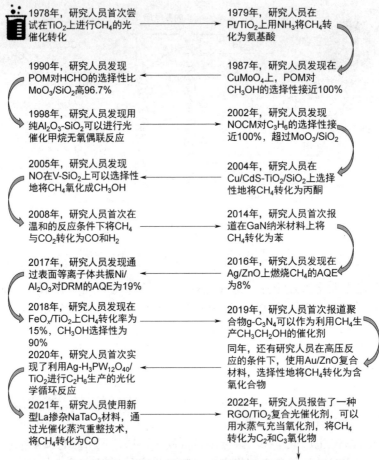

1978年，研究人员首次尝试在TiO_2上进行CH_4的光催化转化

1979年，研究人员在 Pt/TiO_2上用NH_3将CH_4转化为氨基酸

1990年，研究人员发现POM对HCHO的选择性比MoO_3/SiO_2高96.7%

1987年，研究人员发现在$CuMoO_4$上，POM对CH_3OH的选择性接近100%

1998年，研究人员发现用纯Al_2O_3-SiO_2可以进行光催化甲烷无氧偶联反应

2002年，研究人员发现NOCM对C_3H_6的选择性接近100%，超过MoO_3/SiO_2

2005年，研究人员发现NO在V-SiO_2上可以选择性地将CH_4氧化成CH_3OH

2004年，研究人员在Cu/CdS-TiO_2/SiO_2上选择性地将CH_4转化为丙酮

2008年，研究人员首次在温和的反应条件下将CH_4与CO_2转化为CO和H_2

2014年，研究人员首次报道在GaN纳米材料上将CH_4转化为苯

2017年，研究人员发现通过表面等离子体共振Ni/Al_2O_3对DRM的AQE为19%

2016年，研究人员发现在Ag/ZnO上燃烧CH_4的AQE为8%

2018年，研究人员发现在FeO_x/TiO_2上CH_4转化率为15%，CH_3OH选择性为90%

2019年，研究人员首次报道聚合物g-C_3N_4可以作为利用CH_4生产CH_3CH_2OH的催化剂

2020年，研究人员首次实现了利用Ag-$H_3PW_{12}O_{40}/TiO_2$进行C_2H_6生产的光化学循环反应

同年，还有研究人员在高压反应的条件下，使用Au/ZnO复合材料，选择性地将CH_4转化为含氧化合物

2021年，研究人员使用新型La掺杂$NaTaO_3$材料，通过光催化蒸汽重整技术，将CH_4转化为CO

2022年，研究人员报告了一种RGO/TiO_2复合光催化剂，可以用水蒸气充当氧化剂，将CH_4转化为C_2和C_3氧化物

现如今，随着甲烷转化相关研究的不断推进，越来越多的转化方法被研究报道，这些方法中有很多都具有较高的转化率以及产物高度选择性，综合来说，这些研究成果具有一定的商业化前景。相信在不久的将来，甲烷转化不再单纯地充当燃料物质，转化制备高附加值化学品将成为全新的主流利用方式

图 4-5　光催化甲烷转化研究进展

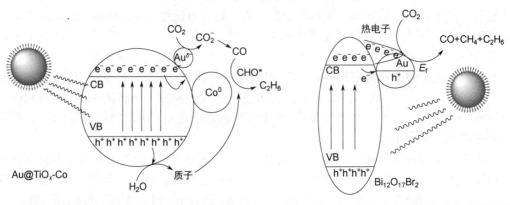

图 4-6　$Au@TiO_x$-Co 催化 CO_2 制备乙烷　　图 4-7　$Au@Bi_{12}O_{17}Br_2$ 催化 CO_2 制备乙烷

二、光催化 CO₂ 制备烯烃类化合物

（一）光催化 CO₂ 制备乙烯

随着对异质结构光催化剂的不断研究，乙烯的合成变得更加简单、绿色、高效。陈厚样等通过一步溶剂热法合成了具有不饱和 Bi 和 In 位点的 $Bi_2S_3@In_2S_3$ 异质结构光催化剂[26]，该异质结构材料在整个太阳光谱中表现出良好的光捕获能力，可以在无额外热量输入的光照下实现 CO_2 到乙烯的高效转化，乙烯的产率达到 $11.81\ \mu mol \cdot h^{-1} \cdot g_{cat}^{-1}$，反应选择性为 90%。可能的反应机理为：在太阳光的照射下，UV-vis 诱导 $Bi_2S_3@In_2S_3$ 催化剂产生的电子很容易被 Bi 和 In 位点捕获，从而激活被吸附的 CO_2 分子，随后在 H_2O 的质子帮助下形成 $^*COOH$ 和 $^*CO$ 中间体；与 $In-S_V-Bi$（S_V 表示硫空位）活性中心相邻的 In 和 Bi 原子上吸附的两个 $^*CO$ 中间体在 In 和 Bi 原子之间有适当的距离和不对称的电荷分布，因此容易二聚成 $^*OCCO$；随后，通过多质子偶合电子转移过程，$^*OCCO$ 被转化为 C_2H_4。在以上反应过程中，光照产生的热量也对反应的发生起到一定促进作用：首先，温度的升高可以加速光催化 CO_2 还原；其次，温度升高可以加速 H_2O 的解离，从而促进每个反应步骤的中间体生成；最后，温度升高还可以增加 $^*CO$ 中间体的碰撞概率，促进 $^*OCCO$ 的生成，从而显著提高光催化 CO_2 转化为 C_2H_4 的反应活性和选择性。

$$H_2O \longrightarrow H^+ + OH^-$$

$$^* + CO_2 + e^- + H^+ \longrightarrow {}^*COOH$$

$$^*COOH + e^- + H^+ \longrightarrow {}^*CO + H_2O$$

$$^*CO \longrightarrow CO\uparrow + {}^*$$

$$^*CO + {}^*CO \longrightarrow {}^*OCCO$$

$$^*OCCO + 8e^- + 8H^+ \longrightarrow C_2H_4\uparrow + 2H_2O$$

$$2h^+ + 2OH^- \longrightarrow H_2O_2$$

还有学者通过降低反应能垒来实现 CO_2 的光催化转化，董帆等[45]通过光沉积方法，将 Cu SAs 和 Au-Cu 合金纳米颗粒（NP）共负载到 TiO_2 上，合成了一种新的光催化剂 $Cu_{0.8}Au_{0.2}/TiO_2$。在该催化剂中，Cu SAs 和 Au-Cu 合金 NP 的协同作用降低了 Cu SAs 吸附 CO_2 的吉布斯自由能，从而促进了 CO_2 在 Cu SAs 上的自发吸附，之后在太阳光照射下，紫外光激发 TiO_2 产生电子和空穴，而可见光激发 Au-Cu 合金纳米颗粒产生电子和空穴。TiO_2 和 Au-Cu 合金 NP 上的光生电子通过 TiO_2 导带集体转移到 Cu SAs 上，而光生空穴分别留在 TiO_2 的价带和 Au-Cu 合金 NP 的表面，与 H_2O 反应产生 O_2 和 H^+，最后，CO_2 与 H^+ 结合生成甲烷及乙烯，乙烯的产量达到 $369.8\ \mu mol \cdot h^{-1} \cdot g^{-1}$（图 4-8），反应过程如下：

$$CO_2^* + e^- + H^+ \longrightarrow COOH^*$$

$$COOH^* + e^- + H^+ \longrightarrow HCOOH^*$$

$$HCOOH^* + e^- + H^+ \longrightarrow CHO^* + H_2O$$

$$CHO^* + e^- + H^+ \longrightarrow HCHO^*$$

$$HCHO^* + e^- + H^+ \longrightarrow CH_2OH^*$$

$$CH_2OH^* + e^- + H^+ \longrightarrow CH_2^* + H_2O$$

$$CH_2^* + CH_2^* \longrightarrow C_2H_4^*$$

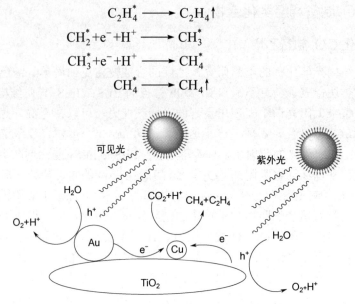

$$C_2H_4^* \longrightarrow C_2H_4\uparrow$$
$$CH_2^*+e^-+H^+ \longrightarrow CH_3^*$$
$$CH_3^*+e^-+H^+ \longrightarrow CH_4^*$$
$$CH_4^* \longrightarrow CH_4\uparrow$$

图 4-8　$Cu_{0.8}Au_{0.2}/TiO_2$ 催化 CO_2 制备乙烯

（二）光催化 CO_2 制备丙烯

2018 年，Umesh Kumar 等采用声热法合成了一种基于硫掺杂的二氧化钛纳米光催化剂（S-TiO_2）[27]，该催化剂在长波紫外光（UV-A）照射下可以显著加快 CO_2 的光还原进程。在长波紫外光连续照射 24 h 的条件下，S-TiO_2 在 KOH 水溶液中表现出最佳的光催化活性，丙烯的最大产量达到 0.074 $\mu mol \cdot g^{-1}$。可能的反应机理如图 4-9 所示。

三、光催化 CO_2 制备醇类化合物

（一）光催化 CO_2 制备甲醇

石墨烯作为一种新型材料，具有很大的比表面积和很高的机械强度，目前受到广泛的关注。在光催化领域，石墨烯可以促进光催化产氢，所以其也作为一种新的助催化剂被广泛研究。刘守清等[28]采用水热法合成制备了一种具有还原氧化石墨烯（rGO）的光催化剂 Er 掺杂 CeO_2/rGO/CuO，rGO 的掺入有助于光生电子-空穴对的分离，从而提高光催化 CO_2 转化为甲醇的产率。在该催化剂的催化下，连续反应 5 h 后甲醇产率达到 135.6 $\mu mol \cdot h^{-1} \cdot g_{cat}^{-1}$，与未掺入 rGO 的催化剂相比，反应速率显著提升。可能的反应机理如图 4-10 所示。

除了石墨烯之外，MOF 材料在光催化 CO_2 转化为甲醇方面也有一定的应用。金属有机骨架（MOF）是由金属节点和有机连接物组成的多功能多孔混合材料，MOF 的有机部分在提供催化活性方面起着主要作用。MOF 具有比表面积大、稳定性好、可回收性强等诸多优点，所以该类材料在吸附、分离、传感、催化和能源应用等方面具有广泛的应用前景。但是，模块化 MOF 的稳定性和电子传导性不佳，在一定程度上阻碍了其在光催化过程中的应用，所以现阶段急需设计一种新的 MOF 复合材料，从而增强该类材料在光催化过程中的 CO_2 捕获和转化能力（图 4-11）。

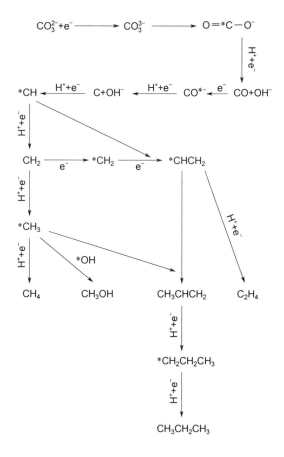

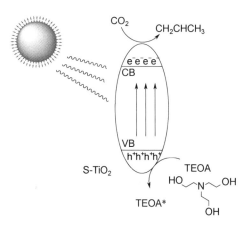

图 4-9 S-TiO$_2$ 催化 CO$_2$ 制备丙烯

Lakshi Saikia 等[30]通过将石墨氮化碳与 Zr(Ⅳ)基 MOF 材料偶合，得到一种具有良好光催化活性的复合材料 g-CNQDs@MOF，该材料中的 g-CNQDs 作为助催化剂，在一定程度上延长了 MOF 复合材料表面的光生电荷载流子的寿命，从而促进了电子-空穴对的分离，而这些多余的电子可以加速复合材料表面催化活性位点的产生，从而使 CO$_2$ 在可见光照射的条件下选择性地还原为甲醇，与未复合的 MOF 材料相比，该 MOF 复合材料光催化甲醇的最大产率提高了 6 倍。可能的反应机理如图 4-12 所示。

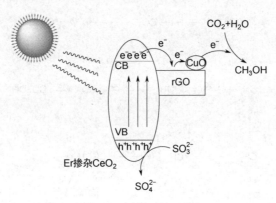

图 4-10　Er 掺杂 CeO₂/rGO/CuO 催化 CO₂ 制备甲醇

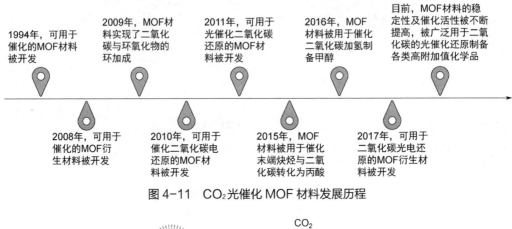

图 4-11　CO₂ 光催化 MOF 材料发展历程

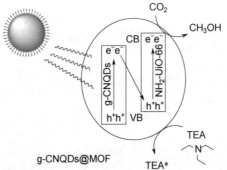

图 4-12　g-CNQDs@MOF 催化 CO₂ 制备甲醇

（二）光催化 CO₂ 制备乙醇

乙醇作为一种新的绿色燃料，可单独作为汽车燃料，也可与汽油混合作为混合燃料，还可以在汽油中添加 5%～20% 燃料乙醇，从而制成乙醇汽油，乙醇汽油可以在一定程度上降低汽车尾气对空气的污染。乙醇的工业化生产方法目前有生物发酵法和化学合成法两大类。生物发酵法主要使用粮食秸秆、薯类、玉米等原料进行发酵生产，而化学合成法又可分为直接水合法和间接水合法两种，这两种方法所用的原料主要来自焦油、石油等化石燃料裂解所得的乙烯气。虽然化学合成法简单高效，但是化石燃料属于不可再生能源，这有悖于可持续绿色发展，而生物发酵法又会浪费很多粮食作物，所以，光催化 CO₂ 制备乙醇成了一个不错的备选方案。

Hermenegildo García 等[31]制备了一种共掺杂混合型光催化剂——$SrTiO_3:RuO_2:NiO$，在 200 ℃的条件下，乙醇的最大产率达到 85 $\mu mol \cdot h^{-1} \cdot g_{cat}^{-1}$。在该催化剂中，$SrTiO_3$ 具有半导电性和光化学稳定性，其表面具有氧空位，可以作为电子捕获位点和 CO_2 吸收位点，Ru 和 Ni 的双重掺杂可以通过改变半导体的电子结构来提高紫外-可见光区域的光催化活性和选择性，同时，镍可以作为一个电子捕获位点，抑制电子-空穴对的重组，从而提高 CO_2 的光转化效率。可能的反应机理如下（图 4-13）：

$$C_2H_6(g) + 2CO_2(g) \longrightarrow 4CO(g) + 3H_2(g)$$
$$C_2H_6(g) + CO_2(g) \longrightarrow C_2H_4(g) + CO(g) + H_2O(l)$$
$$C_2H_6(g) \longrightarrow C_2H_4(g) + H_2(g)$$
$$CO_2(g) + H_2(g) \longrightarrow CO(g) + H_2O(l)$$
$$C_2H_6(g) + 2CO_2(g) \longrightarrow CH_4(g) + 3CO(g) + H_2O(l)$$
$$2CO + 4H_2 \longrightarrow C_2H_5OH + H_2O$$
$$C_2H_4 + H_2O \longrightarrow C_2H_5OH$$
$$3C_2H_6(g) + 4CO_2(g) + H_2(g) \longrightarrow 3C_2H_5OH(g) + 4CO(g) + H_2O(l)$$

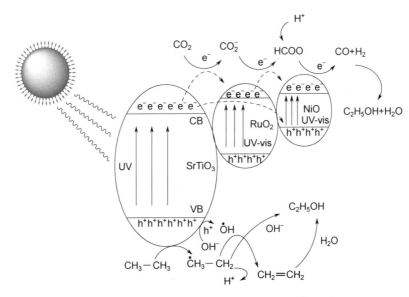

图 4-13　$SrTiO_3:RuO_2:NiO$ 催化 CO_2 制备乙醇

随着研究的进一步深入，针对 $SrTiO_3$（STO）的光催化研究也越来越多。STO 具有稳定的晶体结构，可以稳定且持续地为复合催化剂提供光生载体，因此，作为一种良性的光生电子源，STO 已被广泛地与金属纳米颗粒复合，并用于水的光催化分解。2021 年，宣益民等[46]设计并合成了 $SrTiO_3$ (La Cr)/Cu @ Ni/TiN (STO/Cu @ Ni/TiN)复合光催化材料，该材料在催化过程中不需要贵金属参与和牺牲剂的加入即可进行反应。研究结果表明，Cu 是该催化剂的核心组成元素，可以有效地增加复杂催化剂系统中的有效光生载体，从而促进 CO_2 光催化转化为乙醇。测试发现，在氙灯照射 6 h 的条件下，该复合光催化剂的乙醇最大转化量达到 128 $\mu mol \cdot g_{cat}^{-1}$。可能的反应机理如下（图 4-14）：

$$CO_2^* \longrightarrow CO^* + O^*$$

$$^*CO + ^*H \longrightarrow {}^*COH$$

$$^*CO + ^*H \longrightarrow {}^*CHO$$

$$2^*CO + ^*H \longrightarrow {}^*COCOH$$

$$^*COCOH + 4e + 4^*H \longrightarrow CH_2CHO^* + H_2O$$

$$CH_2CHO^* + e + ^*H \longrightarrow CH_3CHO^*$$

$$CH_2CHO^* + e + ^*H \longrightarrow C_2H_4\uparrow + O^*$$

$$CH_2CHO^* + 2e + 2^*H \longrightarrow CH_3CH_2O^*$$

$$CH_3CH_2O^* + ^*H \longrightarrow CH_3CH_2OH$$

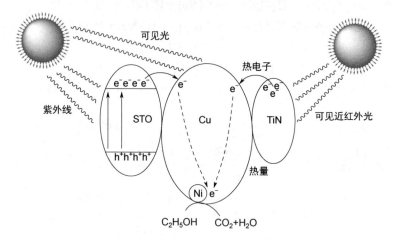

图 4-14　STO/Cu @ Ni/TiN 催化 CO_2 制备乙醇

四、光催化 CO_2 制备醛类化合物

（一）光催化 CO_2 制备甲醛

甲醛是一种用途广泛的大宗类化工原料，目前在工业上主要采用甲醇氧化法和天然气直接氧化法来生产制备，而随着纳米材料研究的不断深入，甲醛也可以通过光催化 CO_2 转化制备。

NiO 纳米颗粒具有独特的表面结构，可以在蓝色 LED 灯照射的条件下将 CO_2 高效地转化为甲醛。2022 年，来自印度的科研团队[47]报道了 NiO 纳米颗粒催化转化 CO_2 制备甲醛的相关研究成果。研究结果表明，NiO 在实验过程中显示出优异的可见光吸收性能，在 CO_2 气体压力达到 101.325 kPa 的条件下，使用蓝光 LED 照射，可以将 CO_2 光还原为甲醛，而该反应所使用的异相催化剂可以在保证催化效率不会明显下降的前提下实现多次催化，且催化剂与反应液易于分离。可能的反应机理如图 4-15 所示。

除了将 NiO 作为光催化剂外，还有学者使用还原的多金属氧酸盐（POM）基催化剂，以水作为电子供体，选择性地将 CO_2 光催化还原为甲醛[32]，因为该催化剂团簇中的 Mo^{V}/Mo^{VI} 比值很高，所以光催化还原 CO_2 获得的主要产品是甲醛。可能的反应机理如下（图 4-16）：

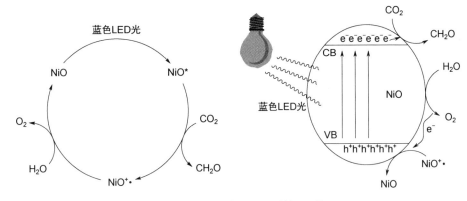

图 4-15　NiO 催化 CO_2 制备甲醛

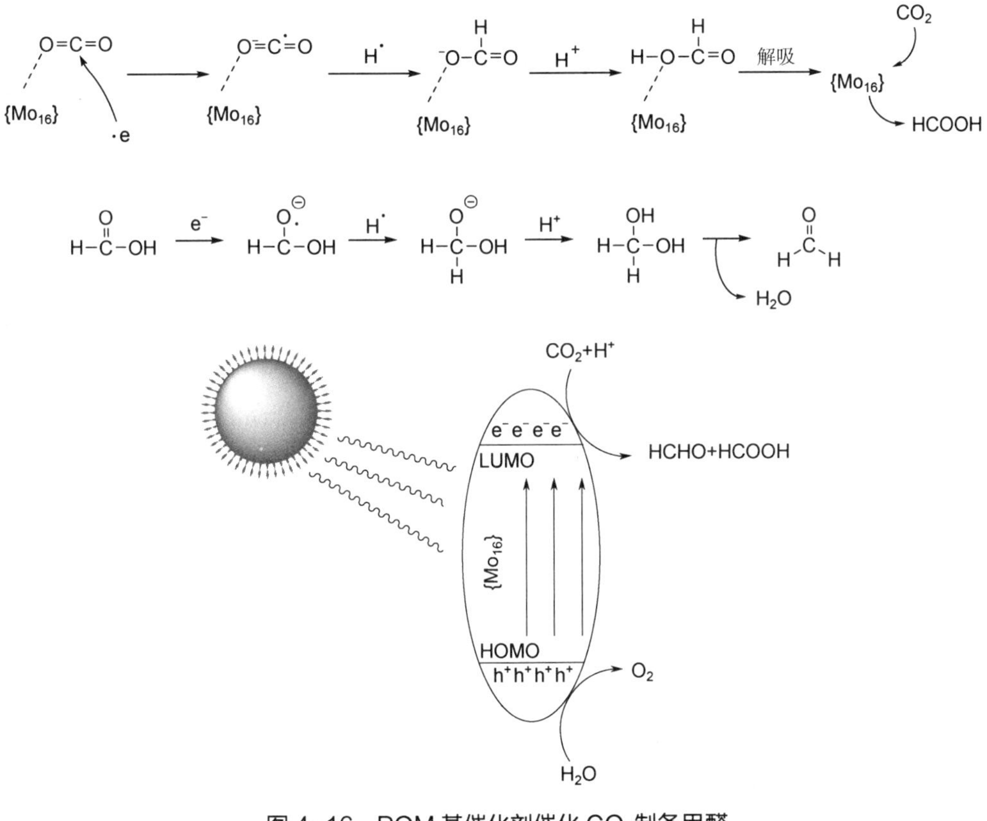

图 4-16　POM 基催化剂催化 CO_2 制备甲醛

（二）光催化 CO_2 制备乙醛

乙醛在有机合成工业中作为一种用途广泛的亲电试剂，可以用于多种高价值产品的合成及生产，现阶段工业制取乙醛主要采用乙烯直接氧化法、乙醇氧化法、乙炔直接水合法、乙醇脱氢法这四种方法，而随着对光催化的不断研究，乙醛的合成有望变得更加绿色高效。前面提到，CO_2 可以通过光催化还原转化为甲醛，而 C_1 产品的经济价值不及 C_2 产品，所以，我国台湾学者[48]通过水热法合成了一种带有 Co 纳米颗粒的 ZIF 衍生碳（ZDC）和相应的 ZDC/TiO_2 复合材料（ZDC/T）作为气相 CO_2 还原光催化剂。研究结果表明，ZDC 光催化剂倾

向于形成 C_2 化合物（乙醛），而 ZDC/T 复合材料对 C_3 产物（丙酮）具有高选择性。可能的反应机理见图 4-17。

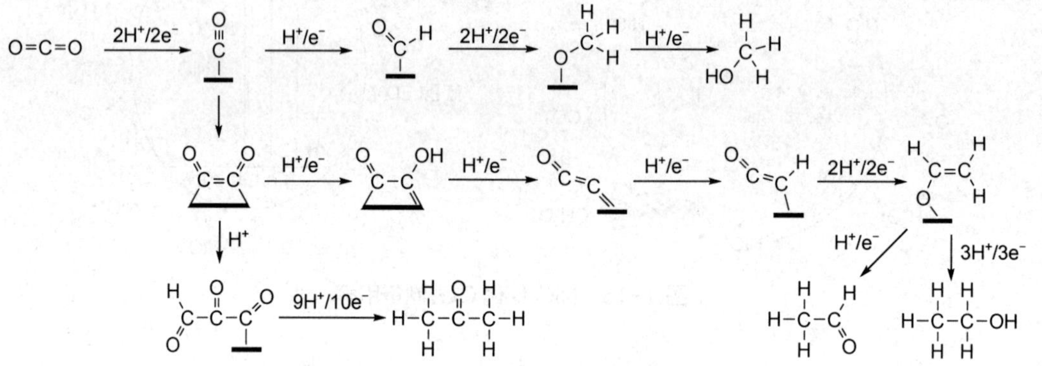

图 4-17　ZDC/T 催化 CO_2 制备乙醛

2021 年，贾恒磊等合成了一种 Janus Ag/AgClBr 光催化纳米材料[33]，该纳米材料具有空间分离的结构和广泛的光吸收能力，有助于在太阳光下光催化还原 CO_2。研究表明，其乙醛产率为 (209.3 ± 9.5) μmol·h^{-1}·g^{-1}，选择性可以达到 96.9%。可能的反应机理为：AgClBr 纳米晶体的表面拥有大量的可利用的活性位点，一旦 CO_2 分子与这些活性位点相互作用，CO_2 就会被极化，产生电子排斥力，从而使线性分子结构弯曲。与线性结构相比，弯曲的 CO_2 分子大大降低了其最低的未被占用的分子轨道水平，有利于电子从等离子体光催化剂注入。随后，在太阳光照射下产生热载流子，光产生的电子转移到最低的未占用的分子轨道，使 CO_2 分子转化为不同的中间产物。图 4-18 显示了 CO_2 还原成 CH_3CHO 产品的反应途径。整个过程可分为三个阶段，包括：①生成 C_1 中间产物；②两个相邻的 C_1 中间产物的 C—C 偶合；③C_2 中间产物转化为 CH_3CHO 产物。

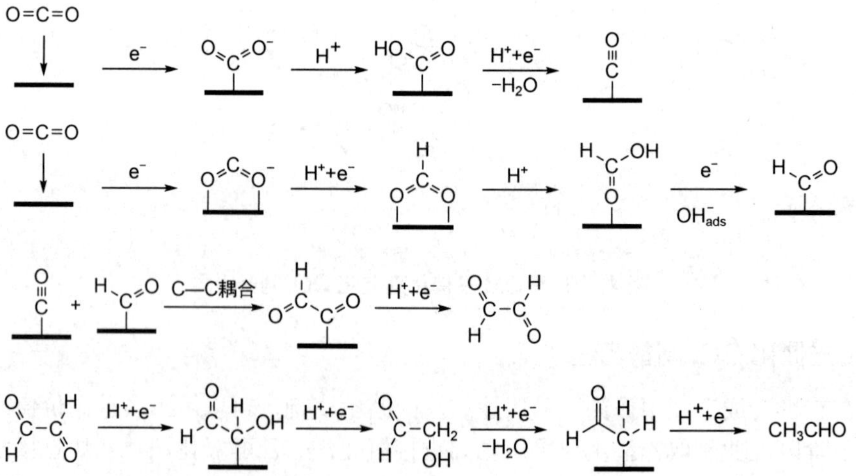

图 4-18　Janus Ag/AgClBr 催化 CO_2 制备乙醛

（三）光催化 CO_2 制备芳香醛

芳香醛指含有羰基的芳香族化合物。羰基一边单键与芳烃基连接、另一边与氢连接的化合物是芳香醛，结构简式为 Ar—CO—H。芳香醛一般是液体或固体，化学性质活泼，能与亚硫酸氢钠、氢、氨等发生加成反应，易被弱氧化剂氧化成相应的羧酸。芳香醛广泛应用于香料、调味品、制药工业、塑料添加剂，在香水行业也极具价值。

2015 年，来自南昌大学的科研工作者使用传统的溶胶-凝胶方法和光辅助方法制备得到 Ag/TiO_2 纳米复合材料[49]，在该材料上，芳香醇作为还原剂与光生空穴发生反应，转化为高选择性的芳香醛，反应 48 h 后，芳香醇制醛的最大转化率为 91.7%，选择性为 98%。可能的反应机理如下：

$$催化剂 + h\nu \longrightarrow 催化剂^* + e_{cond}^- + p_{val}^+$$

$$PhCH_2OH(aq) + 2p_{val}^+ \longrightarrow PhCHO + 2H_{cond}^+$$

$$CO_2 + 2H_{cond}^+ + 2e_{cond}^- \longrightarrow HCOOH$$

$$HCOOH + 2H_{cond}^+ + 2e_{cond}^- \longrightarrow HCHO + H_2O$$

$$HCHO + 2H_{cond}^+ + 2e_{cond}^- \longrightarrow CH_3OH$$

作为芳香醛的一种，2-羟基苯甲醛是一个重要的化学结构单元，该结构单元可以充当合成各种化工产品的原材料，或作为药物合成的中间体，现阶段 2-羟基苯甲醛在药物合成领域主要用于制备香豆素类药物分子。2-羟基苯甲醛的传统合成方法主要是通过 Reimer-Tiemann 反应由苯酚制备生产，但是该反应涉及氯仿中苯酚和氢氧化钠水溶液的回流，反应完成后还需要将混合物酸化，之后再进行蒸馏纯化，这样一来不但合成过程费时费力，而且最后得到的 2-羟基苯甲醛产率也只能达到 30% 左右。因此，急需开发选择性合成 2-羟基苯甲醛的替代方法。2022 年，来自印度的科学家使用水热法合成了一种具有异质结构的新型光催化剂[34]——石墨氮化碳与铁基 MOF MIL-101-NH2(Fe) 的异质结构复合材料。实验结果表明，g-C_3N_4/NH2-MIL-101(Fe)(FEMO) 复合材料在温和的碱性条件下可以将酚和 CO_2 偶联生成 2-羟基苯甲醛。反应机理为：在可见光照射下，FEMO 复合材料中产生了电子-空穴对，CB 中产生的电子被用于 FEMO-CO_2 复合体中的 CO_2 的光还原，得到 CO 和 H_2；随后，甲醛通过简单的亲核加成反应途径由 CO 和 H_2 反应生成；最后，甲醛进攻氧化酚阴离子的正向位置，选择性地得到 2-羟基苯甲醛（图 4-19）。

五、光催化 CO_2 制备酯类化合物

（一）光催化 CO_2 制备甲酸酯

有机氨基甲酸酯是一类重要的化合物，广泛用于农用化学品、药品，也是有机合成的中间体。传统的氨基甲酸酯制备方法主要是使用有毒的光气及其衍生物，对环境不友好。在过去的几十年中，已经探索了许多无光气的方案来合成氨基甲酸酯，其中使用 CO_2 作为原材料的合成方法极具吸引力，因为 CO_2 无毒、便宜且容易获得。一般来说，这些方法依靠原位形成亲核的 CO_2-胺加合物，然后与亲电体相互作用。然而，这些方法仍然存在部分缺点，例如需要苛刻的反应条件、官能团耐受性差和底物范围有限等。

2021 年，华南理工大学的学者[50]通过乙炔基苯碘酚酮、CO_2 和胺的光催化三组分偶合合成 β-碘烯醇氨基甲酸酯。该反应通过选择适当的光催化剂，可以立体地获得现有方法难以制备的 β-碘烯醇氨基甲酸酯的 Z-异构体和 E-异构体。这种转化具有条件温和、官能团相容性好和底物范围广的特点。机理研究表明，该转化可能通过电荷转移复合物进行，而该复合物可能通过卤素键形成。该反应过程可能的反应机理如下：首先，CO_2 在 DBU 的存在下与乙胺（**2a**）

发生反应，得到氨基甲酸盐（Ⅰ），它将亲核进攻 EBX（**1a**）的 C≡C 键，形成乙烯基碳化物中间物Ⅱ。随后，中间物Ⅱ的质子化将导致其转化为乙烯基苯并吡喃酮（**12**）。然后，**12** 和 DBU 之间通过卤键的相互作用形成电荷转移复合物Ⅲ。在绿色 LED 的照射下，复合物Ⅲ 和激发态 PC* 之间发生三态能量转移（TTEnT），产生激发电荷转移复合物Ⅲ*，它将经历快速的分子间单电子转移（SET）过程，得到产物(*Z*)-3aa，同时形成芳基Ⅳ和自由基阳离子Ⅴ，随后从Ⅴ到Ⅳ的氢原子转移（HAT）将产生苯甲酸盐Ⅵ和Ⅶ，在用曙红 Y 作为光催化剂的情况下，由于曙红 Y 的 E_T 较低，产生的(*Z*)-3aa 不能进一步进行光诱导异构化以产生其异构体(*E*)-3aa。然而，当采用 E_T 较高的光催化剂如 fac-Ir(ppy)$_3$ 时，(*Z*)-3aa 的反热力学、光催化 *Z* 到 *E* 异构化将通过能量转移过程进行，产生(*E*)-3aa 产品（图 4-20）。

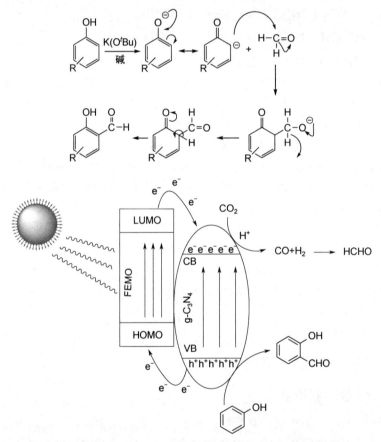

图 4-19　g-C$_3$N$_4$/NH$_2$-MIL-101(Fe)催化 CO$_2$制备芳香醛

（二）光催化 CO$_2$ 制备乙酸酯

乙酸酯又称醋酸酯，该类产品广泛应用于溶剂、增塑剂、表面活性剂及聚合物单体等领域，是一类备受关注的化工原料。现阶段，合成乙酸酯主要是应用可再生催化剂由丙烯、1-丁烯、2-丁烯、异丁烯等低级烯烃分别和醋酸或其他羧酸催化直接加成酯化生产相应的醋酸异丙酯、醋酸仲丁酯、醋酸异丁酯等醋酸酯。在这些合成过程中，或多或少会用到诸如硫酸等危险化学品，且合成过程能耗较大，所以，开发更加经济绿色的合成方法是当前的研究热点。

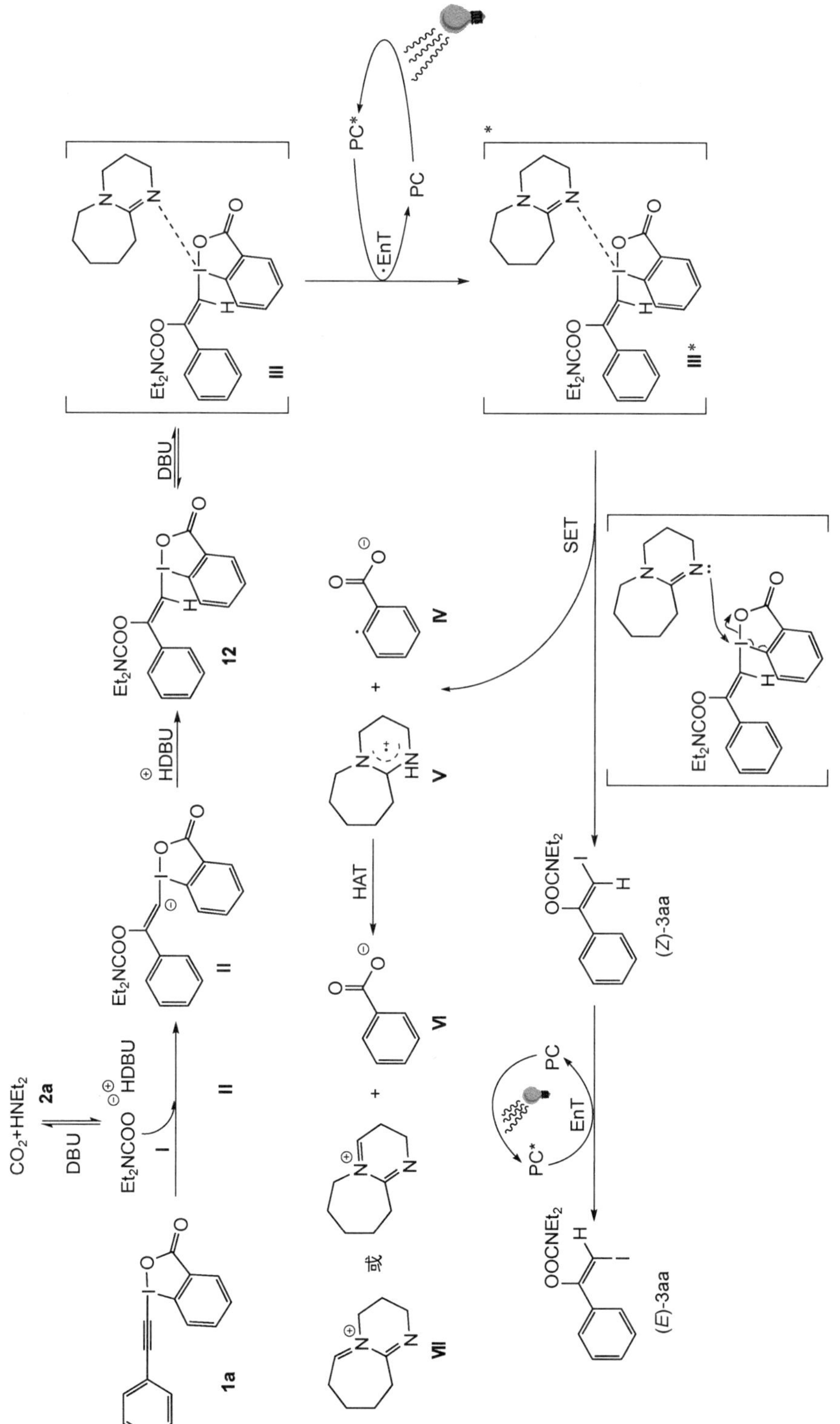

图 4-20 光催化 CO₂ 制备甲酸酯

2018 年，来自福州大学的李朝晖团队[36]基于具有 2.17 eV 窄直接带隙的半导体氧化亚铜，合成了在可见光下用于光催化还原 CO_2 的 Cu_2O/Cu 纳米复合材料，该材料具有良好的可见光吸光性。实验结果表明，通过原位还原法得到的 Cu_2O/Cu 纳米复合材料可以在有苯甲醇的情况下还原 CO_2，从而产生乙酸苄酯。机理研究表明，在金属铜的辅助作用下，光催化 CO_2 还原和苯甲醇氧化成功偶合，实现了 Cu_2O/Cu 纳米复合材料上乙酸苄酯的形成（图 4-21）。

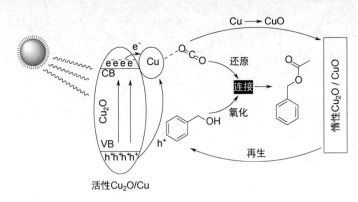

图 4-21　Cu_2O/Cu 纳米复合材料光催化 CO_2 制备乙酸苄酯

（三）光催化 CO_2 制备丁酸酯

近年来塑料处理造成的环境污染问题凸显出来，为解决严重的环境问题，可生物降解塑料引起了人们的关注。可生物降解塑料通常使用可再生原材料、微生物材料、石化产品制造而成。这类材料可以分解成水、CO_2 以及生物体和微生物的生物质。典型的生物降解塑料分为聚乳酸（PLA）、聚己内酯、聚羟基链烷酸酯、聚乙醇酸、改性聚乙烯醇、酪蛋白、变性淀粉、低取代多糖衍生物。在这些可生物降解的塑料中，聚 3-羟基丁酸酯（PHB）衍生的塑料极具发展潜力，因为该类塑料来自可再生能源并且是可生物降解的。3-羟基丁酸酯是一种有机化合物，是由羟基丁酸和酸酐反应得到的酯类化合物，可以作为合成酯类化合物的中间体，上述提到的可降解塑料 PHB 就是以 3-羟基丁酸酯为原料聚合而得到的。2022 年，日本学者[51]报道了一种基于光催化 CO_2 合成 3-羟基丁酸酯的全新转化方案。研究表明，利用由三乙醇胺、水溶性锌卟啉、五甲基环戊二烯配位铑复合物、NAD^+ 和含丙酮羧化酶和 3-羟基丁酸脱氢酶的细胞提取物组成的系统，在丙酮-碳酸氢盐介质中将 CO_2 和丙酮通过可见光驱动产生 3-羟基丁酸酯（图 4-22）。

除了可降解材料的合成外，2021 年，韩国科学家[37]开发了一种新型光催化剂 4CzBnBN，该催化剂通过光氧化还原催化苯乙烯与 *N, N*-二甲基苯胺衍生物的双官能化反应，在温和的条件下获得了多种 *γ*-氨基丁酸酯。可能的反应机理如图 4-23 所示，4CzBnBN 和碱在光激发的条件下产生 *α*-氨甲基自由基（**2′**），之后 *α*-氨甲基自由基与苯乙烯发生加成反应，得到自由基中间体 **A**，通过单电子转移（SET）进一步还原为碳负离子 **B**。由于 4CzBnBN 具有较高的还原电位，H-苄基自由基类似物和 *p*-Me 苄基自由基类似物可能会被还原成中间体 **B**。随后，中间体 **B** 进攻 CO_2，在用 $TMSCHN_2$ 处理后，得到所需的产品 *γ*-氨基丁酸酯，而 4CzBnBN 可以在催化循环中再生。

（四）光催化 CO_2 制备环状碳酸酯

环状碳酸酯具有高沸点、低毒、高溶解度和生物降解性等优良特性，目前被广泛应用于

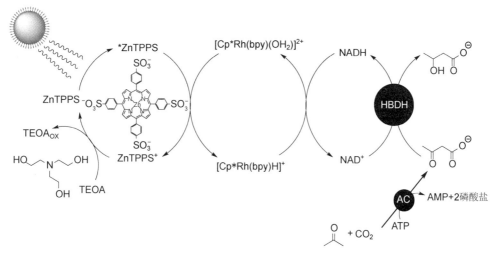

图 4-22　一种全新的光催化 CO_2 制备丁酸酯的转化方案

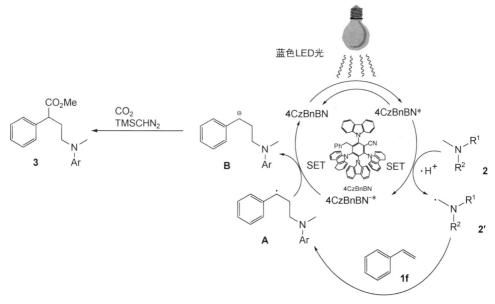

图 4-23　新型光催化剂 4CzBnBN 催化 CO_2 制备丁酸酯

生物医学领域，同时也可以作为工程塑料的前体物质，或是充当非质子极性溶剂。然而，环状碳酸酯的制备方法通常都涉及严苛的反应条件，例如高温高压、昂贵的有毒催化剂组分等。基于以上缺点，光催化途径逐渐受到研究人员的青睐，因为光催化反应通常在常温常压下即可进行。目前研究较为热门的光催化金属包括氧化钛。氧化钛成本低、易获得、无毒，被认为是光催化应用的最佳材料之一。但是，氧化钛的带隙很大，所以其对紫外光区域较为敏感，而紫外光区域仅占太阳光总量的 5%，因此，氧化钛的使用一般都涉及金属/非金属掺杂，或是用有机染料或金属配合物进行表面敏化，从而增强其在太阳光可见光区域的吸收。

2018 年，印度科学家[38]合成了一种接枝在氧化钛上的酞菁钴混合光催化剂（CoPc/TiO_2），该催化剂首次实现了在温和的反应条件下，由 CO_2 和环氧化合物通过光催化合成环状碳酸酯，且反应选择性高、反应效果好（图 4-24）。

除了上述混合光催化剂外，2022 年，山东大学王一峰等通过溶剂热法合成了一种新型的 Ti-Bi 混合金属氧化物簇 $Ti_{18}Bi_4O_{29}Bz_{26}$（Bz 为苯甲酸盐）催化剂[52]。该催化剂分子表面含有路易斯酸位点，并结合了 $Ti_{18}O_{22}$ 和 Bi_4O_7 团簇对应物。进一步表征发现，$Ti_{18}O_{22}$ 和 Bi_4O_7 形成了一个 S 型异质结构，这一结构极大地增强了光生电子的还原能力和光生电荷的空间分离。测试结果表明，$Ti_{18}Bi_4O_{29}Bz_{26}$ 在室温下就可以对 CO_2 和环氧化合物的环加成反应起到一定的催化作用，在增加光照条件之后，该催化剂对环状碳酸酯产品的选择性和转化效果都有显著的提升。机理研究表明，电子和空穴都有助于在光照下提高该催化剂的性能，而且增加的还原力克服了 CO_2 的还原活化，从而促进了环加氢反应过程（图 4-25）。

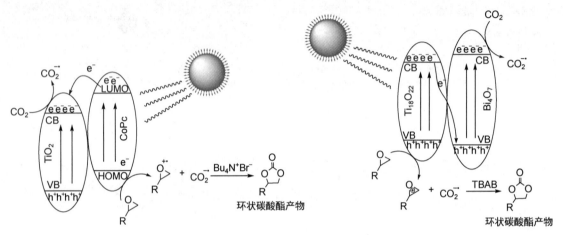

图 4-24　CoPc/TiO₂ 催化 CO₂ 制备　　　　图 4-25　$Ti_{18}Bi_4O_{29}Bz_{26}$ 催化 CO₂ 制备环状
　　　　　环状碳酸酯　　　　　　　　　　　　碳酸酯（图中 TBAB 为四丁基溴化铵）

2020 年，来自阿联酋的科研工作者利用 $FeNbO_4$ 与还原氧化石墨烯（rGO），成功合成了一系列具有光催化活性的新型异质性光催化复合材料 $FeNbO_4/rGO$[53]，该材料可以很好地促进 CO_2 与环氧丙烷的光催化环化反应。实验结果表明，随着催化剂中 rGO（rGO 在光催化反应中表现出极好的分离电子-空穴对的作用）含量的增加，其光催化活性也会增加，但是过量添加 rGO 可能会覆盖光催化剂的活性位点，导致催化活性降低，所以建议 rGO 的用量控制在 5%左右。当 rGO 的含量达到 5%时（FeNbO₄-5%rGO）光催化转化效果最好，环状碳酸酯的产率可以达到 57%。可能的反应机理如图 4-26 所示，$FeNbO_4$ 和 $FeNbO_4/rGO$ 复合材料具有窄带隙，可以促使光催化剂吸收可见光区的光线。被吸收的光子将电子激发到导带，产生空穴（h^+）和电子（e^-）。导带上的电子被 rGO 捕获，这些产生的电子将 CO_2 转化为 CO_2^-，甲醇充当空穴清除剂，产生更多的光激发电子。在这个过程中，环氧化合物也失去电子，转化为环氧自由基阳离子，之后由 Br^- 打开环氧化合物环，对受阻较小的碳进行亲核进攻，最后，形成的环氧化合物阳离子与 CO_2^- 偶合，产生相应的环状碳酸酯。

六、光催化 CO₂ 制备羧酸类化合物

（一）光催化 CO₂ 制备 α-羟基羧酸

α-羟基羧酸在化妆品、药用和聚合物合成中得到了广泛的应用，是制药和聚合物行业中非常重要的分子砌块，同时其也是多种活性药物必不可少的组成部分。例如，作用于副交感

神经系统的胆碱受体阻断药奥昔布宁，该药物具有很强的平滑肌解痉作用、较强的镇痛作用、较弱的抗胆碱能作用及局部麻醉作用。

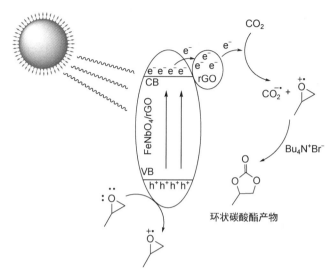

图 4-26　FeNbO$_4$/rGO 催化 CO$_2$ 制备环状碳酸酯

现阶段，传统 α-羟基羧酸的制备方法或多或少都需要使用有毒的氰化物作为原料，且反应条件苛刻，所以，化学家们长期以来一直在寻找更加绿色、高效、可持续的全新合成方法。化学家们首先从 C$_1$ 源的选择入手，因为在 α-羟基羧酸的传统合成方法中，往往选用一氧化碳作为羧化过程的 C$_1$ 源，而一氧化碳属于一种有毒的危险气体，所以研究人员把研究的重心放到了价格低廉、来源广泛、无毒、可回收的 CO$_2$ 上。尽管近几十年来在用 CO$_2$ 生成 α-羟基羧酸方面取得了重大进展，但这些方法大多存在以下问题：需要使用一定量的金属还原剂、官能团耐受性低、底物范围有限、发生竞争性副反应等，这些问题的存在，极大地阻碍了 α-羟基羧酸工业化生产应用，因此，需要一种更加实用的方法来取代传统方法。

2023 年，印度科学家[54]合成了一种全新的由钛基 MOF(MIL-125-NH$_2$)和 g-C$_3$N$_4$ 组成的异质结构光催化材料 Ti-MOF/g-C$_3$N$_4$，该材料可以在温和的反应条件下，通过光催化对芳基醛与 CO$_2$ 进行还原羧化反应，从而制备得到 α-羟基羧酸。实验结果表明，该催化方法适用于许多具有给电子取代基的芳基醛，并且羧化产物均具有较高的产率。分析可知，其可能的反应机理为：在异质结构复合材料 g-C$_3$N$_4$ (TC-B)中，假设 CN 吸收所提供的光能可促进电荷分离并提供光生电子在表面的移动，生电子穿过 CN 的共轭骨架，抑制了电子-空穴对的重组，光生电子从 CN 的价带（VB）转移到导带（CB），然后移动到 MIL-125-NH$_2$(Ti)的 CB，吸附的 CO$_2$ 分子与电子相互作用形成 CO$_2$ 自由基阴离子；在光照射下，激发的苯甲醛在 MIL-125-NH$_2$(Ti)的 VB 处转化为自由基阳离子（苯甲酰自由基）；最后，阳离子基在氢源苯甲醛或溶剂存在下与还原 CO$_2$ 基结合，生成相应的 α-羟基羧酸（图 4-27）。

2021 年，日本科研工作者[55]开发了一种新的光催化羰基化合物的极性反转（umpolung）反应。在可见光照射下，芳香醛或酮在铱光催化剂和作为还原剂的 1,3-二甲基-2-苯基-2,3-二氢-1H-苯并咪唑（DMBI）的存在下与 CO$_2$ 反应，通过亲核加成反应生成相应的 α-羟基羧酸，产率达到 99%。可能的反应机理如图 4-28 所示，激发的 Ir(Ⅲ)光催化剂被 DMBI 还原生成 Ir(Ⅱ)和 DMBI 自由基阳离子 **C**（Stern-Volmer 荧光猝灭实验表明，激发的铱光催化剂被 DMBI 有效猝灭）。Ir(Ⅱ)还原芳香族羰基化合物生成酮基自由基 **A**，此时 Ir(Ⅲ)光催化剂再生。之后 **A** 的氧阴离子与 CO_2 反应，然后从 DMBI 自由基阳离子 **C** 的去质子化作用产生的 DMBI 自由基 **D** 中得到一个电子，生成 **F**。由于 DMBI 自由基 **D** 是一种强的单电子还原剂，其氧化还原电位大于激发的 $Ir(ppy)_2(dtbbpy)PF_6$ 的氧化还原电位，因此，酮基被 DMBI 自由基还原的速率快于它们发生自由基-自由基偶联的速率。最后，在 CO_2 上的羰基酚阴离子 **F** 的攻击下，发生质子化和脱羧反应，得到最终产物 **H**（α-羟基羧酸）。

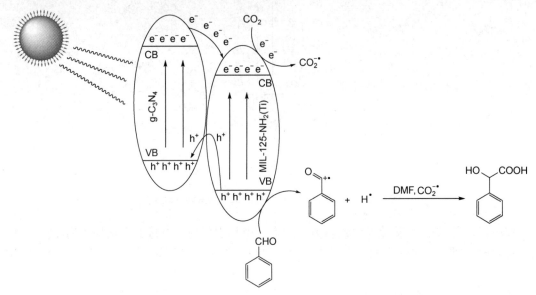

图 4-27　Ti-MOF/g-C_3N_4 催化 CO_2 制备 α-羟基羧酸

图 4-28　芳香醛或酮在铱光催化下由 CO_2 制备 α-羟基羧酸

同年，我国科研工作者[56]受可见光驱动的不同亲电体与 CO_2 的还原羧化反应的启发，报道了一种通过使用路易斯酸氯硅烷作为活化/保护基团，在可见光光氧化还原催化下用 CO_2 对多种羰基化合物进行 umpolung 羧化反应的策略。该反应的实用性突出表现在可以方便地生产许多药物和天然产物的关键中间体，包括氧氟沙星、甲苯溴化物、苯乃嗪和噻托品。此外，该转化方法具有催化剂负载低、选择性高、底物范围广、官能团耐受性好、反应条件温和（室温，1 atm）、反应规模可达到克级等特点。该策略对于生成有价值的 α-羟基羧酸是非常实用的，对具有挑战性的烷基芳基酮和芳基醛以及 α-酮酰胺和 α-酮酯均具有良好的反应效果。其可能的反应机理见图 4-29。

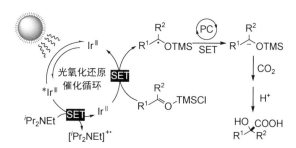

图 4-29　路易斯酸氯硅烷作为活化/保护基团的光催化 CO_2 制备 α-羟基羧酸

（二）光催化 CO_2 制备氨基酸

氨基酸（AA）是含有碱性氨基和酸性羧基的有机化合物，也是天然产物、药物、生物系统和材料中常见的结构基团。氨基酸可按照氨基连在碳链上的不同位置而分为 α-氨基酸、β-氨基酸、γ-氨基酸、δ-氨基酸等，但经蛋白质水解后得到的氨基酸都是 α-氨基酸或亚氨基酸，它们是构成蛋白质的基本单位。除 α-AA 外，其他 AA 也因在药物化学和有机合成中的广泛应用而备受关注。然而，与合成 α-AA 的各种方法相比，其他 AA 的合成路线还很不成熟，虽然通过 CO_2 羧化是构建 AA 的一种很有前景的方法，但目前还没有报道过 β-AA、γ-AA、δ-AA 和 ε-AA 的通用转化方法。

2023 年，我国科研工作者[39]报道了一种通过连续光诱导电子转移（ConPET）利用 CO_2 对环胺中的 C—N 键进行光催化羧化的新方法，这也是第一个氮杂环丁烷、吡咯烷和哌啶的光催化还原开环反应。该策略可将多种易得的环胺（如氮丙啶、氮杂环丁烷、吡咯烷和哌啶等）转化为有价值的 β-氨基酸、γ-氨基酸、δ-氨基酸和 ε-氨基酸，且收率较好。此外，该方法还具有条件温和、不含过渡金属、选择性高、官能团耐受性好、易于扩展和产物衍生等特点。机理研究表明，ConPET 可能是产生高活性光催化剂的关键，它能使环胺还原活化，生成碳自由基和碳化物作为关键中间产物。其可能的反应机理如图 4-30 所示，PC 在蓝光 LED 的照射下形成激发态 PC*，该激发态在 DIPEA 的还原淬灭作用下生成 PC·⁻ 和自由基阳离子 DIPEA·⁺。PC·⁻ 可进一步吸收光子形成 PC·⁻*。然后，在 **1a** 和 PC·⁻* 之间发生 SET，再生 PC 并生成自由基阴离子 **A**。中间体 **A** 经历 C—N 键裂解，生成苄基自由基 **B**，**B** 的后续质子化或羧化可能发生在另一个光催化循环之前或与 SET 还原偶联生成苄基碳负离子 **C**，最后亲核进攻 CO_2 得到羧酸盐。后处理中的质子化得到了所需的产物 **2a**。

（三）光催化 CO_2 制备芳基乙酸

芳基乙酸作为一类重要的前体化合物，其骨架广泛存在于许多活性药物分子、天然产物及农用化学品中，比如非甾体羧酸类抗炎药吲哚美辛就属于芳基乙酸类药物，该药物可用于治疗风湿性关节炎等。基于其广泛的应用范围，芳基乙酸的构建方法一直以来都备受关注。

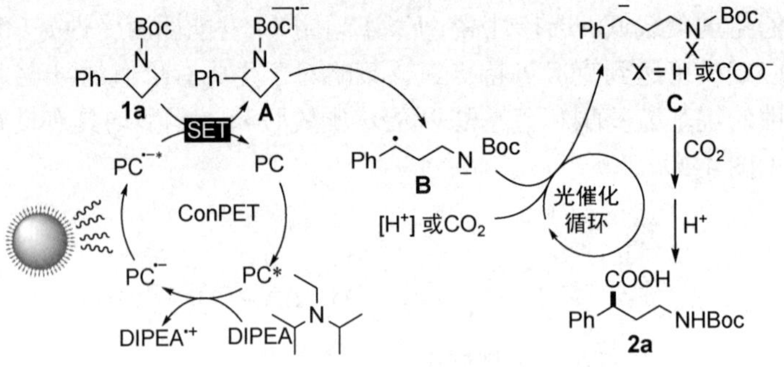

图 4-30　环胺的光催化 CO_2 制备氨基酸

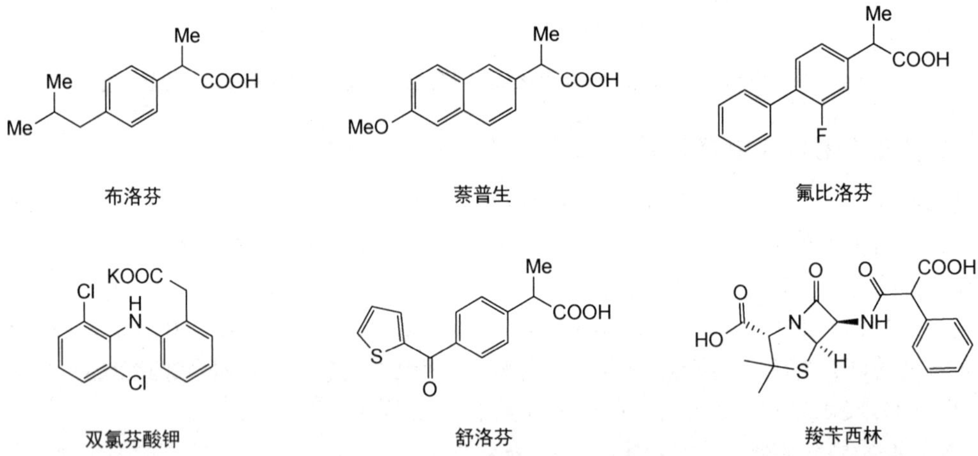

布洛芬　　　　　　　　　萘普生　　　　　　　　　氟比洛芬

双氯芬酸钾　　　　　　　舒洛芬　　　　　　　　　羧苄西林

图 4-31　具有代表性的芳基乙酸化合物

2022 年，来自四川大学的科研团队[57]报道了在温和无过渡金属条件下，可见光光氧化还原催化活化 $C(sp^3)$—O 键与 CO_2 的羧化反应。多种带有伯、仲和更具挑战性的叔 $C(sp^3)$—O 键的苄醇及其衍生物与 CO_2 发生羧化反应，生成有价值的芳基乙酸，如布洛芬、萘普生、舒洛芬和氟比洛芬等（图 4-31），具有广泛的底物范围和良好的官能团耐受性。此外，该策略还适用于 α-羟基酰胺、酯、腈以及烯丙基醇的其他羧酸酯，是一种实用的脂肪族羧酸合成方法。可能反应机理如图 4-32 所示，首先，羧酸苄酯中间体 A 由醇和酸酐原位生成。随后，在可见光的照射下，光催化剂 4DPAIPN 达到激发态[4DPAIPN]*，该激发态被 DIPEA 还原淬灭，生成相应的自由基阴离子[4DPAIPN]⁻和自由基阳离子 DIPEA⁺。然后，[4DPAIPN]⁻与中间体 A 发生 SET，完成一个光催化循环，生成羧酸苄基自由基阴离子，该阴离子进一步发生 $C(sp^3)$—O 键裂解，释放出羧酸盐和苄基自由基 B。随后的质子化反应得到所需的产物 2a。由于在没有酸酐的情况下反应也可以得到低产率的 2a，研究者认为碳酸酯 A′可以在碱存在下由 1a 和 CO_2 原位生成，并发生与中间体 A 类似的转化，但转化效率较低。在该研究工作中，不能排除其他途径，包括在碱存在下，由 DIPEA·⁺ 生成的 α-氨基烷基自由基将苄基自由基 **B** 还原成 **C**。

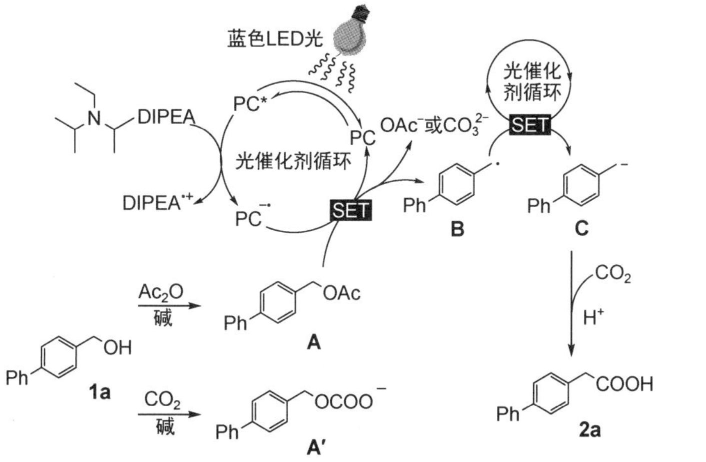

图 4-32　温和无过渡金属条件下光催化 CO_2 制备芳基乙酸（1）

　　同年，该研究团队还以廉价的有机染料充当催化剂，开发了一种可见光光氧化还原催化下的苄基氯化物和溴化物与 CO_2 的羧化反应[58]。该反应可以在温和、无过渡金属的反应条件下合成一系列有价值的芳基乙酸，且具有广阔的底物范围和良好的官能团相容性。此外，以胺为电子供体的连续单电子转移（SSET）策略以及催化剂和还原剂的低负载也使其有别于之前报道的过渡金属催化方法。同时，该方法的易扩展性也保证了其实际应用的可行性。与以前的方法相比，该方法具有明显的优势，有望成为制备有价值芳基乙酸的一种实用高效的替代方法。该方法可能的反应途径如图 4-33 所示。途径 Ⅰ 涉及 SSET 过程，首先，光催化剂 PC 在蓝光照射后转变为激发型光催化剂 PC*，经过 TMEDA 还原淬灭得到还原型光催化剂 PC·⁻；随后，**1a** 和 PC·⁻ 之间的 SET 过程产生 **1a** 自由基阴离子，该阴离子发生 C—X 键裂解，得到苄基自由基 **A**；中间产物 **A** 和 PC·⁻ 的第二次 SET 还原过程产生关键的中间产物苄基阴离子 **B**，该阴离子质子化后可有效捕获 CO_2，得到所需的产物。现阶段不能排除途径 Ⅱ 原位形成四烷基铵盐 **11** 的可能性。

　　除此之外，该研究团队还进行了可见光光氧化还原催化的 $C(sp^3)$—F 键与 CO_2 的选择性羧化的相关研究[59]，研究结果显示，多种单、双和三氟烷基烯以及 α,α-二氟羧酸酯和酰胺可在温和条件下进行此类反应，生成重要的芳基乙酸和 α-氟羧酸，其中包括多种药物和类似物。值得注意的是，CO_2 在这一转化过程中具有双重作用：既作为电子载体，又作为亲电子体。氟化底物将通过富电子的 CO_2 自由基阴离子进行单电子还原，而 CO_2 自由基阴离子是由 CO_2 通过连续的氢化物转移还原和氢原子转移过程在原位生成。如图 4-34 所示，在该反应条件下，氢硅烷、Cs_2CO_3 和 CO_2 的混合物可生成甲酸铯和硅烷酸铯。后者将与激发的光催化剂发生 SET，生成还原 PC 和硅氧烷自由基，随后与甲酸铯发生 HAT 反应，生成 CO_2 自由基阴离子和三乙基硅醇。生成的 CO_2 自由基阴离子可通过 SET 过程还原氟化底物，在路易斯酸氢硅烷的帮助下，C—F 键的均裂裂解将在 CO_2 的存在下生成碳自由基、氟硅烷和甲酸酯。生成的碳自由基进一步与还原 PC 发生 SET 还原反应，生成碳离子，碳离子可进一步与 CO_2 反应，生成所需的羧酸盐。

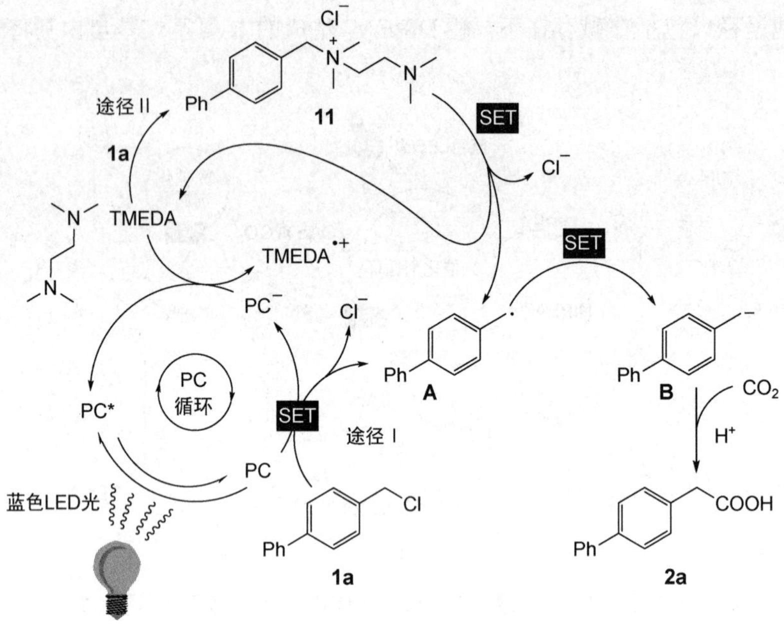

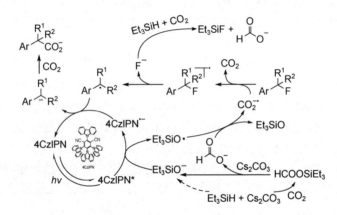

图 4-33　温和无过渡金属条件下光催化 CO_2 制备芳基乙酸（2）

图 4-34　光催化 $C(sp^3)$—F 键与 CO_2 制备芳基乙酸

七、光催化 CO_2 制备其他化合物

　　一氧化碳是一种碳氧化合物，通常状况下是无色无味的气体。化学性质上，一氧化碳既有还原性，又有氧化性，能发生氧化反应（燃烧反应）、歧化反应、变换反应、加氢反应等。工业上，一氧化碳是一碳化学的基础，可由焦炭氧气法等方法制得。作为合成气和各类煤气的主要组分，一氧化碳是合成一系列基本有机化工产品和中间体的重要原料，由一氧化碳出发，可以制取几乎所有的基础化学品，如氨、光气以及醇、酸、酐、酯、醛、醚、胺、烷烃和烯烃等。同时，利用一氧化碳与过渡金属反应生成羰络金属或羰络金属衍生物的性质，可以制备有机化工生产所需的各类均相反应催化剂。除此之外，一氧化碳还可以用作精炼金属的还原剂，或充当燃料。相比于传统的一氧化碳制取方法，光催化 CO_2 转化为一氧化碳

不需要高温高压等严苛条件，其整体反应条件温和，且转化过程成本低，具有可持续性等优点。

近期，来自广西大学的科研团队[41]通过水热法合成了具有 Z 型异质结构的光催化剂 CoAl-LDH/InVO$_4$，该催化剂由 CoAl 层状双氢氧化物（LDH）及钒酸铟（InVO$_4$）组成。实验结果显示，CoAl-LDH/InVO$_4$-30（催化剂中含有 InVO$_4$ 粉末 30%）在反应 2 h 内的 CO 产率最高，为 174.4 μmol·g^{-1}，分别是纯 CoAl-LDH 和 InVO$_4$ 的 2.46 倍和 9.79 倍，且 CO 选择性接近 100%。可能的机理为：在可见光的照射下，CoAl-LDH 和 InVO$_4$ 均被激发，产生光生 e$^-$-h$^+$ 对。首先，e$^-$ 会跳跃到 CB，而 h$^+$ 会留在 VB；然后，InVO$_4$ 上产生的 e$^-$ 会通过异质结界面转移到 CoAl-LDH 的 VB 上与 h$^+$ 结合；此后，CoAl-LDH 的 CB 上的 e$^-$ 会将 CO$_2$ 还原成 CO，而 TEOA 会消耗 InVO$_4^+$ 的 VB 上的 h$^+$。同时，在光催化反应过程中，光敏剂[Ru(bpy)]$^{2+}$具有两方面的作用：一方面，光敏剂可以提高复合材料对于光的利用率；另一方面，光敏剂还可以通过接受光能产生[Ru(bpy)$_3$]$^{2+*}$，光敏剂可以作为电子供体，促进[Ru(bpy)$_3$]$^{2+*}$中的 e$^-$ 转移到 CoAl-LDH 的 CB，从而实现 CO$_2$ 转化为 CO 这一过程（图 4-35）。

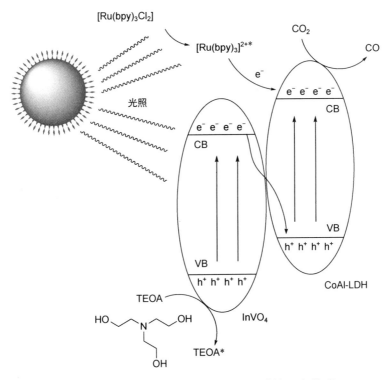

图 4-35　CoAl-LDH/InVO$_4$ 催化 CO$_2$ 制备一氧化碳

2022 年，来自上海大学的研究人员[60]通过偶合二维卟啉钴基 MOF（Co-PMOF）和石墨烯（GR），成功构建了一种新型异质结构光催化剂——2D/2D Co-PMOF/GR。该材料具有较大的比表面积，所以其催化活性位点暴露充分，使其在光催化进程中显示出极高的催化活性。同时，在可见光条件下，该材料的光催化过程无须任何牺牲剂和光敏剂的辅助。实验结果表明，当复合材料中 GR 的含量为 10%（质量分数）时，Co-PMOF/GR 复合材料呈现出最佳光催化性能。Co-PMOF/GR 复合材料的 CO 最大产率可以达到 20.25 μmol·g^{-1}·h^{-1}，是原始 Co-PMOF 的 2.84 倍。催化效率的提高得益于更高的光捕获能力，以及更强的 CO$_2$ 吸收能力

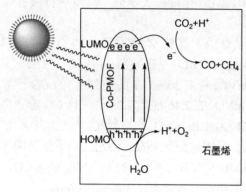

图 4-36　Co-PMOF/GR 催化 CO_2
制备一氧化碳

和导电能力，这将促使二维异质结构内的有效电荷迁移。可能的反应机理为：在可见光照射下，Co-PMOF 被激发，电子从 Co-PMOF 的 HOMO 转移到 LUMO 上，并在 HOMO 中留下空穴；由于 GR 具有良好的电子传导性和较低的费米能级，所以可作为一个电子接收体，光生电子迅速从 Co-PMOF 的 LUMO 转移到 GR 的表面；然后电子还原 CO_2，生成 CO 和 CH_4；留在 Co-PMOF 的 HOMO 上的空穴可以氧化 H_2O 产生 O_2 和 H^+（图 4-36）。该过程实现了 Co-PMOF 中光生载流子的转移和分离，这大大增强了 Co-PMOF/GR 的光催化活性。此外，石墨烯的加入增加了 PMOF/GR 的光捕获和 CO_2 吸附能力，这也有助于其光催化性能的提高。反应过程如下：

$$CO_2 + H_2O \longrightarrow HCO_3^- + H^+$$
$$HCO_3^- \longrightarrow H^+ + CO_3^{2-}$$
$$CO_2(g) \longrightarrow CO_2^*$$
$$CO_2^* + H^+ + e^- \longrightarrow COOH^*$$
$$COOH^* + H^+ + e^- \longrightarrow CO^* + H_2O$$
$$CO^* \longrightarrow CO$$
$$CO^* + H^+ + e^- \longrightarrow CHO^*$$
$$CHO^* + 2H^+ + 2e^- \longrightarrow CH_3O^*$$
$$CH_3O^* + 3H^+ + 3e^- \longrightarrow CH_4^*$$
$$CH_4^* \longrightarrow CH_4$$

第三节　走进光催化实现碳中和的世界

在自然界，植物可以通过光合作用（图 4-37）将 CO_2 转化为储能物质葡萄糖，化学家在对这一现象进行长期研究之后，对其化学反应过程进行了人工模拟，便有了人工光合作用。现阶段出现的"液态阳光"燃料技术就是一种基于自然光合作用的人工光合成技术，可以利用太阳能、水和 CO_2 生产甲醇等富含能量物质。随着"液态阳光"燃料技术的不断发展，当下的化石衍生燃料有望被其替代。此外，"液态阳光"燃料同电池一样，对不稳定的可再生能源可进行间歇性储存。"液态阳光"燃料技术也因此被认为是"瓶装可再生能源"，在生产绿色化学品方面具有重要战略意义。

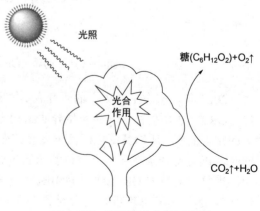

图 4-37　植物光合作用示意图

2020 年 10 月 15 日，由中国科学院大连化学物理研究所、兰州新区石化产业投资集团有限公司和华陆工程科技有限责任公司联合开发的千吨级液态太阳燃料合成（"液态阳光"）示范项目成功运行。该项目发展了两项催化技术——电解水制氢和 CO_2 催化合成绿色甲醇，集成创新了"液态阳光"燃料合成全流程工艺装置，具有完全自主知识产权，整体技术处于国际领先地位。该项目可以将 CO_2 作为碳资源进行转化，并首次将太阳能规模转化为液体燃料，为我国实现碳中和目标提供了切实可行的全新技术。总体而言，"液态阳光"燃料技术具有以下四大优势。

① 可以将 CO_2 大规模消耗并资源化。"液态阳光"燃料技术整体来说可以分为三个阶段：首先将风、光、水等可再生能源转化为绿色电能；之后电解水制得绿氢；最后通过氢气与 CO_2 合成液体甲醇。以上整个过程相当于利用太阳能、水、CO_2 转化为甲醇及氧气，这一过程可以看作是典型的人工光合过程，在产出甲醇的过程中，不仅不会排放 CO_2，而且能消耗大量的 CO_2。

② 可以很好地解决弃电问题。因为可再生绿色电能往往是通过太阳能发电等装置产生的，所以其发电量受到外部环境等诸多因素的影响，这就会导致电能供应不稳定，从而产生弃电问题，而"液态阳光"燃料技术能够解决我国可再生能源的弃电问题，可将富余的电能转化为可长期储存的液态燃料（甲醇），这一过程开创了除电能直接并网利用外的能量利用新模式。

③ 可以助力绿色甲醇的生产。甲醇在能源领域一直都扮演着优质液体燃料这一角色，在工业领域也是一类用途广泛的大宗化工原料。

④ 所生产的绿色甲醇可以充当新型储氢载体。作为理想的储氢载体，甲醇储氢量大，运输到目的地后，甲醇与水重整即可生产氢气，且液态甲醇的生产、储存、运输、应用过程安全可靠、技术成熟，这将极大地推动储氢产业的发展。

除了上述案例外，近期在我国鄂尔多斯也开工建设了一套年产 10 万吨液态阳光——二氧化碳加绿氢制甲醇技术示范项目。该项目是全球首个"液态阳光"燃料技术大规模工业化示范项目，项目利用太阳能、风能等可再生能源绿电通过电解水生产绿氢，之后再与煤化工生产中产生的 CO_2 通过人工光合作用生产绿色甲醇。诸如此类项目，目前国内还有很多（图 4-38），这侧面表明了我国对于 CO_2 商业化利用的重视，同时也表明了我国对于实现碳中和的不懈努力。

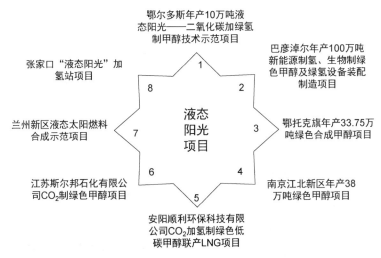

图 4-38 现阶段国内"液态阳光"项目概览

我国目前排放 CO_2 超过 100 亿吨，占全世界排放总量的 28%，属于碳排放头号大国。我国在减排 CO_2 方面做出的一切努力不仅仅是为了达成碳排放指标，这一举措更是为了保护全球生态环境。因此，实现大规模碳减排并最终实现碳中和，是我们坚定不移的战略选择，就目前的减排效果看，液态阳光甲醇技术完全胜任碳减排的主力军角色。

习题

1. 相比于传统的催化方式，光催化二氧化碳的优点或优势有哪些？
2. 光催化发展过程中，经历了哪些发展阶段？每个发展阶段有哪些代表性的成就？
3. 现阶段，全球各国都在积极探索绿色低碳的循环发展产业体系，你还知道哪些光催化实现固碳的实例？
4. 光催化剂有哪些类型？其特点分别是什么？
5. 光催化二氧化碳都有哪些产物？举 2~3 个例子说明这些产物有哪些实际的应用前景。
6. 谈谈你对光催化发展的看法，举 1~2 个光催化在实际生活中的应用案例。

参考文献

[1] Bellardita M, Loddo V, Parrino F, et al. (Photo) electrocatalytic versus heterogeneous photocatalytic carbon dioxide reduction [J]. ChemPhotoChem, 2021, 5(9): 767-791.

[2] Halmann M. Photoelectrochemical reduction of aqueous carbon dioxide on p-type gallium phosphide in liquid junction solar cells [J]. Nature, 1978, 275(5676): 115-116.

[3] Inoue T, Fujishima A, Konishi S, et al. Photoelectrocatalytic reduction of carbon dioxide in aqueous suspensions of semiconductor powders [J]. Nature, 1979, 277(5698): 637-638.

[4] Inoue H, Moriwaki H, Maeda K. Photoreduction of carbon dioxide using chalcogenide semiconductor microcrystals [J]. Journal of Photochemistry and photobiology A: Chemistry, 1995, 86(1-3): 191-196.

[5] Ulman M, Aurian-Blajeni B, Halmann M. Photoassisted carbon dioxide reduction to organic compounds using rare earth doped barium titanate and lithium niobate as photoactive agents [J]. Israel Journal of Chemistry, 1982, 22(2): 177-179.

[6] Hawecker J, Lehn J, Ziessel R. Electrochemical reduction of carbon dioxide to carbon monoxide mediated by (2,2'-bipyridine) tricarbonylchlororhenium (Ⅰ) and related complexes as homogeneous catalysts [J]. Helvetica Chimica Acta, 1986, 69: 1990-2012.

[7] 徐用军, 周定, 姜琳琳, 等. 常温常压气-固光催化 CO_2 加氢合成一碳化合物的研究 [J]. 哈尔滨工业大学学报, 2000(04): 104-106, 109.

[8] Wu J C S, Lin H M, Lai C L. Photo reduction of CO_2 to methanol using optical-fiber photoreactor [J]. Applied Catalysis A: General, 2005, 296(2): 194-200.

[9] Liu Y, Huang B, Dai Y, et al. Selective ethanol formation from photocatalytic reduction of carbon dioxide in water with $BiVO_4$ photocatalyst [J]. Catalysis Communications, 2009, 11(3): 210-213.

[10] Jin J, Yu J, Guo D, et al. A hierarchical Z-scheme CdS-WO_3 photocatalyst with enhanced CO_2 reduction activity [J]. Small, 2015, 11(39): 5262-5271.

[11] Chen X E, Qiu M, Zhang Y F, et al. Acid and base resistant zirconium polyphenolate-metalloporphyrin scaffolds for efficient CO_2 photoreduction [J]. Advanced Materials, 2018, 30: 170438.

[12] Ou H, Li G, Ren W, et al. Atomically dispersed Au-assisted C—C coupling on red phosphorus for CO_2 photoreduction to C_2H_6 [J]. Journal of the American Chemical Society, 2022, 144(48): 22075-22082.

[13] 潘冠福, 麻媛媛, 徐定华, 等. CO_2 催化转化催化剂研究现状 [J]. 环境工程技术学报, 2023, 13(1): 79-84.

[14] Tjandra A D, Huang J. Photocatalytic carbon dioxide reduction by photocatalyst innovation [J]. Chinese Chemical Letters, 2018, 29(6): 734-746.

[15] Fu Z, Yang Q, Liu Z, et al. Photocatalytic conversion of carbon dioxide: From products to design the catalysts [J]. Journal of CO_2 Utilization, 2019, 34: 63-73.

[16] Barrocas B T, Ambrožová N, Kočí K. Photocatalytic reduction of carbon dioxide on TiO_2 heterojunction photocatalysts—a review [J]. Materials, 2022, 15(3): 967.

[17] Low J X, Cheng B, Yu J G, et al. Carbon-based two-dimensional layered materials for photocatalytic CO_2 reduction to solar fuels[J].Energy Storage Materials, 2016: 324-335.

[18] Lin M, Chen H, Zhang Z, et al. Engineering interface structures for heterojunction photocatalysts [J]. Physical Chemistry Chemical Physics, 2023, 25(6): 4388-4407.

[19] Li D, Lai W Y, Zhang Y Z, et al. Printable transparent conductive films for flexible electronics [J]. Advanced materials, 2018, 30(10): 1704738.

[20] Zhang W, Huang R, Song L, et al. Cobalt-based metal-organic frameworks for the photocatalytic reduction of carbon dioxide [J]. Nanoscale, 2021, 13(20): 9075-9090.

[21] Kidanemariam A, Lee J, Park J. Recent innovation of metal-organic frameworks for carbon dioxide photocatalytic reduction [J]. Polymers, 2019, 11(12): 2090.

[22] Wang F, Wu J, Chen S, et al. Ball-flower like $CoS/g-C_3N_4$ heterojunction photocatalyst for efficient and selective reduction of CO_2 to CH_4 [J]. Journal of CO_2 Utilization, 2023, 69: 102402.

[23] Wang Y, Zhao J, Liu Y, et al. Synergy between plasmonic and sites on gold nanoparticle-modified bismuth-rich bismuth oxybromide nanotubes for the efficient photocatalytic C—C coupling synthesis of ethane [J]. Journal of Colloid and Interface Science, 2022, 616: 649-658.

[24] Yang X, Lan X, Zhang Y, et al. Rational design of $MoS_2@$ COF hybrid composites promoting C—C coupling for photocatalytic CO_2 reduction to ethane [J]. Applied Catalysis B: Environmental, 2023, 325: 122393.

[25] Gao W, Li S, He H, et al. Vacancy-defect modulated pathway of photoreduction of CO_2 on single atomically thin $AgInP_2S_6$ sheets into olefiant gas [J]. Nature Communications, 2021, 12(1): 4747.

[26] Yan K, Wu D, Wang T, et al. Highly selective ethylene production from solar-driven CO_2 reduction on the $Bi_2S_3@$ In_2S_3 catalyst with $In-S_v-Bi$ active sites [J]. ACS Catalysis, 2023, 13(4): 2302-2312.

[27] Olowoyo J O, Kumar M, Jain S L, et al. Reinforced photocatalytic reduction of CO_2 to fuel by efficient $S-TiO_2$: Significance of sulfur doping [J]. international journal of hydrogen energy, 2018, 43(37): 17682-17695.

[28] Shi S J, Zhou S S, Liu S Q, et al. Photocatalytic activity of erbium-doped CeO_2 enhanced by reduced graphene Oxide/CuO cocatalyst for the reduction of CO_2 to methanol [J]. Environmental Progress & Sustainable Energy, 2018, 37(2): 655-662.

[29] Wang K, Cheng M, Xia F, et al. Atomically dispersed electron traps in Cu doped BiOBr boosting CO_2 reduction to methanol by pure H_2O [J]. Small, 2023, 19(14): 2207581.

[30] Sonowal K, Nandal N, Basyach P, et al. Photocatalytic reduction of CO_2 to methanol using Zr (IV)-based MOF composite with $g-C_3N_4$ quantum dots under visible light irradiation [J]. Journal of CO_2 Utilization, 2022, 57: 101905.

[31] Paulista L O, Albero J, Martins R J E, et al. Turning carbon dioxide and ethane into ethanol by solar-driven heterogeneous photocatalysis over RuO_2- and NiO-co-Doped $SrTiO_3$ [J]. Catalysts, 2021, 11(4): 461.

[32] Barman S, Sreejith S S, Garai S, et al. Selective photocatalytic carbon dioxide reduction by a reduced molybdenum-based polyoxometalate catalyst [J]. ChemPhotoChem, 2019, 3(2): 93-100.

[33] Jia H, Dou Y, Yang Y, et al. Janus silver/ternary silver halide nanostructures as plasmonic photocatalysts boost the conversion of CO_2 to acetaldehyde [J]. Nanoscale, 2021, 13(47): 20289-20298.

[34] Bhatt S, Das R S, Kumar A, et al. Light-assisted coupling of phenols with CO_2 to 2-hydroxybenzaldehydes catalyzed by a g-C_3N_4/NH_2-MIL-101 (Fe) composite [J]. Catalysis Science & Technology, 2022, 12(22): 6805-6818.

[35] Zhao Y, Cai W, Chen J, et al. A highly efficient composite catalyst constructed from NH_2-MIL-125 (Ti) and reduced graphene oxide for CO_2 photoreduction [J]. Frontiers in chemistry, 2019, 7: 789.

[36] Chen Y, Wang M, Ma Y, et al. Coupling photocatalytic CO_2 reduction with benzyl alcohol oxidation to produce benzyl acetate over Cu_2O/Cu [J]. Catalysis Science & Technology, 2018, 8(8): 2218-2223.

[37] Hahm H, Kim J, Ryoo J Y, et al. Photocatalytic carbocarboxylation of styrenes with CO_2 for the synthesis of γ-aminobutyric esters [J]. Organic & Biomolecular Chemistry, 2021, 19(28): 6301-6312.

[38] Prajapati P K, Kumar A, Jain S L. First photocatalytic synthesis of cyclic carbonates from CO_2 and epoxides using CoPc/TiO_2 hybrid under mild conditions [J]. ACS Sustainable Chemistry & Engineering, 2018, 6(6): 7799-7809.

[39] Chen L, Qu Q, Ran C K, et al. Photocatalytic carboxylation of C—N bonds in cyclic amines with CO_2 by consecutive visible-light-induced electron transfer [J]. Angewandte Chemie, 2023, 135(11): e202217918.

[40] Saini S, Das R S, Kumar A, et al. Photocatalytic C—H carboxylation of 1,3-dicarbonyl compounds with carbon dioxide promoted by nickel (Ⅱ)-sensitized α-Fe_2O_3 nanoparticles [J]. ACS Catalysis, 2022, 12(9): 4978-4989.

[41] Wei J, Zhang S, Sun J, et al. Z-scheme CoAl-layered double hydroxide/indium vanadate heterojunction for enhanced and highly selective photocatalytic reduction of carbon dioxide to carbon monoxide [J]. Journal of Colloid and Interface Science, 2023, 629: 92-102.

[42] Yu M, Wang J, Li G, et al. Construction of 3D/2D indium vanadate/graphite carbon nitride with nitrogen defects Z-scheme heterojunction for improving photocatalytic carbon dioxide reduction [J]. Journal of Materials Science & Technology, 2023, 154: 129-139.

[43] Li X, Wang C, Tang J. Methane transformation by photocatalysis [J]. Nature Reviews Materials, 2022, 7(8): 617-632.

[44] Fan J, Cheng L, Fan J, et al. Integrating Au@ TiO_x and Co sites in a tandem photocatalyst for efficient C—C coupling synthesis of ethane [J]. Journal of CO_2 Utilization, 2023, 67: 102333.

[45] Yu Y, Dong X, Chen P, et al. Synergistic effect of Cu single atoms and Au-Cu alloy nanoparticles on TiO_2 for efficient CO_2 photoreduction [J]. ACS nano, 2021, 15(9): 14453-14464.

[46] Yu H, Sun C, Xuan Y, et al. Full solar spectrum driven plasmonic-assisted efficient photocatalytic CO_2 reduction to ethanol [J]. Chemical Engineering Journal, 2022, 430: 132940.

[47] Sahoo A, Chowdhury A H, Islam S M, et al. Successful CO_2 reduction under visible light photocatalysis using porous NiO nanoparticles, an atypical metal oxide [J]. New Journal of Chemistry, 2022, 46(22): 10806-10813.

[48] Sung P H, Huang C Y, Lin C Y, et al. Photocatalytic CO_2 reduction for C_2-C_3 oxy-compounds on ZIF-67 derived carbon with TiO_2 [J]. Journal of CO_2 Utilization, 2022, 58: 101920.

[49] Wang L, Zhang X, Yang L, et al. Photocatalytic reduction of CO_2 coupled with selective alcohol oxidation under ambient conditions [J]. Catalysis Science & Technology, 2015, 5(10): 4800-4805.

[50] Wang L, Shi F, Qi C, et al. Stereodivergent synthesis of β-iodoenol carbamates with CO_2 via photocatalysis [J]. Chemical Science, 2021, 12(35): 11821-11830.

[51] Kita Y, Amao Y. Visible-light driven 3-hydroxybutyrate synthesis from CO_2 and acetone with the hybrid system of photocatalytic NADH regeneration and multi-biocatalysts [J]. Chemical Communications, 2022,

58(79): 11131-11134.

[52] Liu C, Niu H, Wang D, et al. *S*-scheme Bi-oxide/Ti-oxide molecular hybrid for photocatalytic cycloaddition of carbon dioxide to epoxides [J]. ACS Catalysis, 2022, 12(14): 8202-8213.

[53] Ahmed S H, Bakiro M, Alzamly A. Visible-light-driven photocatalytic formation of propylene carbonate using FeNbO$_4$/reduced graphene oxide composites [J]. Materialia, 2020, 12: 100781.

[54] Bhatt S, Saini S, Abraham B M, et al. Heterostructured Ti-MOF/g-C$_3$N$_4$ driven light assisted reductive carboxylation of aryl aldehydes with CO$_2$ under ambient conditions [J]. Journal of Catalysis, 2023, 417: 116-128.

[55] Okumura S, Uozumi Y. Photocatalytic carbinol cation/anion umpolung: Direct addition of aromatic aldehydes and ketones to carbon dioxide [J]. Organic Letters, 2021, 23(18): 7194-7198.

[56] Cao G M, Hu X L, Liao L L, et al. Visible-light photoredox-catalyzed umpolung carboxylation of carbonyl compounds with CO$_2$ [J]. Nature communications, 2021, 12(1): 3306.

[57] Ran C K, Niu Y N, Song L, et al. Visible-light photoredox-catalyzed carboxylation of activated C (sp^3)—O bonds with CO$_2$ [J]. ACS Catalysis, 2021, 12(1): 18-24.

[58] Jing K, Wei M K, Yan S S, et al. Visible-light photoredox-catalyzed carboxylation of benzyl halides with CO$_2$: Mild and transition-metal-free [J]. Chinese Journal of Catalysis, 2022, 43(7): 1667-1673.

[59] Yan S S, Liu S H, Chen L, et al. Visible-light photoredox-catalyzed selective carboxylation of C (sp^3)—F bonds with CO$_2$ [J]. Chem, 2021, 7(11): 3099-3113.

[60] Cheng L, Wu C, Feng H, et al. Sacrificial agent-free photocatalytic CO$_2$ reduction using a 2D cobalt porphyrin-based MOF/graphene heterojunction [J]. Catalysis Science & Technology, 2022, 12(23): 7057-7064.

第五章

金属催化实现碳中和

为了达成碳中和目标，将 CO_2 视为一种丰富且可再生的 C_1 资源，并利用金属催化技术将其转化为高附加值的精细化学品和大宗商品，不仅为碳捕获与利用提供了一条可持续且经济的途径，而且对于推动绿色化学工业的发展具有重要意义。尽管 CO_2 的化学惰性使得金属催化转化过程面临诸多挑战，但在过去几十年中，科研工作者一直致力于开发高效的新型金属催化剂，以促进 CO_2 的资源化利用，实现废物的高值化利用，进而推动碳中和进程。本章介绍了金属催化剂在促进碳中和方面的优势，阐述了典型金属催化技术在碳中和中的节能减排作用，并总结展望了金属催化碳中和技术的应用。

第一节　促进碳中和的金属催化剂

一、金属催化剂简介

催化剂在现代化学工业中占有极其重要的地位，约有 90% 以上的化工生产过程使用催化剂，目的是加快反应速率，提高生产效率。催化剂按来源来分，可分为生物催化剂和非生物催化剂。目前非生物催化剂大多数是工业催化剂，都是由人工合成的，是具有特定组成和结构的制品。

金属催化剂是一种能改变化学反应速率的非生物催化剂，几乎所有的金属都可用作催化剂，常用的是铂、钯、铑、银、钌等，其中尤以铂、铑应用最广（见表 5-1）。它们的 d 电子轨道都未填满，表面易吸附反应物，且强度适中，利于形成反应活性中间体，具有较高的催化活性，同时还具有耐高温、抗氧化、耐腐蚀等综合优良特性，已经成为最重要的催化剂。

早在 19 世纪 30 年代，英国的菲利普斯就利用铂金属作为一种催化剂用于制备硫酸，直到 1875 年此方法才实现了工业化，这是金属催化剂的最早工业化应用。此后，金属催化剂的工业化应用层出不穷，标志着金属催化剂进入工业化的时代。20 世纪初，在英国和德国建立了以镍为催化剂的油脂加氢制取硬化油的工厂。1926 年，法本公司用铁、锡、钼等金属为催化剂，利用煤和焦油经高压加氢液化生产液体燃料，这种方法称为柏吉斯法。1949 年，Pt/Al_2O_3 催化剂被用于石油重整生产高品质汽油等。19 世纪到 20 世纪，金属催化技术蓬勃发展，虽然涉及 CO_2 的领域不多，但也为科研人员开发用于 CO_2 还原的金属催化剂提供了一定的理论和工业化基础。直到 20 世纪末，大量的金属催化剂被研发出来用于催化还原 CO_2，合成了多种有价值的化学品，如：1997 年尼古拉斯[1]首次报道了金属催化有机化合物与 CO_2 羧化的反应，在高压的 CO_2 气体、$Pd(PPh_3)_4$ 条件下，烯丙基锡烷转化为相应的烯丙基锡酯；2006 年，Iwasawa 等[2]报道了第一个金属催化的有机硼试剂羧化反应，在双齿膦配体配位的铑催化剂作用下，实现了 1 atm（1 atm=101.325 kPa）下 CO_2 与硼酯的羧化反应。

表 5-1 主要的金属催化剂

金属	特性	生产国
铑（Rh）	铑是世界上最昂贵的贵金属，十分稀有，具有高熔点和很好的耐腐蚀能力，价格大约是黄金的 4 倍	南非、俄罗斯、加拿大
钯（Pd）	钯是商品市场上第二贵的金属，比黄金或铂金稀有约 30 倍，这使其更有价值。其实在 2001 年至 2018 年之间，钯的价值低于黄金和铂金；从 2019 年 2 月开始，钯的价格超过了黄金	俄罗斯、南非、美国
金（Au）	金在贵金属排行榜中排名第三，是最有价值的贵金属之一。虽然只排第三，但是金是最受欢迎的，市场需求量一直很大，素有"金属之王"的称号	中国、美国、俄罗斯、南非、澳大利亚
铱（Ir）	铱是铂家族成员之一，也是最致密的元素和最耐腐蚀的金属之一，熔点很高。铱是从铂矿石中加工出来的，在陨石和地壳中含量丰富	巴西、美国、缅甸、南非、俄罗斯、澳大利亚
铂（Pt）	铂是一种天然形成的白色贵重金属，俗称白金、纯白金、正白金或真白金。它是世界上最有价值的金属之一	南非、俄罗斯、加拿大和其他矿产加工国家
银（Ag）	银天然存在于沉香矿和角银矿中，是一种通过冶炼黄金而形成的产品。在所有金属中，银具有优异的导热性和导电性以及极低的接触电阻	中国、秘鲁、墨西哥和智利

金属催化剂开发应用的百余年来，其发展势头长盛不衰，新的品种、新的制备方法、新的应用领域不断出现，相关基础理论也在不断完善。随着科学技术的不断发展，金属催化剂的催化活性被进一步开发，工业应用前景广阔，它们不仅在吸收 CO_2 促进碳中和方面发挥了重要的作用，而且会在一些新领域中发挥重要作用。如今贵金属资源匮乏，矿产资源属于不可再生资源，特别是金、银工业储量较少，所以当务之急是要开发出可回收利用和高效的金属催化剂用于催化还原 CO_2，促进碳中和，走可持续发展之路。

二、用于碳中和的金属催化剂

化石燃料的消耗不仅导致持续的 CO_2 排放，而且对气候变化产生了不利影响。为了缓解这一全球性问题，将 CO_2 作为一种廉价、易得、丰富和可再生的 C_1 来源用以生产精细化学品和大宗化学品，是一种捕获和利用 CO_2 可持续和经济的方法。然而，由于其固有的惰性，利用 CO_2 作为合成子的工业过程仍然是一项具有挑战性的任务。基于此，科研人员不断开发各种高效的金属催化剂用于还原 CO_2，从而变废为宝，促进碳中和。

（一）异相催化剂

异相催化指在两相界面上发生的催化反应，工业中的催化反应大多属于异相催化。异相催化发生在催化剂的表面，因此，异相催化反应包含反应物分子在催化剂孔内的扩散、表面上的吸附、表面上的反应以及产物分子的脱附和孔内扩散等过程。对于催化剂来说，吸附中心常常就是催化活性中心。吸附中心和吸附质分子共同构成表面吸附络合物，即表面活性中间物种。反应物质在催化剂表面上的吸附改变了反应的途径，从而改变了反应所需要的活化能。没有吸附就没有异相催化，异相催化反应机理与吸附和扩散机理是不可分割的。

异相催化剂广泛应用于许多行业，如化学、石化、农用化学、制药等。然而，为了可被实际使用，异相催化剂必须能够承受化学反应器内的反应条件而不会磨损或降解。尽管一些异相催化剂可以散装或非负载形式使用，但许多存在没有额外材料（称为催化剂载体）的支持就不能直接使用的情况。需要载体的原因有很多，其中包括催化剂相的稳定性，例如：小金属颗粒的稳定性，以及成本；稀释昂贵的催化剂成分。由于反应仅发生在暴露的活性表面上，因此催化剂的有效浓度较低。下面列举一些用于异相催化的高效可回收利用的金属催化剂。

1. 金属合金催化剂

物质中单个原子的电子特性会受附近原子的影响，在单金属材料中掺杂其他金属元素后，不同元素原子之间的相互作用会显著改变其电子结构，进而改变中间产物在催化剂表面的吸附强度；此外，活性位点原子排列方式的变化也会改变中间产物与表面的吸附方式。例如 PdZn 合金催化剂[3]——PZ8-T（图 5-1）。ZIF-8 在空气条件下简单热解后，亚纳米 Pd 颗粒被限制在 ZIF-8 的孔框架中，促进了 Pd-ZnO 界面处强金属-载体相互作用（SMSI）的形成。ZnO 的多孔结构和高比表面积保证了 Pd 纳米颗粒的高分散性。催化剂经煅烧、氢气还原后会形成细小的 PdZn 合金颗粒，PdZn 和 ZnO 之间的 SMSI 也确保了 PdZn 催化剂的稳定性。此外，ZnO 表面的丰富氧缺陷也是二氧化碳生成高收率甲醇的关键，从而得到更高的甲醇选择性和产量。

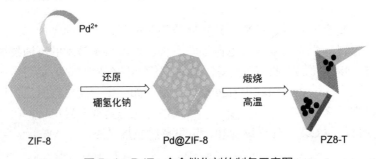

图 5-1　PdZn 合金催化剂的制备示意图

2. 金属有机骨架材料

金属有机骨架材料（MOF）是近二十年来发展迅速的一种配位聚合物，具有三维的孔结构，一般以金属离子为连接点，有机配体支撑构成空间三维延伸，是沸石和碳纳米管之外的又一类重要的新型多孔材料，在催化、储能和分离中都有广泛应用，MOF 已成为无机化学、有机化学等多个化学分支的重要研究方向。MOF 可由有机配体及金属合成（图 5-2），其内部孔隙大小、形状能通过有机和无机键来调整，可以捕获 CO_2、氢气等气体，而且许多 MOF 能在不同温度、压力条件下保持高度稳定。它既能用于捕获和转化 CO_2，又能帮助生产和储存氢气，可形成一个碳中和的能量循环。

图 5-2　MOF 的简单合成示意图

MOF 正在让离子传输、电子传导、电磁性质、分子吸附、分离、合成和催化等新功能的研究探索成为可能，另外在食品、制药、电子元件、电气设备、建筑材料、半导体和空间开发等行业也具有广泛的应用前景（图 5-3），对工业领域产生了重大影响。

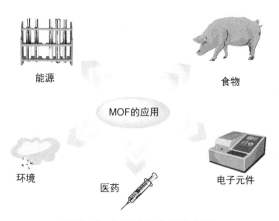

图 5-3　MOF 的应用示意图

利用 MOF 对工业排放的 CO_2 进行捕捉回收以及循环再利用，是一个极具价值和想象空间的应用场景。可利用 MOF 收集工业废气，定向分离出 CO_2 并存储，或利用可再生能源制备的绿色氢气与 CO_2 进行催化反应（MOF 可作为催化剂载体反应容器）制备甲醇。甲醇可用于合成其他工业材料，或者作为低碳燃料，燃烧后产生的 CO_2 又可被 MOF 捕获，最终实现循环再利用。

3. 单原子催化剂

当材料从纳米尺度继续缩小到单个原子级后，其几何和电子结构会发生根本性的变化，因而表现出与纳米材料完全不同的催化特性。为解决温室效应，催化还原 CO_2 是非常有效的用于缓解环境问题和能源短缺的手段。然而，催化还原 CO_2 面临着一些挑战，比如 CO_2 分子中的强 $C=O$ 键，水溶液中的低 CO_2 溶解度和多产物的选择性。单原子催化剂（SAC）可实现高效催化还原 CO_2，这得益于其优越的催化活性、清晰的催化位点、强单原子-载体相互作用，以及最大化的金属利用率。

（二）均相催化体系

在均相反应中，催化剂和反应物处于同一相中，一般发生在液体状态中。催化剂可与反应物生成中间体，使反应机理转变为另一个拥有较低活化能的新机理，故反应速率得以提升。均相催化剂的活性中心比较均一，选择性较高，副反应较少，易于用光谱、波谱、同位素示踪等方法来研究催化剂的作用，反应动力学一般不复杂。但均相催化剂有难以分离、回收和再生等缺点。

均相催化剂通常是有机金属配合物，具有刚性空间和电子环境的分子催化剂的高活性金属位点，使其具有高活性和选择性。它们在温和的反应条件下也具有活性。均相催化体系最近成为从 CO_2、CO 及其衍生物合成甲醇的主要焦点，在短短十年内，均相催化在实现 CO_2

合成甲醇的新路线方面发挥了主导作用。

第二节　典型金属催化技术促进碳中和

一、金属催化 CO_2 制备烃类化合物

（一）金属催化 CO_2 制备乙烯

乙烯是世界上产量最大的化学产品之一，乙烯工业是石油化工产业的核心，其产品占石化产品的 75%以上，在国民经济中占有重要的地位。乙烯产量已成为衡量一个国家石油化工发展水平的重要标志之一。

针对乙烷被 CO_2 氧化脱氢成乙烯，陈经广研究团队[4]在近期的研究中成功实现了通过改变活性金属 Ni 和 Fe 的负载量，精细调控 $NiFe/CeO_2$ 催化剂的乙烯选择性（图 5-4）。少量 Fe 的引入有利于增加乙烷 C—C 键的断裂活性，典型催化剂 $NiFe/CeO_2$ 具有 99%的重整反应选择性；而适量 Fe 的加入则能够显著提高乙烷 C—H 键的选择性断裂活性，代表性催化剂 $NiFe/CeO_2$ 具有 78%的氧化脱氢选择性。

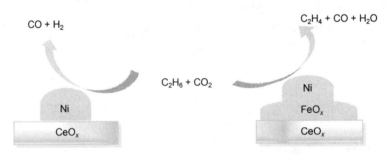

图 5-4　乙烷 CO_2 氧化脱氢制备乙烯的反应示意图

（二）金属催化 CO_2 制备丙烯

丙烯是三大合成材料的基本原料之一，用量最大的是生产聚丙烯；丙烯可制备丙烯腈、环氧丙烷、异丙醇、苯酚、丙酮、丁醇、辛醇、丙烯酸及其酯类、丙二醇、环氧氯丙烷和合成甘油等。将 CO_2 用于丙烷脱氢制备高附加值的丙烯，不仅能够克服现有丙烷直接脱氢工艺设备投资高、能耗大和生产效率较低等问题，而且可以实现温室气体 CO_2 的资源化利用。同时，从基础研究角度看，该方法的反应机理明显不同于 O_2 等强氧化剂的氧化脱氢机理，因此研究 CO_2 氧化丙烷脱氢（CO_2-ODP）具有重要的理论价值和现实意义。

负载铬氧化物（CrO_x）脱胎于烷烃直接脱氢的催化剂，仍是目前 CO_2-ODP 研究的重要催化体系之一。CO_2-ODP 催化剂主要脱胎于丙烷直接脱氢的铬、钒等氧化物，对 CO_2 的催化活化没有给予应有的关注，对相关催化活性中心的本质缺乏深刻认识。尽管研究人员提出了氧化脱氢一步反应机理和直接脱氢与逆水煤气变换反应偶合机理，但在微观水平上，对 CO_2 及丙烷分子的催化活化、催化剂及其表面吸附物种的迁移转化和反应动力学等依然缺乏深入研究。同时，现有催化剂普遍快速失活成为该绿色工艺产业化应用的瓶颈。

刘忠文教授课题组[5]围绕 CO_2 作为弱氧化剂的催化活化和转化，从 CO_2 存在下低碳烷烃

C—H 键的选择性活化机理以及 CO_2 氧化低碳烷烃脱氢的高效催化剂及其界面效应等方面开展了系统研究。采用湿浸渍法制备了一系列具有明确 CrO_x 结构和组成的 CrO_x/SiO_2 催化剂，并用于 CO_2-ODP。通过关联催化剂的结构表征和性能评价结果得出，与孤立态 Cr(Ⅵ)氧化物相比，聚合态 Cr(Ⅵ)氧化物对催化 CO_2-ODP 具有更高的活性和更低的丙烯选择性，这归因于不同 CrO_x 结构对 C_3H_8 和 C_3H_6 分子的吸附强度不同。反应物 C_3H_8 和产物 C_3H_6 强吸附在聚合态 Cr(Ⅵ)氧化物上，导致积炭的生成，在降低 C_3H_8 转化率和提高 C_3H_6 选择性方面起着双重作用，由此研究人员提出了 CrO_x/SiO_2 催化 CO_2-ODP 的两段反应机理（图 5-5），即初期快速失活阶段和后期稳定阶段。这些认识对于高性能负载型 CrO_x 催化剂的合理设计及制备具有重要意义，也有助于开发烷烃脱氢反应的高效催化剂，如钒、钼等毒性较小的金属氧化物。

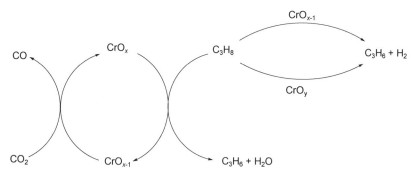

图 5-5　CrO_x/SiO_2 催化 CO_2-ODP 的两段反应机理

近年来，高效增产丙烯技术备受关注，其中 CO_2 氧化丙烷脱氢具有丙烯选择性高、节能以及实现 CO_2 资源化利用等显著优势（图 5-6），有望成为一条增产丙烯的绿色工艺。

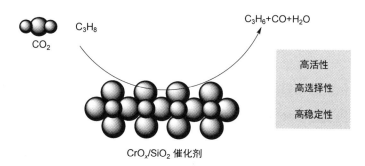

图 5-6　CrO_x/SiO_2 对 CO_2-ODP 的活性和选择性

（三）金属催化 CO_2 制备长链烯烃

长链烯烃在精细化工领域具有广泛应用。目前，工业合成长链烯烃的普遍方法是基于乙烯的齐聚反应，而乙烯主要来自石油资源。与之相比，利用可再生能源电解水制氢，再与 CO_2 反应直接制备长链烯烃，则会产生巨大的环境效益。CO_2 加氢制备长链烯烃要经历三个步骤：第一步是 CO_2 加氢到一氧化碳，第二步是一氧化碳加氢到甲基和亚甲基，第三步是甲基和亚甲基在催化剂表面聚合得到长链烯烃。难点在于第三步，甲基和亚甲基的聚合需要足够高的压力，在常压条件下无法产生足够多的甲基和亚甲基，从而难以聚合形成长链烯烃。

曾杰课题组[6]开发了一种铜-碳化铁界面型催化剂，找到了一条不依赖于甲基和亚甲基聚合且能够在常压下进行碳链增长的反应路径，实现了常压条件下 CO_2 加氢高选择性制备长链烯烃。研究发现，铜具备一氧化碳的非解离吸附能力，碳化铁能催化生成甲基和亚甲基；在铜和碳化铁的界面处，铜位点吸附的一氧化碳插入甲基和亚甲基的端基，然后加氢脱水形成新的甲基和亚甲基单元，如此循环往复使碳链增长，最后脱附形成长链烯烃。正是由于这种特殊的碳链增长方式，该催化剂在常压条件下对长链烯烃的选择性高达 66.9%，跟高压反应条件下的世界纪录值（66.8%）相当。该研究为 CO_2 转化的绿色催化过程提供了新材料与技术支撑，对实现化工催化过程节能减排和 CO_2 资源化利用等目标具有推动作用。

二、金属催化 CO_2 氢化制备醇

（一）金属催化还原 CO_2 制备甲醇

甲醇是基本有机化工原料之一，用于制造氯甲烷、甲胺和硫酸二甲酯等多种有机产品，也是农药（杀虫剂、杀螨剂）、医药（磺胺类、合霉素等）的原料，同时还是合成对苯二甲酸二甲酯、甲基丙烯酸甲酯和丙烯酸甲酯的原料之一。

金属催化领域在发展新型 CO_2 制备甲醇过程中得到了巨大发展，比如相关催化剂在 $100\sim140\ ℃$ 时表现出了优异的催化性能，甚至一些催化剂能够在低于 $100\ ℃$ 甚至在 $60\sim70\ ℃$ 还具有优异的催化性能。CO_2 制备甲醇的均相催化剂基于贵重的过渡金属，主要是钌，少数是铱（图 5-7），随着均相加氢和脱氢催化领域的快速发展，对催化剂的需求增加，许多先进的催化剂以及配体正在工业化。

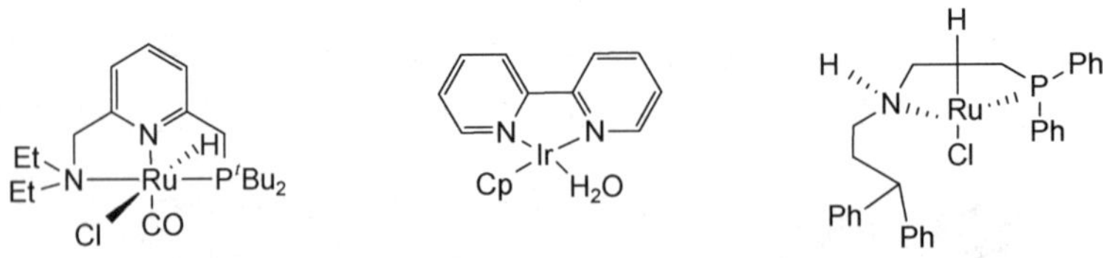

图 5-7　一些用于 CO_2 加氢制备甲醇的均相催化剂

（二）金属催化还原 CO_2 制备乙醇

乙醇在常温常压下是一种易挥发的无色透明液体，毒性较低，可以与水以任意比互溶，溶液具有酒香味，略带刺激性，也可与多数有机溶剂混溶。乙醇在化学工业、医疗卫生、食品工业、农业生产等领域都有广泛的用途。例如，乙醇是一种基本有机化工原料，也用作有机溶剂、制饮料酒，食品工业乙醇可用于制造醋酸、饮料、香精、染料、燃料等，医疗上常用体积分数为 70%～75%的乙醇作消毒剂。

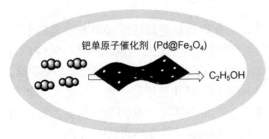

图 5-8　钯单原子催化剂将 CO_2 氢化成乙醇

尽管将 CO_2 催化氢化为甲醇和合成烃的方法已经很成熟，但将 CO_2 有效和选择性地转化为多碳醇仍然具有挑战性。使用金属钯催化剂可将 CO_2 氢化成乙醇，Jordi Llorca 教授课题组[7]制备了钯/氧化铁单原子催化剂，固定在 Fe_3O_4 表面的 Pd 单原子可在 $250\sim300\ ℃$ 和大气压下将 CO_2 氢化为乙醇（图 5-8），并显示出对乙醇的出色选择性和高产率。这些发现不仅为乙醇

的生产提供了新的催化剂合成方法，也为负载型单原子催化提供了案例。

（三）金属催化还原 CO_2 制备乙二醇

乙二醇主要用于制备聚酯、吸湿剂、增塑剂、表面活性剂、化妆品和炸药等；可用作染料、油墨等的溶剂，配制发动机的抗冻剂，气体脱水剂，也可用于制备玻璃纸、纤维、皮革、黏合剂的湿润剂；还可生产醇酸树脂、乙二醛等；除用作汽车用防冻剂外，还用于工业冷量的输送，一般称为载冷剂，同时也可以与水一样用作冷凝剂。

使用 H_2、CO_2 和环氧化合物作为原料，可同时生成甲醇和乙二醇（图 5-9），在铑催化剂的存在下，环状碳酸酯加氢后，产生 $1:1$ 的甲醇和乙二醇混合物[8]。

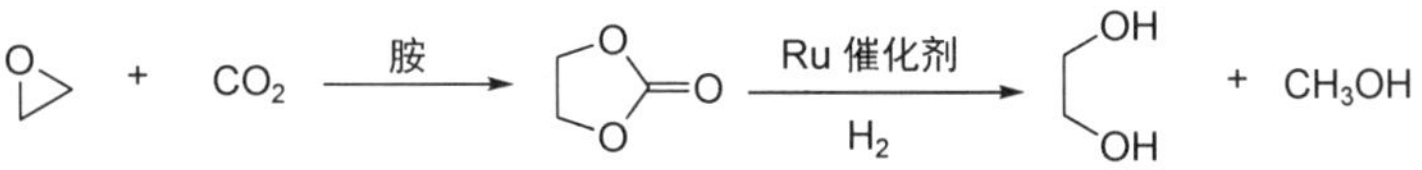

图 5-9　催化环氧化合物和 CO_2 联产乙二醇和甲醇反应

三、金属催化 CO_2 制备酯类化合物

（一）金属催化还原 CO_2 制备碳酸酯

碳酸酯可用作 1,2-二醇和 1,3-二醇的保护基，可聚合生成热塑性塑料聚碳酸酯，可用作甲基化试剂、极性溶剂、光气替代品、防腐剂等；还可以作为剧毒光气和双光气在合成中的替代产物，具有毒性低、使用安全方便、反应条件温和、选择性好和收率高等特点。

MOF 可以捕获和储存 CO_2，然后释放 CO_2 与环氧化合物聚合形成碳酸酯[9]（表 5-2）。通常，多孔材料可以在其孔隙结构中捕获和储存 CO_2，孔隙中的 CO_2 浓度可能比周围大气中气态 CO_2 的浓度高数十至数百倍，这使得 CO_2 在孔隙内更易发生催化转化（图 5-10）。

表 5-2　MOF 催化环氧化合物与 CO_2 转化成碳酸酯

序号	反应物	产物	产率/%
1		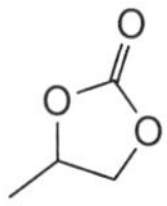	96
2		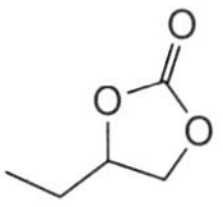	85
3	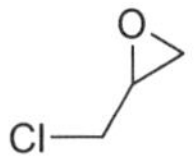	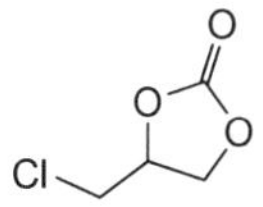	88
4	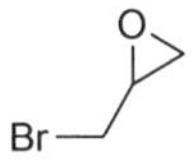	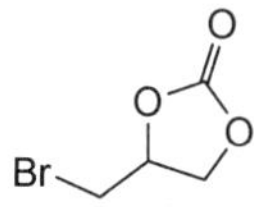	90
5	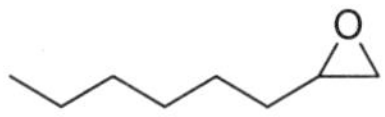	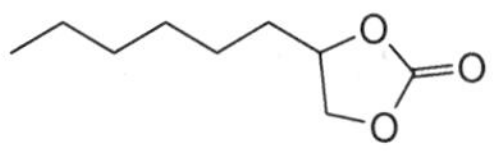	10

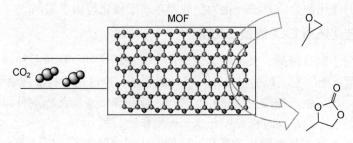

图 5-10　MOF 体系将 CO_2 转化成碳酸酯

（二）金属催化还原 CO_2 制备烷基甲酸酯

除了使用异相催化剂金属有机骨架材料，也可使用均相过渡金属催化剂催化 CO_2 合成其他酯[10]（图 5-11）。钌钴杂双金属催化体系在烯烃与 CO_2 还原烷氧羰基化反应中表现出良好的催化性能，与以往仅由钌催化剂组成的体系相比，二元催化剂体系有效地减少了贵金属和离子液体添加剂的使用。

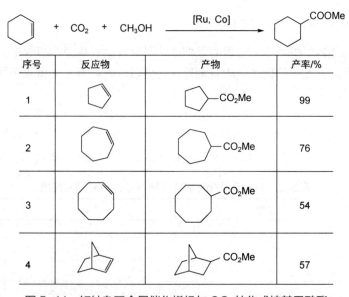

图 5-11　钌钴杂双金属催化烯烃与 CO_2 转化成烷基甲酸酯

（三）金属催化还原 CO_2 制备氨基甲酸酯

氨基甲酸酯类化合物作为镇静药物在医学领域很早就得到了应用，这类化合物具有缓和的催眠作用，适合于小儿和心脏病患者使用，氨基甲酸乙酯是最早用于镇静剂的品种之一。近年来，用苯基取代乙二醇二氨基甲酸酯或丙二醇二氨基甲酸酯作为消炎剂、肌肉松弛剂、镇痛剂、抗癫痫药，取得了很好的疗效，如氨基甲酸-2-氨基-3-苯基丙酯具有调节中枢神经作用。一些较复杂的氨基甲酸酯类化合物具有一定的抗癌作用，目前氨基甲酸酯已成为农业化学、药物化学和聚氨酯制备中的重要化合物。Jun-Chul Choi 课题组[11]报道了使用 K_2CO_3 作为催化剂，将胺、硅酸盐酯和 CO_2 直接合成氨基甲酸酯（图 5-12），烷基胺和芳香胺都可以被活化，与使用醇作为偶联剂相比，大大扩大了底物范围。

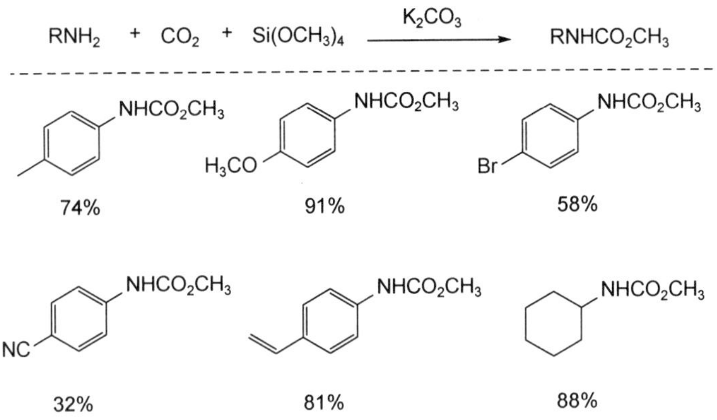
RNH2 + CO2 + Si(OCH3)4
K2CO3
RNHCO2CH3
NHCO2CH3
H3CO
Br
74%
91%
58%
NC
32%
81%
88%

图 5-12　碳酸钾催化胺与 CO_2 转化成氨基甲酸酯

何良年课题组[12]发展了一种利用末端炔丙醇、CO_2 和胺合成氨基甲酸酯的方法，在低银负载催化剂的作用下获得了优良的产率，该方法不需要高银负载催化剂、高压和高温，也不需要分离中间体（图 5-13）。

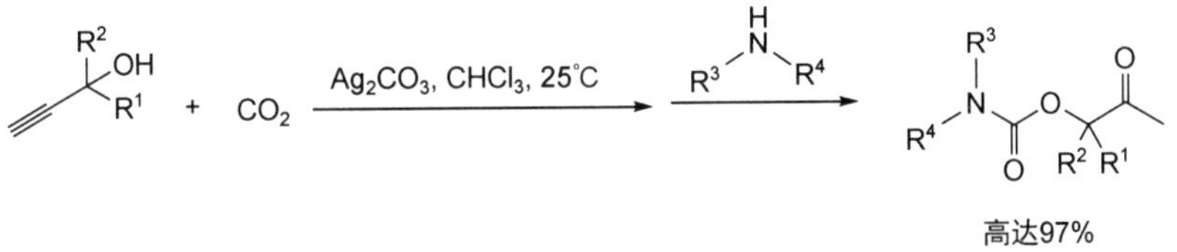
R2
OH
R1
+ CO2
Ag2CO3, CHCl3, 25°C
H
N
R3
R4
O
O
高达97%

图 5-13　末端炔丙醇、CO_2 和胺合成氨基甲酸酯

（四）金属催化还原 CO_2 制备内酯

Iwasawa 课题组[13]报道了二价钯催化 2-羟基苯乙烯类化合物中烯基 sp^2 碳氢键与 CO_2 的直接羧化反应（图 5-14）。醋酸钯为催化剂、碳酸铯作为碱、二乙二醇二甲醚（diglyme）为溶剂，包含给电子、吸电子或杂环取代基的一系列 2-羟基苯乙烯化合物与 CO_2 均可进行 sp^2 碳氢键内酯化反应，以中等到较高收率得到相应的香豆素类化合物。

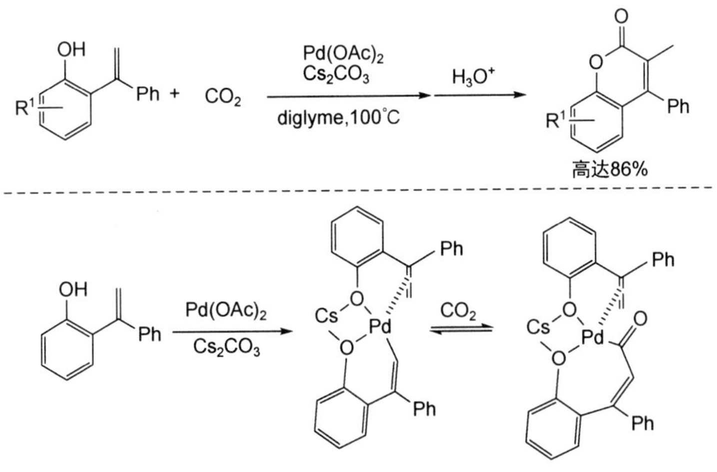
OH
R1
Ph + CO2
Pd(OAc)2
Cs2CO3
diglyme,100°C
H3O+
Ph
高达86%
Pd(OAc)2
Cs2CO3
Cs
Pd
CO2

图 5-14　2-羟基苯乙烯类化合物与 CO_2 的直接羧化反应

四、金属催化 CO_2 制备羧酸类化合物

羧酸是一类重要的有机化合物，广泛应用于多个领域，在药物、香料、染料、橡胶、纺织、皮革工业以及食品制造业中发挥着关键作用。许多羧酸（柠檬酸、乳酸和苹果酸等）存在于食物中，不仅能提供酸味，还具有营养价值；许多羧酸的酯类具有令人愉悦的气味，被广泛用于香水、化妆品和香精中；许多药物的合成过程都有羧酸的参与，例如阿司匹林是由乙酸制备的（图5-15）。

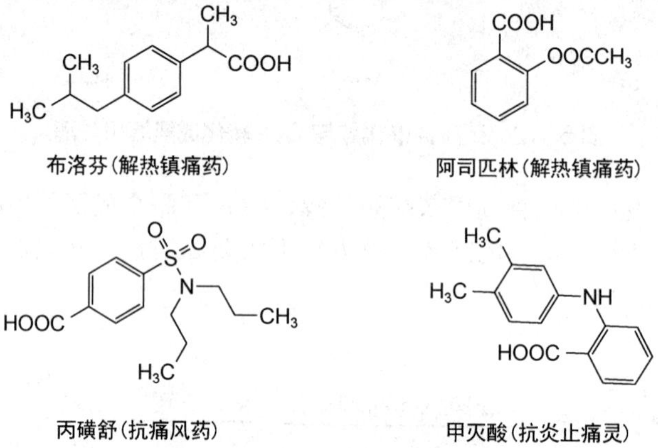

布洛芬(解热镇痛药)　　　　　　　　阿司匹林(解热镇痛药)

丙磺舒(抗痛风药)　　　　　　　　　甲灭酸(抗炎止痛灵)

图5-15　一些含羧基的典型药物

格氏试剂是有机合成中应用最为广泛的试剂，是1901年由法国化学家格林尼亚（Victor Grignard）发现的，他也因此获得1912年诺贝尔化学奖。卤代物在无水乙醚或四氢呋喃（THF）中和金属镁作用生成烷基卤化镁（RMgX），这种有机镁化合物被称作格氏试剂（图5-16）。格氏试剂作为亲核试剂可以与醛、酮、CO_2 等化合物发生加成反应，这类反应被称作格氏反应。

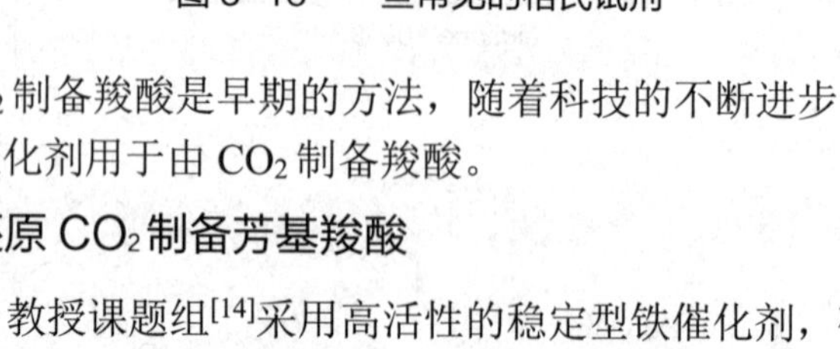

图5-16　一些常见的格氏试剂

用格氏试剂与 CO_2 制备羧酸是早期的方法，随着科技的不断进步，科研人员也相继开发了更加有优势的金属催化剂用于由 CO_2 制备羧酸。

（一）金属催化还原 CO_2 制备芳基羧酸

Stephen P. Thomas 教授课题组[14]采用高活性的稳定型铁催化剂，研究了铁催化芳基烯烃的羧基化反应，以优异的收率和区域选择性合成了芳基羧酸。使用氯化铁、CO_2（大气压）和乙基溴化镁可将一系列芳基烯烃转化为相应的芳基羧酸（图5-17）。

Tomislav Rovis 课题组[15]研究了一种苯乙烯的镍还原羧化反应，以二乙基锌为还原剂，在温和条件下进行反应（图5-18）。反应机理涉及两个离散的镍介导的催化循环，第一个是催化烯烃的氢化，第二个是较慢的镍催化原位形成的有机锌试剂的羧化。重要的是，催化剂系统

非常稳定，能以良好的收率固定 CO_2。

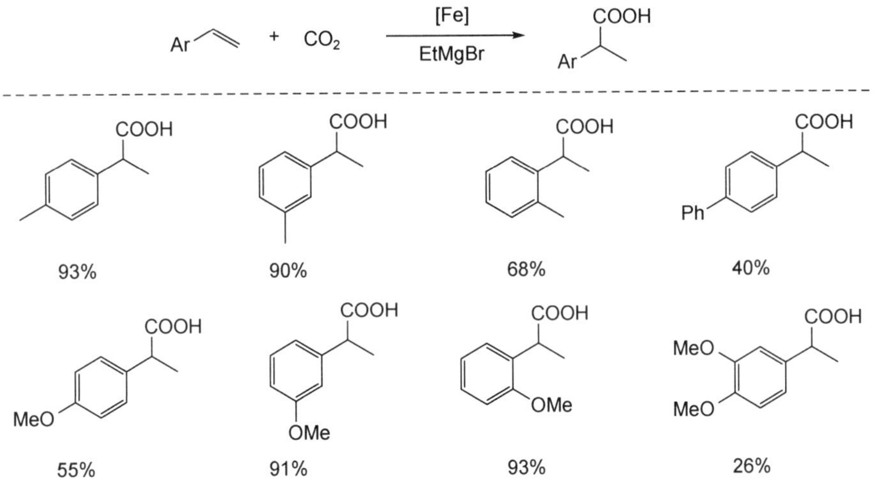

图 5-17　铁催化烯烃与 CO_2 转化成羧酸

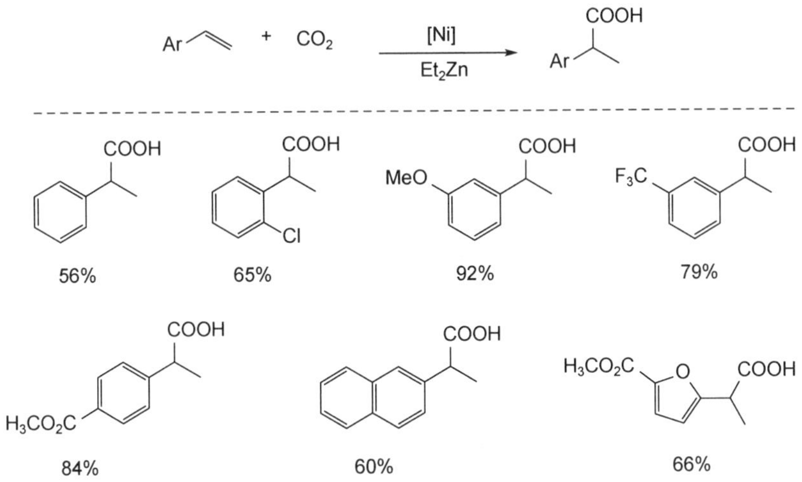

图 5-18　镍催化烯烃与 CO_2 转化成羧酸

（二）金属催化还原 CO_2 制备二取代羧酸

Laursen 课题组[16]提出了一种二取代烯烃和末端炔的羧基化反应方案，可获得不同的仲羧酸和丙二酸衍生物（图 5-19）。在铜催化剂和添加剂氟化铯的存在下，不同的环己烯、苯乙烯和苯乙烯衍生物以及炔烃均可转化为相应的二羧酸，并可实现 6 种萘类化合物的羧基化（图 5-20）。

（三）金属催化还原 CO_2 制备环状羧酸

麻生明课题组[17]报道了邻炔基苯磺酰胺与 CO_2 在二乙基锌存在下的环化反式羧化反应（图 5-21），高收率地合成了一系列取代基的 3-吲哚羧酸化合物。该反应可能的反应机理为：底物首先与二乙基锌作用发生环化反应形成有机锌中间体，二乙基锌同时作为碱和活化碳碳三键的路易斯酸，随后与 CO_2 羧化反应形成羧酸锌物种，酸化后处理得到 3-吲哚羧酸产品。

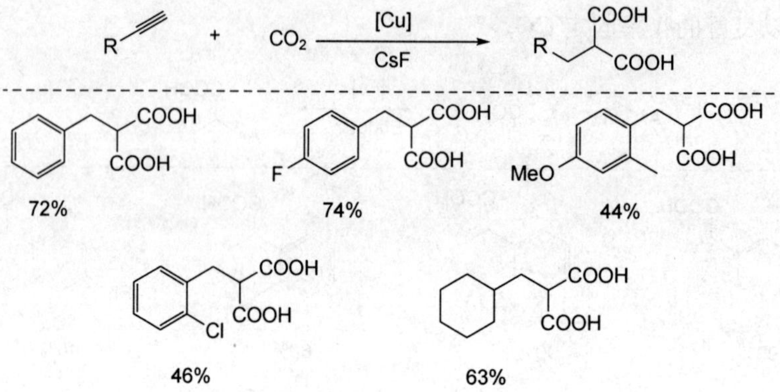
[Cu]
CsF
72%
74%
44%
46%
63%

图 5-19 铜催化炔烃与 CO_2 转化成羧酸

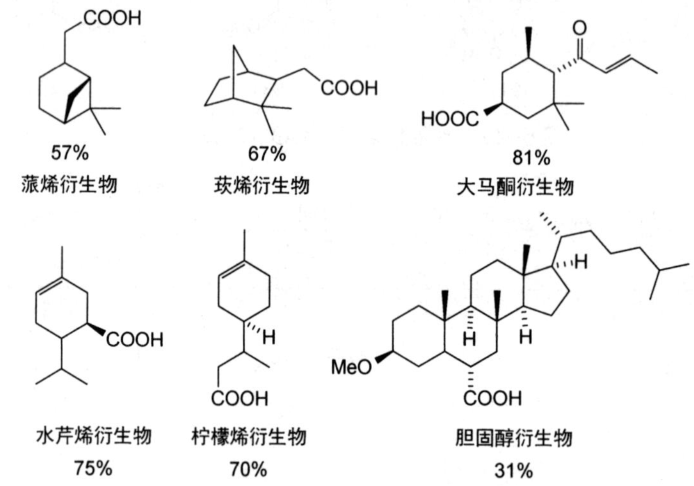
57%
蒎烯衍生物
67%
莰烯衍生物
81%
大马酮衍生物
水芹烯衍生物
75%
柠檬烯衍生物
70%
胆固醇衍生物
31%

图 5-20 6 种萜类化合物的羧基化

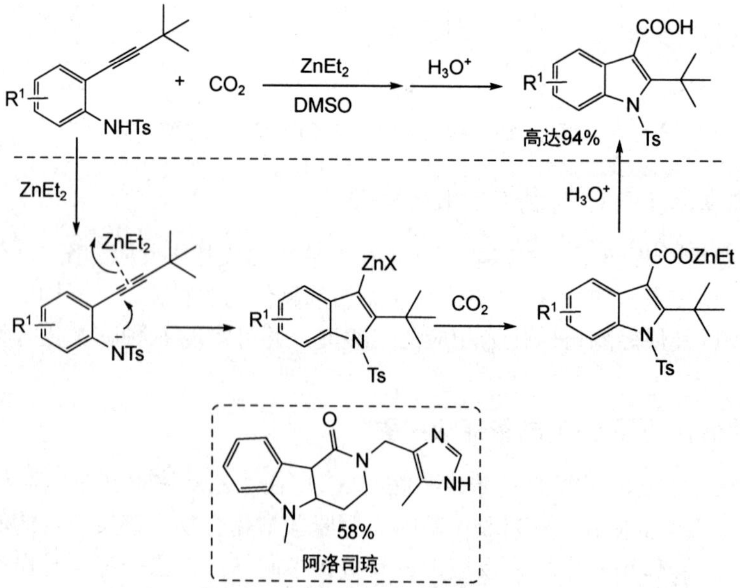
ZnEt2
DMSO
H3O+
高达94%
58%
阿洛司琼

图 5-21 邻炔基苯磺酰胺与 CO_2 在二乙基锌存在下的环化反式羧化反应

该反应条件温和，底物适用性宽，操作简便。麻生明课题组以此羧化反应成功合成了用于治疗腹泻的药物分子阿洛司琼。

吕小兵课题组[18]发展了铜催化的邻炔基苯乙酮与 CO_2 的双羧化反应（图 5-22），含有各种官能团的邻炔基苯乙酮与 CO_2 进行羧化/分子内环化/再羧化的串联反应得到一系列异苯并呋喃类二羧酸酯产物。相比于芳基取代的炔底物，烷基取代的炔底物显示出更好的双羧化反应选择性。该课题组提出了可能的反应机理：邻炔基苯乙酮先与一分子的 CO_2 在碱作用下形成 β-酮酸中间体，接着烯醇式氧原子进攻被一价铜活化的碳碳三键得到包含碳铜键的中间体，另外一分子 CO_2 插入后形成的羧基铜物种与碘甲烷反应得到双羧化的羧酸酯产物。

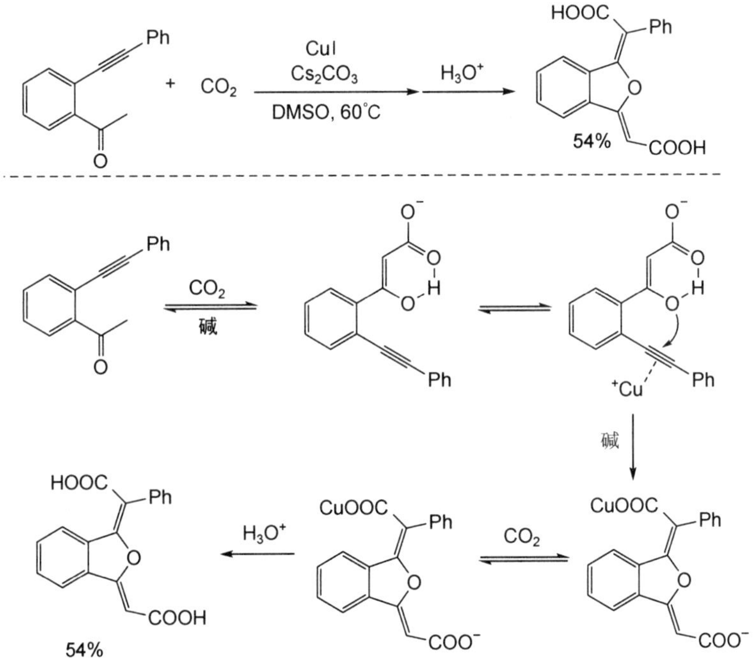

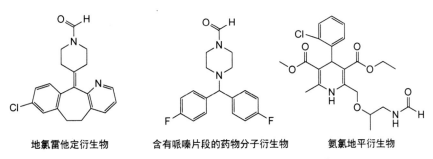

图 5-22　铜催化的邻炔基苯乙酮与 CO_2 的双羧化反应

五、金属催化 CO_2 制备酰胺类化合物

酰胺类化合物主要用作工业溶剂，医药工业上用于生产维生素、激素，也用于制造杀虫脒。在有机反应中，二甲基甲酰胺不但广泛用作反应的溶剂，也是有机合成的重要中间体。胺的甲酰化反应是合成酰胺类化合物的方法之一，比如胺甲酰化反应可合成药物分子衍生物（图 5-23）。

地氯雷他定衍生物　　　含有哌嗪片段的药物分子衍生物　　　氨氯地平衍生物

图 5-23　一些含酰胺基团的典型药物分子衍生物

（一）金属催化 CO_2 制备链状酰胺

马丁教授课题组[19]使用吗啉作为 CO_2 捕获剂和甲酰化试剂，同时参与 CO_2 的捕获和转化。该方法是一种高效且可回收的催化系统，可用于串联 CO_2 捕获和 N-甲酰化以生成增值化学品。CO_2 易于被吗啉溶液捕获，而纳米金刚石/石墨烯负载的铱金属原子高效异相催化剂对吗啉的甲酰化具有高反应性，从而可以优异的产率合成 N-甲酰吗啉。此外，吗啉在大气条件下捕获的 CO_2 也可以转化为 N-甲酰吗啉，转化率可达 51%（图 5-24）。

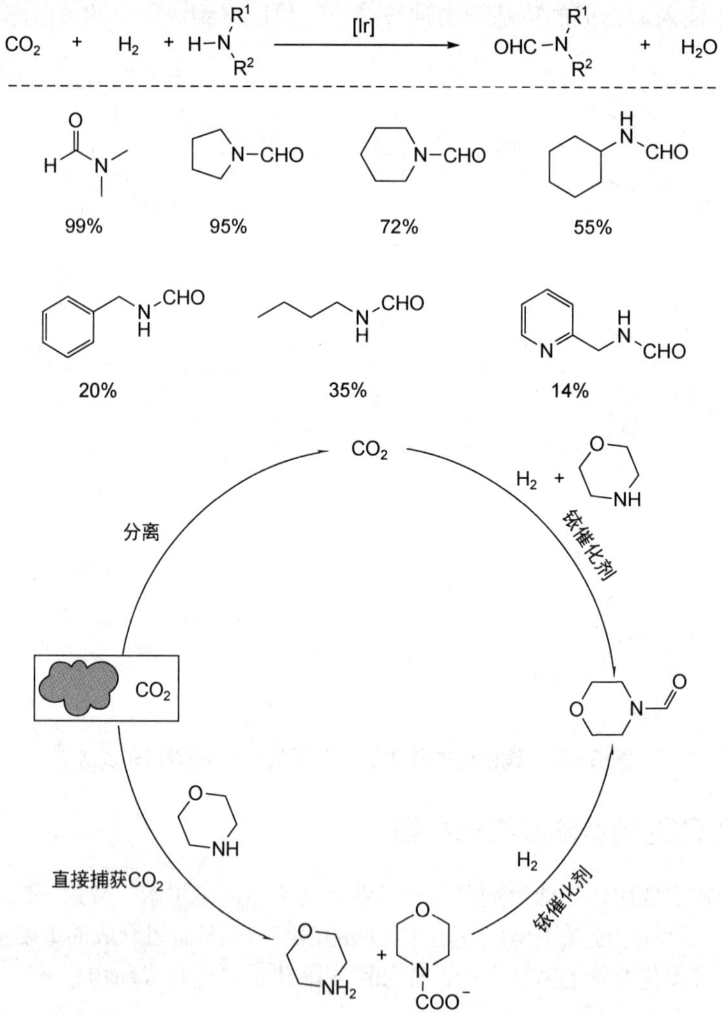

图 5-24 铱催化胺与 CO_2 转化成甲酰胺及其反应机理

中国科学院兰州化学物理研究所的科学家们[20]通过精细调控还原温度，构筑出了对 CO_2 加氢制 HCOOH 具有高活性、同时又能有效促进甲酰胺产物脱附的双功能 Cu_2O/Cu 界面位点，实现了脂肪族伯胺和 CO_2/H_2 反应制备甲酰胺（图 5-25）。通过高分散 Cu_2O/Cu 界面位点于 Al_2O_3 表面，能有效稳定 Cu_2O/Cu 界面位点，形成更高活性的 $CuAlO_x$ 催化剂。脂肪族胺、苄基胺、伯胺、仲胺、不饱和胺甚至手性胺都能有效转化为相应的甲酰胺，催化剂能连续使用 6 次而活性基本不变。

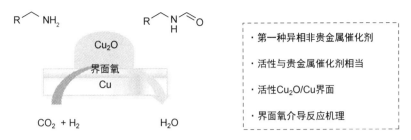

図 5-25　Cu₂O/Cu 界面位点催化的脂肪族伯胺和 CO₂/H₂ 反应制备甲酰胺

（二）金属催化还原 CO_2 制备环状酰胺

相比于端炔烃中 sp 碳氢键的 CO_2 羧化反应，芳烃或烯烃中 sp² 碳氢键和烷烃中 sp³ 碳氢键的 CO_2 羧化反应条件较为苛刻。在芳烃或烯烃底物中引入氨基等官能团，通过形成内酰胺等环状化合物，其 sp² 碳氢键的 CO_2 羧化反应在热力学上将更有利。

余达刚课题组[21]报道了 CO_2 参与的邻烯基/杂环芳基苯胺中 sp² 碳氢键的内酰胺化反应。以叔丁醇钠作为碱，二乙二醇二甲醚（diglyme）为溶剂，在 140 ℃ 的反应条件下，一系列邻烯基/杂环芳基苯胺化合物可与 CO_2 进行 sp² 碳氢键的内酰胺化反应，以高产率合成 2-喹啉酮类化合物（图 5-26）。此反应底物适用性广，产物易于衍生化，操作简便，易于放大，可用于构建多种重要药物分子及重要前体。相比于传统的一氧化碳作为羰基源的钯催化邻烯基/杂环芳基苯胺 sp² 碳氢键的氧化羰基化反应，CO_2 为羰基源的内酰胺化反应可在无过渡金属参与且氧化还原中性的条件下进行，对环境友好，也更容易在精细化学品工业中应用。机理研究表明，在此反应体系中可能生成了高活性的邻烯基/杂环芳基苯基异氰酸酯。

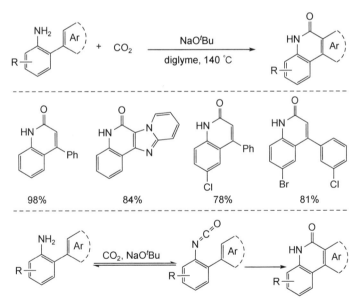

图 5-26　CO_2 参与邻烯基/杂环芳基苯胺的内酰胺化反应

成江课题组[22]报道了钯催化邻碘苯胺、N-对甲基苯磺酰脒和 CO_2 的多组分反应（图 5-27），合成了一系列 4-芳基-2-喹啉酮化合物。此多组分反应形成了两组碳碳单键、一组碳碳双键和一组碳氮单键共四组新的化学键。推测反应机理主要为：邻碘苯胺与 N-对甲基苯磺酰腙在叔丁醇钠及钯催化下，通过钯卡宾的迁移插入形成邻烯基苯胺化合物，然后再与CO_2反应，经异氰酸酯中间体得到内酰胺产物。

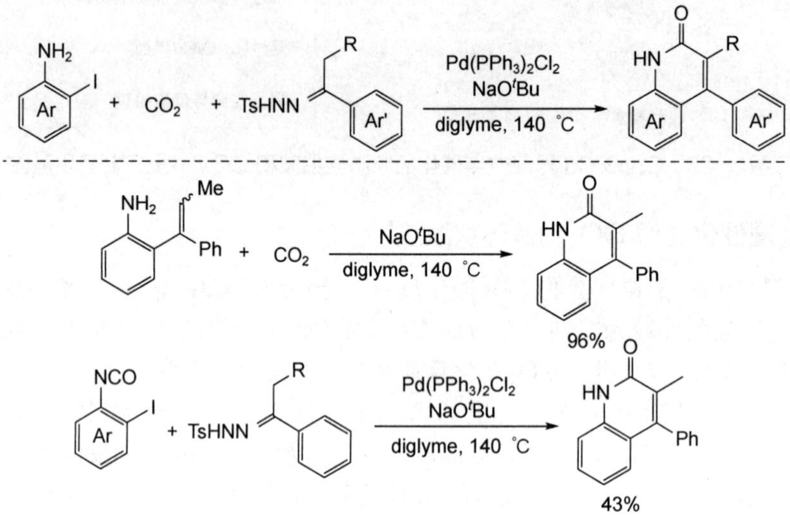

图 5-27　钯催化邻碘苯胺、N−对甲基苯磺酰腙和 CO_2 的多组分反应

六、金属催化 CO_2 制备噁唑烷酮

噁唑烷酮类药物是 20 世纪 80 年代逐步发展起来的一类新型合成抗生素（图 5-28），该类药物的化学结构中均有一个噁唑烷二酮母核，具有全新的抗菌机制，对革兰氏阳性球菌，特别是多重耐药的革兰氏阳性球菌，具有较强的抗菌活性，与其他药物不存在交叉耐药现象。此外，该类药物也广泛用于果树、蔬菜、棉花、水稻、高粱、大麦、小麦、黑麦、玉米和油菜等作物，防除禾本科杂草和阔叶杂草，其杀草谱广，具有触杀作用，对重要的抗性杂草有效。

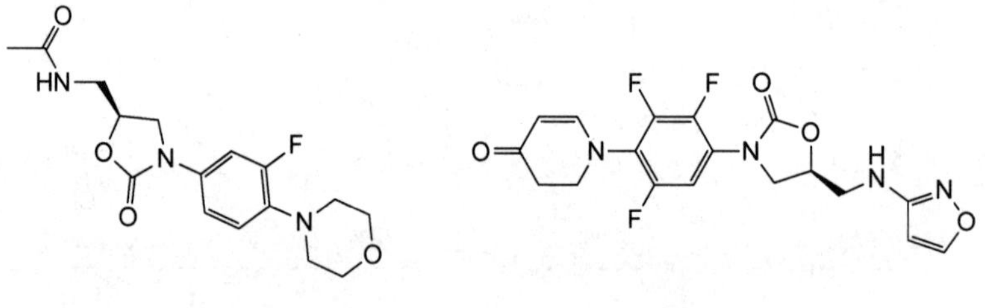

利奈唑胺（治疗皮肤感染与肺炎）　　　康替唑胺（抗菌药物）

图 5-28　一些噁唑烷酮类典型药物

CO_2 与氮杂环丙烷或炔丙胺反应合成噁唑啉酮是目前 CO_2 转化研究中最常见的一类重要反应。Nevado 课题组[23]报道了钯催化炔丙胺、芳基碘和 CO_2 的多组分羧化环化反应（图 5-29），以较高产率合成了噁唑啉酮类化合物，与传统的路易斯酸催化的炔丙胺与 CO_2 羧化环化反应不同的是，此反应中利用零价钯与芳基碘氧化加成后得到的二价钯配合物作为路易斯酸，活化炔丙胺中的碳碳三键，在促进羧化环化反应形成噁唑啉酮环后，再经还原消除在双键上引入芳基得到最终产物。如将炔丙胺反应体系中的叔丁醇钠换成三乙烯二胺（DABCO），便可

在钯催化下先进行 Sonogashira 偶联，然后再进行多组分羧化环化反应，得到双键端位上引入两个相同芳基的噁唑啉酮产物。

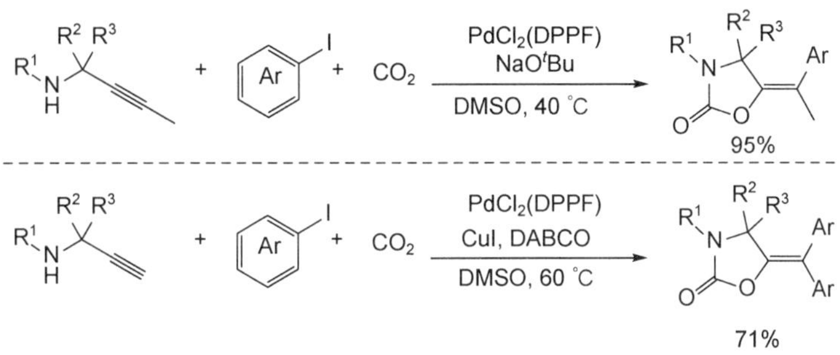

图 5-29　钯催化炔丙胺、芳基碘和 CO_2 的多组分羧化环化反应

余达刚课题组[24]首次实现了铜催化的 CO_2 参与的烯丙胺选择性三氟甲基化反应（图 5-30），一系列烯丙胺化合物与 CO_2 在室温下进行反应，高产率选择性地合成了一系列具有重要生理活性的含三氟甲基官能团的噁唑啉酮类化合物。此反应条件温和，操作简便，可进行克级规模制备，产物分子重要且易于衍生化。

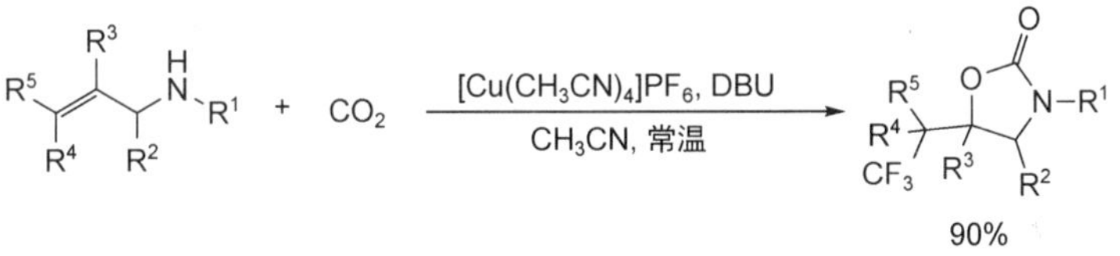

图 5-30　铜催化的 CO_2 参与的烯丙胺选择性三氟甲基化反应

Arjan W. Kleij 课题组[25]开发了一种合成噁唑烷酮的方法（图 5-31），该方法利用了一种独特的银催化剂，形成 α-烷基碳酸酯中间体，随后分子内被胺的 N 亲核进攻，进而获得六元环氨基甲酸酯。

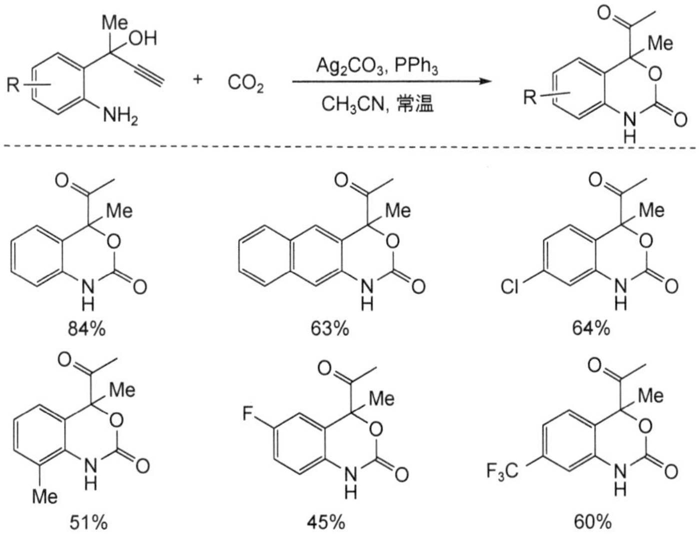

图 5-31　银催化炔丙醇与 CO_2 反应

此外，该课题组还研究了合成噁唑烷酮的进一步转化应用（图 5-32）。用硼氢化钠处理时转化成醇衍生物，而不影响氨基甲酸酯基团；Wittig 烯烃化则得到烯烃；分子中的甲基酮部分在温和条件下很容易转化为羟基亚胺产物。

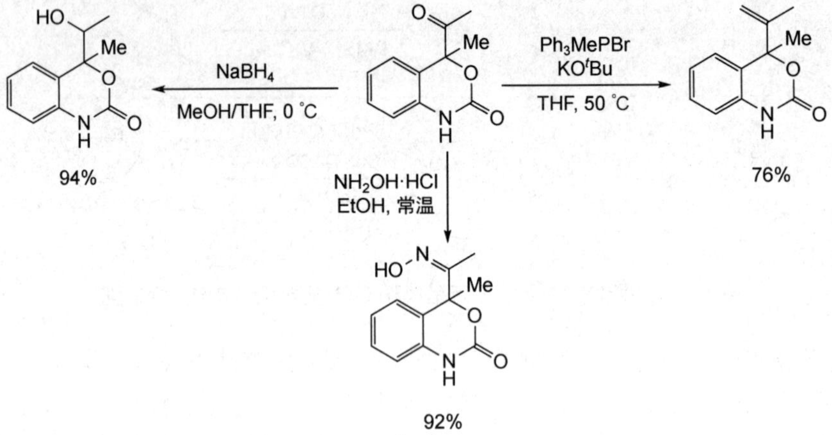

图 5-32　噁唑烷酮的转化应用

七、金属催化 CO_2 制备含硫有机物

二硫缩醛广泛应用于有机合成、有机配位化学以及生物、制药和杀虫领域。已有报道指出可使用二氮甲烷、硫醚和锂或碳锌作为亚甲基源，将亚甲基插入二硫键中获得二硫缩醛，但存在一些缺点，如高温、贵金属催化剂、过量的碱或强还原剂。席婵娟课题组[26]报道了以硫酚为原料、硼氢化钠作为还原剂选择性还原 CO_2 合成二硫缩醛的方法（图 5-33）。该方法绿色高效，可实现 CO_2 选择性转化为亚甲基，同时形成两个 C—S 键。

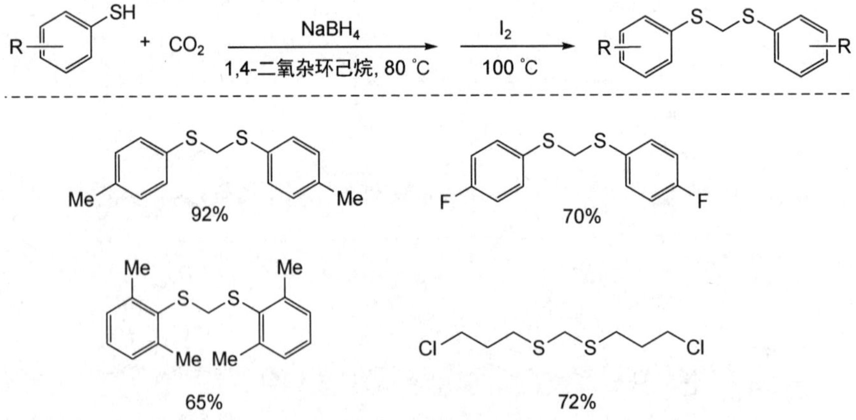

图 5-33　硫酚选择性还原 CO_2 反应

硫醚可用作药物（图 5-34）、农药、燃料油添加剂和润滑油添加剂等。例如，二丁基硫醚用作日用食用香精；聚苯硫醚（PPS）是分子主链上含有苯硫基的热塑性工程塑料，已成功地应用在电子、电器、汽车、航空航天等领域。

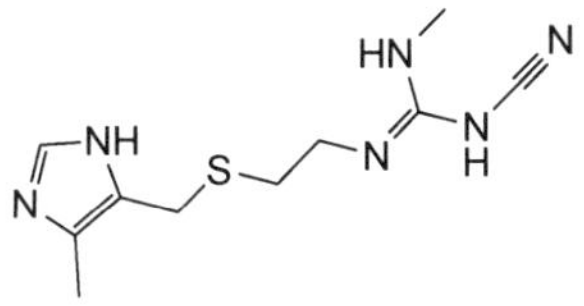

西咪替丁(抑制胃酸分泌药物) 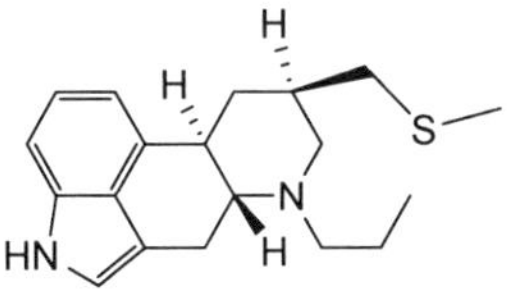　　　　　培高利特(多巴胺能激动药)

图 5-34　一些硫醚的典型药物

八、金属催化 CO_2 制备胺

甲基胺是许多工业产品中重要的化学物质和核心结构，如药物（图 5-35）、天然产物和染料。

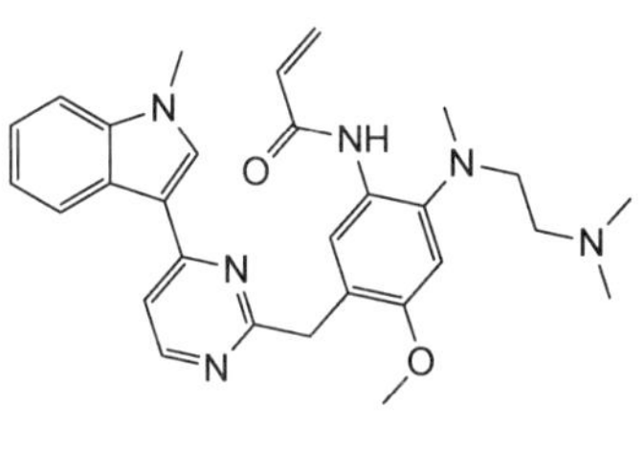

泰瑞沙(靶向抗癌药物) 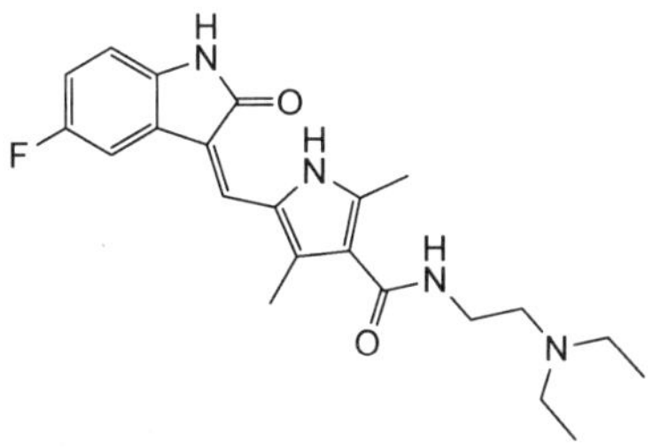　　　　　舒尼替尼(新型多靶向性的治疗肿瘤的口服药物)

图 5-35　一些甲基胺衍生物的典型药物

传统 N-甲胺是通过使用甲醛和危险的甲基化试剂制备的，包括甲基碘二酯、二甲硫酸盐或碳酸二甲酯。将 CO_2 还原为 N-甲胺是一种有前途的方法，席婵娟课题组[27]报道了利用 CO_2 和硼氢化钠高选择性 N-甲基化（图 5-36），CO_2 的胺还原功能化为构建碳氮键提供了一种可行的方法。

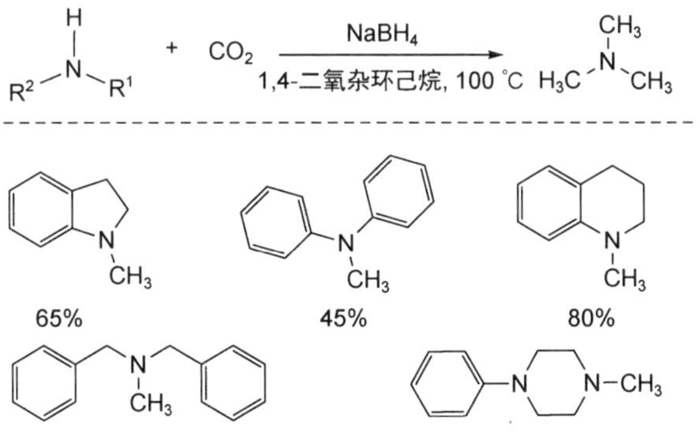

图 5-36　CO_2 与硼氢化钠高选择性 N-甲基化反应

九、金属催化 CO_2 成固态煤

液态金属（liquid metal，LM）具有独特的物理化学性质和高催化活性，近年来在催化领域得到了广泛的应用。特别是，LM 的高导热性和导电性、高热稳定性以及优异的抗结焦性，

使得 LM 不仅在催化领域，而且在其他应用领域，包括柔性电路、自愈超导体和储能应用领域，都具有很好的应用前景。此外，镓基 LM 可以溶解其他金属，形成各种成分的合金，该特性对于开发具有目标特性和设计功能的创新材料配方至关重要。

目前，LM 催化剂已成功用于烷烃脱氢反应，主要用于甲烷热解、丙烷和丁烷脱氢等研究中，显示了从烷烃中生产 H_2 和固体碳的特殊有效性，避免了结焦或失去催化活性。LM 催化剂可实现室温下 CO_2 转化为固体碳的连续电催化反应。LM 催化剂由溶解在低熔点金属溶剂（如 Ga、Sn、Bi 和 In）中的活性金属（Ce）制备而成。催化反应中，碳不断浮在液态金属表面，避免了传统固体催化剂面临的碳结焦、催化剂失活这一难题。这种 LM 催化反应为碳的捕获和利用提供了一种实用的方法。

墨尔本皇家理工大学的研究团队利用液态金属催化剂在室温下将 CO_2 转化为固体，可有效减少空气中的 CO_2。该团队首先制造出在室温下为液态且能导电的镓铟锡合金，接着掺入金属铈，此时一些铈与周围空气中的氧气反应，在液态金属表面形成氧化铈超薄层。研究人员将 CO_2 溶解在装有电解液和少量液态金属的烧杯中，通电之后，CO_2 会持续在催化剂表面转化成固态碳片，然后剥离，不会堵塞液态金属催化剂。这些固态碳能回收应用于电池电极、飞机机翼等各种材料中。

第三节　走进金属催化实现碳中和的世界

一、全球首套千吨级 CO_2 加氢制汽油

中国科学院大连化学物理研究所的科学家们利用催化剂 Na-Fe$_3$O$_4$ 将 CO_2 直接高产率氢化成了石油（$C_5 \sim C_{11}$ 碳链）。其实人类在近代就已经开始着手将 CO 重新转化成能源了。其中最著名的莫过于费-托合成（Fischer-Tropsch synthesis）：

$$(2n+1)H_2 + nCO \longrightarrow C_nH_{2n+2} + nH_2O$$

它的主要副反应就是我们熟知的水煤气转化反应：

$$H_2O + CO \longrightarrow H_2 + CO$$

随后延伸出甲醇制汽油的工艺于 1936 年在德国建成第一座商用工厂。值得一提的是，新西兰所使用的石油有三成是由甲醇制得的。

CO_2 加氢转化制液体燃料和化学品，不仅可实现温室气体 CO_2 的资源化利用，还有利于可再生能源的储运，同时也为解决国家能源安全问题、实现"双碳"目标等提供了新策略。但是，CO_2 的活化与选择性转化极具挑战。国内外技术路线多集中于合成低碳化合物，若能利用该过程选择性生产高附加值、高能量密度的烃类燃料，将为推进清洁低碳的能源革命提供全新路线。

2022 年 3 月 4 日，由中国科学院大连化学物理研究所和珠海市福油能源科技有限公司联合开发的全球首套 1000 吨/年 CO_2 加氢制汽油中试装置，在山东邹城工业园区开车成功，生产出符合国 Ⅵ 标准的清洁汽油产品。用 CO_2 作为原料生产汽油是一种潜在的替代化石燃料的清洁能源策略，但 CO_2 的活化与选择性转化是个难题。为了解决这一问题，中国科学院大连化学物理研究所的研究团队设计了一种高效稳定的 Na-Fe$_3$O$_4$/

HZSM-5 多功能复合催化剂，这种催化剂具有一系列优势，见表 5-3。

表 5-3　CO₂ 加氢制汽油技术的优势

优势	主要表现
催化剂成本低	主成分为铁系催化剂
汽油馏分的单程收率高	$C_5 \sim C_{11}$ 选择性高达 78%，该指标创造了同类技术的最高水平
反应条件温和	反应压力为 2.0~3.5 MPa，床层温度为 250~350 ℃，反应器造价低廉
CO₂ 消耗量大	生产 1 t 汽油和 0.5 t 轻烃，可消耗约 6 t CO₂
工艺流程简短、操作方便	工艺流程与甲醇合成相似，反应产物进行常规分馏即可得到目标产品，因此也适合甲醇、合成氨的改造以及富氢尾气的综合利用

由中国科学院大连化学物理研究所碳资源小分子与氢能利用创新特区研究组孙剑、葛庆杰和位健等组成的研究团队于 2017 年开发了 CO_2 加氢制汽油技术。该技术历经实验室小试、百克级单管评价试验、催化剂吨级放大制备、中试工艺包设计等过程，于 2020 年在山东邹城工业园区建设完成了千吨级中试装置。装置累计完成各项投资四千余万元，并陆续实现了投料试车、正式运行以及工业侧线数据优化，于 2021 年 10 月正式通过了由中国石油和化学工业联合会组织的连续 72 小时现场考核。

该技术可实现 CO_2 和氢的转化率达 95%，汽油在所有含碳产物中的选择性优于 85%，显著降低了原料氢和 CO_2 的单耗，整体工艺能耗较低，生成的汽油产品环保清洁，经第三方检测，辛烷值超过 90，馏程和组成均符合国Ⅵ标准。目前已形成具有自主知识产权的 CO_2 加氢制汽油生产成套技术，为后续万吨级工业装置的运行提供了有力支撑。而中国科学院大连化学物理研究所解决 CO_2 和氢转化成汽油的技术难题主要是靠一种特殊的催化剂——Na-Fe₃O₄/HZSM-5 多功能复合催化剂[28]（图 5-37）。

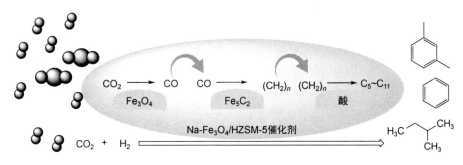

图 5-37　铁催化 CO_2 与氢气转化成烃类反应

与用甲醇制取石油相比，用 CO_2 直接制取石油不失为一个更经济且环保的选择（不含硫）。虽然反应需要氢气，但用电直接电解水不会产生任何污染。该技术不仅为 CO_2 加氢制液体燃料的研究拓展了新思路，还为间歇性可再生能源（风能、太阳能、水能等）的利用提供了新途径（图 5-38）。

二、CO₂ 转化为有机万能溶剂——二甲基甲酰胺

二甲基甲酰胺（DMF）是一种无色透明液体，沸点高、凝固点低、化学和热稳定性好，能和水及大部分有机溶剂互溶，是化学反应的常用溶剂，被称为万能溶剂：在有机反应中，

二甲基甲酰胺不但广泛用作反应的溶剂，也是有机合成的重要中间体；在医药行业中作为合成药物中间体，广泛用于制取强力霉素、可的松、磺胺类药物；在农药行业中用于合成高效低毒农药杀虫剂。

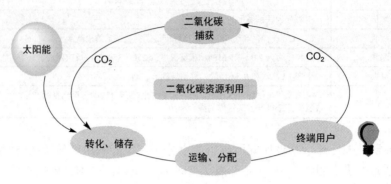

图 5-38 CO₂资源利用示意图

工业生产中通常是利用 CO 与二甲胺在强碱的催化下实现 DMF 的制备，但该方法仍然是基于不可再生的煤炭资源为原料，而且 CO 毒性较大[29]。

早在 1970 年就已有了第一例金属催化剂催化 CO₂ 转化成 DMF 的报道，迄今为止最成功和最实用的金属催化案例是丁奎岭院士团队[37]报道的研究成果：在四氢呋喃中相对较低的 CO₂ 和 H₂ 压力下，存在钳形 Ru 络合物时，可以实现高产率（图 5-39）。他们开发了一种高效的钌催化的各种伯胺和仲胺与 H₂ 和 CO₂ 的 N-甲酰化反应，从而在相对温和的反应条件下以优异的产率和选择性生产相应的甲酰胺。此外，涂涛课题组[23]通过可控调节多孔金属有机聚合物（POMP）的多孔性、金属活性中心含量及 CO₂ 吸附性能，实现了 CO₂ 到 DMF 及其衍生物的高效、高选择性转化，产物易分离，催化剂易回收利用，是目前所报道的催化效率相当于或甚至高于均相催化剂的非均相体系，且其回收利用性及稳定性完全满足工业化要求。

$$CO + H_2 + H-N\begin{matrix}CH_3\\CH_3\end{matrix} \xrightarrow{Ru催化剂} OHC-N\begin{matrix}CH_3\\CH_3\end{matrix} + H_2O$$

图 5-39 胺与 CO 反应合成 DMF

2016 年，潍焦集团与中国科学院上海有机化学所联合成立中科绿碳科技有限公司，将该所丁奎岭院士团队的 CO₂ 资源化利用科研成果进行中试转化。自该装置进行化学投料以来，累计连续运行已经超过 1200 h。经中国石油和化学工业化联合会组织的 72 h 考核结果表明，中试装置运行稳定，产品纯度高于 99.5%。2016 年 8 月 6 日，中国石油和化学工业联合会在北京组织了科技成果鉴定会。由 3 位资深院士组成的鉴定委员会一致认为"该成果属国际首创，整体技术居国际领先水平"。

全球首套千吨级中试装置的建成为 CO₂ 资源化利用开辟了新途径，与目前以一氧化碳为原料的工业化技术相比，新工艺原料成本更低且来源丰富，"三废"排放大幅减少；由于新工艺使用 CO₂ 和 H₂ 为原料，对于富余 H₂ 和 CO₂ 的行业和企业，不仅可以产生显著的经济效益，还可减少 CO₂ 排放，增加一种延长产业链和提高竞争力的选项。目前，该技术已获得国家专利，并在日本获得专利，同时在欧盟和美国申请了专利。CO₂ 为原料生产 DMF 的工艺技术，为世界首创且工业化技术先进，产品纯度高、质量优，产品标准明显优于同行业，与传统工艺相比，工艺流程短、能耗低、污染小，真正实现了 CO_2 资源化利用，可有效降低温室气体排放，从本质上做到了绿色生产，具备划时代的意义。

这是人类第一次在甲酰化领域实现 CO_2 资源化利用。该套中试装置是世界上首套将作为温室效应"罪魁祸首"的 CO_2 第一次在甲酰化领域作为资源被实现工业化而应用。目前在 DMF 生产工艺中，美国、日本以及我国上规模企业等大多采用煤炭制取的一氧化碳与二甲胺催化合成，而中科绿碳科技有限公司则是用 CO_2 与氢气、二甲胺催化合成。

三、世界首套万吨级 CO_2 加氢制备芳烃

2022 年 6 月，清华大学和久泰集团合作建设的世界首套万吨级 CO_2 加氢制芳烃工业试验项目举行开工仪式，进一步推动了 CO_2 制备高端化学品的工业路线。据悉，该项目的 CO_2 与合成气原料气来自内蒙古久泰新材料科技股份有限公司的低温甲醇洗装置，最终产品主要为芳烃及粗氢气，该项目充分利用了低温甲醇洗装置的高 CO_2 含量排放气，实现了 CO_2 的资源化利用，直接减少了碳排放。且该项目采用先进的生产技术，消耗低，"三废"排放量少，对推动产业升级具有示范性作用。

该项目结合清华大学在化石能源高效清洁利用方向卓越的研发能力和内蒙古久泰集团在煤化工领域强大的工程队伍，基于对高效金属催化剂和异相流反应工程的深入理解，开发了具有自主知识产权的流化 CO_2 一步法制芳烃成套技术，形成万吨级工业示范，为未来碳排放限制和 CO_2 高效清洁利用提供了下一代技术储备。

该项目技术具有转化效率高、高原子经济性好的特点，在碳循环技术中极具开发潜力。未来形成的万吨级工业示范将为新型煤化工的发展及煤炭的清洁利用提供一条具有前景的技术路线，且在国际竞争中取得领先，具有重要的战略意义和社会价值，是"科技兴蒙"行动的响亮名片。同时，可以部分解决我国芳烃生产对石油基原料依存度过高的问题，将为建立百万吨级煤基合成气生产芳烃装置提供可靠依据，实现煤基高端化学品（芳烃）的工业路线（图 5-40），从而与化纤服装业、芳烃基高端树脂、医药中间体等产值巨大的行业有效衔接，为产业升级拉动内需，实现以国内大循环为主体、国内国际双循环相互促进的新发展格局提供基础。

四、CO_2 与环氧化合物聚合制备 CO_2 基多元醇

CO_2 基多元醇（PCE）是一种聚碳酸酯与聚醚的无规则嵌段共聚物，常温下为无色或淡黄色黏稠液体，可广泛应用于涂料、黏合剂、密封胶和弹性体等聚氨酯产品的生产。在催化剂作用下 CO_2 基多元醇生产过程的主要副产物为碳酸丙烯酯（图 5-40），提纯后可用作化工溶剂，因此可以视为绿色化学合成工艺。

CO_2 基多元醇中的 CO_2 含量在 20%～40%，数均分子量一般为 2000～5000。CO_2 与环氧化

图 5-40 CO_2 制芳烃产业链示意图

合物调节共聚法的催化剂主要包括无机金属盐催化剂、有机金属催化剂、Salen-Co 催化剂和双金属氰化物络合催化剂（DMC）。其中 DMC 催化剂因其高稳定性、高活性及高适用性在工业应用上具有较强的优势。

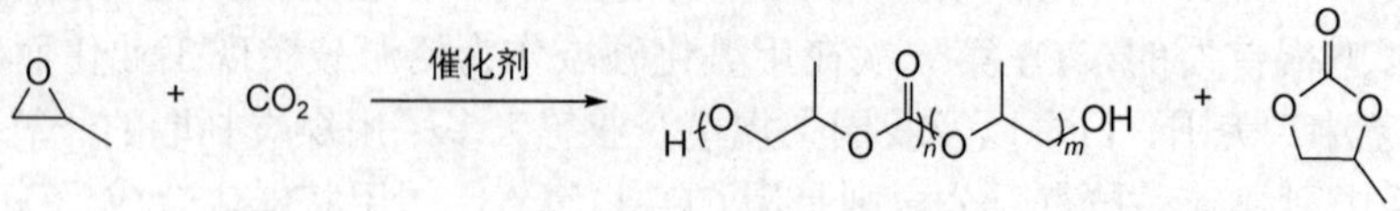

图 5-41　CO_2 与环氧化合物聚合制备 CO_2 基多元醇

江苏中科金龙环保新材料有限公司是国内最早利用 CO_2 合成聚醚聚碳酸酯多元醇的公司，其技术采用中国科学院广州化学研究所陈立班团队研发的 $Zn_3[Fe(CN)_6]_2$-DMC 催化体系。该团队报道了一种用含有 1～10 个活泼氢原子物质作为调节剂制备聚醚碳酸酯多元醇的方法，该多元醇含有的官能度与加入调节剂的官能度接近，数均分子量在 2000～20000，分子量的大小由调节剂的加入量控制，产物的碳酸酯单元含量约为 30%，但该工艺催化剂活性低（50 g/g DMC）、反应时间长（不小于 24 h）、副反应大（15%～20%小分子环状碳酸酯生成）。后来采用了活性更高的 Zn-Co-DMC 催化剂，目前多元醇产能 2 万吨，且配套 1 万吨弹性体装置，可以用于 CO_2 基多元醇聚氨酯领域产品开发和高附加值利用。

长华化学投资约 60 亿元与英国 Econic 公司合作进行 CO_2 的低温低压温和多元醇化聚合技术开发，在所有规划项目中产能最高，但大部分产能集中于未来二期工程，项目仍处于起步阶段，处于中试建设期，产能释放需要时间。

2019 年 8 月底，广东工业大学刘保华教授主持的"利用 CO_2 制备高性能聚碳酸酯多元醇"项目在惠州大亚湾达志精细化工有限公司正式投入商业化运营，该装置一期设计产能年产 4 万吨高性能聚碳酸酯多元醇，计划在 2022 年提升至年产 10 万吨。装置利用壳牌惠州炼厂尾废 CO_2 气体，经提纯精制后和环氧丙烷共聚生产高性能聚醚聚碳酸酯多元醇，性能优良，成本远低于己二醇型聚碳酸酯二醇（PCDL）和聚四氢呋喃二醇（PTMEG）。

由普力材料投资建设的年产 30 万吨 CO_2 多元醇项目于 2023 年 10 月在安徽（淮南）现代煤化工产业园内正式开工。建成后将成为全国首个大规模 CO_2 多元醇生产基地。同时联合园区内多家企业共同打造 CCUS 示范基地，实现 CO_2 排放、捕集、利用、储存的全产业链整合。据介绍，普力材料所生产的 CO_2 多元醇中 CO_2 质量分数可高达 30%。这意味着每吨 CO_2 多元醇中可以固定 0.3 吨 CO_2，同时减少使用 30%石油基原料，并降低了该部分原料的原料成本和高额碳足迹。

除此之外，德国科思创与亚琛工业大学在催化剂领域进行合作，已经实现了年产 5000 吨的产线建设，所产多元醇 CO_2 含量最高 20%，目前以商品名 Cardyon 进行销售，相关产品已应用于汽车内饰、地坪胶黏剂和热塑性弹性体鞋垫。CO_2 多元醇作为化工的关键中间体，对标聚酯多元醇、聚醚多元醇千万吨需求量，且具有绿色减碳概念，未来市场替代空间广阔，值得关注。

习题

1. 下列有机溶剂被称为万能溶剂的是（　　　）。

A. 乙醇　　　　　B. 氯仿　　　　　　C. 乙腈　　　　　D. N,N-二甲基甲酰胺

2. 下列金属试剂是格氏试剂的是（　　）。

A. CH₃Li　　　　　B. (CH₃)₂CuLi　　　C. PhCH₂MgBr　　　D. PhLi

3. 完成下列化学反应。

$$\text{（苯溴）} \xrightarrow[\text{THF}]{\text{Mg}} (\qquad) \xrightarrow[\text{HCl}]{\text{CO}_2} (\qquad)$$

4. 水煤气的主要成分是什么？写出工业上制备水煤气的化学方程式。

5. 下列金属属于贵金属的是（　　）。

A. Pt　　　　　B. Co　　　　　C. Cu　　　　　D. Ni

参考文献

[1] Shi M, Nicholas M K. Palladium-catalyzed carboxylation of allyl stannanes[J]. Journal of the American Chemical Society, 1997, 119 (21): 5057-5058.

[2] Stephen H, R J V D, Xue Y F, et al.Total synthesis and structural confirmation of chlorodysinosin A[J]. Journal of the American Chemical Society, 2006,128(32): 10491-10495.

[3] Huang C J, Wu Z X, Hu L, et al. CO₂ hydrogenation to methanol over PdZnZr solid solution: effects of the PdZn alloy and oxygen vacancy [J]. ACS Applied Energy Materials, 2021, 4 (9): 9258-9266.

[4] Yan B H, Yao S Y, Kattel S, et al. Active sites for tandem reactions of CO₂ reduction and ethane dehydrogenation [J]. Proceedings of the National Academy of Sciences of the United States of America, 2018(115): 8278.

[5] Wang J, Song Y H, Liu Z T, et al. Active and selective nature of supported CrOₓ for the oxidative dehydrogenation of propane with carbon dioxide [J]. Applied Catalysis B: Environmental 2021(297): 120400.

[6] Li Z L, Wu W L, Wang M L, et al. Ambient-pressure hydrogenation of CO₂ into long-chain olefins [J]. Nature Communications, 2022(13): 2396.

[7] Caparrós F, Soler L, Rossell D, et al. Remarkable carbon dioxide hydrogenation to ethanol on a palladium/iron oxide single-atom catalyst [J]. ChemCatChem, 2018, 10(11): 2365-2369.

[8] Kothandaraman J, Heldebrant J D. Catalytic coproduction of methanol and glycol in one pot from epoxide, CO₂ and H₂ [J]. Rsc Advances, 2020, 10(69): 42557-42563.

[9] He T, Ni B, Xu X B, et al. Competitive coordination strategy to finely tune pore environment of zirconium-based metal-organic frameworks [J]. ACS Applied Materials Interfaces, 2017, 9(27): 22732-22738.

[10] Zhang X H, Shen C R, Xia C G, et al. Alkoxycarbonylation of olefins with carbon dioxide by a reusable heterobimetallic ruthenium-cobalt catalytic system [J]. Green Chemistry, 2018(20): 5533.

[11] Zhang Q, Yuan H Y, Fukaya N. Alkali metal salt as catalyst for direct synthesis of carbamate from carbon dioxide [J]. ACS Sustainable Chemistry Engineering, 2018, 6(5): 6675-6681.

[12] Li X D, Lang X D, Song Q W, et al. Cu(Ⅰ)-catalyzed three-component reaction of propargylic alcohol, secondary amines and atmospheric CO₂[J]. Chinese Journal of Organic Chemistry, 2016(36): 744-751.

[13] Sasano K, Takaya J, Iwasawa N. Palladium(Ⅱ)-catalyzed direct carboxylation of alkenyl C—H bonds with CO₂[J]. Journal of the American Chemical Society, 2013(135): 10954.

[14] Greenhalgh D M, Thomas P S. Iron-catalyzed, highly regioselective synthesis of α-aryl carboxylic acids from styrene derivatives and CO₂ [J]. Journal of the American Chemical Society, 2012, 134 (29):11900.

[15] Williams M C, JohnsonB J, Rovis T. Nickel-catalyzed reductive carboxylation of styrenes using CO₂ [J]. Journal of the American Chemical Society, 2008, 130(45): 14936.

[16] Juhl Martin, Simon L R, Laursen, et al. Copper-catalyzed carboxylation of hydroborated disubstituted alkenes and terminal alkynes with cesium fluoride [J]. ACS Catalysis, 2017, 7 (2): 1392-1396.

[17] Miao B, Li S H, Li G, et al. Cyclic anti-azacarboxylation of 2-alkynylanilines with carbon dioxide[J]. Organic Letters, 2016(18): 2556.

[18] Zhang W Z, Yang M W, Lu X B, et al. Double carboxylation of O-alkynyl acetophenone with carbon dioxide[J]. Organic Chemistry Frontiers, 2016(3): 217.

[19] Cheng D Y, Wang M, Ding M, et al. Catalytic synthesis of formamides by integrating CO_2 capture and morpholine formylation on supported iridium catalyst [J]. Angewandte Chemie International Edition, 2022(61): e202202654.

[20] Dai X C, Li T, Wang B, et al. Tailoring active Cu_2O/copper interface sites for N-formylation of aliphatic primary amines with CO_2/H_2 [J]. Angewandte Chemie International Edition, 2023, 62 (21): e202217380.

[21] Zhang Z, Liao L L, Yu D G, et al. Lactamization of sp^2 C—H bonds with CO_2: transition-metal-free and redox-neutral[J]., Angewandte Chemie International Edition, 2016(55): 7068.

[22] Sun S, Hu W M, Gu N, et al. Palladium-catalyzed multi-component reactions of N-tosylhydrazones, 2-iodoanilines and CO_2 towards 4-aryl-2-quinolinones [J]. Chemistry-A European Journal, 2016(22): 18729.

[23] Garcia-Dominguez P, Fehr L, Rusconi G, et al. Palladium-catalyzed incorporation of atmospheric CO_2: efficient synthesis of functionalized oxazolidinones[J]. Chemical Science, 2016, 7(6): 3914-3918.

[24] Ye J H, Song L, Yu D G, et al. Selective oxytrifluoromethylation of allylamines with CO_2[J]., Angewandte Chemie International Edition, 2016(55): 10022.

[25] Li X T, Benet-Buchholz J, Escudero-Adàn C E, et al. Silver-mediated cascade synthesis of functionalized 1,4-dihydro-2H-benzo-1,3-oxazin-2-ones from carbon dioxide[J]., Angewandte Chemie International Edition, 2023(62): e202217803.

[26] Guo Z Q, Zhang B, Wei X H, et al. Reduction of CO_2 into methylene coupled with the formation of C—S bonds under $NaBH_4$/I_2 system[J]. Organic Letters, 2018, 20(21): 6678-6681.

[27] Guo Z Q, Zhang B, Wei X T, et al. 1,4-dioxane-tuned catalyst-free methylation of amines by CO_2 and $NaBH_4$[J]. ChemSusChem, 2018(11): 2296–2299.

[28] Wei J, Ge Q J, Yao R W, et al. Directly converting CO_2 into a gasoline fuel [J]. Nature Communications, 2017(8): 15174.

[29] Zhang L, Han Z B, Zhao X Y, et al. Highly efficient ruthenium-catalyzed N-formylation of amines with H_2 and CO_2 [J]. Angewandte Chemie International Edition, 2015(54): 6186-6189.

第六章
有机小分子催化实现碳中和

有机小分子催化 CO_2 化学转化制备能源产品和化学品是 CO_2 资源化利用的重要途径。与传统催化化学相比，有机小分子催化 CO_2 转化有诸多优势，如：有机小分子大多对水、氧不敏感，反应条件温和且无须特殊存储及操作条件；来源广泛且适合小试到工业化的应用；通常无毒且对环境友好，符合绿色化学的要求。本章将通过有机小分子催化剂催化 CO_2 进行各种转化，讨论合成路径及产物的稳定性，并研究其相关反应机理，探究有机小分子催化助力实现碳中和的相关应用及发展前景。

第一节　有机小分子催化概述

一、有机小分子催化剂概况

有机小分子催化剂通常由较小的有机化合物组成，具有良好的催化活性和选择性。有机小分子催化在合成化学、材料科学、环境科学、生物科学等领域有许多应用[1-3]。在有机合成中，有机小分子催化剂可以用于合成药物、精细化学品和有机材料等；在材料科学中，有机小分子催化剂可以用于合成纳米材料、制备光伏材料和催化剂载体等；在环境科学中，有机小分子催化剂可以用于废水处理、大气污染治理等，例如汽车尾气中的有害气体（如一氧化碳、氮氧化物等）可以通过催化转化为无害的物质，减少对环境的污染。

另外，有机小分子催化剂还可以用于选择性催化反应，例如不对称合成和环化反应[4,5]。不对称催化反应主要有金属有机络合物催化、酶催化及手性有机小分子催化三种方式。其中，早在 1912 年，Bredig 和 Fiske 就首次报道了有机小分子奎宁和奎尼丁催化的氢氰酸（HCN）和苯甲醛的不对称加成反应，由于反应效果不好，加之金属有机络合物催化和酶催化发展迅猛，此后近百年里有机小分子催化均未得到化学界重视。直到 2000 年，List 课题组[6]报道了 L-脯氨酸催化的丙酮与醛的分子间不对称 Aldol 反应，同时 MacMillan 课题组[7]报道了手性咪唑啉酮催化的不对称 Diels-Alder 反应，有机小分子催化才走进化学家们的视野并得到了深入的研究。有机小分子催化具有反应条件温和、绿色环保等优点，在过去二十年间已快速发展成为不对称催化的一个十分重要的新方向。为表彰德国化学家 Benjamin List 和美国化学家 David MacMillan 在"不对称有机催化方面的发展"的贡献，授予了他们 2021 年诺贝尔化学奖，以彰显其在有机小分子催化领域做出的开创性贡献。

二、有机小分子催化体系与碳中和

目前解决 CO_2 过度排放的一种重要策略是将它重新转化为含碳化合物，这样不仅可以减缓温室效应，还能将其作为化学合成中重要的原料进行相关反应[8]。但 CO_2 自身特有的热力学和动力学稳定性使得必须对其进行活化才能实现高效的转化。多数 CO_2 转化反应是通过催化剂催化来实现的，如 CO_2 可通过与金属原子形成配位化合物或与富电子试剂反应成键实现活化。其中，研究最多的催化体系为过渡金属催化体系，虽然过渡金属催化剂能够高效地催化相关反应，但是同时也存在成本高、对反应条件要求苛刻、容易造成金属残留等问题。而有机小分子催化体系则没有上述缺陷，故在 CO_2 化学转化反应领域受到了越来越多的关注。

有机小分子催化剂主要通过各种方式与反应底物相结合，进而诱导反应物生成新的反应活性中心，主要的催化方式包括烯胺催化、亚胺正离子催化、氢键活化、卡宾催化、手性相转移催化、卤键催化等。研究表明，一系列有机小分子试剂，如有机胺、有机膦、CO_2 加合物（氮杂环卡宾等）等均可应用于 CO_2 的催化加成反应。

（一）有机胺催化体系

根据与氮原子相连氢原子个数的不同，有机胺类化合物通常可以分为伯胺、仲胺和叔胺。由于这些含氮有机小分子具有一定的碱性，而 CO_2 是一种酸性气体，所以含氮有机小分子可以作用于 CO_2 使其活化，只是活化的方式有所区别。伯胺和仲胺的分子中都含有 N—H 键，CO_2 容易插入 N—H 中而形成氨基甲酸中间体 **6-1**，然后化合物 **6-1** 很快与另外一分子伯胺或仲胺反应生成相应的氨基甲酸盐化合物 **6-2**[图 6-1（a）]。该过程是两分子胺固定一分子 CO_2，相对于胺分子中氮原子作为一个活性点而言，CO_2 的固定效率理论值只有 0.5，固定效率较低。近几年人们也通过合理的结构设计而得到相对稳定的氨基甲酸化合物，从而实现了对 CO_2 等量固定。值得注意的是，在工业上醇胺溶液广泛应用于工业废气及天然气中 CO_2 的吸收[图 6-1（b）]。

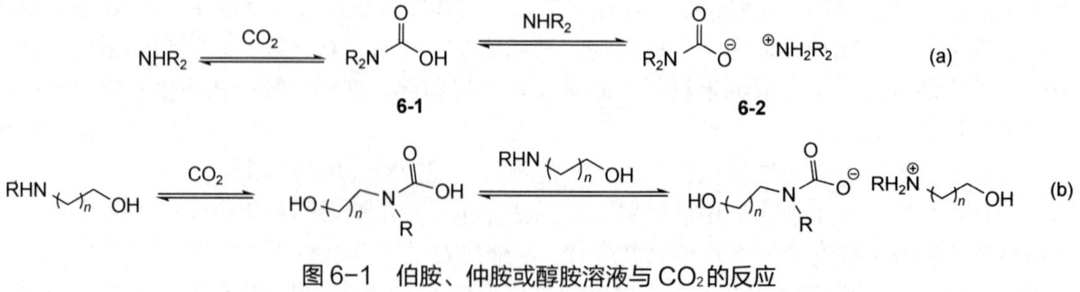

图 6-1　伯胺、仲胺或醇胺溶液与 CO_2 的反应

叔胺化合物中的氮原子上没有活泼氢原子，不能像伯胺或仲胺那样容易与 CO_2 发生反应，然而氮原子上的一对孤对电子使叔胺表现出较强的碱性与亲核性，可以进攻 CO_2 分子中心碳原子而形成相应的 $R_3N\text{-}CO_2$ 加合物，如图 6-2 所示。目前叔胺化合物对 CO_2 的固定研究主要集中在脒或胍类等大环有机碱。

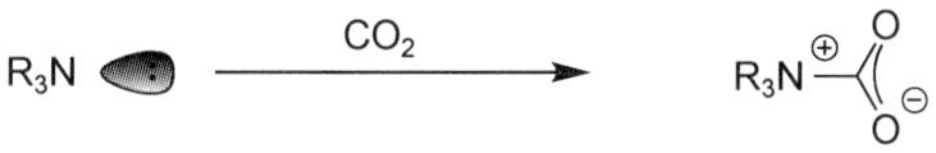

R_3N
CO_2
R_3N
O
O

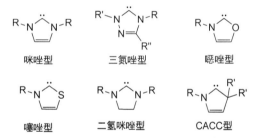

图 6-2　叔胺与 CO_2 反应

（二）氮杂环卡宾催化体系

1991 年，Arduengo 和 Bertrand 等首次使用 1,3-二（1-金刚烷基）咪唑盐为原料，在氢化钠作用下，成功分离得到了具有大位阻金刚烷取代稳定的氮杂环卡宾（NHC）[9]（图 6-3），随后氮杂环卡宾化合物在有机合成领域中得到了广泛的关注与应用。

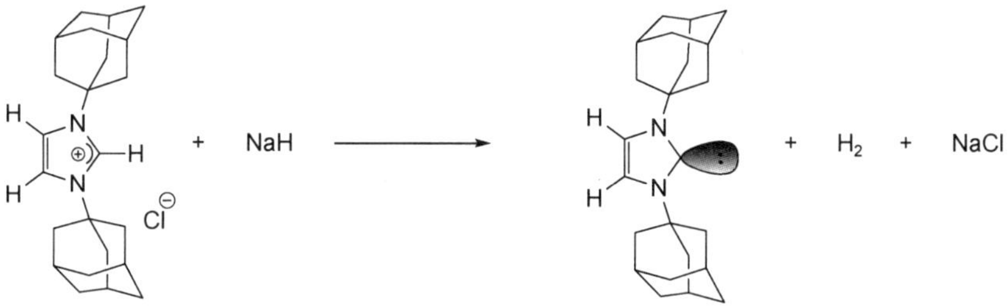

H
N
H
H
N
Cl
NaH
H
N
H
N
H_2
NaCl

图 6-3　氮杂环卡宾的合成

在氮杂环卡宾的结构中，环上含有一个卡宾碳，且含有至少一个 α-氮原子，中心碳原子采用 sp^2 杂化，两个未成键电子位于同一个 sp^2 杂化轨道，形成孤对电子。未参与杂化的 p 轨道垂直于三个 sp^2 杂化轨道构成的平面，未被电子占据，是空轨道。氮原子电负性较大，对其相连的卡宾碳原子上的孤对电子具有吸电子诱导效应；同时，氮原子上的孤对电子对碳原子的空 p 轨道具有给电子共轭效应。这使氮杂环卡宾不仅能够作为亲核性有机催化剂很好地催化有机反应，还能够作为配体络合不同金属参与反应。不同种类典型氮杂环卡宾如图 6-4 所示。

咪唑型
三氮唑型
噁唑型
噻唑型
二氢咪唑型
CACC型

图 6-4　不同种类典型氮杂环卡宾结构

氮杂环卡宾的中心碳原子为六电子缺电子体系，却表现出较强的亲核性与供电子能力，这激起了化学家们的极大兴趣去研究和测定氮杂环卡宾的碱性。Alder 课题组[10]在 1995 年通过氮杂环卡宾与具有活泼 C—H 键化合物茚或芴之间的反应对其碱性进行了研究。经过核磁跟踪发现：1,3-二异丙基-4,5-二甲基咪唑-2-卡宾（**6-3**）与茚（pK_a = 20.1）相互作用可以完全脱去一个氢原子而生成相应的阴离子［图 6-5（a）］。而芴（pK_a=22.9）和 2,3-苯并芴（pK_a=23.5）与卡宾 **6-3** 混合后只能部分脱除氢原子而转化为相应的阴离子［图 6-5（b）］。相反，9-苯基氧杂蒽（pK_a = 27.7）和三苯甲烷（pK_a = 30.5）却没有发生 C—H 键的断裂，由此推断卡宾 **6-3** 的 pK_a 约为 24，其碱性要明显强于氮杂环胍或脒类化合物，如 1,8-二氮杂双环[5.4.0]十一碳-7-烯（DBU）、1,5-二氮杂双环[4.3.0]壬-5-烯（DBN）和 7-甲基-1,5,7-三氮杂二环[4.4.0]癸-5-烯（MTBD）等。

尽管卡宾的强供电性与亲核性很早被人们所认知，可能具有潜在固定活化 CO_2 的能力，然而直到 1999 年，Kuhn 等[11]才首次直接通过游离卡宾与 CO_2 反应合成出 NHC-CO_2 加合物（图 6-6），但并没有对加合物的合成细节进行报道。

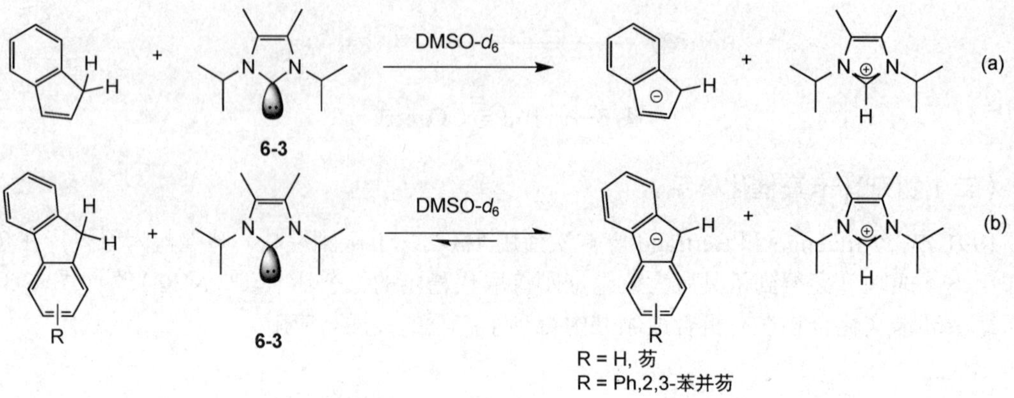

图 6-5　卡宾与茚、芴或 2,3-苯并芴反应脱质子

2004 年，Louie 等[12]使用相似的方法合成了 NHC-CO$_2$ 加合物 **6-5**（图 6-7）。该合成方法的优点是通过原位生成氮杂环卡宾与 CO$_2$ 直接反应，可以避免分离氮杂环卡宾造成的困难。单晶结构分析发现，加合物 **6-5** 结构中 O—C—O 键角约为 130°，与直线形基态的 CO$_2$ 不同，而与 CO$_2$ 激发态 2A$_1$ 的理论计算值 137° 相接近，由此可见在加合物 **6-5** 中 CO$_2$ 处于活化状态。

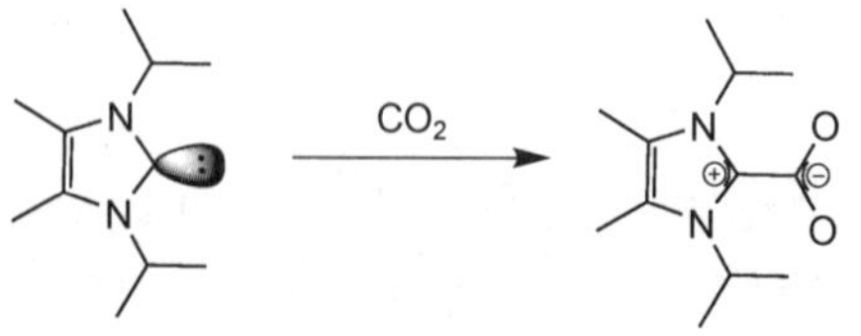

图 6-6　氮杂环卡宾对 CO$_2$ 的活化固定 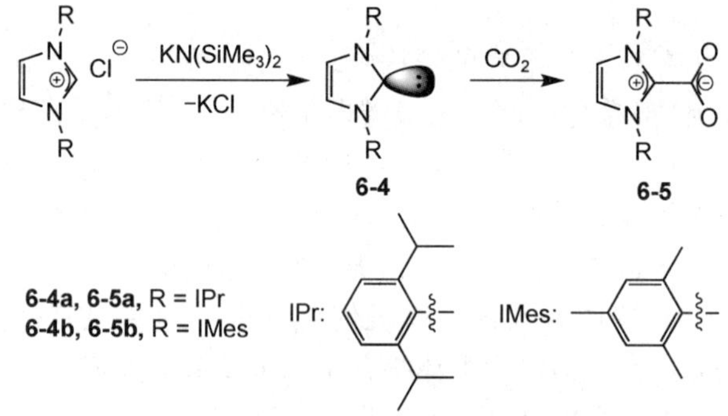　　　　图 6-7　NHC-CO$_2$ 加合物的合成

大多数氮杂环卡宾活化与固定 CO$_2$ 的活性点主要集中在氮杂环的 2 位碳上，而通常将活性点在 4 位或 5 位碳上的氮杂环卡宾称作异常的氮杂环卡宾（aNHC）。aNHC 与氮杂环卡宾相比，供电子能力与亲核性更强，然而它们对 CO$_2$ 活化固定的报道目前比较少。2009 年 Bertrand课题组[13]报道了以 2,4-二苯基取代的咪唑盐为原料，在强碱双（三甲基硅烷基）氨基钾作用下生成 aNHC **6-6**（图 6-8），其与 CO$_2$ 反应可以得到 aNHC-CO$_2$ 加合物 **6-7**。同时 **6-6** 在常温惰性气体保护下能够稳定存在几天，而当加热至 50 ℃时，卡宾 **6-6** 会发生自身重排而生成化合物 **6-8**。

（三）受阻的路易斯酸碱对体系

早在 1923 年，化学家 Lewis 就提出了经典的路易斯酸碱理论，该理论不但扩展了酸和碱的种类，而且能够较好地解释主族过渡元素涉及的酸碱反应机理。一般而言，经典的 Lewis 酸和碱相互作用时，两者彼此通过配位键而形成稳定的 Lewis 酸碱加合物。1959 年，Witig 和 Benz[14]发现邻氟溴苯在镁的作用下与三苯基膦和三苯基硼反应时可形成邻苯基桥连的膦-硼（P/B）化合物，然而三苯基膦与三苯基硼并没有形成 Lewis 加合物。随后 50 年里人们也陆续发现位阻型的 Lewis 酸碱对发生一些特殊反应而没有形成加合物。直到最近 Stephan 等的研究表明，Lewis 酸和碱由于存在较大位阻而不能形成相应的加合物，分别保留了自身的酸碱性，这一体系被成功应用到氢气的活化[15,16]。Stephan 等将这一新颖的体系称为受阻的路易斯酸碱对（frustrated Lewis pairs，FLP）[17]。正是这一体系的报道掀起了人们对非金属 FLP 体系在 H_2 及 CO_2 等小分子活化方面的研究热潮。

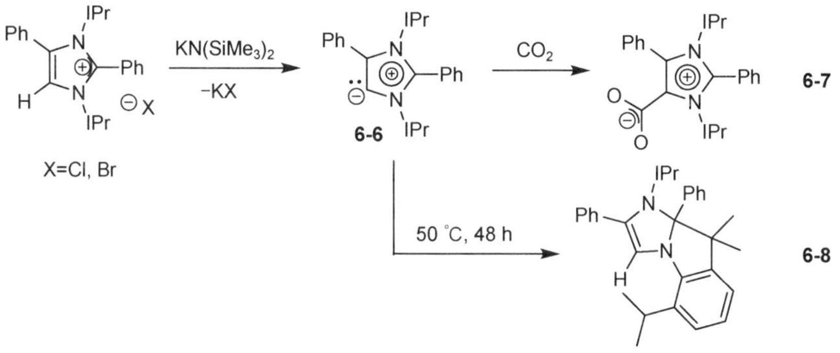

图 6-8　aNHC-CO_2 加合物的合成

1. P/B 体系固定活化 CO_2 及其转化的研究

2009 年，Stephan 和 Erker 等[18]首次报道了两种不同类型受阻的路易斯酸碱对：一种是作用于分子间的［图 6-9（a）］，另一种是作用于分子内的［图 6-9（b）］。作用于分子间时，路易斯酸碱对 **6-9** 可以有效地对 CO_2 进行固定得到加合物 **6-10**。当处于真空状态并加热至 80 ℃时，化合物 **6-10** 分解释放 CO_2。同样分子内的路易斯酸碱对 **6-11** 也可以有效地活化 CO_2，得到六元环加合物 **6-12**。加合物 **6-12** 的稳定性不如加合物 **6-10**，尽管加合物 **6-12** 在固态能够稳定存在，然而在二氯甲烷中，–20 ℃就会释放出 CO_2。

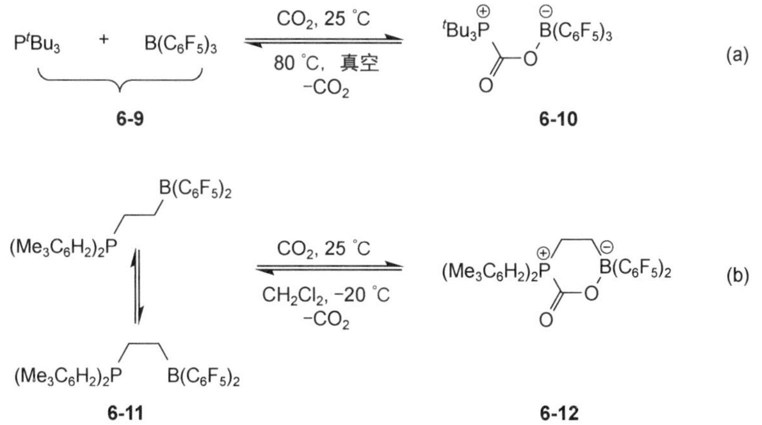

图 6-9　膦–硼路易斯酸碱对可逆捕获与释放 CO_2

在由 P/B 组成的 FLP 体系对 CO_2 固定的基础上，该课题组[19]通过改变中心膦或硼原子的取代基，同样得到类似的固定活化 CO_2 的效果，如图 6-10 所示。实验结果表明：加合物 **6-13** 和 **6-14** 热稳定性相对较差，在室温的二氯甲烷溶液中就能分解释放出 CO_2。这些研究工作的报道极大地启发了人们通过合理的结构设计来合成其他 P/B 体系，以实现对 CO_2 有效的固定。

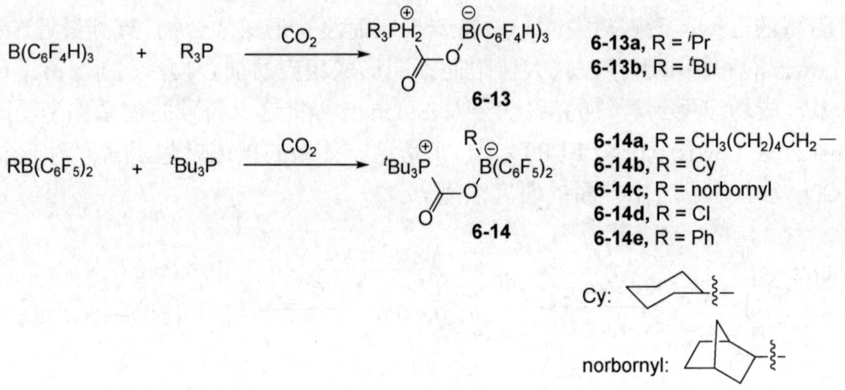

图 6-10 CO₂ 与不同的 FLP 体系反应

为了得到热稳定性较好的由 P/B 组成的 FLP 与 CO_2 形成的加合物，Stephan 课题组[20]使用新颖的双硼 FLP 体系来活化固定 CO_2。因为双硼 FLP 试剂与 CO_2 可以通过两个 B—O 键作用而形成一个环状结构，这样就可以达到稳定固定 CO_2 的目的。基于此，该课题组考察了双硼试剂 **6-15** 与三叔丁基膦组成新颖的 FLP 体系对 CO_2 的捕获 [图 6-11（a）]。在 1atm CO_2 和常温条件下，通过核磁能够检测到其与 CO_2 反应并得到了 CO_2 加合物。然而，当通入 N_2 清洗该反应体系时，CO_2 加合物 **6-16** 分解重新生成上述 FLP 体系。尽管该课题组试图努力去分离加合物 **6-16**，却没有成功，不过在低温及 CO_2 的存在下可得到加合物 **6-16** 的单晶。经过单晶结构分析可知：加合物 **6-16** 中只有一个硼原子与 CO_2 的氧原子结合，并非设想的环状结构。可能是由于空间位阻的影响而使得 B—O—B 的键角 [139.5(2)°] 太大，阻止了两个硼原子与 CO_2 的两个氧原子之间的结合。为了减小 B—O—B 键角而有利于硼与氧的成键，该课题组通过 sp^2 杂化的具有构型限制的双键桥连结构将两个硼原子连接起来，设计了两个特殊结构的双硼试剂 [图 6-11（b）和图 6-11（c）]。双硼试剂 **6-17** 和 **6-19** 都可以与三叔丁基膦组成 FLP 体系，从而实现对 CO_2 的固定，分别得到了加合物 **6-18** 和 **6-20**，而且通过单晶表征确认了这两个加合物都是通过 CO_2 上两个氧原子与两个硼原子结合而形成的六元环状结构。在通过变温核磁跟踪考察加合物 **6-18** 和 **6-20** 在氘代二氯甲烷溶液中的稳定性时发现，这两种加合

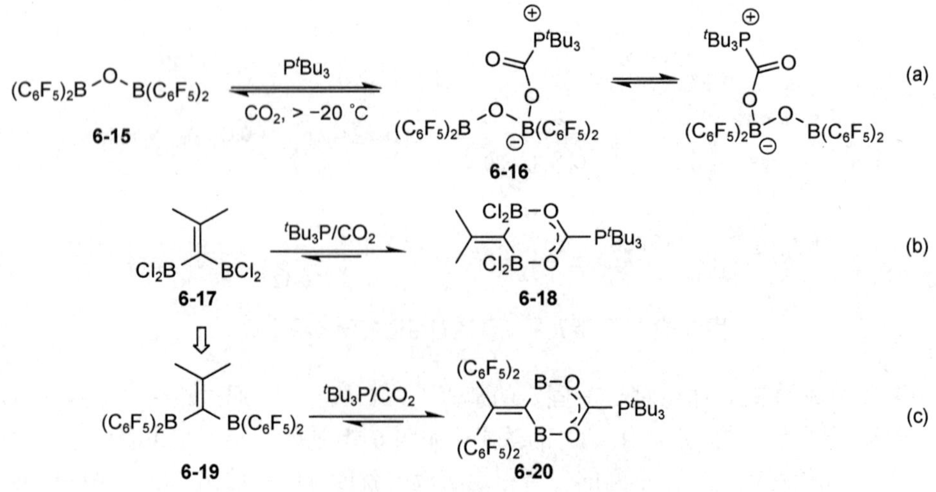

图 6-11 双硼 FLP 体系与 CO_2 的反应

物在 15 ℃时就分解释放出 CO_2。

2. N/B 体系固定活化 CO_2 及其转化的研究

2010 年，Stephan 等[21]首先通过硼氢化反应合成了硼脒类化合物 **6-21**，尽管该化合物被核磁以及单晶衍射证实为四元环结构，但是由于大位阻取代基的作用使得该四元环存在一定的环张力。在 CO_2 及碳二亚胺存在下，该酸碱对断开一个 B—N 键与 C=O 或 C=N 双键结合而形成六元环化合物 **6-22** 和 **6-23**，这是一个典型的无明显 FLP 体系特征而在反应中表现出 FLP 的性质的 CO_2 固定活化案例。

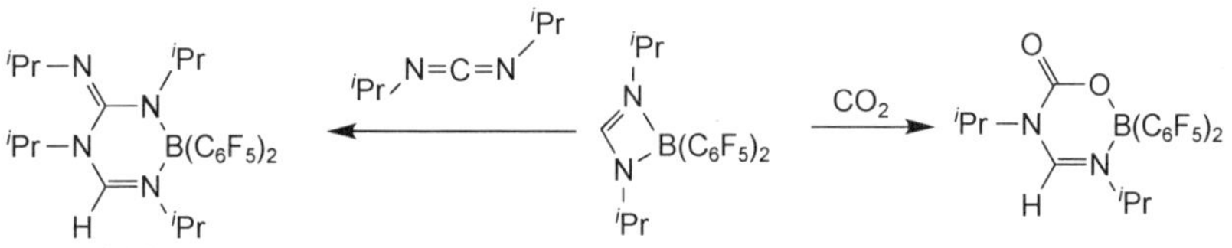

图 6-12　碳二亚胺、CO_2 与硼脒类化合物的反应

2012 年，Tamm 等[22]通过合理结构设计合成了分子内的吡唑-硼化合物 **6-24**，如图 6-13 所示，该 FLP 体系能够固定活化 CO_2 及其他小分子（如 H_2）。加合物 **6-26** 结构被单晶衍射表征，进一步确认此结构为近乎共平面的双环结构。此外，对 CO_2 加合物热稳定性的研究表明，在高温真空下不会发生 CO_2 的分解。DFT 计算表明 CO_2 固定过程是一个强烈的放热过程，得到的产物高度稳定。

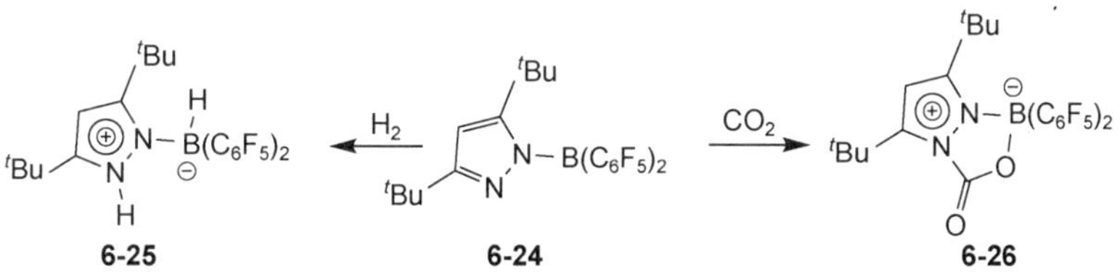

图 6-13　吡唑-硼类 FLP 体系固定活化 CO_2 与 H_2

3. N/P 体系固定活化 CO_2 及其转化的研究

之前报道的 FLP 体系的路易斯酸中心主要集中在硼原子上，通常磷原子被用作路易斯碱中心。Stephan 课题组[23]报道了新颖的 N/P 组成的 FLP 体系，是第一个磷原子作为路易斯酸中心的 FLP 体系。如图 6-14 所示，分别使用氨基膦 **6-27** 与二氨基膦 **6-30** 为原料，在叔丁基锂的作用下，得到了罕见的五配位膦化合物 **6-28** 和 **6-31**。它们中 N—P 的键长较正常的 N—P 键长要长，由于存在环张力，在 CO_2 氛围下可以快速捕获一分子或者两分子 CO_2 而得到相应的 CO_2 加合物 **6-29** 和 **6-32**。其中，加合物 **6-29** 具有较高的热稳定性，在甲苯中加热 120 ℃持续 1 h 后没有发现其分解。该研究扩展了 FLP 体系的路易斯酸中心。

（四）其他有机催化体系

2013 年，加拿大多伦多大学宋大同教授课题组[24]报道了 4,5-二氮芴 **6-33** 与碘甲烷经过季铵化得到化合物 **6-34**（图 6-15）。由于化合物 **6-34** 中的一个吡啶环被季铵化后具有强的吸电子效应使得环戊烯上碳-氢键酸性增强，所以化合物 **6-34** 容易与叔丁醇钾反应而制得内盐 **6-35**，其结构已被 X 射线单晶衍射所证实，同时该化合物存在共振结构 **6-36**。在 0 ℃的条件下，向化合物 **6-35** 中通入 CO_2 后可以快速捕获 CO_2 而得到相应的羧酸类化合物 **6-37**。此外，在研究化合物 **6-37** 的热稳定性时发现：室温条件下放置过夜，通过核磁跟踪发现 1/3 的化合物 **6-37** 通过脱羧释放 CO_2 而重新生成化合物 **6-35**；当温度升高至 50 ℃时，化合物 **6-37** 几乎在 10 min 内完全脱羧；当重新冷却至 0 ℃后，又检测到 CO_2 被重新捕获，这是首次报道有机小分子通过远程控制同时实现碳-氢活化与 CO_2 捕获。

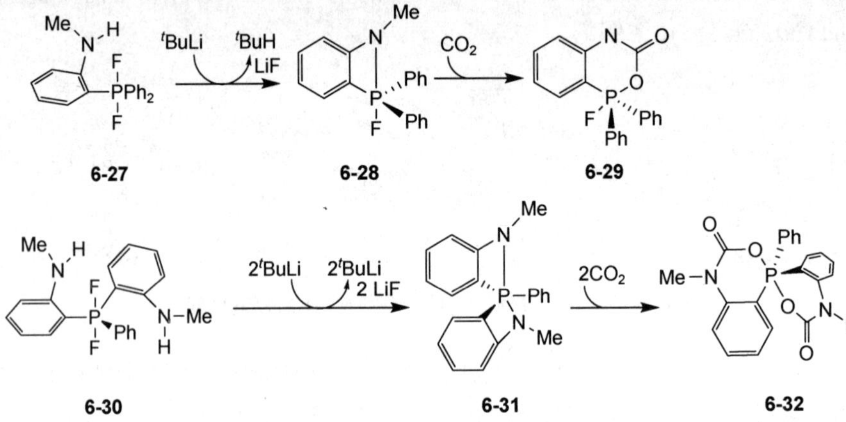

图 6-14　N/P FLP 体系与 CO_2 的反应

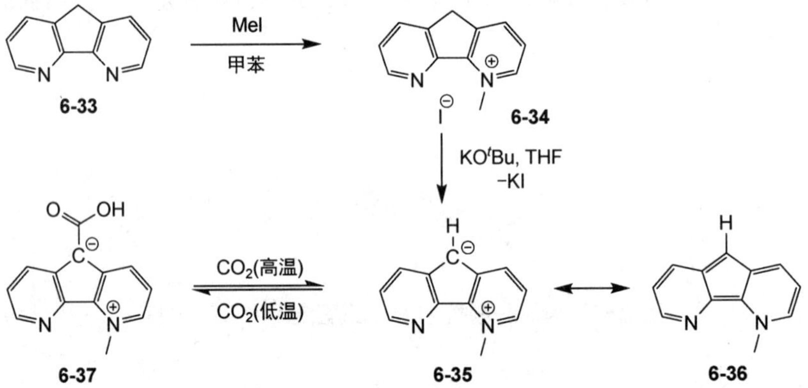

图 6-15　内盐化合物固定 CO_2 合成羧酸类化合物

　　除了上述有机小分子外，脯氨酸作为常见的氨基酸，也是一种非常重要的有机小分子催化剂。与核酸、糖类等有机物相比，脯氨酸具有较小的分子量和较好的水溶性，这使得它在生物催化和化学催化中都具有重要的应用价值。

第二节　典型有机小分子催化促进碳中和

一、有机小分子催化制备醇类化合物

　　甲醇是一种重要的基础有机化工原料和大吨位的化工产品，是 C_1 化学的基础物质，又是一种很有发展前途的新型环保清洁优质燃料，可以用作潜在的车用醇醚燃料和燃料电池燃料，并且由甲醇原料出发合成的下游加工产品种类繁多、市场活跃、效益显著，其中用于生产汽油、甲基叔丁基醚、二甲醚、甲醛、甲酸甲酯、丙烯酸甲酯以及乙醇等的工艺过程日益受到重视。甲醇可以经过生物发酵生成甲醇蛋白以用作饲料添加剂，还可以用作甲醇植物生长促进剂等。因此，甲醇作为一种基本有机化工产品和环保动力型燃料具有广阔的应用前景。CO_2 催化加氢合成甲醇是 CO_2 的化学固定方法之一，是合理利用 CO_2 的有效途径。甲醇工业发展潜力较大，CO_2 催化加氢是甲醇合成路线的研究热点及合理利用 CO_2 的有效途径之一，具有良好的发展前景，同时，对解决日益严重的环境问题及能源问题也有着十分重要的意义。

2009 年，新加坡生物工程与纳米技术研究所 Jackie Y. Ying 教授团队[25]在温和的条件下，以稳定的氮杂环卡宾作为催化剂，使用硅烷还原 CO_2 成功制备了甲醇。其中，干燥空气可作为原料，氮杂环卡宾比过渡金属催化剂显示出了更有效的催化效率，这种方法为化学法激活和固定 CO_2 提供了一种非常有前景的方案。

其反应机理如图 6-16 所示，亲核性氮杂环卡宾会激活 CO_2 形成咪唑羧酸盐 **6-38**。虽然硅-氢键也可能被游离卡宾激活，但是加合物对硅烷的反应性更强。咪唑羧酸盐的羧基部分会进攻带有正电的硅烷中心硅原子，并促进氢化物转移形成甲氧基硅烷 **6-39** 和 **6-40**。甲氧基硅烷 **6-40** 是催化循环中的关键中间体，在 NHC 催化剂存在下会与其他游离氢硅烷反应，提供中间体（**6-41**、**6-42**、**6-43**）和最终甲醇产物 $Ph_2Si-(OMe)_2$、$[(Ph_2(MeO)SiO-]_n$（**6-44** 和 **6-45**）。该催化循环将持续到作为氢化物供体的氢硅烷耗尽。

2017 年，湖南工程学院谭正德教授团队[26]选用噻唑氮杂环卡宾催化剂，利用硅烷还原 CO_2，水解、中和得到甲醇，探讨了最佳工艺条件、产率，对产物进行了定性与定量测试，随后用红外光谱对产物进行了表征，并用反应的化学计量关系对产率进行了计算。结果表明：在同样工艺条件下，噻唑氮杂环卡宾与咪唑氮杂环卡宾催化 CO_2 合成甲醇，在产率与环境效益方面明显高于掺杂过渡金属的咪唑氮杂环卡宾，而考虑到经济效益与产率，噻唑氮杂环卡宾的催化效果最好。只要在反应过程中不断补充 CO_2 与二苯基硅烷，反应就可以持续不断地进行。

在探索双硼试剂组成的 FLP 体系活化固定 CO_2 的基础上，2012 年 Stephan 课题组[27]又报道了双硼试剂 **6-46** 与三叔丁基膦组成的酸碱对体系，尽管两者混合在一起有形成经典路易斯酸碱加合物 **6-47** 的趋势，然而向该体系通入 CO_2 后会形成稳定的 CO_2 加合物 **6-48**。加合物 **6-48** 经核磁表征为对称结构，但 X 射线单晶衍射表征却具有不对称结构，可能是两者在溶液中互变异构进行得比较快而造成的。此外，加合物 **6-48** 的热稳定性非常好，在溶液中加热 80 ℃ 的情况下，也没有观察到 CO_2 的释放。可能是由于在两个硼原子之间桥连氯原子的吸电子效应使得硼原子的酸性增强，这样有利于硼原子与氧原子之间结合得更牢固。加合物 **6-48** 较好的稳定性使其在不同还原剂作用下均可以有效地将 CO_2 还原为甲醇（图 6-17）。

2009 年，Ashley 课题组[28]报道了 2,2,6,6-四甲基哌啶（TMP）和全氟代苯硼烷 $B(C_6F_5)_3$ 形成的 FLP 体系与 CO_2 和氢气反应会得到一系列反应中间体。加热上述反应溶液，质谱检测表明在 160 ℃、反应 6 天后转化为甲醇的产率只有 24%［图 6-18（a）］，然而这一转化的实现也正式开启了 FLP 体系对 CO_2 还原的研究。次年，Piers 课题组[29]使用相同的 FLP 体系报道了 CO_2 的还原，即使用三乙基硅烷作为还原剂能够将 CO_2 顺利还原为甲烷［图 6-18（b）］。

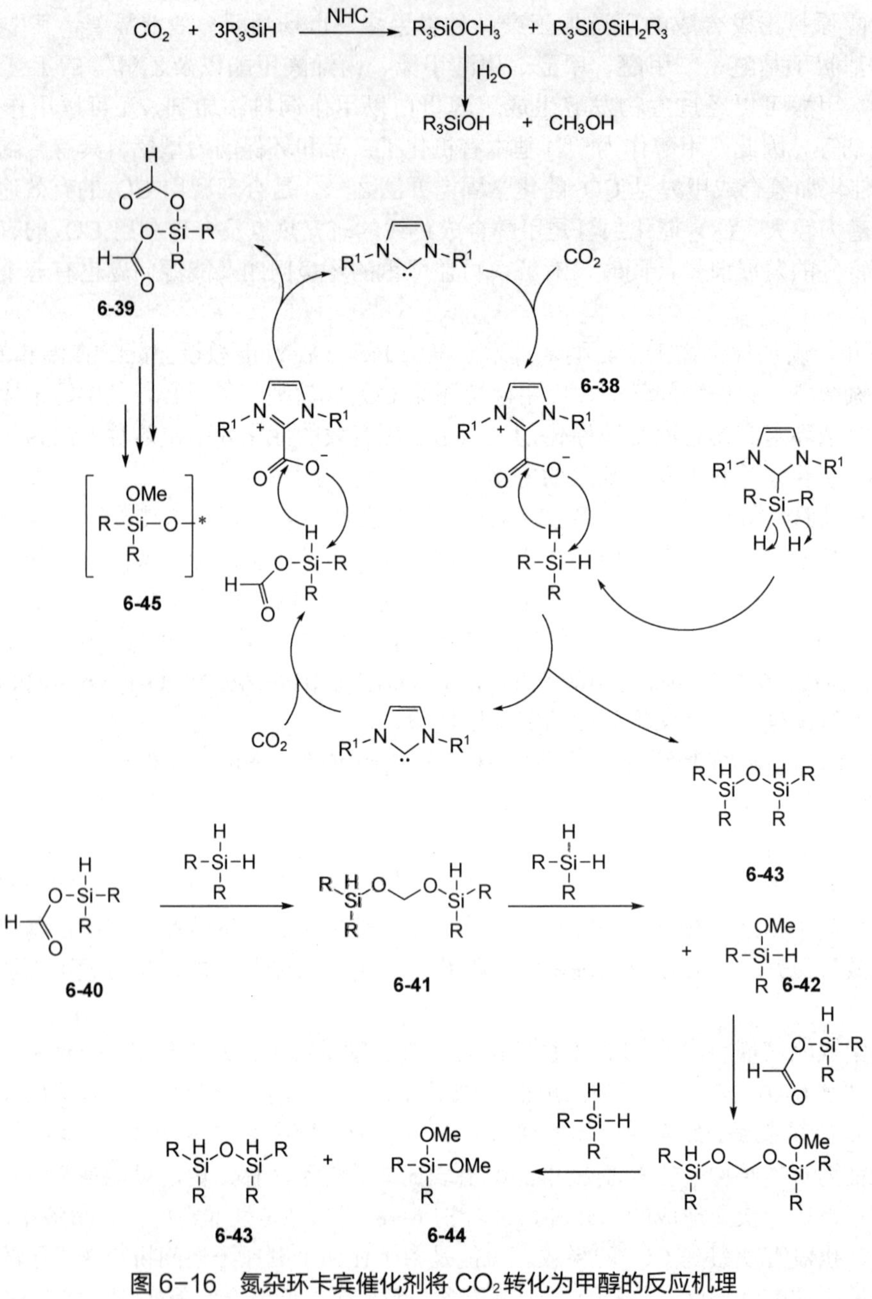

图 6-16 氮杂环卡宾催化剂将 CO_2 转化为甲醇的反应机理

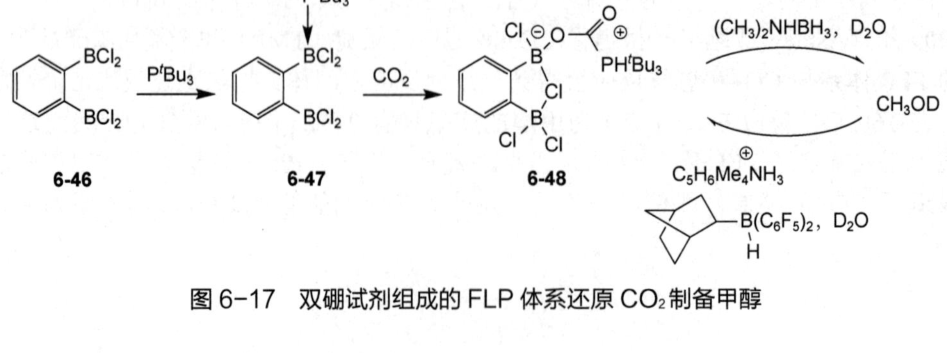

图 6-17 双硼试剂组成的 FLP 体系还原 CO_2 制备甲醇

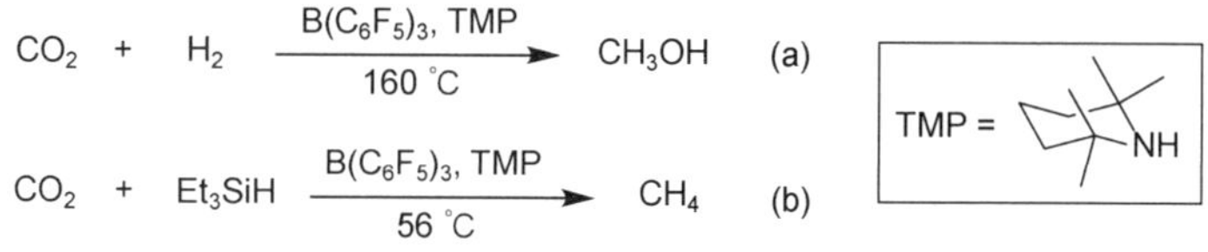

$$CO_2 + H_2 \xrightarrow[160\,^\circ C]{B(C_6F_5)_3,\ TMP} CH_3OH \quad (a)$$

$$CO_2 + Et_3SiH \xrightarrow[56\,^\circ C]{B(C_6F_5)_3,\ TMP} CH_4 \quad (b)$$

图 6-18　TMP/B(C$_6$F$_5$)$_3$组成的 FLP 体系还原 CO$_2$制备甲醇与甲烷

二、有机小分子催化制备酮类化合物

（一）制备喹唑啉二酮

喹唑啉二酮及其衍生物作为一种重要的杂环化合物，在制药和生物技术行业得到了广泛的应用。利用 2-氨基苯甲腈将 CO$_2$转化为喹唑啉二酮是一种具有 100%原子效率且对环境友好的工艺，因而受到了广泛关注，研究人员为此探索了多种催化剂，例如二环胺（DBU）、碳酸铯、氧化镁-二氧化锆、碱性离子液体 1-丁基-3-甲基咪唑的氢氧化物、咪唑型离子液体 1-丁基-3-甲基-咪唑醋酸盐、胍以及 MCM-41 分子筛等。然而，这些方法普遍存在一些缺点，如反应时间长、CO$_2$压力高、催化剂价格昂贵、反应温度高、适用性差等。

2015 年，江苏师范大学曹昌盛与史延慧团队[30]发现在常压和催化量氮杂环卡宾 IDPr·HCl 存在下，2-氨基苯甲腈（**6-49**）与 CO$_2$（0.1 MPa）可在二甲基亚砜（DMSO）溶液中反应得到喹唑啉二酮化合物 **6-50**（图 6-19），具有优异的产率、较宽的底物范围以及较好的官能团耐受性。2-氨基苯甲腈上可带有三氟甲基、甲氧基、氟、氯、溴、甲基和氰基等基团，产率为 93%~99%，且后处理和纯化简单，通过简单的过滤就可以得到喹唑啉二酮产物纯品。

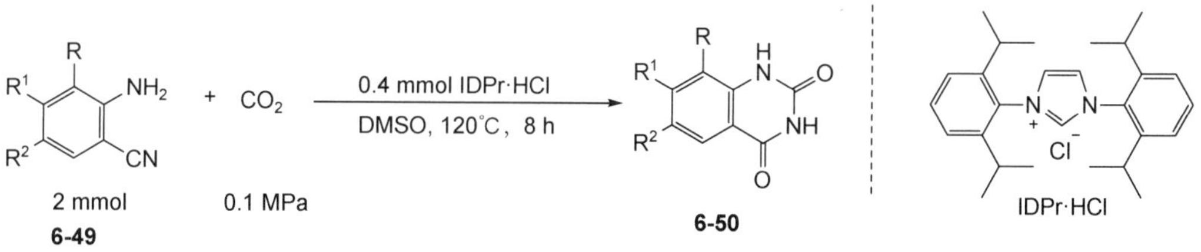

图 6-19　氮杂环卡宾 IDPr·HCl 催化高效合成喹唑啉二酮

其反应机理如图 6-20 所示，原位生成的 NHC 直接与 CO$_2$反应形成 NHC-CO$_2$加合物 **6-51**，然后将加合物 **6-51** 加入苯腈中生成中间体 **6-52**，随后分子内环化并再生 NHC。最后，通过一系列质子转移、开环和分子内亲核加成，产生喹唑啉二酮。

（二）制备噁唑烷酮

噁唑烷酮是一类很重要的有机化合物，在精细化工领域有着广泛的应用。它可以用于从废气中吸收 SO$_2$ 并且可再生而循环使用；临床上应用较多的亚硝基脲类抗肿瘤药卡莫司汀（BCNU）、洛莫司汀（CCNU）、司莫司汀（MeCCNU）都可用噁唑烷酮作起始原料加以合成。噁唑烷酮被认为是生产药品和精细化学品以及手性助剂的通用中间体，因此，人们探索了氨基醇的脱水羧基化、丙胺的羧基化和叠氮醚的环加成，以构建五元氨基甲酸酯环结构。

2011 年，刘国生等[31]报道了在碘化钾为添加剂下，1,5-二氮杂二环[4.3.0]壬-5-烯（DBN）有效地催化 CO$_2$与氮杂环丙烷合成噁唑烷酮类化合物，如图 6-21 所示。在不加入有机催化剂 DBN 的情况下，反应很慢；只有在催化量的 DBN 存在下，反应才能顺利进行。DBN 首先与

CO₂ 反应生成相应的 DBN-CO₂ 加合物 **6-53**，随后加合物 **6-53** 与氮杂环丙烷发生羧基转移而得到两性离子化合物 **6-54**。在添加剂碘化钾作用下，化合物 **6-54** 开环而生成中间体 **6-55**，最后中间体 **6-55** 中的氧负离子进攻亚甲基得到产物 **6-56**。

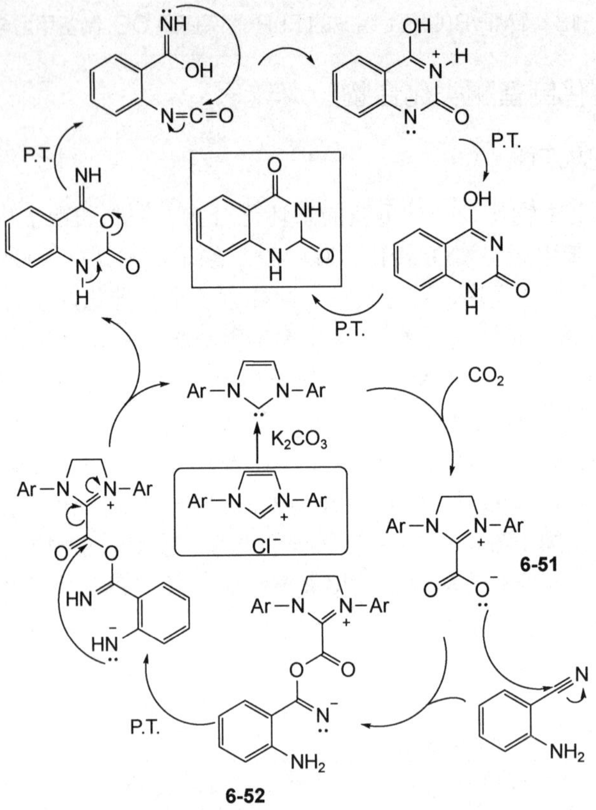

图 6-20　氮杂环卡宾催化 CO₂ 高效合成喹唑啉二酮的反应机理

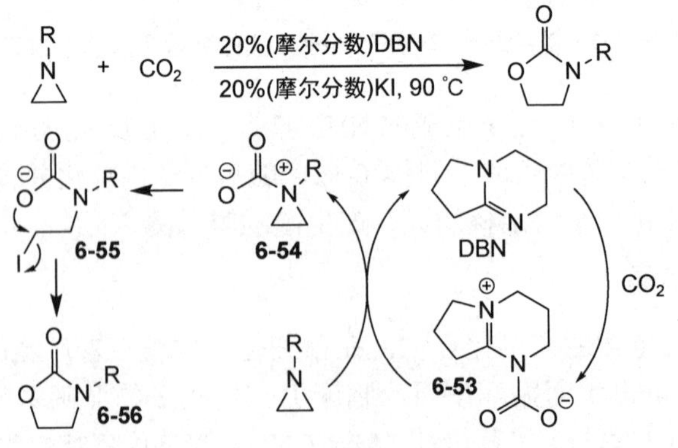

图 6-21　DBN 催化 CO₂ 环加成可能反应机理

2013 年，东京工业大学的 Ikariya 课题组[31]发现，在 NHC-CO₂ 加合物催化下氮杂环丙烷可与 CO₂ 反应生成噁唑烷酮（图 6-22）。课题组对氮杂环丙烷作为底物与 CO₂ 反应的实验方案进行了优化（图 6-23），以异丙醇作为溶剂，当温度和压力分别调整为 90 ℃和 5 MPa 时，经 ¹H NMR 表征显示产率可以达到 92%。他们共使用了 15 种底物尝试了在此优化条件下的反

142　绿色化学与碳中和

应，经 ^{1}H NMR 表征显示产率为 60%～95%，分离产率为 55%～88%。随后，用乙醚将用过的催化剂从反应混合物中沉淀回收，发现催化剂可以至少重复使用 6 次，且反应产率没有明显降低。

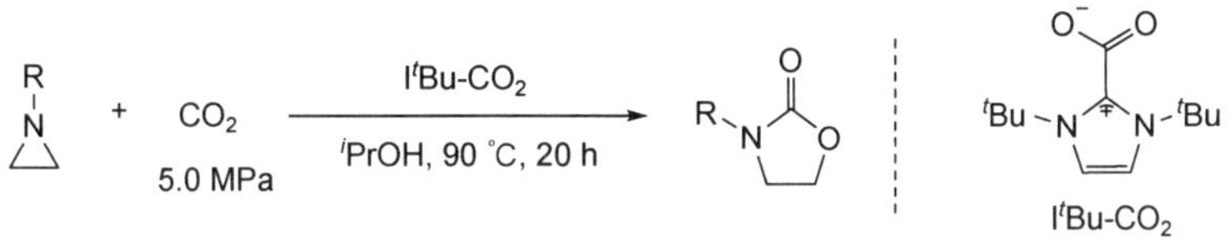

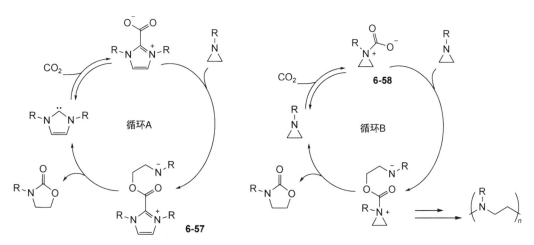

图 6-22   NHC-CO_2 加合物催化 CO_2 与氮杂环丙烷反应制备噁唑烷酮

图 6-23   NHC-CO_2 加合物催化 CO_2 与氮杂环丙烷反应制备噁唑烷酮的反应机理

目前反应的确切机理尚不清楚，研究可知关键步骤是 CO_2 单元对底物氮杂环丙烷的亲电反应，NHC-CO_2 加合物会促进 C—N 键的断裂，生成易受氮进攻的亲电羧基中间体 **6-57**，随后得到产物噁唑烷酮并再生 NHC（循环 A）。在另一种机理（循环 B）中，由氮杂环丙烷和 CO_2 生成的两性离子氮丙啶-1-羧酸盐作为中间体 **6-58**，通过亲核进攻促进其他氮杂环丙烷分子开环。

2018 年，江苏师范大学曹昌盛与史延慧团队[32]建立了一种在温和条件下，以芳香胺 **6-59**、二氯烷烃 **6-60** 和 CO_2 为原料合成 *N*-芳基-2-噁唑烷酮 **6-64** 的有效可循环催化体系（图 6-24）。通过该方法可以合成不同的噁唑烷酮环分子。少量的水和空气中的 CO_2 对催化体系影响不大。该催化剂可重复使用至少 3 次，催化活性无明显降低。

图 6-24   通过 CO_2 的三组分固定合成噁唑烷酮及其衍生物

其反应机理如图 6-25 所示，苯胺 **6-59** 与 1,2-二氯乙烷 **6-60** 发生亲核取代反应生成 *N*-（2-氯乙基）苯胺 **6-61**，同时 NHC 与 CO_2 的原位反应形成了 NHC-CO_2 加合物 **6-62**。然后，NHC-CO_2

对 N-（2-氯乙基）苯胺亲核取代得到一个氨基酯 **6-63**，该氨基酯可以环化形成 3-苯基-2-噁唑烷酮 **6-64**，并重新生成 NHC。从催化循环中可以看出，NHC 是真正的催化剂，而 NHC-CO_2 是反应中的中间体。

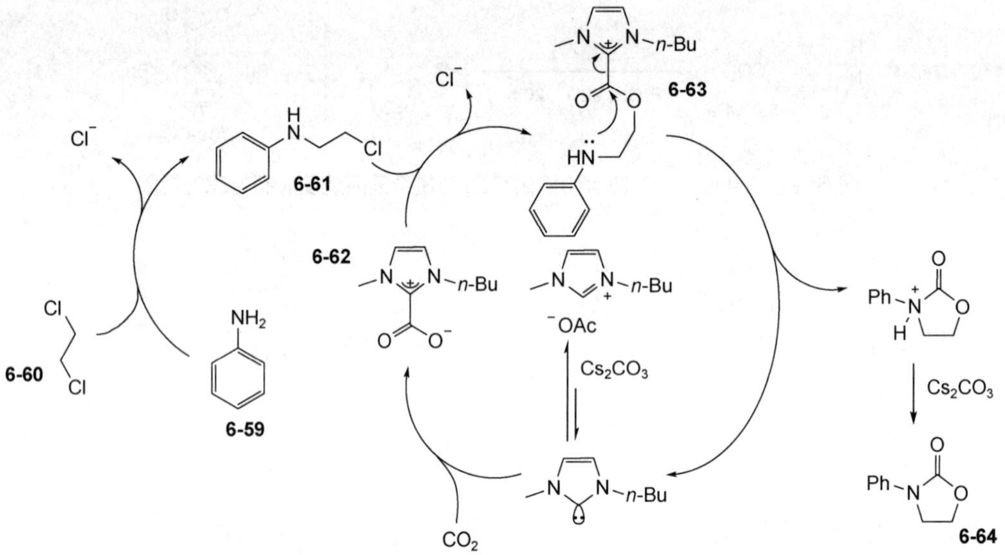

图 6-25 NHC-CO_2 加合物、二氯烷烃与芳香胺反应制备噁唑烷酮的反应机理

天然 α-氨基酸用于氮杂环丙烷与 CO_2 的羧化反应被证明是环保且可回收的催化剂，且反应不使用任何有机溶剂或添加剂。南开大学何良年教授团队[33]使用脯氨酸作为催化剂，以优异的化学和区域选择性，在温和条件下获得了一系列较高产率的噁唑烷酮（图 6-26）。催化剂经简单的分离可重复使用 5 次以上，且不会明显损失催化活性。

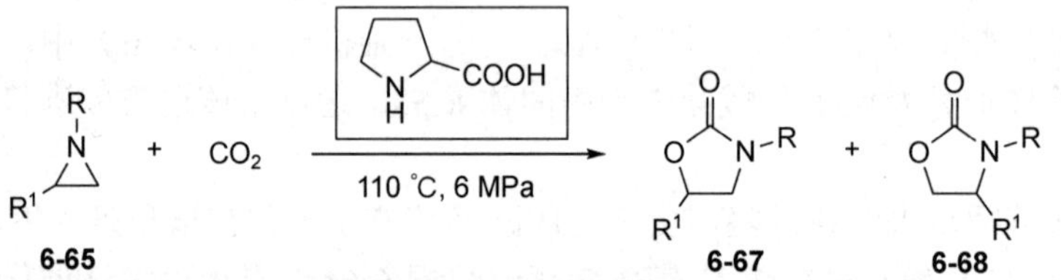

图 6-26 脯氨酸催化 CO_2 与氮杂环丙烷合成噁唑烷酮

基于实验结果，该团队提出了 CO_2 与氮杂环丙烷偶联反应的假设机理，如图 6-27 所示。首先，氮杂环丙烷 **6-65** 与 CO_2 反应形成中间体 **6-66**（步骤 I）；然后脯氨酸羧酸离子亲核进攻氮丙啶的 2 位或 3 位开环（步骤 II），最后分子内闭环合分别形成噁唑烷酮，催化剂再生（步骤 III）。氮杂环丙烷与 CO_2 的结合是决速步骤，这与取代基团对活性的影响相一致。氮原子上带有取代基团的底物会阻碍氮杂环丙烷与 CO_2 的相互作用，从而导致活性降低。有趣的是，根据 R^1 的性质，存在两个不同的循环（A 或 B）。阳离子中间体有利于形成更稳定的状态，当 R^1 为芳基时，正电荷中心转移到被更多取代的碳原子上；当 R^1 为烷基时，正电荷中心停留在氮原子上。经两个开环方式分别生成 4 位或 5 位取代异构体 **6-67** 和 **6-68**。

2016 年，日本国家先进工业科学技术研究所（AIST）的 Fujita 等[34]将炔丙醇与 CO_2 羧化环化催化体系中的炔丙醇替换为炔丙胺 **6-69**，得到了 2-噁唑烷酮产物 **6-72**，核磁表征显示产率为 48%～99%。虽然只使用 NHC 作为催化剂，但羧酸盐两性离子 NHC-CO_2 加合物起到了关键作用。在不同类型的咪唑化合物中，1,3-二叔丁基咪唑型卡宾（I^{t}Bu）被确定为最有效的催化剂（图 6-28）。

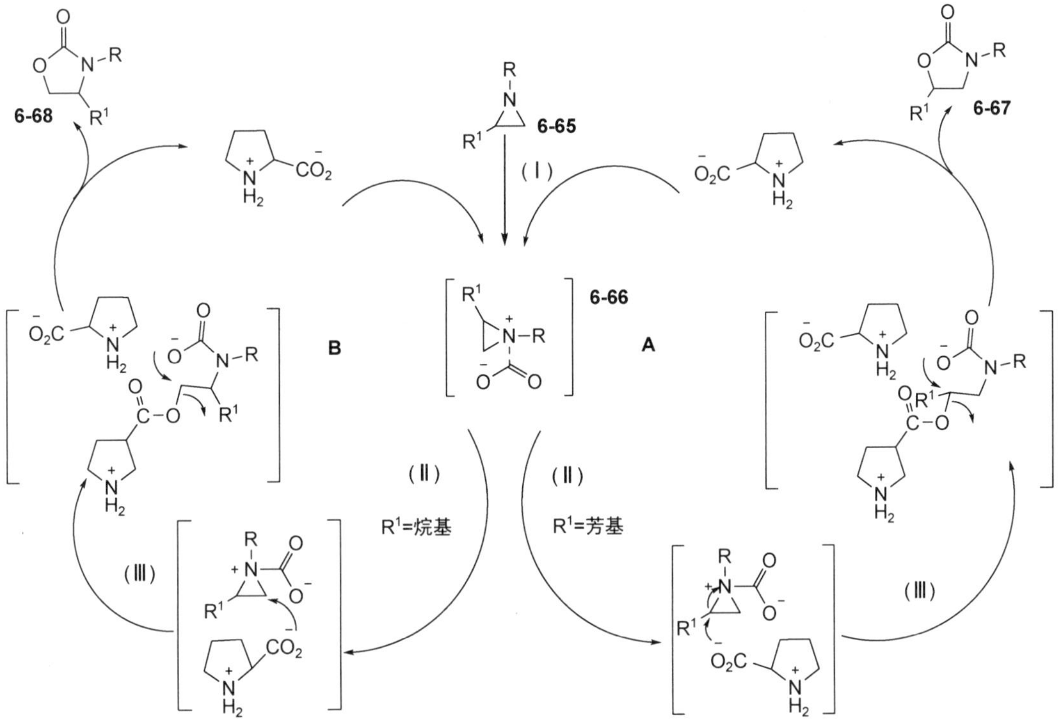

图 6-27　脯氨酸催化 CO_2 与氮杂环丙烷合成 5-芳基-2-噁唑烷酮的反应机理

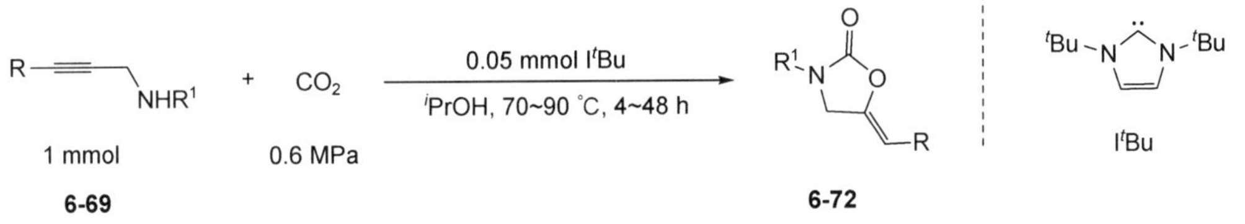

图 6-28　炔丙胺经 NHC 催化 CO_2 高效合成 2-噁唑烷酮

图 6-29 显示了炔丙胺 6-69 被有效羧化环化的机理，CO_2 被 I^{t}Bu 捕获，原位形成 I^{t}Bu-CO_2 加合物 6-70，然后与炔丙胺 6-69 反应生成 6-71。6-71 的分子内环化产生 2-噁唑烷酮 6-72，同时，I^{t}Bu 再生。I^{t}Bu-CO_2 加合物 6-70 对底物 6-69 的分子间亲核进攻是催化循环中可能的决速步骤。

三、制备酯类化合物

1,3-二叔丁基咪唑型卡宾作为（预）催化剂是一种简单稳定、经济高效的氮杂环卡宾（NHC）前体盐，应用广泛。2019 年，雅典国立卡波蒂斯坦大学的 Georgios C. Vougioukalakis 团队[35] 报道了在 NHC 作用下末端炔烃 6-73、烯丙基氯 6-74 和 CO_2 的三组分反应合成相应的炔丙酯 6-75（图 6-30）。

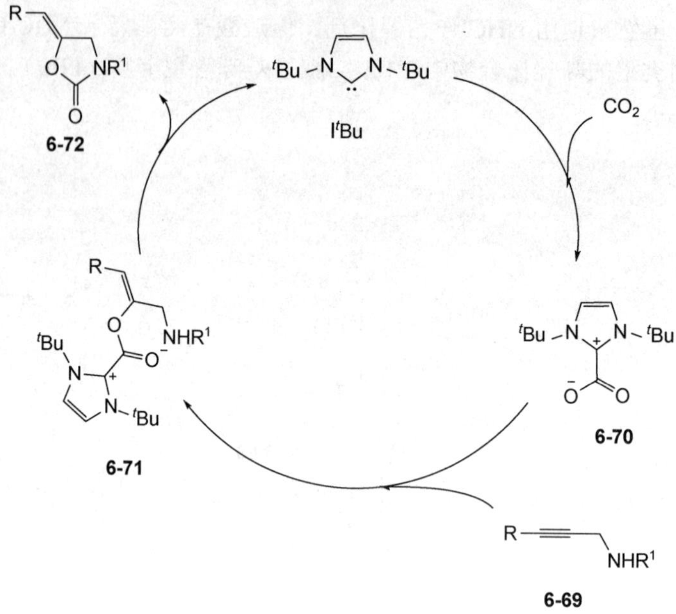

图 6-29　炔丙胺经 NHC 催化 CO_2 高效合成 2-噁唑烷酮的反应机理

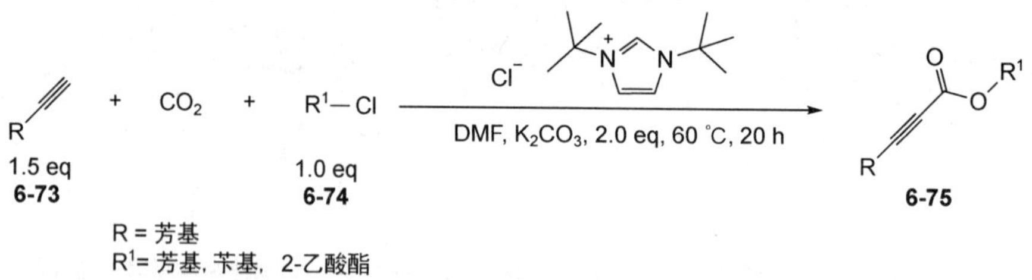

图 6-30　通过 CO_2 多组分有机催化合成炔丙酯

　　该团队通过 DFT 计算了反应各中间体的能量，依据能量数据画出了反应可能的机理（图6-31），与前面所述的其他类型反应相似：反应中所形成的自由 NHC 卡宾首先与 CO_2 结合形成 NHC-CO_2 加合物 6-76；后者与烯丙基型氯代烃发生亲核取代反应得到酯 6-77；该酯与末端炔烃发生亲核加成，再经电子转移得到炔丙酯 6-75，同时，再生了 NHC 卡宾，完成循环。

　　工业上，环状碳酸酯是通过 CO_2 和环氧化合物之间的反应来生产的。环状碳酸酯的市场正在经历快速的增长，因为它们可用作锂离子电池中的电解质，给现代生活至关重要的便携式电子设备供电。如果电动汽车在运输市场占有很大份额，那么对环状碳酸酯的需求将大幅增长。然而，环状碳酸酯的合成不是自发的，该反应需要催化剂。目前商业上使用的催化剂是季铵盐，其催化活性相对较低，必须在高温和较高的压力下进行。

　　2002 年，Sartori 课题组[36]报道了胍类 7-甲基-1,5,7-三氮杂二环[4.4.0]癸-5-烯（MTBD）催化环氧烷烃 6-78 与 CO_2 的环加成反应，可以制备环状碳酸酯 6-79（图 6-32）。如图 6-33 所示，MTBD 活化 CO_2 并与其反应得到 MTBD-CO_2 加合物 6-80，但当该团队试图分离得到加合物 6-80 时，发现其非常不稳定，以至于无法使用核磁共振、红外光谱以及 X 射线单晶衍射等表征手段检测，而向该加合物中加入碘甲烷后通过质谱可检测到加合物烷基化产物 6-81 的存在，由此间接证明了 MTBD 活化 CO_2 可得到加合物 6-80。

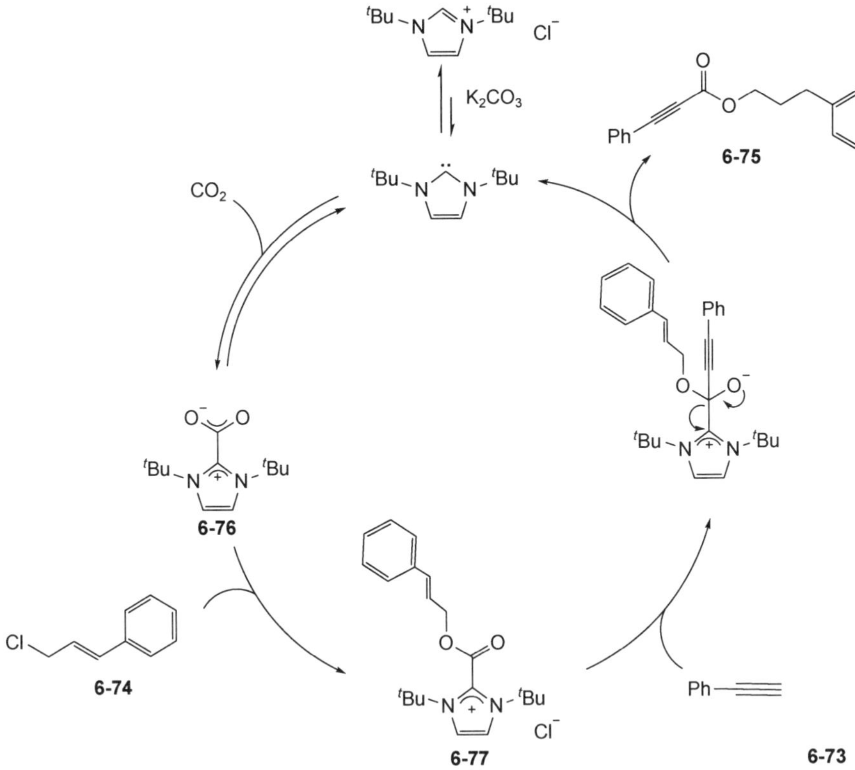

图 6-31　NHC 催化末端炔烃、烯丙基氯与 CO$_2$ 反应的可能机理

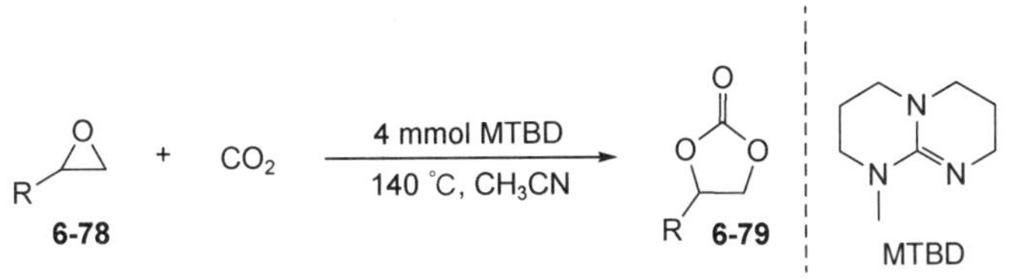

图 6-32　MTBD 催化环氧烷烃与 CO$_2$ 环加成反应

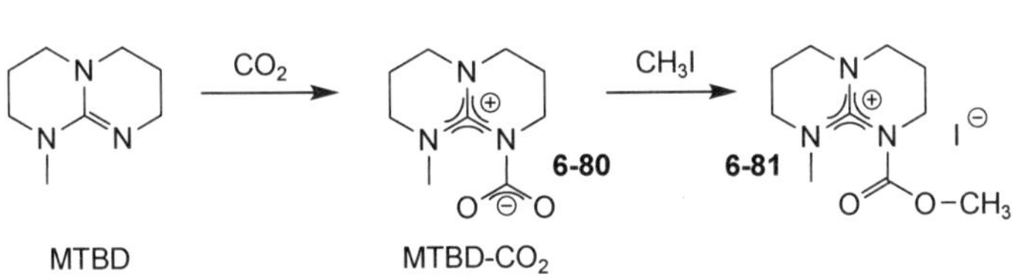

图 6-33　MTBD-CO$_2$（6-80）和烷基化产物（6-81）的合成

2008 年，大连理工大学卢晓斌课题组[37]报道了 NHC-CO$_2$ 加合物催化 CO$_2$ 与环氧乙烷衍生物的反应（图 6-34），加合物为 1,3-双(2,6-二异丙基苯基)咪唑鎓-2-羧酸盐（IPr-CO$_2$），产率为 91%～100%，该反应具有保持单取代环氧化合物手性碳原子不变的特点，这也说明反应中 NHC-CO$_2$ 加合物上的氧负离子优先进攻环氧化合物中位阻较小一端的碳原子，反应的可能机理如图 6-35 所示。

两性离子化合物 NHC-CO$_2$ 可以通过亲核进攻加入环氧化合物，生成新的两性离子 **6-84**，从而生成中性咪唑烷螺环 **6-85**。当 NHC 与丁内酯反应时，Waymouth 团队成功分离出类似的咪唑烷螺环化合物[38]。然后形成的烷氧基阴离子向羧基的碳原子进行亲核进攻，通过分子内环消除产生环状碳酸酯 **6-83**。最后，产生的游离 NHC 与 CO_2 快速反应，再生 NHC-CO_2 加合物。

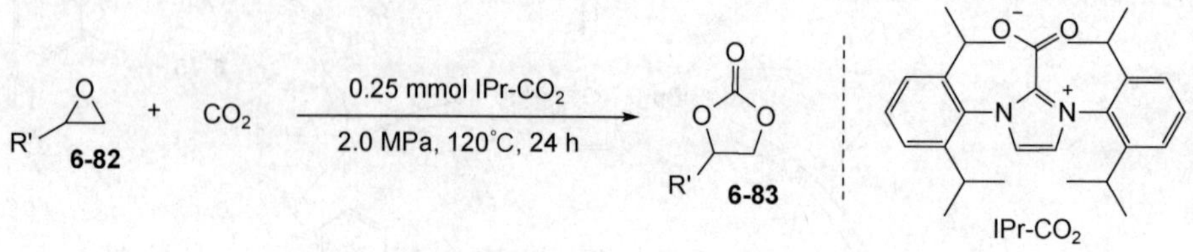

图 6-34　IPr–CO_2 催化 CO_2 与环氧乙烷衍生物的反应机理

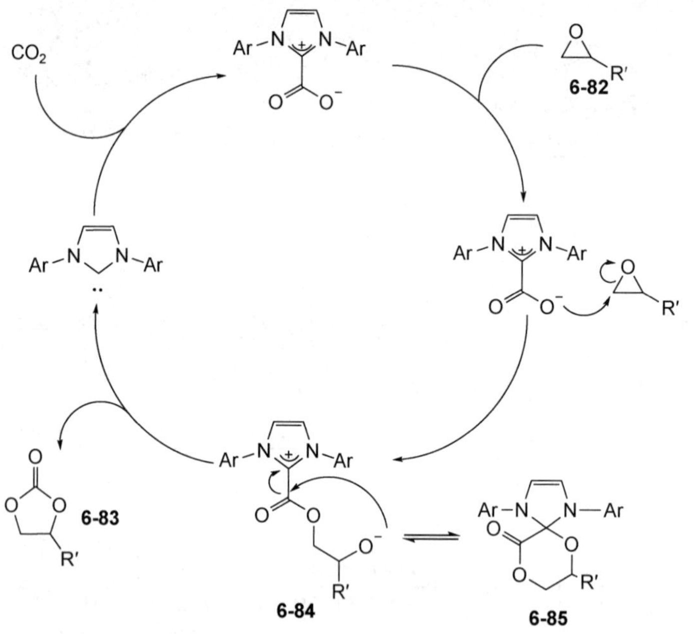

图 6-35　IPr–CO_2 加合物催化合成环状碳酸酯的反应机理

该反应的缺点是所用 CO_2 的压力大，反应的温度也较高。为了稳定反应中间体和过渡态，增加反应速率，该研究团队在上述反应体系中引入了路易斯酸 SalenAlEt，不仅提高了反应产率（96%～100%），反应时间也缩短到了 8 h（图 6-36），但所用 CO_2 的压力未变。

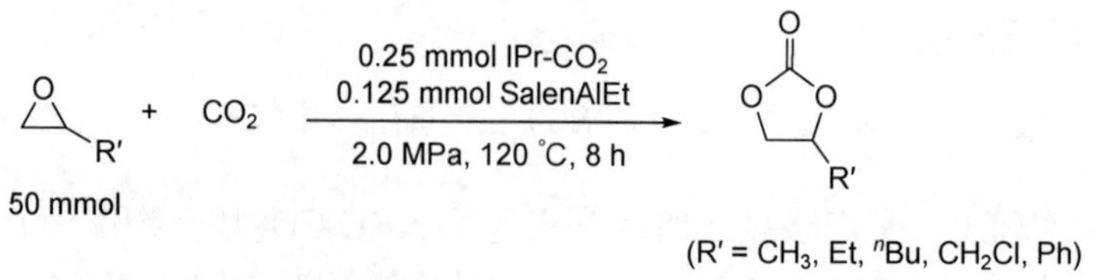

(R′ = CH_3, Et, ^nBu, CH_2Cl, Ph)

图 6-36　路易斯酸 SalenAlEt 促进 CO_2 与环氧乙烷的反应

2012 年，曹昌盛等[39]报道了 NHC 加合物催化 CO_2 与环氧乙烷的反应，在 1,3-双（2,6-二异丙基苯基）咪唑镓盐酸盐（SIPr·HCl）和碳酸钾的混合物中添加溴化锌，可显著提高催化活性，并且可在低至 0.05 MPa 的压力下，将 CO_2 加成到末端环氧化合物上。反应可以在 0.1 MPa、80 ℃ 的条件下进行，大部分产率为 90%～98%。反应条件温和、实用性强（图 6-37）。

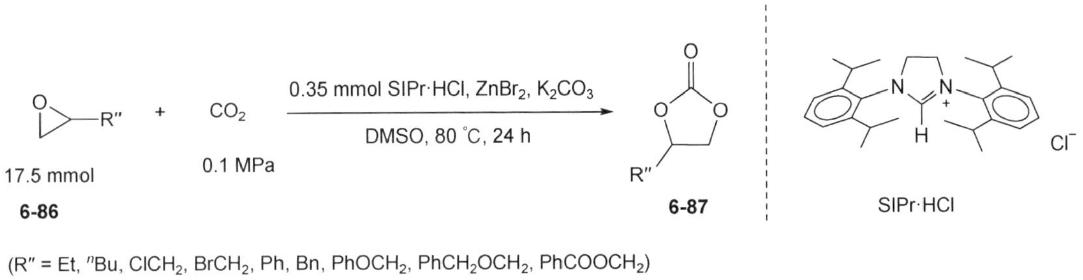

图 6-37　SIPr·HCl 催化 CO₂ 与环氧乙烷的反应

随后，曹昌盛等[40]又设计了由溴化锌、1-丁基-3-甲基咪唑溴盐（[BMIm]Br）和碳酸钾组成的三元体系，催化环氧乙烷与 CO₂ 作用形成环状碳酸酯，反应可在≤0.1 MPa、室温、无溶剂下 2 h 内完成，该催化体系对底物的适应范围非常广泛，共得到不同取代基的环状碳酸乙烯酯 18 种，产率为 91%～99%。值得强调的是，该体系可以催化双取代的环氧化合物与 CO₂反应。如果在体系中加入体积分数为 5% 的空气，目标产物的产率仍可达 99%，且微量的空气和水对反应几乎没有影响（图 6-38）。

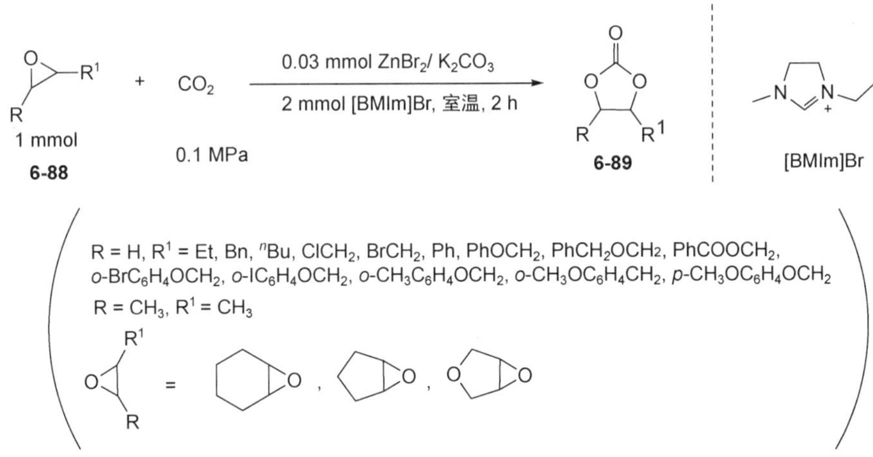

图 6-38　溴化锌、[BMIm]Br 和碳酸钾三元体系催化 CO₂ 与环氧化合物的反应

图 6-39 给出了可能的反应机理。路易斯酸与环氧化合物上氧的络合有助于环的打开，形成中间体溴代物 6-90，而亲核卡宾以协同方式活化了 CO₂ 形成 NHC-CO₂ 加合物，后者上的氧负离子亲核进攻中间体 6-90 中与 Br 相连的 C 原子，得到中间体 6-91，然后再次发生亲核取代，得到产物 6-89，并再生 NHC，从而完成一次循环。

2022 年，大连理工大学周辉团队[41]尝试了 CO₂ 与环氧化合物 6-92 的环加成反应用于环状碳酸酯 6-93 的合成。当使用吡啶亚氨基膦类化合物 PYA-P2（5.0%，摩尔分数）作为有机催化剂时，各种含烷基、炔基、苯基、卤素、酯基的环氧化合物和 CO₂（2.0 MPa）在 120 ℃可以发生反应并以较好的产率得到相应的环状碳酸酯（图 6-40）。

2009 年，东京工业大学 Takao Ikariya 教授团队[42]报道了在 NHC 催化下 CO₂ 可与 2-甲基-3-炔丙醇 6-94 反应生成环状碳酸酯类化合物 6-95（图 6-41），氮原子上含有供电子烷基的 NHC-CO₂ 路易斯碱性增强，导致在化学固定过程中 CO₂ 作为亲核片段参与反应。

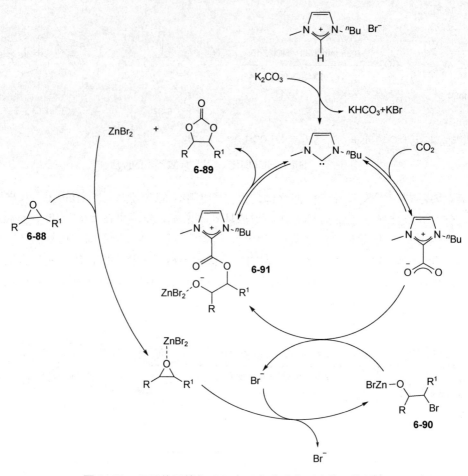

图 6-39　三元体系催化 CO_2 与环氧化合物反应的可能机理

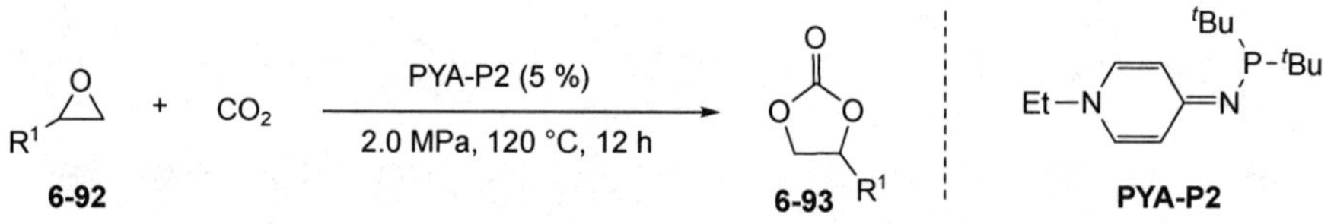

$$\underset{\underset{6\text{-}92}{}}{R^1\text{—环氧}} + CO_2 \xrightarrow[\text{2.0 MPa, 120 °C, 12 h}]{\text{PYA-P2 (5 \%)}} \underset{6\text{-}93}{\text{环状碳酸酯}R^1}$$

PYA-P2

图 6-40　PYA-P2 催化 CO_2 与环氧化合物的反应

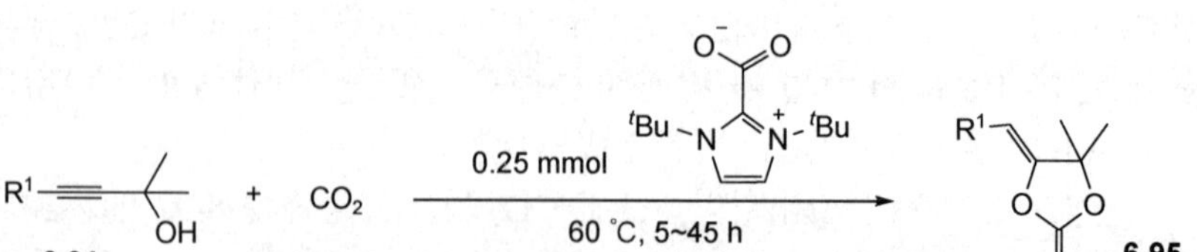

$$\underset{\underset{6\text{-}94}{OH}}{R^1\text{—炔}} + \underset{4.5\ MPa}{CO_2} \xrightarrow[\text{60 °C, 5~45 h}]{0.25\ mmol} \underset{6\text{-}95}{产物}$$

图 6-41　NHC-CO_2 加合物催化 CO_2 与炔丙醇的反应

　　具体反应机理如图 6-42 所示，与 NHC 结合的 CO_2 部分对底物的亲核进攻是催化循环中可能的决速步骤。NHC 和 NHC-CO_2 加合物作为有效的有机催化剂，为无溶剂碳酸酯的合成提供了直接的方法。特别是，*N,N'*-二烷基取代的 NHC 衍生物具有很强的亲核性，与早期报道的叔膦烷催化剂体系相比，在羧基环化方面具有显著的优势。

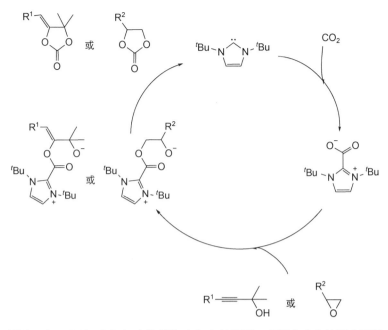

图 6-42　NHC–CO₂ 加合物催化 CO₂ 与炔丙醇、环氧化合物的反应机理

2009 年，意大利巴里大学 Tommasi 课题组[43]以 IMe-CO₂ 加合物或 IⁿBuMe-CO₂ 加合物为催化剂前体，实现了末端炔丙醇 **6-96** 与 CO₂ 作用得到碳酸乙烯酯 **6-97** 类化合物的反应，GC产率为 51%～77%（图 6-43）。

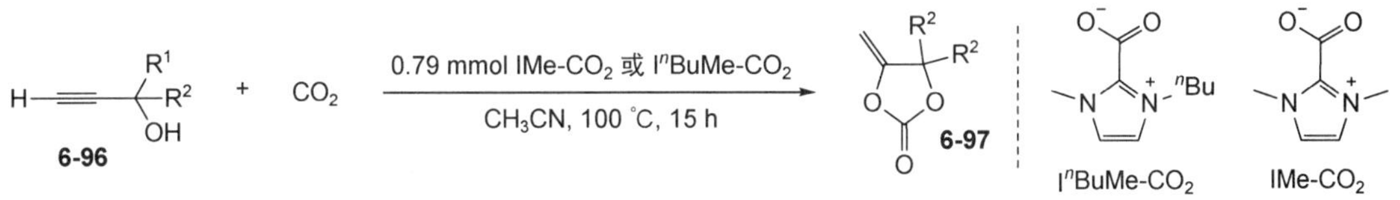

图 6-43　NHC–CO₂ 加合物催化 CO₂ 与端炔丙醇的反应

2022 年，大连理工大学周辉[41]团队以吡啶亚氨基膦类化合物（PYA-P2）为有机催化剂，利用炔丙醇 **6-98** 与 CO₂ 的羧化环化反应合成环碳酸酯 **6-99**，具有良好的化学选择性和立体选择性。

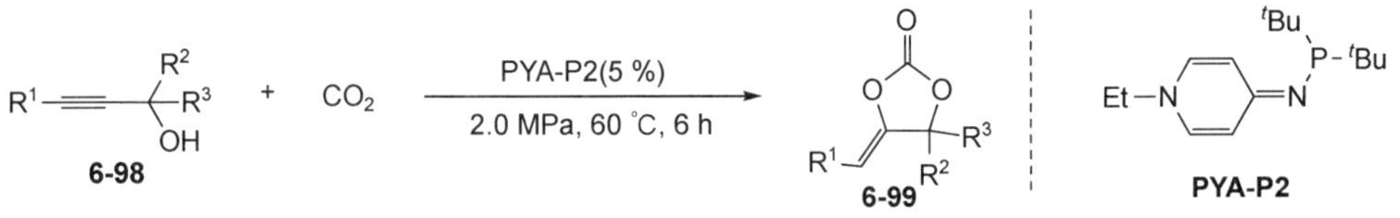

图 6-44　PYA-P2 催化 CO₂ 与炔丙醇的反应

2019 年，中国科学院上海有机化学研究所的施敏和魏音[44]首次揭示了膦催化 *γ*-羟基炔烃固定 CO₂（图 6-45）。研究发现在炔丙醇结构中引入强吸电子酮基得到的 *γ*-羟基炔酮底物 **6-100** 可以被有机膦激活，然后与 CO₂ 环加成，在相应的温度和压力下生成功能化的碳酸酯产物。这些功能化的碳酸盐产物在加热条件下很容易释放 CO₂。通过空间受阻和高亲核双功能氨基酸衍生的膦催化剂催化、动力学拆分，可以得到具有光学活性的环状碳酸酯。

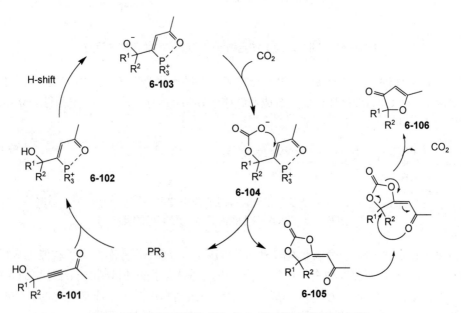

图 6-45　有机膦催化 CO_2 与 γ-羟基炔酮反应（ee 为对映体过量值）

随后，提出了如图 6-46 所示的反应机理：在 γ-羟基炔酮 **6-101** 中加入有机膦，得到中间体 **6-102**，然后失去质子形成另一个两性离子中间体 **6-103**。中间体 **6-103** 的氧阴离子部分直接进攻 CO_2，生成中间体 **6-104**，中间体 **6-104** 经过环化得到产物 **6-105** 和膦催化剂。在加热时，碳酸盐的 C—O 键被裂解，羰基的氧原子同时进攻季碳中心。随着 CO_2 的释放，生成呋喃酮 **6-106**。

图 6-46　有机膦催化 CO_2 与 γ-羟基炔酮的反应机理

2010 年，Dai Sheng 等[45]成功开发了新颖的超强碱与具有酸性醇或酚组成的体系，实现了 CO_2 的活化与固定；如图 6-47 所示，在超强碱 MTBD 作用下，脱去醇或酚上的质子氢而得到烷氧或酚氧负离子，它们进攻 CO_2 得到碳酸酯离子对 **6-107**。亲核性较强的烷氧负离子几乎达到等量固定 CO_2，而亲核性较弱的酚氧负离子固定 CO_2 的效率仅约为 0.5，此研究体系能实现对 CO_2 可逆固定。在此基础上，该课题组在当年又报道了醇羟基功能化咪唑盐 **6-108** 在强碱 DBU 的作用下生成烷氧负离子[46]，可以高效活化与固定 CO_2 生成化合物 **6-109**（图 6-48），而且化合物 **6-109** 在加热或者通入 N_2 时亦可以释放出 CO_2。

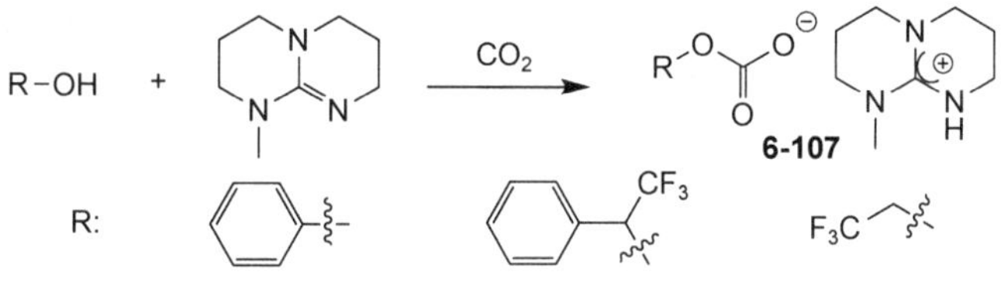

图 6-47　超强碱与氟代醇或酚体系固定 CO_2

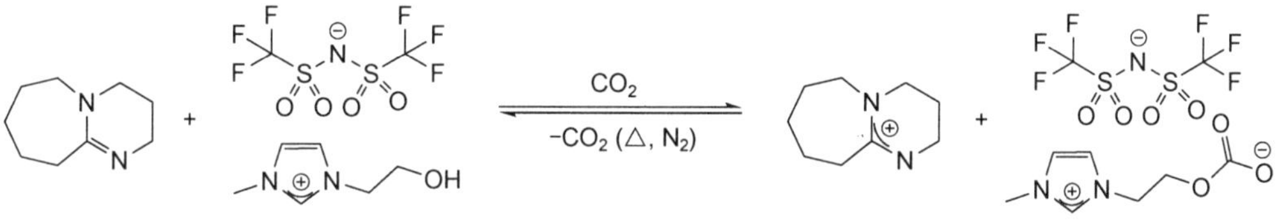

图 6-48　烷氧功能化离子液体与超强碱体系固定 CO_2

2010 年，Sakai 等[47]设计合成了酚氧类甜菜碱以实现 CO_2 的活化与固定，如图 6-49 所示，通过苯环、联苯或联萘桥连的甜菜碱均可以有效地催化环氧烷烃与 CO_2 环加成制备环状碳酸酯（表 6-1）。阴阳离子的距离与其周围取代基位阻对催化活性有着直接的影响。当阴阳离子处于苯环邻位时，位阻较小的催化剂 **6-112** 活性较高。基于此，该团队通过两种方式来增加阴阳离子的距离来提高催化活性：一种是使阴阳离子处于苯环的间位与对位而分别制得催化剂 **6-113** 和 **6-114**；另一种是通过使用联苯或联萘桥连的方式而设计合成出催化剂 **6-115**、**6-116**

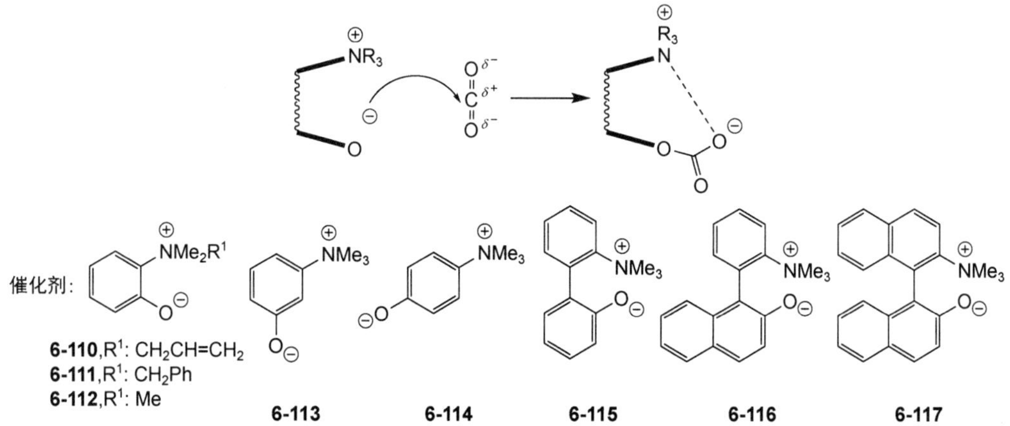

催化剂：

6-110,R^1: $CH_2CH=CH_2$
6-111,R^1: CH_2Ph
6-112,R^1: Me

6-113　**6-114**　**6-115**　**6-116**　**6-117**

图 6-49　酚氧类甜菜碱催化 CO_2 的活化与固定

和 **6-117**。由表 6-1 可知，与催化剂 **6-112** 相比，它们的催化活性都有所提高。特别值得注意的是，与结构相似的甜菜碱相比，酚氧离子对具有较低的催化活性，可能是离子对结合太紧，使得酚氧负离子的亲核性大大降低。

表 6-1　酚氧类甜菜碱催化 CO_2 合成环状碳酸酯

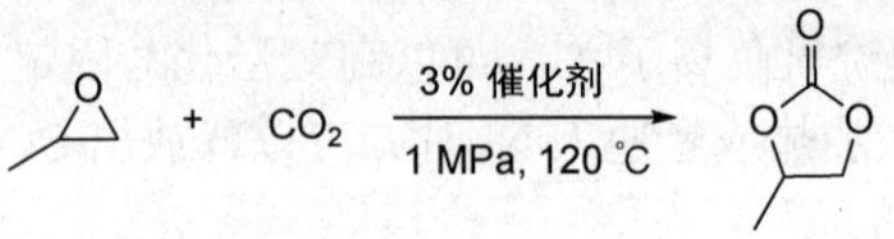

条目	催化剂	收率/%	条目	催化剂	收率/%
1	6-110	61	6	6-115	84
2	6-111	60	7	6-116	93
3	6-112	76	8	6-117	99
4	6-113	>99	9	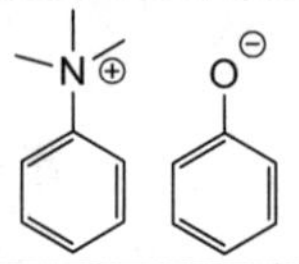	15
5	6-114	>99			

　　甜菜碱 **6-113** 与 CO_2 反应合成得到加合物 **6-118**，同时将其成功用于该催化反应，可能的反应机理如图 6-50 所示。首先酚氧甜菜碱固定活化 CO_2 得到加合物 **6-118**，随后 **6-118** 进攻环氧烷烃的亚甲基碳得到两性内盐离子 **6-119**。紧接着中间体 **6-119** 自身闭环而得到产物环状碳酸酯 **6-120**，同时释放酚氧甜菜碱从而完成该催化循环。

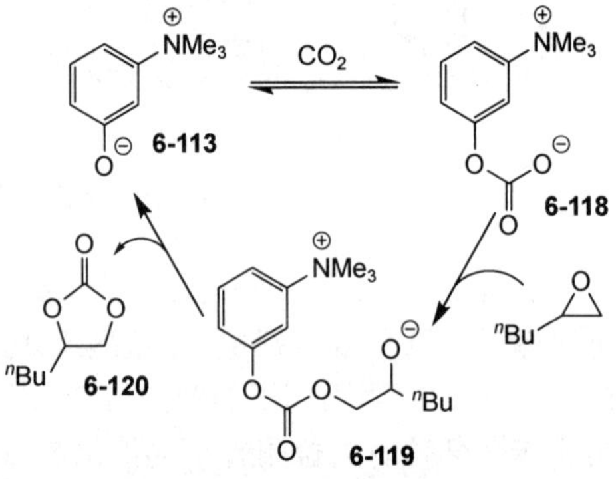

四、制备羧酸类化合物

　　2005 年，意大利 Bari 大学 Tommasi 课题组[48] 发现 NHC-CO_2 加合物 **6-121** 可与甲醇反应生成碳酸一甲酯盐（$CH_3OCOCOO^-Na^+$）**6-122**，与苯乙酮

图 6-50　酚氧类甜菜碱催化合成环状
碳酸酯的反应机理

（$PhCOCH_3$）反应生成苯甲酰基乙酸钠盐（$PhCOCH_2COO^-Na^+$）**6-123**，同时，加合物转化为 1,3-二烷基咪唑盐，随着加入盐的不同，反应的产率有所变化。甲醇作为反应底物时，无水甲醇同时作为反应溶剂；而苯乙酮作为底物时，无水四氢呋喃作为反应溶剂。在这两种底物中，甲醇属于质子性化合物，而苯乙酮则含有活泼 α-H，它们分子中的活性 H 在反应中均被 COO—基团所取代。两个反应的产物（即羧酸盐）在低温和稀酸中可转化为相应的酸（图 6-51）。

　　从形式上看，上述反应属于 NHC-CO_2 加合物中 CO_2 与底物中活性 H 相互交换的反应。于是，Tommasi 等尝试了其他含有活性 H 底物的反应情况，并于 2009 年报道了相关结果。NHC-CO_2 加合物与丙酮、环己酮和苄基腈三种含活泼氢化合物（R'-H）反应，可以分别得到相应的羧酸盐（图 6-52）。因此，Tommasi 等认为反应的机理是 NHC-CO_2 加合物首先分解为自由的 NHC 卡宾（$pK_{aH}=22\sim24$）和 CO_2，然后，NHC 卡宾与含活泼氢的化合物（$pK_{aH}=20\sim22$）反应，并从含活泼 H 的化合物中夺取氢形成 1,3-二烷基咪唑盐和对应的碳负离子，后者再与前面释放出的 CO_2 结合形成羧酸盐。

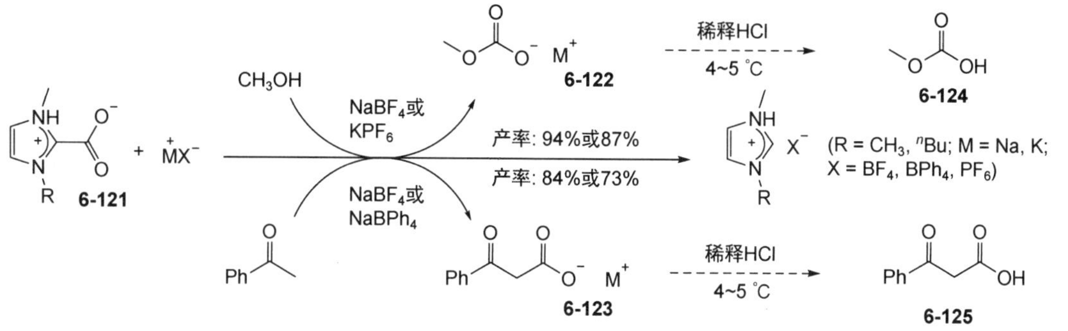

图 6-51　NHC–CO₂加合物与甲醇和苯乙酮的反应

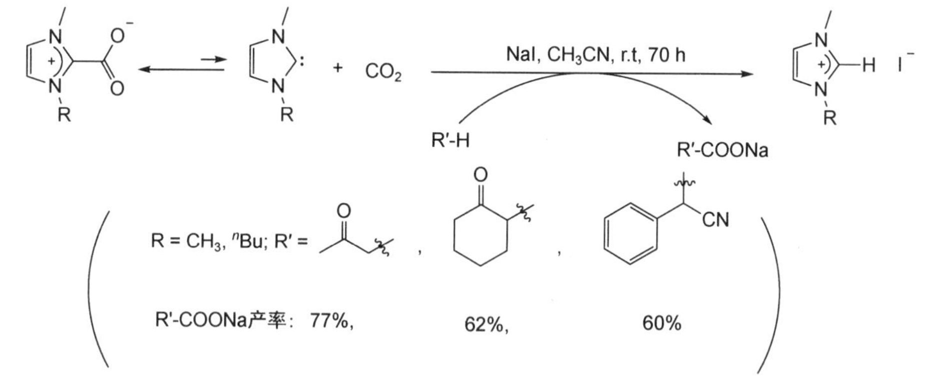

图 6-52　NHC–CO₂加合物与含活泼氢化合物（R′–H）的反应

2017 年，武汉理工大学 Verpoort 课题组[49]发现在 NHC 催化下各种脂肪族及芳香族末端炔烃 **6-126** 与 CO_2 作用可以生成 α-炔酸 **6-127**（图 6-53）。该反应以末端带有磺酸基团的 4 种 NHC 前体作为催化剂，对底物适应性均较好，产率高达 99%。

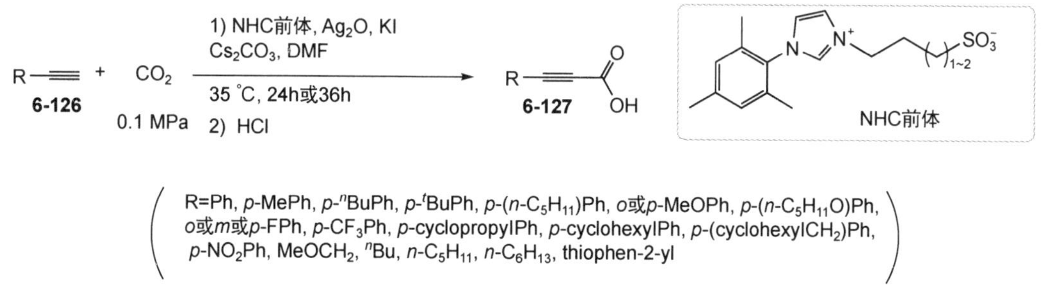

图 6-53　NHC 催化末端炔烃与 CO_2 作用生成 α-炔酸的反应

该课题组也给出了可能的反应机理，如图 6-54 所示。NHC 前体与氧化银、碘化钾、碳酸钠和末端炔烃作用生成 NHC 卡宾和炔银中间体 **6-128**，后者经过两个独立的循环转化为 α-炔酸盐 **6-129**。NHC 卡宾则可与 CO_2 形成 NHC-CO_2 加合物，与加合物相关的一个循环是将 NHC-CO_2 中的 CO_2 转移到炔烃的末端；另一个循环则是炔银直接与 CO_2 作用形成产物。其中也可能有 NHC-Ag-I 的形成，此银化合物与末端炔烃作用也可生成 NHC 卡宾和炔银中间体。

2015 年，日本的 Ken Motokura[50]首次报道了氟离子在温和条件下催化 CO_2 的硅氢化反应生成甲酸硅酯 **6-130**，如图 6-55 所示。除碱性氟化盐外，单价有机盐如四丁基氟化铵（TBAF）

在叔硅烷的 CO_2 硅氢化反应中也表现出良好的活性，硅酸酯可被水解成甲酸，转化数（TON）为 25.2，转化频率（TOF）为 1.05 h^{-1}。

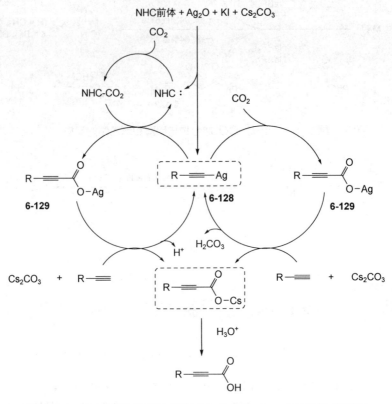

图 6-54   NHC 催化末端炔烃与 CO_2 作用生成 α-炔酸的可能机理

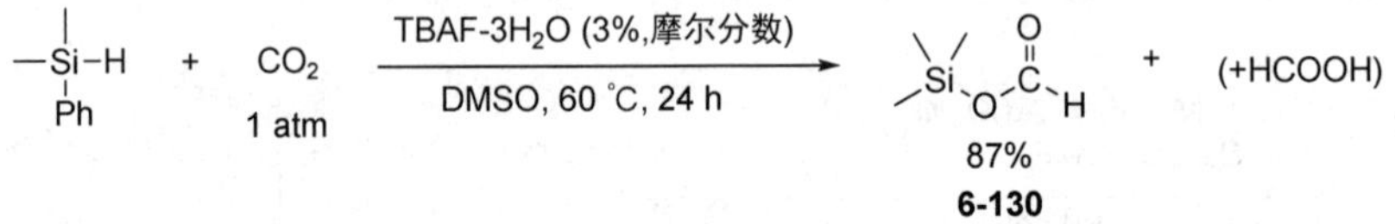

$$\text{—Si—H} + CO_2 \xrightarrow[\text{DMSO, 60 ℃, 24 h}]{\text{TBAF-}3H_2O\ (3\%,\text{摩尔分数})} \text{6-130} + (+\text{HCOOH})$$

图 6-55   四丁基氟化铵（TBAF）催化 CO_2 的硅氢化反应

氟化铯可能的活化途径和催化循环如图 6-56 所示。含氟离子的五配位硅物种很容易与 CO_2 反应生成甲酸铯，并进一步与氢硅烷和 CO_2 反应生成甲酸硅酯 **6-130**。在碳酸铯存在的情况下，甲酸铯也可以通过形成五配位硅物种来形成。

他们还筛选了其他阴离子，发现碳酸盐和甲酸盐在该反应中是活性催化剂，并且氟阴离子催化能力足够强，可以帮助使用二硅烷作为还原剂还原 CO_2[51]，氟离子的亲核进攻导致硅-硅键裂解，提供氟硅烷和氢硅烷。然后在氟离子存在下，氢硅烷与 CO_2 反应生成甲酸硅酯 **6-130**，然后水解生成甲酸和二硅氧烷。由于氢硅烷与水和硅醇（或二硅氧烷）发生副反应，甲酸的产率不超过 52%。反应进行的氟盐用量为催化量，氟阴离子可以通过氟硅烷与氢氧根离子之间的反应再生（图 6-57）。此外，他们之前报道过氟化物盐在 CO_2 还原胺 N-甲酰化反应中也很活跃，其中氟化铯在与报道的 CO_2 硅氢化反应相似的条件下，可成功实现哌啶和甲基苯胺的甲酰化。

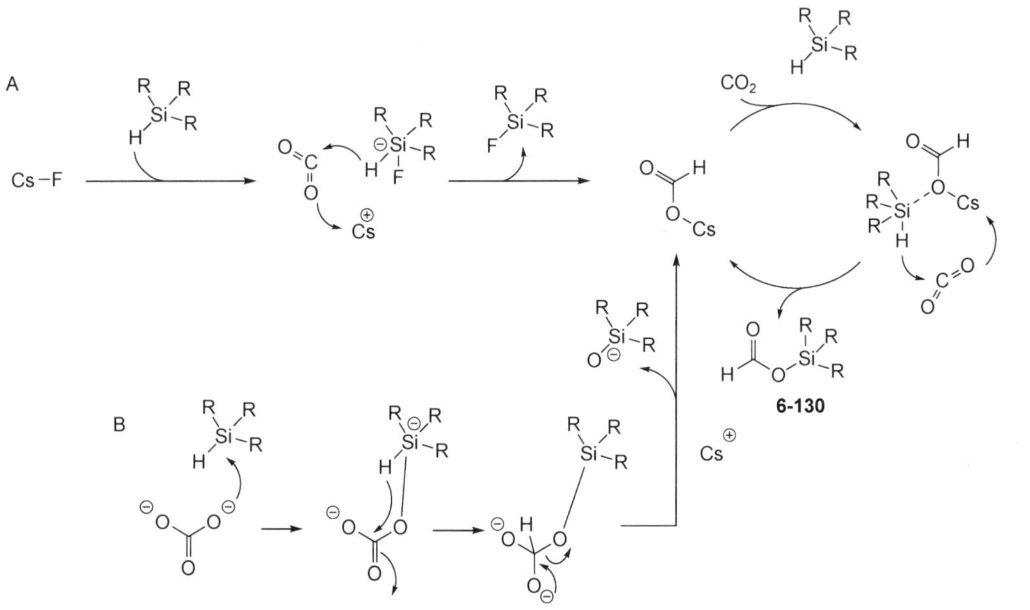

图 6-56　氟离子催化 CO_2 的硅氢化反应的可能机理

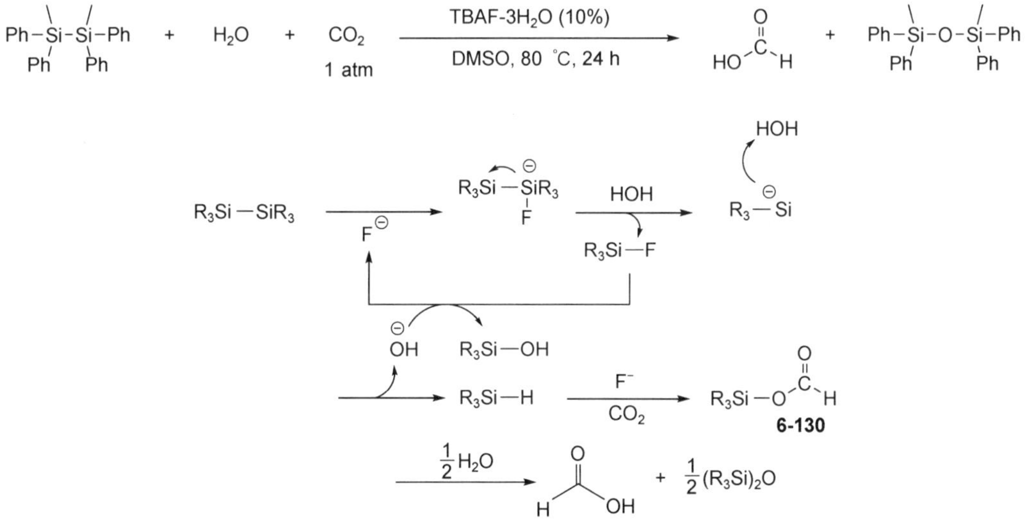

图 6-57　由二硅烷、水和 CO_2 形成甲酸的反应可能机理

五、其他类型的反应

（一）制备 CO

　　2010 年，新加坡生物工程和纳米技术研究所张玉根课题组[52]发现了 NHC 催化下芳香醛 **6-131** 可将 CO_2 还原为 CO，而芳香醛本身被氧化为芳基酸 **6-132**。IMes 为反应的催化剂，反应条件温和，从另一个角度看，此反应可用芳香醛制备相应的芳基酸，但该催化体系的一个缺点是反应时间通常需要 3～5 天（图 6-58）。采用这种 CO_2 还原新方法，在温和条件下可利用 CO_2 作为可再生绿色原料，也显示了在温和条件下用 CO_2 氧化芳香醛的新经济方法，可用于药物合成。

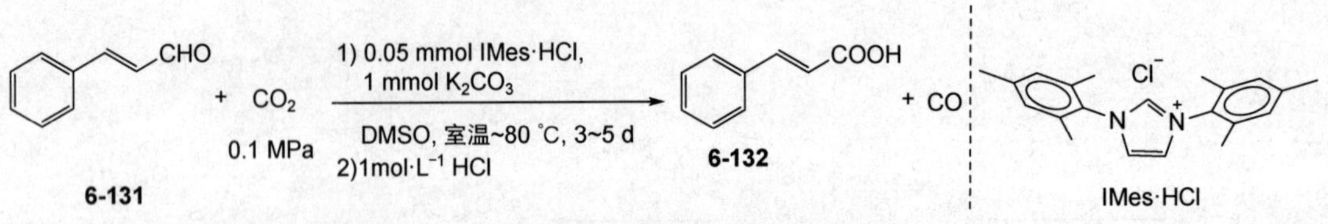

图 6-58 NHC 催化芳香醛与 CO_2 反应还原为 CO

其反应机理如图 6-59 所示，IMes 卡宾首先与 CO_2 结合，形成 IMes-CO_2 加合物 **6-133**，后者与芳香醛 **6-131** 作用，经亲核加成形成六元环的过渡态或中间体 **6-134**，随后分解为两部分并经质子转移形成芳基酸 **6-132** 和 IMes-CO_2 加合物，后者释放出 CO 并重新生成 IMes 卡宾。

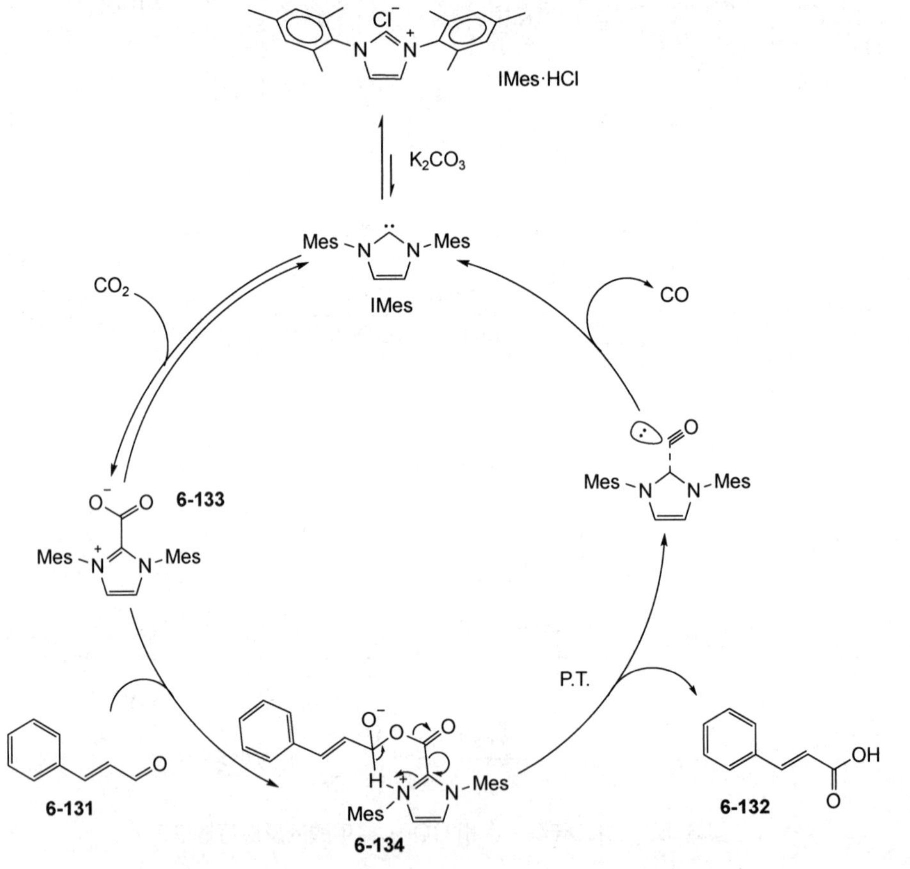

图 6-59 芳香醛经 IMes 卡宾还原 CO_2 为 CO 的可能机理

2022 年，宁波大学晁多斌团队[53]发现典型三吡啶的有机吡啶衍生物 **6-135** 可通过共轭分子结构中高效的电子积累进行光还原，是 CO_2 光还原中的具有高选择性的分子催化剂。其反应机理见图 6-60。

（二）制备甲酰化产物

直到 2010 年，脒类有机碱对 CO_2 活化的研究才有了重要进展。Villiers 课题组[54]首次报道了在严格无水条件下，1,5,7-三氮杂二环[4.4.0]癸-5-烯（TBD）与 CO_2 反应合成 TBD-CO_2 加合物 **6-136**（图 6-61），并通过多种表征手段包括 X 射线单晶衍射分析证实了该加合物的结

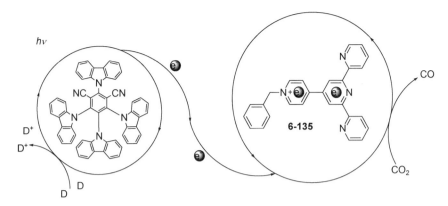

图 6-60　典型三吡啶的有机吡啶衍生物催化 CO_2 反应机理

构。单晶分析表明在 TBD-CO_2 加合物中 O—C—O 键角为 128.6°；TBD-CO_2 加合物的稳定性得益于其结构中存在 N—H 键与羧酸根中氧负离子之间的氢键作用。为了更好地理解 TBD-CO_2 的电子结构，该课题组对其结构进行了理论计算模拟。计算结果表明加合物表现两性内镓盐形式，正电荷主要集中在三个离域的氮原子上，而负电荷则主要集中在两个离域的氧原子

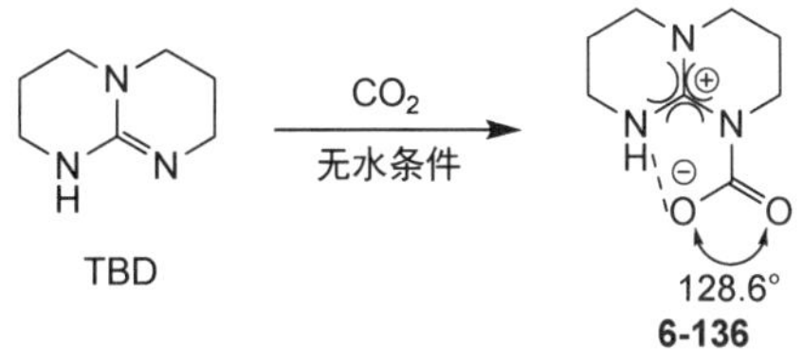

图 6-61　无水条件下 TBD 与 CO_2 的反应

上。此外，该加合物处于固态或者在极性溶剂（如乙腈）中能稳定存在；然而在真空状态或者 THP 作为溶剂时不稳定，容易释放出 CO_2 重新生成 TBD。

在上述工作的基础上，Cantat 等[55]在 2011 年报道了 TBD 催化 CO_2 与 N—H 键反应成功合成了甲酰化产物 **6-137**（图 6-62），该反应中使用苯基硅烷作为还原剂。

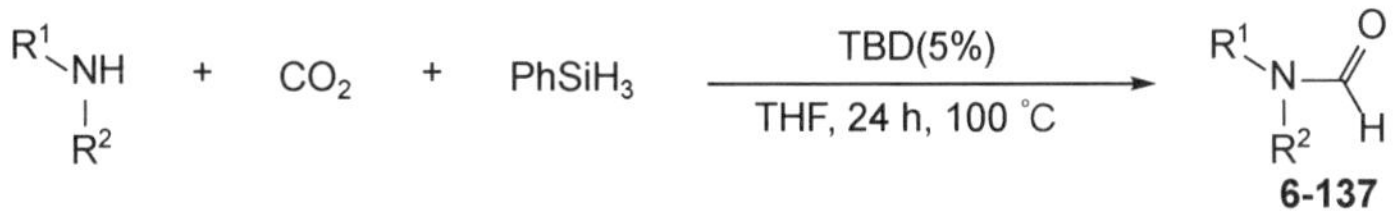

图 6-62　TBD 有机催化 N—H 键与 CO_2 发生甲酰化反应

2022 年，大连理工大学周辉团队尝试用 PYA-P2 作为有机催化剂，与 CO_2 和苯硅烷进行甲酰化反应得到产物 **6-138**。在 2.0 MPa CO_2 下的四氢呋喃溶液中，PYA-P2（5.0%，摩尔分数）可有效地介导该反应（图 6-63）。

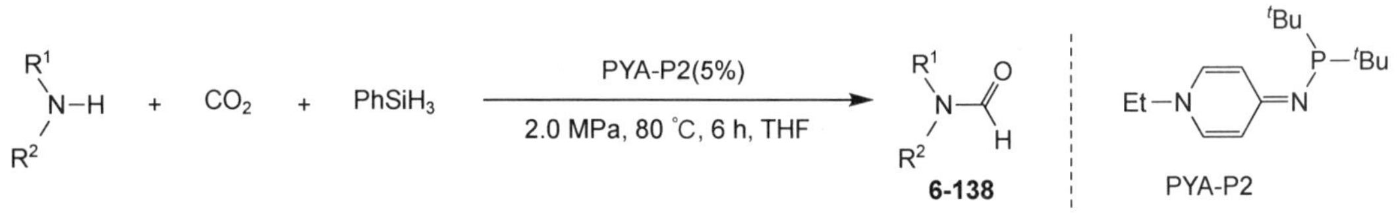

图 6-63　PYA-P2 有机催化 CO_2 的甲酰化反应

2021 年，贵州大学杨松团队[56]报道了 NHC 催化下二级胺（或邻二苯胺）**6-139**、苯基氢硅烷 **6-140** 与 CO_2 的三组分反应。他们首先制备了一系列稳定的 NHC-CO_2 加合物，发现 NHC 上取代基的电子效应对加合物的热稳定性和亲电性影响明显，其中 BMe-CO_2 的催化性能最

好。在温和条件（25℃，0.1 MPa，CO₂）下通过 *N*-甲酰化、环化实现了 CO_2 的高效还原，并将底物分别转化为甲酰胺 **6-141** 或苯并咪唑 **6-142**。反应中氢硅烷作为氢源，超过 30 种不同的烷基胺、芳香胺和邻苯二胺可以转化为相应的甲酰胺（图 6-64）或苯并咪唑（图 6-65），产率良好到优异。

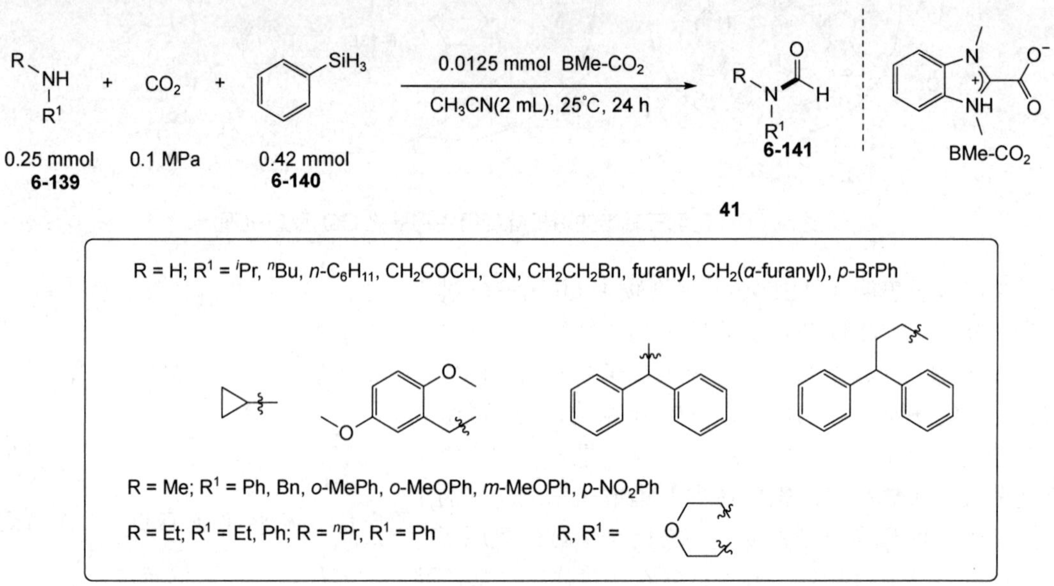

图 6-64 NHC-CO₂催化二级胺、苯基氢硅烷与 CO₂ 的 *N*-甲酰化反应

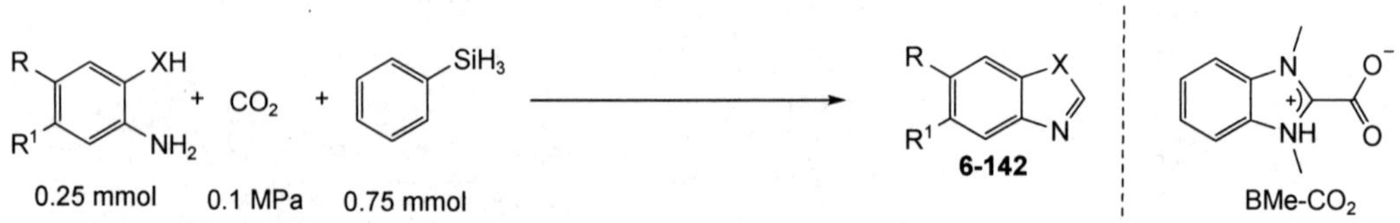

(X = O或S，R = R¹= H；X = NH，R = H，R¹ = Me，F，Cl，NO₂；X=NH，R = R¹= Me；X = NH，R = R¹ = Cl)

图 6-65 NHC-CO₂催化邻苯二胺、苯基氢硅烷与 CO₂ 的环化反应

实验和计算表明，NHC-CO₂ 上的羧基碳是亲核中心，氧负离子则进攻苯基氢硅烷中的硅，而之前报道的情况通常是羧基中氧负离子进攻苯基氢硅烷中的氢。据此，研究者提出了 *N*-甲酰化反应和环化反应的可能机理（图 6-66）。

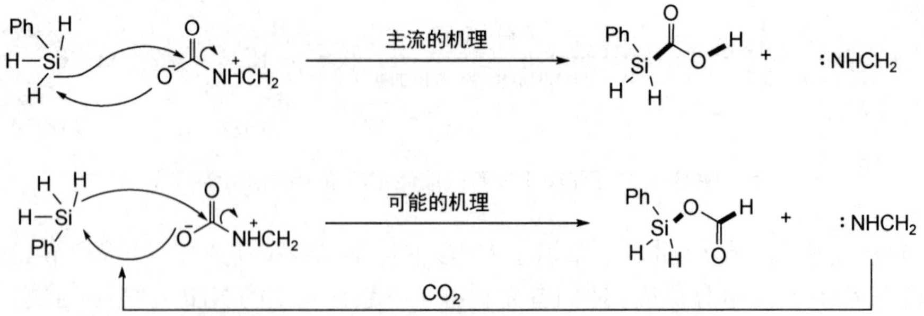

图 6-66 *N*-甲酰化反应与环化反应的可能机理

从中间体（或过渡态）**6-143** 的结构中很难理解它是如何转化为产物的，江苏师范大学曹昌盛团队[57]补充了中间体（或过渡态）**6-144** 的结构式（图 6-67、图 6-68），也为产品的提纯、催化剂回收设计了一个简单、绿色的工艺流程，显示了小规模生产潜力。

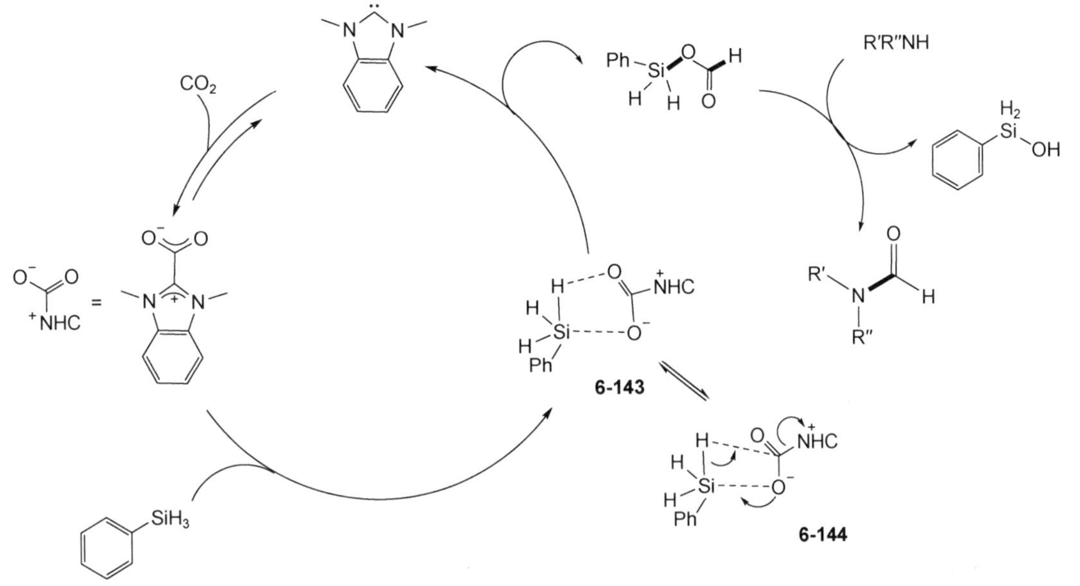

图 6-67　*N*-甲酰化反应的可能机理

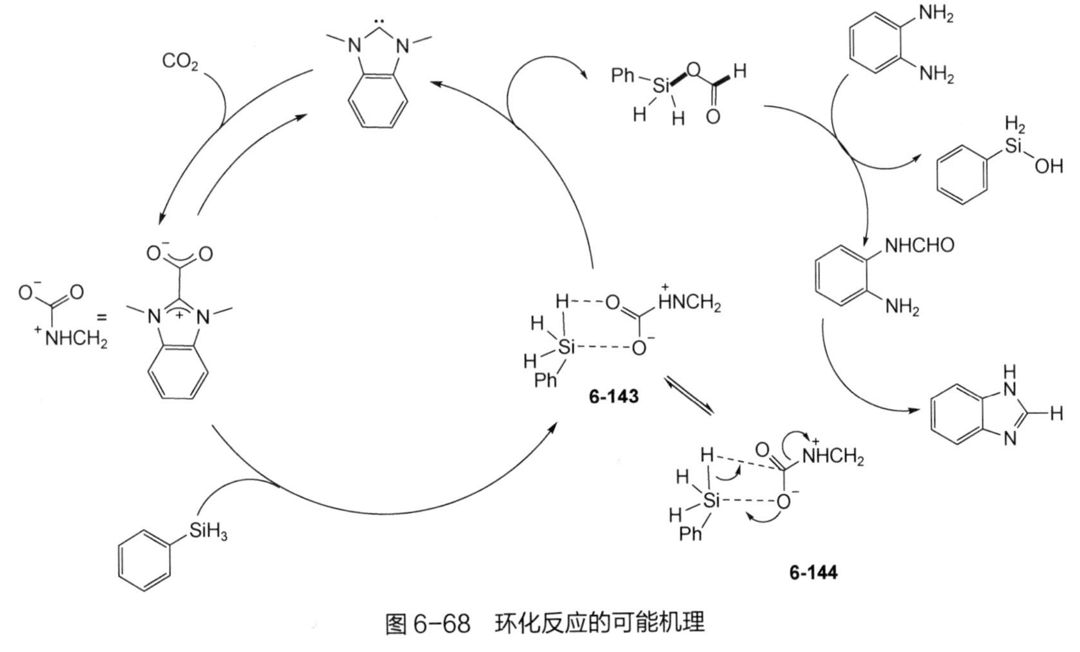

图 6-68　环化反应的可能机理

2012 年，法国的 Cantat 及其同事[58]探索了各种有机超碱，发现 1,5,7-三氮杂环[4.4.0]十二-5-烯（TBD）对还原 CO_2 具有最好的催化活性，可在各种还原剂存在的情况下，生成甲酰胺、缩醛胺或者 *N*-甲基胺 **6-145**（图 6-69）。

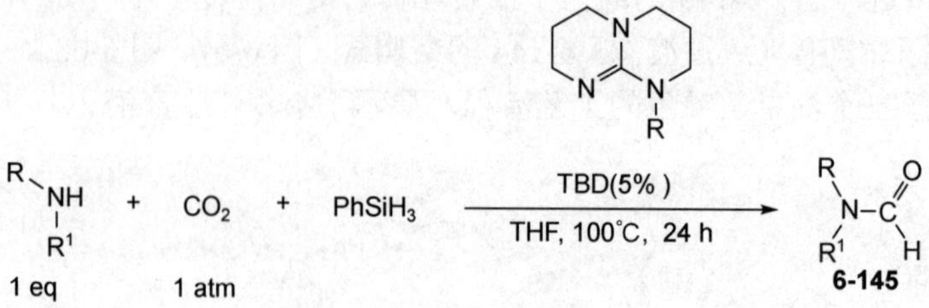

图 6-69　有机碱（TBD）催化 CO_2 的 *N*-甲酰化反应

（三）制备聚脲

聚脲具有极强的耐磨性、柔韧性和耐老化，还具有良好的热性能，适用于纤维、薄膜、膜和涂层的制备。聚脲具有尿素键和分子间氢键，因此具有高度结晶性[59]，对有机溶剂具有很强的抗性。

然而，在目前典型的聚脲材料生产中，常使用有毒的二异氰酸酯[60]作为底物，不符合绿色化学的要求。因此，人们希望开发绿色的替代工艺，在过去的几十年里，无数氰酸酯的方法已经发展起来。例如，经聚氨酯缩聚法合成了非异氰酸酯聚脲，其中聚醚胺和二甲基 1,4-丁基二氨基甲酸酯分别作为软段和硬段[61]。非异氰酸酯聚脲涂层可由碳酸丙烯酯、乙二胺酯和商用环氧单体制备[62]。2016 年北京化工大学赵京波课题组报道了一种以双氨基甲酸酯和二胺为单体合成非异氰酸酯聚脲的新途径[63]。有趣的是，CO_2 可以作为碳氧资源合成聚脲：中国科学院化学研究所刘志敏等在没有催化剂的情况下，通过 CO_2 与 1,4-丁二胺反应合成了聚脲[64]。

2019 年，中国科学院长春应用化学研究所程海洋课题组[65]报道了采用有机和无机碱催化剂，在 4,7,10-三氧基-1,1,3-三聚烷二胺（TOTDDA）中加入 CO_2 合成聚脲的方法（图 6-70）。

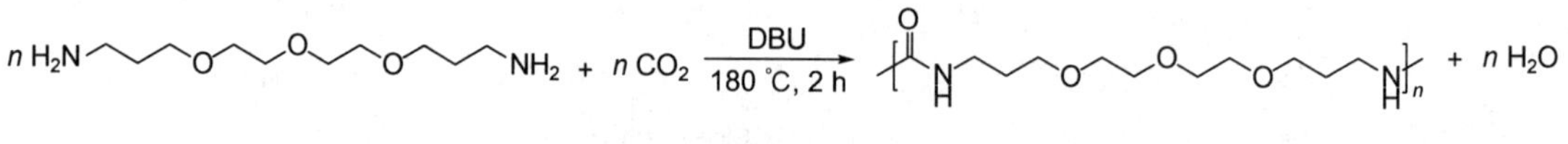

图 6-70　DBU 催化二胺（TOTDDA）与 CO_2 反应合成聚脲

结果表明，1,8-二氮杂双环[5.4.0]十一碳-7 烯（DBU）在所有催化剂中活性最高。该课题组研究了 CO_2 压力、温度和反应时间对 DBU 催化聚脲合成的影响，采用原位高压衰减全反射傅里叶变换红外光谱（ATR-FTIR）对反应混合物进行了分析，提出了 DBU 能同时激活 CO_2 和 TOTDDA 的可能反应机理（图 6-71）。首先，催化剂 DBU 作为 TOTDDA 和 CO_2 的活化剂；DBU 的氮原子通过氢键作用捕获 TOTDDA 中氨基上的氢原子，得到化合物 **6-146**；DBU 通过脒基激活 CO_2，产生 DBU-CO_2 加合物 **6-147**。然后，**6-146** 和 **6-147** 对 CO_2 中碳原子的亲核进攻得到了氨基甲酸铵 **6-148** 或 **6-149**，经过分解脱水形成异氰酸酯 **6-150** 中间体。异氰酸酯 **6-150** 与 TOTDDA 中的氨基反应生成尿素基团产物。通过相同的循环产生聚脲 **6-151**。

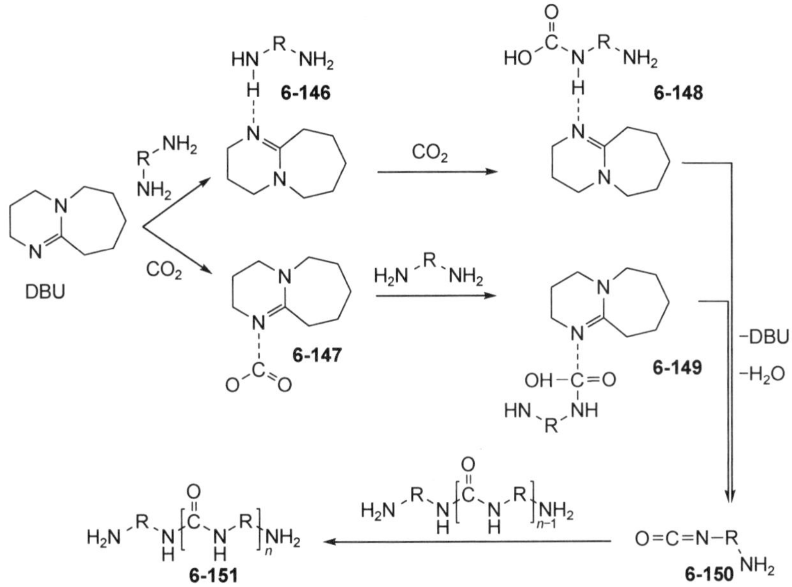

图 6-71　DBU 催化二胺（TOTDDA）与 CO_2 反应合成聚脲反应机理

第三节　走进有机小分子催化实现碳中和的世界

聚碳酸环己撑酯（PCHC）作为一种脂肪族聚碳酸酯，具有显著的生物可降解性，并能有效地阻隔氧气和水分，这使得它非常适合作为工程塑料以及一次性使用的医疗和食品包装材料。作为绿色化工产品，与聚甲基乙撑碳酸酯（PPC）相比，PCHC 的分子链中引入了环己基这一刚性结构，因此拥有更高的玻璃化温度（大约 120 ℃），这有助于克服 PPC 耐热性不足的问题。因此，PCHC 有望成为 PPC 之后最重要的 CO_2 基聚合物。

浙江大学伍广朋研究员课题组[66]开发出可简易合成的新型双功能有机硼催化体系，能高效催化 CO_2 与环氧烷烃的交替共聚反应（图 6-72）。在催化环氧乙烷反应中，TON 值高达 13000，每克催化剂制备的聚碳酸环己撑酯（PCHC）可达 5 kg。这种催化剂合成过程简便，产率高达 100%（两步反应），可实现公斤级量产。同时他们发现催化反应过程耐受温度较宽（25～150 ℃），环氧烷烃/催化剂的进料比为 20000∶1 时，仍有优异的催化效果。

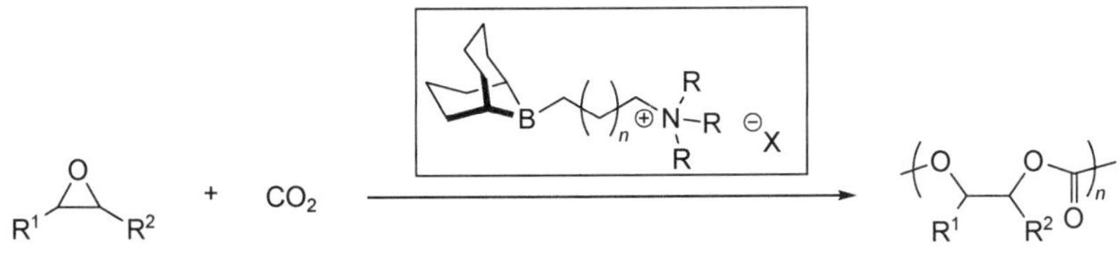

图 6-72　CO_2/环氧乙烷共聚制备 PCHC

2022 年，陕西煤业化工技术研究院有限责任公司采用上述催化体系成功实现了 CO_2/环氧乙烷共聚制备 CO_2 基可降解材料 PCHC 的中试试验。以温室气体 CO_2 作为原料，固碳率高达 31%，该工艺技术可以使陕煤集团下属煤化工企业和热电企业运行过程中排放废气中的 CO_2

实现资源化利用，有利于陕煤集团碳达峰、碳中和行动的扎实推进，进而有利于更好地应对气候变化、推动绿色低碳发展、促进碳减排实施路径的多元化发展，符合我国做出的实现碳达峰、碳中和重大战略决策的要求。

该项目可以有效缓解高分子材料工业对石油等化石资源的依赖程度，实现高分子材料工业原料来源的多样化，同时实现人工碳循环，促进经济高质量发展；也可以有效促进新材料产业技术的进步，补齐产业链短板，推动新材料产业向高附加值产业延伸。

习题

1. 有机小分子催化 CO_2 转化主要有哪些体系？
2. 有机胺催化体系主要作用机理是怎样的？
3. 氮杂环卡宾催化 CO_2 形成 CO_2 加合物的原理是什么？
4. 制备噁唑烷酮主要可以通过哪些方法？
5. 通过有机小分子催化助力实现碳中和对有机化学学科发展有什么启发？

参考文献

[1] Moisan L, Dalko P I. Enantioselective organocatalysis [J]. Angewandte Chemie International Edition, 2001, 40 (20): 3726-3748.

[2] Grondal C, Jeanty M, Enders D. Organocatalytic cascade reactions as a new tool in total synthesis [J]. Nature Chemistry, 2010, 2: 167-178.

[3] Bach T, Bauer A, Müller C. Light‐driven enantioselective organocatalysis [J]. Angewandte Chemie International Edition, 2009, 48 (36): 6640-6642.

[4] Hüttl M R M, Grondal C, Enders D. Asymmetric organocatalytic domino reactions [J]. Angewandte Chemie International Edition, 2007, 46 (10): 1570-1581.

[5] Gaunt J M, Johansson C C, McNally A, et al. Enantioselective organocatalysis [J]. Drug Discovery Today, 2006, 12 (1): 8-27.

[6] List B, Lerner R A, Barbas C F. Proline-catalyzed direct asymmetric aldol reactions [J]. Journal of the American Chemical Society, 2000, 122 (10):2395-2396.

[7] Ahrendt K A, Borths C J, MacMillan D W C. New strategies for organic catalysis: The first highly enantioselective organocatalytic diels alder reaction [J]. Journal of the American Chemical Society, 2000, 122 (17): 4243-4244.

[8] Sakakura T, Choi J C, Yasuda H. Transformation of carbon dioxide [J]. Chemical Reviews, 2007, 107 (6): 2365-2387.

[9] Arduengo A J Ⅲ, Harlow R L, Kline M. A stable crystalline carbene [J]. Journal of the American Chemical Society, 1991, 113 (1):361-363.

[10] Amyes T L, Diver S T, Richard J P, et al Formation and stability of N-heterocyclic carbenes in water: The carbon acid pK_a of imidazolium cations in aqueous solution [J]. Journal of the American Chemical Society, 2004, 126 (13): 4366-4374.

[11] Kuhn N, Steimann M, Weyers G. Synthesis and properties of 1,3-diisopropyl-4,5-dimethylimidazo-lium-2-carboxylate: A stable carbene adduct of carbon dioxide [J]. Zeitschrift für Naturforschung B, 1999, 54 (4): 427-433.

[12] Duong H A, Tekavec T N, Arif A M, et al. Reversible carboxylation of N-heterocyelic carbenes [J]. Chemical Communications, 2004:112-113.

[13] Aldeco-Perez E, Rosentha A J, Donnadieu B, et al. Isolation of a C₅-deprotonated imidazolium, a crystalline "abnormal" *N*-heterocyclic carbene [J]. Science, 2009, 326 (5952): 556-559.

[14] Wittig G, Benz E. About the behavior of benzyne towards nucleophilic and electrophilic reagents [J]. Chemische. Berichte, 1959, 92 (9): 1999-2013.

[15] Welch G C, San Juan R R, Stephan D W, et al. Reversible, metal-free hydrogen activation [J]. Science, 2006, 314 (5802): 1124-1126.

[16] Stephan D W, Erker G. Frustrated Lewis pairs: metal-free hydrogen activation and more [J]. Angewandte Chemie International Edition, 2010, 49 (1): 46-76.

[17] Stephan D W. Frustrated Lewis pairs: a new strategy to small molecule activation and hydrogenation catalysis, [J]. Dalton Transactions, 2009: 3129-3136.

[18] Grimme S, Stephan D W, Erker G, et al. Reversible metal-free carbon dioxide binding by frustrated Lewis pairs [J]. Angewandte Chemie International Edition, 2009, 48 (36): 6643-6646.

[19] Grimme S, Stephan D W, Erker G, et al. CO₂ and formate complexes of phosphine/borane frustrated Lewis pairs [J]. Chemistry - A European Journal, 2011, 17 (35): 9640-9650.

[20] Zhao D W. Bis-boranes in the frustrated Lewis pair activation of carbon dioxide [J]. Chemical Communications, 2011, 47 (6): 1833-1835.

[21] Dureen M A, Stephan D W. Reactions of boron amidinates with CO₂ and CO and other small molecules [J]. Journal of the American Chemical Society, 2010, 132 (38): 13559-13568.

[22] Theuergarten E, Schlösser J, Tamm M, et al. Fixation of carbon dioxide and related small moleculesby a bifunctional frustrated pyrazolylborane Lewis pair [J]. Dalton Transactions, 2012, 41 (30): 9101-9110.

[23] Hounjet L J, Caputo C B, Stephan D W. Phosphorus as a Lewis acid: CO₂ sequestration with amidophosphoranes. [J]. Angewandte Chemie International Edition, 2012, 51 (19): 4714-4717.

[24] Annibale V T, Dalessandro D A, Song D. Tuning the reactivity of an actor ligand for tandem CO₂ and C—H activations: from spectator metals to metal-free [J]. Journal of the American Chemical Society, 2013, 135 (43):16175-16183.

[25] Ying J Y, Zhang Y, Riduan S N. Conversion of carbon dioxide into methanol with silanes over *N*-heterocyclic carbene catalysts [J]. Angewandte Chemie International Edition, 2009, 48 (18): 3322-3325.

[26] 谭正德, 黄丽萍, 刘欢, 等. *N*-杂环卡宾氮杂环卡宾-硅烷催化二氧化碳合成甲醇 [J]. 湖南工程学院学报(自然科学版), 2017, 27 (1): 65-71.

[27] Sgro M J, Dömer J, Stephan D W. Stoichiometric CO₂ reductions using a bis-borane-based frustrated Lewis pair [J]. Chemical Communications, 2012, 48 (58): 7253-7255.

[28] Ashley A E, Thompson A L, O'Hare D. Non-metal-mediated homogeneous hydrogenation of CO₂ to CH₃OH [J]. Angewandte Chemie International Edition, 2009, 48 (52): 9839 -9843.

[29] Berkefeld A, Piers W E, Parvez M. Tandem frustrated Lewis pair/tris(pentafluorophenyl)borane- catalyzed deoxygenative hydrosilylation of carbon dioxide [J]. Journal of the American Chemical Society, 2010, 132 (31): 10660-10661.

[30] Xiao Y, Kong X, Xu Z, et al. Efficient synthesis of quinazoline-2,4(1*H*,3*H*)-diones from CO₂ catalyzed by *N*-heterocyclic carbene at atmospheric pressure [J]. RSC Advances, 2015, 5 (7): 5032-5037.

[31] Wu Y C, Liu G S. Organocatalyzed cycloaddition of carbon dioxide to aziridines [J]. Tetrahedron Letters, 2011, 52 (48): 6450-6452.

[32] Ueno A, Kayaki Y, Ikariya T. Cycloaddition of tertiary aziridines and carbon dioxide using a recyclable organocatalyst, 1,3-di-*tert*-butylimidazolium-2-carboxylate: straightforward access to 3-substituted 2-oxazolidones [J]. Green Chemistry, 2013, 15 (2): 425-430.

[33] Shi Y, Pang G, Cao C, et al. Synthesis of oxazolidinones and derivatives through three-component fixation of carbon dioxide [J]. ChemCatChem, 2018, 10 (14): 3057-3068.

[34] Dou X Y, He L N, Yang Z Z. Proline-catalyzed synthesis of 5-aryl-2-oxazolidinones from carbon dioxide and aziridines under solvent-free conditions [J]. Synthetic Communications, 2012, 42 (1): 62-74.

[35] Fujita K, Fujii A, Sato J, et al. Synthesis of 2-oxazolidinone by *N*-heterocyclic carbene-catalyzed carboxylative cyclization of propargylic amine with CO_2 [J]. Tetrahedron Letters, 2016, 57 (11): 1282-1284.

[36] Vougioukalakis G C, Gómez-Bengoa E, Pauze M, et al. Unprecedented multicomponent organocatalytic synthesis of propargylic esters via CO_2 activation [J]. ChemCatChem, 2019, 11 (21): 5379-5386.

[37] Barbarini A, Maggi R, Sartoria G, et al. Cycloaddition of CO_2 to epoxides over both homogeneo us and silica-supported guanidine catalysts [J]. Tetrahedron Letters, 2003, 44 (14): 2931-2934.

[38] Zhou H, Zhang W Z, Liu C H, et al. CO_2 adducts of *N*-heterocyclic carbenes: thermal stability and catalytic activity toward the coupling of CO_2 with epoxides [J]. The Journal of Organic Chemistry, 2008 73 (20): 8039-8044.

[39] Jeong W, Hedrick J L, Waymouth R M. Waymouth. Organic spirocyclic initiators for the ring-expansion polymerization of *β*-lactones [J]. Journal of the American Chemical Society, 2007, 129 (27): 8414-8415.

[40] Liu X, Cao C, Li Y, et al. Cycloaddition of CO_2 to epoxides catalyzed by *N*-heterocyclic carbene (NHC)-$ZnBr_2$ system under mild conditions [J]. Synlett, 2012, 23 (9): 1343-1348.

[41] Zhang H, Kong X, Cao C, et al. An efficient ternary catalyst $ZnBr_2$/K_2CO_3/[Bmim]Br for chemical fixation of CO_2 into cyclic carbonates at ambient conditions [J]. Journal of CO_2 Utilization, 2016, 14 (14): 76-82.

[42] Lu S Y, Chen W, Wen L Q, et al. Pyridinylidenaminophosphines as versatile organocatalysts for CO_2 transformations into value-added chemicals [J]. Asian Journal of Organic Chemistry, 2022, 11 (7): e202200143.

[43] Ikariya T, Yamamoto M, Kayaki Y. *N*-heterocyclic carbenes as efficient organocatalysts for CO_2 fixation reactions [J]. Angewandte Chemie International Edition, 2009 48 (23): 4194-4197.

[44] Tommasi I, Sorrentino F. 1,3-Dialkylimidazolium-2-carboxylates as versatile *N*-heterocyclic carbene-CO_2 adducts employed in the synthesis of carboxylates and α-alkylidene cyclic carbonates [J]. Tetrahedron Letters, 2009, 50 (1): 104-107.

[45] Sun Y, Wei Y, Shi M. Phosphine-catalyzed fixation of CO_2 with *γ*-hydroxyl alkynone under ambient temperature and pressure: kinetic resolution and further conversion [J]. Organic Chemistry Frontiers, 2019, 6 (14): 2420-2429.

[46] Wang C M, Li H R, Dai S, et al. Carbon dioxide capture by superbase-derived protic ionic liquids [J]. Angewandte Chemie International Edition, 2010, 49 (34): 5978-5981.

[47] Wang C M, Li H R, Dai S, et al. Reversible and robust CO_2 capture by equimolar task-specific ionio liquid-superbase mixtures [J]. Green Chemistry, 2010, 12 (5): 870-874.

[48] Tsutsumi Y, Yamakawa K, Sakai T, et al. Bifunctional organocatalyst for activation of carbon dioxide and epoxide to produce cyclic carbonate: betaine as a new catalytic motif [J]. Organic Letters, 2010, 12 (24): 5728-5731.

[49] Tommasi I, Sorrentino F. Utilisation of 1,3-dialkylimidazolium-2-carboxylates as CO_2-carriers in the presence of Na^+ and K^+: application in the synthesis of carboxylates, monomethylcarbonate anions and halogen-free ionic liquids [J]. Tetrahedron Letters, 2005, 46 (12): 2141-2145.

[50] Yuan Y, Chen C, Zeng C, et al. Carboxylation of terminal alkynes with carbon dioxide catalyzed by an in situ Ag_2O/*N*-heterocyclic carbene precursor system [J]. ChemCatChem, 2017, 9 (5): 882-887.

[51] Motokura K, Naijo M, Yamaguchi S, et al. Reductive transformation of CO_2 with hydrosilanes catalyzed by simple fluoride and carbonate salts [J]. Chemistry Letters, 2015, 44 (9): 1217-1219.

[52] Motokura K, Naijo M, Yamaguchi S, et al. Reductive transformation of CO_2 with hydrosilanes catalyzed by simple fluoride and carbonate salts [J]. Chemistry Letters, 2015, 44 (11): 1464-1466.

[53] Gu L, Zhang Y. Unexpected CO_2 splitting reactions to form CO with *N*-heterocyclic carbenes as organocatalysts and aromatic aldehydes as oxygen acceptors [J]. Journal of the American Chemical Society, 2010 132 (3): 914-915.

[54] Chao D, Chen L, Fu Y, et al. A small organic molecular catalyst with efficient electron accumulation for near-unity CO_2 photoreduction [J]. Chemistry - An Asian Journal, 2022, 17 (23): e202200846.

[55] Villiers C, Dognon J P, Ephritikhine M, et al. An isolated CO_2 adduct of a nitrogen base: crystal and electronic structures [J]. Angewandte Chemie International Edition, 2010, 49 (20): 3465 -3468.

[56] Gomes C D N, Jacquet O, Cantat T, et al. A diagonal approach to chemical recycling of carbon dioxide: organocatalytic transformation for the reductive functionalization of CO_2 [J]. Angewandte Chemie International Edition, 2012, 51 (1): 187-190.

[57] Yu Z, Li Z, Zhang L, et al. A substituent- and temperature-controllable NHC-derived zwitterionic catalyst enables CO_2 upgrading for high-efficiency construction of formamides and benzimidazoles [J]. Green Chemistry, 2021, 23 (16): 5759-5765.

[58] 钟春涛, 曾少兰, 钟勤, 等. NHC-CO_2 两性离子催化 CO_2 参与有机反应进展 [J]. 江苏师范大学学报(自然科学版), 2023, 41 (1): 39-49.

[59] Cantat T, Ephritikhine M, Thuéry P, et al. A diagonal approach to chemical recycling of carbon dioxide: organocatalytic transformation for the reductive functionalization of CO_2 [J]. Angewandte Chemie International Edition, 2012, 51 (1): 187-190.

[60] Matsuba G, Kobayashi T, Chonan Y. Detailed analysis of aliphatic polyurea crystals [J]. Journal of Fiber Science and Technology, 2017, 73 (5): 122-125.

[61] Bao Z, Tok J B H, Jin L, et al. Tough and water-insensitive self-healing elastomer for robust electronic skin [J]. Advanced Materials, 2018, 30 (13): 1706846.

[62] Tang D, Mulder D J, Noordover B A J, et al. Well-defined biobased segmented polyureas synthesis via a TBD-catalyzed isocyanate-free route [J]. Macromolecular Rapid Communications, 2011, 32 (17): 1379-1385.

[63] Wazarkar K, Kathalewar M, Sabnis A. Development of epoxy-urethane hybrid coatings via non-isocyanate route [J]. European Polymer Journal, 2016, 84: 812-827.

[64] Li S, Sang Z, Zhao J, et al. Synthesis and properties of non-isocyanate aliphatic crystallizable thermoplastic poly(ether urethane) elastomers [J]. European Polymer Journal, 2016, 84: 784-798.

[65] Hao L, Zhao Y, Yu B, et al. Polyurea-supported metal nanocatalysts: synthesis, characterization and application in selective hydrogenation of o-chloronitrobenzene [J]. Journal of Colloid and Interface Science, 2014, 424: 44-48.

[66] Wu P, Cheng H, Shi R H, et al. Synthesis of polyurea via the addition of carbon dioxide to a diamine catalyzed by organic and inorganic bases [J]. Advanced Synthesis & Catalysis, 2019, 361 (2): 317-325.

[67] Yang G W, Zhang Y Y, Xie R, et al. Scalable bifunctional organoboron catalysts for copolymerization of CO_2 and epoxides with unprecedented efficiency [J]. Journal of the American Chemical Society, 2020, 142 (28): 12245-12255.

[68] Yang J, Song W, Cai T, et al. *De novo* artificial synthesis of hexoses from carbon dioxide [J]. Science Bulletin, 2023, 68 (20): 2370-2381.

第七章

离子液体催化实现碳中和

全球范围内二氧化碳的无限制排放已造成许多严重问题。为了人类文明的可持续发展，通过绿色经济的化学方法将 CO_2 转化为高附加值产物是非常可取的。近年来，离子液体催化 CO_2 转化被认为是碳资源循环利用和高附加值产物生产的一条有前景的途径。本章主要介绍通过离子液体催化将 CO_2 转化成酮类化合物、碳酸酯类化合物、酰胺类化合物等不同产物的方法。

第一节 离子液体催化助力碳中和

一、离子液体催化的发展史

离子液体（ionic liquid，IL）又称为室温熔盐、低温熔盐、环境温度熔盐、离子流体、液体有机盐等，通常定义为完全由熔点低于 100 ℃ 的离子组成的化合物。大多数离子液体在室温或接近室温的条件下呈液体状态，黏度大，在水中有一定的稳定性。离子液体以有机阳离子和无机阴离子或有机阴离子作为成分。由于阳离子与阴离子的多样性，可以通过改变比例组合来设计和合成具有特殊功能的新型离子液体材料。离子液体作为绿色溶剂具有独特的优势，如可忽略的蒸气压、大的液相范围、高的热稳定性、高的离子电导率、大的电化学窗口以及宽范围的溶剂化极性等，因此被广泛研究。离子液体可应用于许多领域（图7-1），如 CO_2 捕获/转化、生物质溶解/转化、SO_2 吸收、材料合成、金属钝化、电池电解质生产；此外，还广泛应用于萃取分离中，如萃取有机物、金属离子、萃取脱硫、气体分离等。基于这些优点，离子液体也被

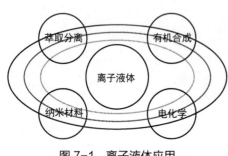

图 7-1 离子液体应用

称为未来的溶剂、设计溶剂或绿色溶剂和催化剂[1]。

（一）离子液体发展早期

化学家对离子液体的第一次有记录的观察是在 Friedel-Crafts 反应过程中形成的所谓"红油"。典型的 Friedel-Crafts 反应是芳香底物苯与初始亲电氯甲烷形成甲苯的反应。常用路易斯酸（例如 $AlCl_3$）催化该反应。在这个反应过程中，通常会形成一个单独的红色有机相，即上述所说的"红油"，但在 19 世纪中期首次观察到这种情况时，还不知道红油的成分。当 NMR 谱被化学家广泛使用时，红油的结构被鉴定为是具有阳离子的盐，该阳离子是 Friedel-Crafts 反应中长期被认为稳定的中间体，称为 σ 络合物。对于 $AlCl_3$ 催化的 Friedel-Crafts 反应，提出的液体结构为如图 7-2 所示的七氯二铝酸盐。密苏里大学的杰瑞·阿特伍德（Jerry Atwood）教授指出了这种早期的离子液体的存在。这种离子液体还获得了专利，但是当时未发现其主要的工业用途。

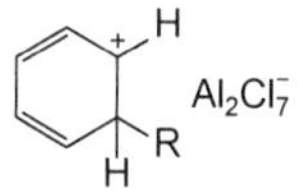

图 7-2　七氯二铝酸盐

离子液体可分为第一代、第二代、第三代离子液体。

（二）第一代离子液体

如图 7-3 所示，1914 年，德国科学家保罗·瓦尔登（Paul Walden）使用浓硝酸和乙胺反应制得人类史上第一种离子液体硝酸乙基铵 $[EtNH_3][NO_3]$（熔点 12 ℃，在空气中不稳定，极易爆炸），但该发现没有引起科学界的关注[2]。1951 年，美国科学家赫利（Frank H. Hurley）和威尔（Thomas P. WIer, Jr.）合成出室温条件下为液态的离子液体[3]。他们将乙基溴化吡啶与 $AlCl_3$ 进行混合，进行电解后变为无色透明的液体，即 $AlCl_3$-EtPyBr 混合物。该离子液体的阳离子是正乙基吡啶。但该离子液体温度范围较狭窄，且氯化铝离子液体遇水会释放出 HCl，对皮肤有害。1963 年，亚利桑那大学的约翰·约克（John T. Yoke Ⅲ）报道了基于氯化亚铜负离子（$CuCl_2^-$）的离子液体[4]。1976 年，美国科罗拉多州立大学的罗伯特（Robert）利用 $AlCl_3$/[N-EtPy]Cl 作电解液，进行有机电化学研究时，发现这种室温离子液体是很好的电解液，为离子液体在电化学、有机合成、催化等领域的应用奠定了基础。20 世纪 70 年代，罗伯特·A. 奥斯特扬（Robert A. Osteryoung）等第一次成功制取了室温氯酸盐，对四烷基铵正离子和四氯化铝负离子组成的离子液体的应用进行了系统性的研究[5]。1982 年，毕业于美国阿拉巴马大学的约翰·S.威尔克斯（John S. Wilkes）发表了一篇开创性的文章，描述了一系列二烷基咪唑氯铝酸盐[6]。但此类离子液体对水非常敏感，需要在完全真空或惰性气体环境中进行处理

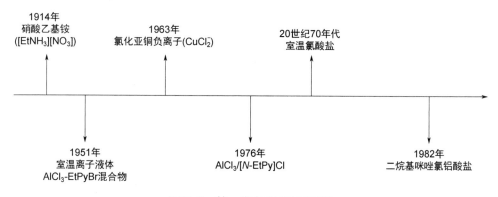

图 7-3　第一代离子液体发展史

和研究，限制了其应用范围。

（三）第二代离子液体

如图 7-4 所示，1992 年，约翰·S.威尔克斯（John S. Wilkes）和迈克尔·J.扎沃罗特科（Michael J. Zaworotko）合成出具有抗水性、强稳定性的 1-乙基-3-甲基咪唑四氟硼酸盐（EMIm[BF₄]）[7]，标志着第二代离子液体从此诞生。自此，离子液体的研究步入正轨，这类离子液体非常适合用作反应介质。1996 年，瑞士的皮埃尔·邦霍特（Pierre Bonhôte）报道了含 [（三氟甲基）磺酰基] 酰胺 [$N(CF_3SO_2)_2^-$] 的咪唑类离子液体[8]，该咪唑类离子液体不溶于水，对水稳定，同时具有低熔点、低黏度、高导电率、高稳定性等优点。

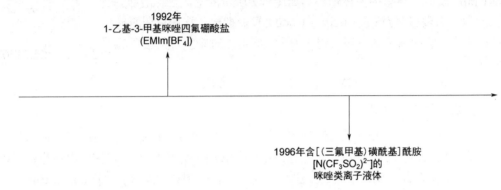

图 7-4 第二代离子液体发展史

（四）第三代离子液体

20 世纪初，离子液体主要是进行功能化方面的研究，根据所需的物理性质（如黏度、电导率、熔点）、化学性质（如配位能力、极性、酸度、溶解度），可以将一些功能化的基团引入离子液体，以满足所需的功能化要求。至此，离子液体演变成第三代——功能化的离子液体，也被称为"设计溶剂"（图 7-5）。2000 年，阿拉巴马大学的安·E.维瑟（Ann E. Visser）等报道了含有异喹啉类的离子液体[9]。同年，大卫（David）工作组报道了含氟取代烷烃链的离子液体，可作为表面活性剂将全氟取代烃（即氟碳化合物）分散于离子液体中，这一发现无疑将推动了两种新型绿色溶剂在应用中的结合。2001 年，澳大利亚的道格拉斯·麦克法兰（Douglas R. MacFarlane）和杰克·戈尔丁（Jake Golding）报道了阴离子为双氰酰胺 [$N(CN)_2^-$] 的、具有配位能力的一类离子液体[10]。2003 年，浙江大学包伟良等以天然氨基酸为原料制备出稳定的手性咪唑阳离子，给离子液体的研究提供了新的研究方向[11]。2005 年，土耳其伊斯坦布尔技术大学的尼亚兹·比卡克（Niyazi Bicak）报道了一个新的离子液体——2-羟基乙基甲酸铵[12]，其在 0℃左右的温度下不会冻结，并能溶解相当数量的无机盐，且在室温时有很高的离子电导率、高可极化度和热稳定性。一些难以溶解的聚合物，如聚苯胺、聚吡咯，在此离子液体中也能很容易地溶解。

二、离子液体的合成

离子液体结构复杂、种类繁多。通常，可以改变阴离子和阳离子的不同组合，以设计和合成不同类型的离子液体。离子液体的常规合成方法包括一步合成法和两步合成法，但都存在一定的缺点，为克服常规合成方法存在的问题，新型离子液体的合成方法也不断涌现出来。

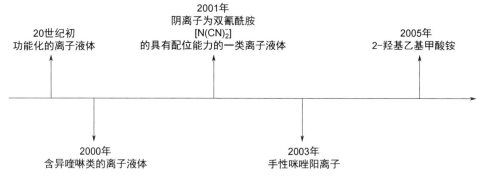

图 7-5　第三代离子液体的发展史

（一）一步合成法

一步合成法又称为直接合成法，即为通过酸碱中和反应或者季铵化反应直接合成离子液体，操作经济简便、没有副产物、产品易纯化。例如，硝酸乙基铵离子液体就是由乙胺的水溶液与硝酸的中和反应进行合成的。具体的方法是在中和反应后真空除去多余的水，为了得到较为纯净的离子液体，再将其溶解在乙腈或四氢呋喃等有机溶剂中，用活性炭处理，最后真空除去有机溶剂得到可以使用的离子液体。如 Hirao[14]使用直接合成法合成了一系列不同阳离子的四氟硼酸盐离子液体。另外，通过季铵化反应可制备多种离子液体[8]，如 1-乙基-3-甲基咪唑盐[EMIm][CF$_3$SO$_3$]、1-丁基-3-乙基咪唑盐[BEIm]Cl 等。一步合成法操作简便，减少了有机溶剂的使用、无副产物及残余物、产品易提纯，但合成的离子液体种类存在局限性[15]。

（二）两步合成法

如使用直接合成法难以得到目标离子液体，则可使用两步合成法，又称间接合成法。首先通过季铵化反应合成出含目标阳离子的卤盐（[阳离子][X]型离子液体），然后用目标阴离子置换出卤离子或加入 Lewis 酸（MX）来得到目标离子液体。在反应的第二步中，使用金属盐MY（常用 AgY 或 NH$_4$Y）置换阴离子时，产生 AgX 沉淀物或 NH$_3$、NX 气体除去卤离子。加入强质子酸 HY 要求反应在低温搅拌下进行，然后用水多次洗涤至中性，离子液体用有机溶剂萃取，再真空除去有机溶剂，得到纯净离子液体。应注意，在目标阴离子（Y$^-$）置换卤离子的过程中，反应必须完全，确保没有卤离子留在目标离子液体中，因为离子液体的纯度对其应用是极其重要的。高纯度二元离子液体的合成通常是在离子液体交换器中利用交换树脂通过阴离子交换来制备。另外，直接将 Lewis 酸（MX$_y$）与卤盐结合，可制备[阳离子][M$_n$X$_{ny+1}$]型离子液体，如氯铝酸盐的合成。以咪唑类离子液体的合成为例，详见图 7-6。

（三）新型合成方法

使用常规方法合成制备离子液体通常需要使用大量的有机溶剂作为反应介质或者用于洗涤和纯化离子液体，导致制备得到的产物产率偏低，且需要加热回流较长时间，不符合绿色化学原则。20 世纪 80 年代出现了两种新型离子液体合成方法[16]，分别为微波和超声波辅助有机合成方法，目前这两种方法在实验室以及工业中被广泛应用。应用新型合成方法合成离子液体的反应能够快速高效地进行，使得离子液体的制备朝着更加高效经济且环境友好的方向前进。

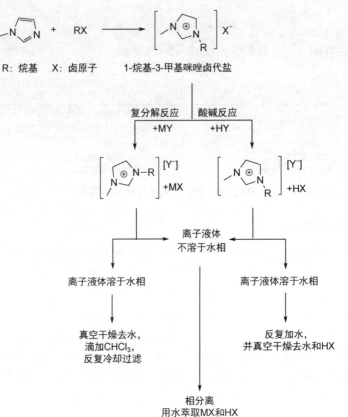

R：烷基　　X：卤原子　　1-烷基-3-甲基咪唑卤代盐

图 7-6　咪唑类离子液体的合成示意图

1. 微波辅助合成离子液体

微波是一种波长在 1～1000 mm 范围内的电磁波。微波辅助合成离子液体[17]的原理为极性分子在快速变化的电磁场中不断改变方向，从而引起分子的摩擦发热，属于体相加热技术。微波辅助合成离子液体不需要溶剂，反应可以缩短至几小时甚至几分钟。微波加热升温速度快，且分子不断转动也是一种分子级别的搅拌作用，可极大地提高反应速率、产率和选择性。与传统的制备方法比较，微波辅助合成离子液体方法不仅极大地缩短了反应时间，还避免了使用大量有机溶剂，且大部分离子液体都可获得更高的产率。但微波辅助合成方法也存在一些弊端，其最大的缺点是反应不容易控制、有副反应发生。表 7-1 至表 7-3 为部分微波辅助合成离子液体的例子。

表 7-1　微波辅助阳离子功能化离子液体的合成

离子液体	常规合成	微波合成	参考文献
氯化-1-甲基-3-羟乙基咪唑([C_2(OH)Im]Cl)	24 h，85%[①]	110 s，91%[②]	[18]
氯化-N-羟乙基吡啶([C_2(OH)Py]Cl)	24 h，80%[①]	390 s，85%[②]	[18]
氯化-1-甲基-3-(2,3-二羟基)丙基咪唑([C_3(OH)_2Im]Cl)	96 h，74%[①]	120 s，80%[②]	[18]
氯化-N-(2,3-二羟基)丙基吡啶([C_3(OH)_2Py]Cl)	96 h，78%[①]	135 s，80%[②]	[18]
溴化-1-(4-甲酰基苯氧基)丁基-3-甲基咪唑([FPhOBMIm]Br)	4 h，82.2%～88.6%	2 h，93%～97%	[19]
1-丙基-3-(3-二苯基氧膦基)丙基咪唑双(三氟甲基磺酰基)亚胺盐([PImC_3P(O)Ph_2][Tf_2N])	—	12 min，89.5%[②]	[20]

离子液体	常规合成	微波合成	参考文献
1-己基-3-(3-二苯基氧膦基)丙基咪唑双(三氟甲基磺酰基)亚胺盐 ([HImC3P(O)Ph2][Tf2N])	—	12 min，89.8%[②]	[20]
1-丙基-3-(3-苯基乙氧基氧膦基)丙基咪唑双(三氟甲基磺酰基)亚胺盐([PImC3P(O)Ph(OEt)][Tf2N])	—	12 min，88.7%[②]	[20]
1-己基-3-(3-苯基乙氧基氧膦基)丙基咪唑双(三氟甲基磺酰基)亚胺盐([HImC3P(O)Ph(OEt)][Tf2N])	—	12 min，90.0%[②]	[20]
(3-苯基乙氧基氧膦基)丙基三乙胺双(三氟甲基磺酰基)亚胺盐([TENC3P(O)Ph(OEt)][Tf2N])	—	12 min，89.4%[②]	[20]
氯化-1-(三甲基硅甲基)-3-辛基咪唑([MTMSiC8Im]Cl)	28 h，88.1%[①]	8 min，89.8%	[21]
组氨酸-碘化氢(His-HI)	—	2 min，92%	[22]

① 常规油浴加热。

② 微波间歇辐射加热。

表 7-2　微波辅助阴离子功能化离子液体的合成

离子液体	常规合成	微波合成	参考文献
1-溴-3-甲基咪唑四氟硼酸盐([BMIm][BF4])	—	120 s，86%[②]	[23]
1-溴-3-甲基咪唑六氟磷酸盐([BMIm][PF6])	—	120 s，85%[②]	[23]
1-烯丙基吡啶氯化盐([APY]Cl)	24 h，48.7%[①]	3.5 min，86.2%	[24]
1-烯丙基吡啶甲磺酸盐([APY]CH3SO3)	—	7.0 min，90.3%	[24]
1-烯丙基吡啶氯磺酸盐([APY]ClSO3)	—	10.5 min，81.2%	[24]
1-烯丙基吡啶硫酸氢盐([APY]HSO4)	—	10.5 min，92.7%	[24]
1-烯丙基吡啶对甲苯磺酸盐([APY][TSO])	—	10.5 min，73.3%	[24]
1-烯丙基吡啶硝酸盐([APY]NO3)	—	10.5 min，79.8%	[24]
1-溴-3-甲基咪唑氯化盐([BMIm]Cl)	—	3.5 min，53.1%	[24]
1-溴-3-甲基咪唑亚硫酸氢盐([BMIm]HSO4)	—	10.5 min，91.2%	[24]

① 常规油浴加热。

② 微波间歇辐射加热。

表 7-3　微波辅助其他类功能化离子液体的合成

离子液体	常规合成	微波合成	参考文献
六乙基甲二胺二溴盐([2TEA-C1]Br2)	6 h，81%[①]	30 min，92%[②]	[25]
六乙基乙二胺二溴盐([2TEA-C2]Br2)	6 h，78%[①]	30 min，95%[②]	[25]
六乙基丙二胺二溴盐([2TEA-C3]Br2)	6 h，76%[①]	30 min，90%[②]	[25]
六辛基甲二胺二溴盐([2TOA-C1]Br2)	48 h，85%[①]	40 min，96%[②]	[26]
六辛基乙二胺二溴盐([2TOA-C2]Br2)	48 h，83%[①]	40 min，93%[②]	[26]
六辛基丙二胺二溴盐([2TOA-C3]Br2)	48 h，80%[①]	40 min，91%[②]	[26]
异丙基吡啶四氟硼酸盐([Py-C3]BF4)	48 h，98%[①]	30 min，95%[②]	[26]
异丙基吡啶六氟磷酸盐([Py-C3]PF6)	21 h，98%[①]	30 min，93%[②]	[26]
叔丁基吡啶四氟硼酸盐([Py-C4]BF4)	21 h，98%[①]	30 min，94%[②]	[26]
叔丁基吡啶六氟磷酸盐([Py-C4]PF6)	21 h，98%[①]	30 min，94%[②]	[26]

① 常规油浴加热。

② 微波间歇辐射加热。

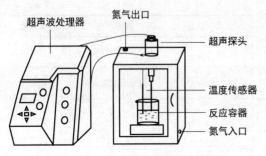

图7-7 超声波辅助合成离子液体

2. 超声波辅助合成离子液体

借助超声空化作用，可在液体内部形成局部的高温高压微环境（图7-7），且超声波的振动搅拌作用可极大地提高反应速率，尤其是非均相化学反应。与常规方法相比，超声波辅助合成离子液体[27]方法大大缩短了反应时间，提高了产品转化率，并且克服了微波辅助合成反应不容易控制的缺点，使产品纯度更高。此外，微波和超声两种技术组合起来的微波-超声合成制备离子液体方法，可更加有效地提升反应的经济性，提高制备离子液体的效率[28]。

3. 电化学法

电化学法合成离子液体[15]可制备高纯度的离子液体，但合成装置复杂。该方法是在电化学反应池中将含有目标阳离子的化合物中的阴离子通过电解氧化，将含有目标阴离子的化合物中的阳离子通过电解还原，剩下的目标阴、阳离子通过电化学反应池中的离子交换膜形成最终的离子液体，可减少目标离子液体中卤素离子的含量（图7-8）。

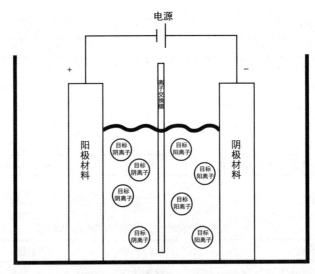

图7-8 电化学法合成离子液体

三、离子液体的性质

离子液体通常被称为设计溶剂（designer-solvents），因其物理化学性质取决于分子间和分子内的相互作用力。因此，可以通过简单地修改其阳离子或阴离子结构来定制其特性以适应特定的应用。通过选择合适的阴离子和阳离子进行相配，离子液体的物理化学性质可在很宽的范围内调节变化。

（一）物理性质

1. 熔点

离子液体熔点很低，可在比传统无机盐低得多的温度下熔化。离子液体熔点低的主要原因是其结构对称性差。离子液体的熔点多数为0～100 ℃。研究者还发现很多离子液体在−80～

100 ℃表现出较宽温度范围的玻璃态，这说明其结晶速度很慢，并具有很长的熔程[30]。离子液体的熔点受碳-杂键和氢键作用力的影响，此外含水量也影响其熔点[31]。

2. 密度

离子液体的密度主要由阴阳离子的类型决定，大多数离子液体的密度比水的密度大，除吡啶二氰二胺和胍（密度范围为 0.9～0.97 g/cm³）之外。离子液体的密度随着烷基碳原子数的增加而增加，同时也随着其有机阳离子体积的增大而减小。通常，阴离子越大，离子液体密度越大[8,32]。有趣的是，1-甲基咪唑离子液体的密度随温度的升高呈线性下降，但下降的速度小于分子有机溶剂[33]。

3. 黏度

与传统有机溶剂相比，离子液体是黏度高 1～3 个数量级的黏性液体，这种高黏度的特性在进行实验时会对操作过程产生负面影响。离子液体的黏度主要受范德华相互作用和氢键的影响。由于范德华相互作用和氢键的增加，烷基链加长或氟化使离子液体更黏稠[8]；烷基链分支的旋转自由度降低会增加黏度。例如，1-异丁基-3-甲基咪唑双[(三氟甲基)磺酰基]酰亚胺的黏度是 1-丁基-3-甲基咪唑双[(三氟甲基)磺酰基]酰亚胺黏度的三倍以上[34]。温度和添加剂也是影响离子液体黏度的重要因素。当温度稍微提高时，或在液体中加入少量有机溶剂时，黏度会明显降低。

4. 溶解度

与其他溶剂相比，离子液体内部存在相当大的库仑力，正是这种库仑力使其具有很强的极性且对多种有机、无机及聚合材料有特殊的溶解能力。利用其良好的溶解性，可将一些极性强的质子酸和路易斯酸及金属络合催化剂溶解，达到催化剂循环使用的目的。咪唑阳离子上的取代烷基碳链长度对亲水、亲油性有较大影响。同是 BF_4^- 阴离子，在 25 ℃时，烷基碳数超过 5 时，离子液体不溶于水；低于 5 时，离子液体则与水互溶[35]。对于六氟磷酸阴离子的烷基取代的咪唑类离子液体，其疏水性随着阳离子烷基链长增加而逐渐增大。Swaflosk[36]等发现，在 H_2O 与离子液体[C₄MIm]PF₆组成的双相体系中，引入第三组分也会影响各相间的溶解性，这为调节物质在离子液体与其他溶剂间的溶解性提供了广阔的空间。因此，通过设计和调节离子液体，实现其取代挥发性的有机分子溶剂从水溶液中萃取分离一些有机化合物是有可能的。

（二）化学性质

1. 热稳定性

离子液体的稳定性分别受杂原子-碳原子之间作用力和杂原子-氢键之间作用力的限制，因此离子液体的热稳定性与组成离子液体的阴离子和阳离子的性质相关。一般随着碳链的增长，离子液体的热稳定性逐渐降低。这是因为碳链越长，阳离子体积越大，导致与阴离子间距离越远，相互间引力会减小，所以在高温下更不稳定、更易分解[37]。离子液体具有很宽的温度稳定范围，大多数季铵盐离子液体的最高工作温度为 150 ℃左右，而咪唑类离子液体具有更高的稳定温度，比如[EMIm]BF₄在 300 ℃仍然稳定，[EMIm][CF₃SO₃]和[EMIm][(CF₃SO₂)₂N]的热稳定性温度均在 400 ℃以上。

2. 导电性

离子液体的导电机理和其他溶液不同，不是通过阴阳离子定向移动导电，而是通过阴阳离子在空位中的跳跃机制进行导电的。离子间因布朗运动发生相对位移而形成空位，运动是无规则的，空位的大小也并不一致。离子液体的电导率与阴、阳离子结构、所带电荷数、温度等很多条件息息相关。一般阳离子所连的侧链越长，电导率越小；温度越高，电导率越大[38]。

3. 酸碱性

离子液体的酸碱性是由阴离子的本质决定的，这一点在氯酸铝类离子液体中体现最明显[13]。如图 7-9 所示，将路易斯酸 $AlCl_3$ 加入[BMIm]Cl 中，$AlCl_3$ 和[BMIm]Cl 的摩尔比决定着酸碱性的不同。当 $AlCl_3$ 和[BMIm]Cl 的摩尔比中 $\nu(AlCl_3)<0.5$ 时，离子液体呈碱性，阴离子为 Cl^-；当 $\nu(AlCl_3)=0.5$ 时，离子液体呈中性，阴离子为 $AlCl_4^-$；当 $\nu(AlCl_3)>0.5$ 时，随着 $AlCl_3$ 的增强会出现 $Al_2Cl_7^-$、$Al_3Cl_{10}^-$，离子液体将表现出强酸性。研究离子液体的酸碱性时，一定要注意其"潜酸性"和"超酸性"。如把弱的有机酸（吡咯、取代苯胺等）加入中性的[BMIm]$AlCl_4$ 中，离子液体就可以表现出明显的潜酸性。而把无机酸溶解到酸性的氯酸铝盐类离子液体中（甚至在酸性的氯酸铝盐类离子液体加入水），就可观察到离子液体的超酸性。与传统的超酸系统相比，超酸性离子液体处理起来更加安全。

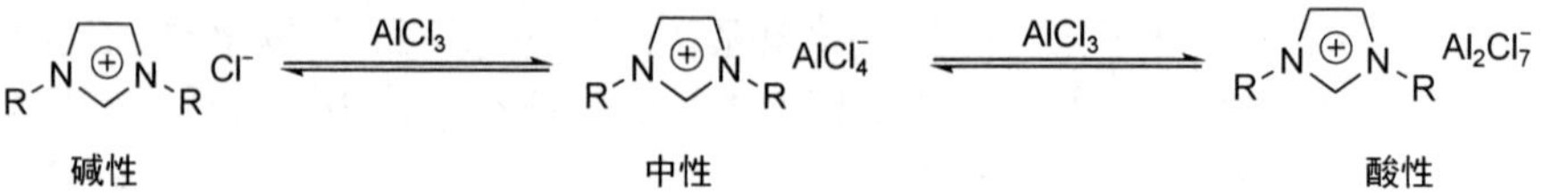

图 7-9 不同 pH 下离子液体形态转换

离子液体可以循环使用，一般不会成为蒸气，也不会在实验中释放有害气体，在化工生产中使用离子液体可以减少对环境的污染，并且减少废物产生。在酰基化反应、酯化反应、聚合反应、室温和常压下的催化加氢反应、电化学合成、烯烃的环氧化反应、支链脂肪酸的制备等方面，离子液体有良好的表现，并且具有反应速率快、转化率高、反应选择性高、催化体系可循环重复使用等优点，绿色环保，对环境十分友好。离子液体具有多重优点，在有机及高分子物质的合成中也扮演着绿色溶剂的角色，时至今日，越来越受科学家的青睐，在溶剂萃取、物质的分离和纯化、废旧高分子化合物的回收、燃料电池和太阳能电池、工业废气中 CO_2 的提取、地质样品的溶解、核燃料和核废料的分离与处理等方面，显示出其潜在的应用前景。

四、离子液体催化剂在促进碳中和方面的优势

离子液体催化剂具有活性高、催化效果强、稳定性好、原料适用性强、生产成本低等优点。特别是，它们可作为双相催化剂，或通过将含金属或非金属的离子液体固定在矿物或聚合物载体上而获得固定化催化剂[39]。

离子液体参与的反应几乎涵盖了所有的有机化学类型，如氧化、氢化、聚合、Friedel-Crafts 烷基化/酰基化、Diels-Alder 加成、Mizoroki-Heck 反应等；其负载的催化剂也几乎囊括了所有用于有机反应的金属催化剂[40]。在离子液体参与的反应中，离子液体不仅作为绿色反应介质或催化剂，由于其结构的可设计性，选择合适的离子液体往往还可以起到协同催化的作用，使得催化活性和选择性均有所提高[41]。这种协同作用产生的机理可归为：

① 催化反应所生成的产物不溶于离子液体相，在反应过程中直接沉淀出来或被萃取到有机相，从而加快了反应的进行；

② 离子液体特定的空间结构使得溶于其中的催化剂的配体发生变化，从而提高催化活性

和选择性；

③ 离子液体的存在使得反应条件变得温和，从而有利于反应的进行；

④ Lewis 酸溶于特定酸性离子液体使其酸性增强，从而增强其催化活性。

离子液体能够表现出的 Lewis、Brønsted、Franklin 酸及超强酸酸性，可有效替代硫酸、氢氟酸、AlCl₃ 等作为催化剂进行酸催化过程。离子液体作为催化剂没有腐蚀性，易于循环使用。

与传统有机溶剂和电解质相比，离子液体还具有一系列突出的优点：

① 液态范围宽，从低于或接近室温到 300 ℃以上，有高的热稳定性和化学稳定性；可操作温度范围宽（-40～300 ℃），具有良好的热稳定性和化学稳定性，易与其他物质分离，可以循环利用；

② 离子液体无味、不燃，较为安全，蒸气压非常小，不挥发，毒性小，因此可用在高真空体系中，同时可减少因挥发而产生的环境污染问题，在使用、储藏中不会蒸发散失，可以循环使用，消除了挥发性有机物（volatile organic compound，VOC）产生的环境污染问题；

③ 电导率高，电化学窗口大，可作为许多物质电化学研究的电解液；

④ 通过阴阳离子的设计可调节其对无机物、水、有机物及聚合物的溶解性，并且表现出 Lewis、Franklin 酸的酸性，且酸强度可调；

⑤ 具有较大的极性可调控性，黏度低、密度大，可以形成二相或多相体系，适合作分离溶剂或构成反应-分离耦合新体系；

⑥ 对大量无机和有机物质都表现出良好的溶解能力，可使反应在均相条件下进行，同时可减少设备体积，因而适于氢化、酰化、氢甲酰化、空气氧化等催化反应；且具有溶剂和催化剂的双重功能，可以作为许多化学反应溶剂或催化活性载体。化学家还发现可以很容易地从离子液体中萃取产物并回收催化剂，能多次循环使用这些液体，从而实现合成的绿色化，因此，离子液体可用于清洁生产和开发清洁工艺。

基于这些特殊性质和表现，离子液体与超临界 CO₂ 和双水相一起被认为是三大绿色溶剂，具有广阔的应用前景。

五、用于碳中和的常见离子液体催化剂

（一）咪唑类离子液体

咪唑类离子液体可以通过烷基咪唑和酸中和反应得到，其主要特点为：呈酸性，熔点高，热稳定性差，主要用于酸催化体系。其中阳离子是 1-甲基咪唑等；阴离子包括氯、四氟硼酸、硫酸氢、磷酸二氢根、三氟甲烷磺酸、三氟乙酸等。

（二）季铵类离子液体

季铵类离子液体是研究较早的一种离子液体催化剂，传统的季铵类相转移催化剂都可归于此，但因其熔点很高，除了作为催化剂应用，其他领域的应用受到了很大的限制。季铵类离子液体的阳离子有四乙基铵、四丁基铵、烷基三乙基铵、烷基三丁基铵等，其中烷基有乙基、丁基、己基、辛基等；阴离子包括氯、溴、四氟硼酸、六氟磷酸、双三氟甲烷磺酰亚胺等。

（三）季𬭸类离子液体

季𬭸类离子液体是发展较早的一种离子液体催化剂，具有很多成熟商业化产品的种类，

但室温下为液体的主要是双三氟甲烷磺酰亚胺阴离子类。季鏻类离子液体的阳离子为烷基三丁基鏻，其中烷基有乙基、丁基、己基、辛基等；阴离子包括溴、四氟硼酸、双三氟甲烷磺酰亚胺等。

（四）吡咯烷类离子液体

吡咯烷类离子液体是一种不含不饱和键的离子液体催化剂，熔点低，具有较好的化学稳定性，电导率较高。例如，阴离子为双三氟甲烷磺酰亚胺的这类离子液体表现出良好的电化学性能。吡咯烷类离子液体的阳离子为 N-烷基-N-甲基吡咯烷，其中烷基包括乙基、丙基、丁基、己基、辛基等；阴离子包括溴、四氟硼酸、六氟磷酸、双三氟甲烷磺酰亚胺等。

（五）哌啶类离子液体

哌啶类离子液体也是一种不含不饱和键的离子液体催化剂，具有较好的化学稳定性，阴离子为双三氟甲烷磺酰亚胺的这类离子液体表现出良好的电化学性能。哌啶类离子液体的阳离子为 N-烷基-N-甲基哌啶，其中烷基包括乙基、丙基、丁基、己基、辛基等；阴离子包括溴、四氟硼酸、六氟磷酸、双三氟甲烷磺酰亚胺等。

（六）功能化离子液体

功能化离子液体类别繁多，可按官能团细分为十大类：羟基、羧基、醚基、酯基、氨基、磺酸基、烯基、苄基、腈基、胍类。由于其特殊的结构，在催化、纤维素溶解、电化学等领域都表现出了独特的优势。

表 7-4 为离子液体常见的阳离子和阴离子。

表 7-4 常见阳离子和阴离子

离子液体种类		结构式		
阳离子	咪唑类			
	哌啶类			
	吡咯烷类			
	季铵/季鏻类			
阴离子	卤素类	Cl^-	Br^-	I^-
	硼酸类			

离子液体种类		结构式		
阴离子	磷酸类	$\begin{array}{c}F \quad F \\ F \backslash | / F \\ P \\ F / | \backslash F \\ F \end{array}$	$F_3CF_2C \underset{F_3CF_2C}{\overset{F}{\underset{|}{P}}} CF_2CF_3$	(聚磷酸结构)
	氨基酸类	$\underset{\underset{NH_2}{|}}{HS-\overset{H_2}{C}-\overset{H}{C}-COO^-}$	$H_2N-(CH_2)_4-\overset{H}{\underset{\underset{NH_2}{|}}{C}}-COO^-$	$H_2N-\overset{H_2}{C}-COO^-$

第二节　典型离子液体催化技术促进碳中和

一、制备酮类化合物

（一）DBU 基离子液体催化邻苯二胺与 CO_2 羰基化制备 2-苯并咪唑酮

1. 简介

中国科学院刘志敏课题组提出了一种在无溶剂条件下由 1,8-二氮杂双环[5.4.0]十一碳-7-烯（DBU）基离子液体催化邻苯二胺与 CO_2 羰基化合成 2-苯并咪唑酮的新路线[42]。DBU 乙酸酯（[DBUH][OAc]）可高效催化 CO_2 与苯二胺的反应，并以高产率获得一系列苯并咪唑酮。研究表明，[DBUH][OAc]可以作为双功能催化剂，活化 CO_2 和邻苯二胺进行反应，该方案为苯并咪唑酮的生产提供了一条有效且环保的替代路线，并扩展了 CO_2 在有机合成中的化学利用。

2. 合成过程

制备反应于 22 mL 的聚四氟乙烯内衬不锈钢反应器中进行，反应器与磁力搅拌器组装在一起。将所需量的邻苯二胺（2.0 mmol）和作为催化剂的离子液体（如[DBUH][OAc]，0.2 mmol）装入反应器中，随后移至 120 ℃的油浴中，然后将 CO_2 加入反应器中直至达到所需压力，并启动搅拌器。反应结束后，将反应器在冰水中冷却，并缓慢排出内部气体。用乙酸乙酯萃取反应混合物三次，以从产物中分离离子液体。将合并的乙酸乙酯溶液用 Na_2SO_4 干燥，然后通过真空蒸发浓缩，得到粗产物，通过柱色谱进一步纯化。将回收的离子液体（如[DBUH][OAc]）在 60 ℃下真空干燥 8 h，并在下一个反应中作为催化剂重复使用。

3. 离子液体的作用

如图 7-10 所示，[DBUH][OAc]与邻苯二胺形成氢键，尤其是[OAc]⁻与邻苯二胺之间存在强的氢键相互作用，氢键可以削弱 N—H 键，促进邻苯二胺中—NH_2 基团对 CO_2 碳原子的亲核进攻。[DBUH]⁺通过六元环上的叔氮原子与 CO_2 形成加合物，活化 CO_2。这意味着在该反应中离子液体是 CO_2 与邻苯二胺类反应的双功能催化剂。

4. 总结

使用 DBU 基离子液体作为催化剂，在没有任何溶剂和添加剂的情况下可实现邻苯二胺与 CO_2 的羰基化。[DBUH][OAc]在 CO_2 与邻苯二胺的反应中表现出最佳的效率，并以高产率合成了一系列 2-苯并咪唑酮。在该化学反应过程中，[DBUH][OAc]充当了一种双功能催化剂的角色，其中阳离子部分促进了 CO_2 的活化，而阴离子部分则活化了邻苯二胺。这个由 CO_2 和邻苯二胺合成 2-苯并咪唑酮的方案为苯并咪唑酮类的生产提供了一种有效且环保的替代方案，扩展了 CO_2 在合成工业重要化学品中的化学利用。

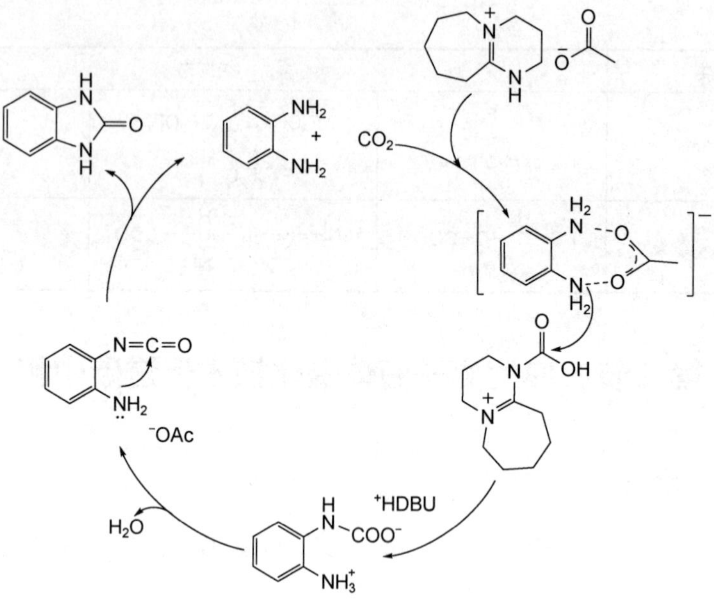

图 7-10　2-苯并咪唑酮合成机理

（二）碱功能化离子液体催化二炔醇合成 3(2*H*)-呋喃酮

1. 简介

浙江大学王从敏课题组报道了一种在常压 CO_2 条件下碱功能化离子液体催化二炔醇水化高效合成 3(2*H*)-呋喃酮的方法[43]。研究者初步预测了碱性离子液体作为催化剂的最佳范围，碱性合适的离子液体 1,8-二氮杂双环[5.4.0]十一碳-7-烯苯并咪唑（[HDBU][BenIm]）表现出最高的催化活性。通过核磁共振光谱研究和量子化学计算相结合讨论了 CO_2 的吸收机理，结果表明了离子液体中阴离子碱度和阳离子种类的重要性。

2. 合成过程

反应在 10 mL 烧瓶中进行，将反应底物 2-甲基-6-苯基-3,5-己二炔-2-醇（0.110 g，0.6 mmol）、1,8-二氮杂双环[5.4.0]十一碳-7-烯苯并咪唑离子液体（[DBU][BenIm]，0.162 g，0.6 mmol）和 H_2O（0.108 g，6 mmol）依次加入烧瓶中，将烧瓶连接到充满 CO_2（99.99%）的气球上。然后将混合物在 90 ℃下搅拌 1 h。通过气相色谱法（GC）以联苯为内标对所得产物进行定量分析。在研究催化剂体系的可重复使用性时，用乙醚（5×2 mL）稀释反应混合物，并在 CO_2 气氛下收集上层溶液。然后，在 60 ℃下真空干燥后，离子液体可以继续在下一轮中使用。上层溶液经过旋蒸、拌样，以石油醚/乙酸乙酯为洗脱剂，通过硅胶柱色谱法分离得到 3(2*H*)-呋喃酮。

3. 离子液体的作用

如图 7-11 所示，苯并咪唑阴离子[BenIm]⁻ 的 H 与 CO_2 中的 O 形成氢键，活化 CO_2，之后 CO_2 与底物 2-甲基-6-苯基-3,5-己二炔-2-醇反应形成中间体，中间体进行内环化形成环碳酸酯，该步骤为反应的决速步骤。之后环碳酸酯水解并释放 CO_2，并在[BenIm]⁻ 存在下生成连烯羟基酮，最后，连烯羟基酮与碱催化剂、CO_2 异构化、内环化形成产物 3(2*H*)-呋喃酮。

4. 总结

在该研究中，王从敏课题组开发了一种在常压 CO_2 条件下，利用碱功能化离子液体作为催化剂，将二炔醇水合高效转化为 3(2*H*)-呋喃酮的新方法。其中质子型离子液体（如

[HDBU][BenIm]）的催化活性优于非质子型离子液体。该方法可推广到其他双炔醇，且[HDBU][BenIm]可重复使用。该研究开发的方法为其他 CO_2 捕获和利用（CCU）工艺以及碱催化反应铺平了道路。

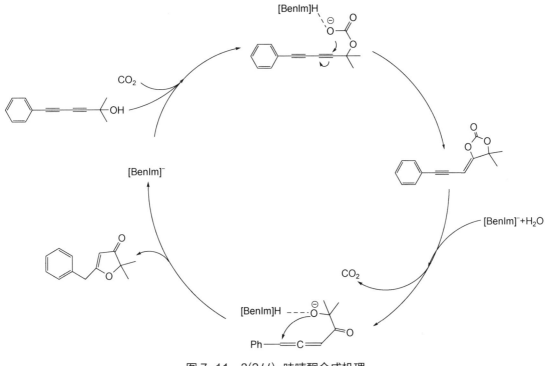

图 7-11　3(2H)-呋喃酮合成机理

（三）非质子型离子液体催化 CO_2 高效合成喹唑啉-2,4(1H, 3H)-二酮

1. 简介

离子液体可以通过改变大量的阴离子和阳离子来设计，从而提供有效的捕获或利用 CO_2。在此，浙江大学王从敏课题组通过调节非质子型离子液体的阳离子，开发了一种合理设计功能化离子液体的策略，用于捕获 CO_2 有效合成喹唑啉-2,4(1H, 3H)-二酮[44]。阳离子的碱性对反应催化活性有很大影响，而阳离子的氢键能促进该反应。基于此，研究者设计了羟基官能化离子液体[Ch][Im]，在该反应中表现出最佳的催化活性。结合量子化学计算、NMR 谱研究和对照实验对实验进行研究，结果表明原位生成的[Ch][Im]-CO_2 络合物是真正的催化剂。此外，非质子型离子液体[Ch][Im]表现出良好的通用性和可重复使用性。值得注意的是，使用[Ch][Im]作为催化剂时，喹唑啉-2,4(1H, 3H)-二酮也可以在模拟烟气系统下在克级上获得优异的产率，这是首次在烟气条件下以优异的产率获得喹唑啉-2,4(1H, 3H)-二酮。

2. 合成过程

将 2-氨基苄腈（1 mmol，0.118 g）和催化剂（1 mmol）加入 Schlenk 烧瓶中，与 CO_2 气球连接，然后将反应混合物在 80 ℃下搅拌至所需时间。冷却至室温后，向反应器中加入 10 mL水，产物从混合物中沉淀出来并通过离心分离。最后，使用超声波将产物分别用水和乙醚洗涤三次，并在 80 ℃下真空干燥 24 h。产物经核磁共振波谱进一步鉴定。

3. 离子液体的作用

如图 7-12 所示，非质子型离子液体[Ch][Im]具有强碱性，首先吸收 CO_2，通过强氢键作用与 CO_2 形成[Ch][Im]-CO_2 络合物，这种强烈的相互作使高温下 CO_2 的解析也很难发生。之后，[Ch][Im]-CO_2 络合物催化进一步的反应。[Ch][Im]的催化活性可以维持五个循环，并且可以较高产率获得产物。

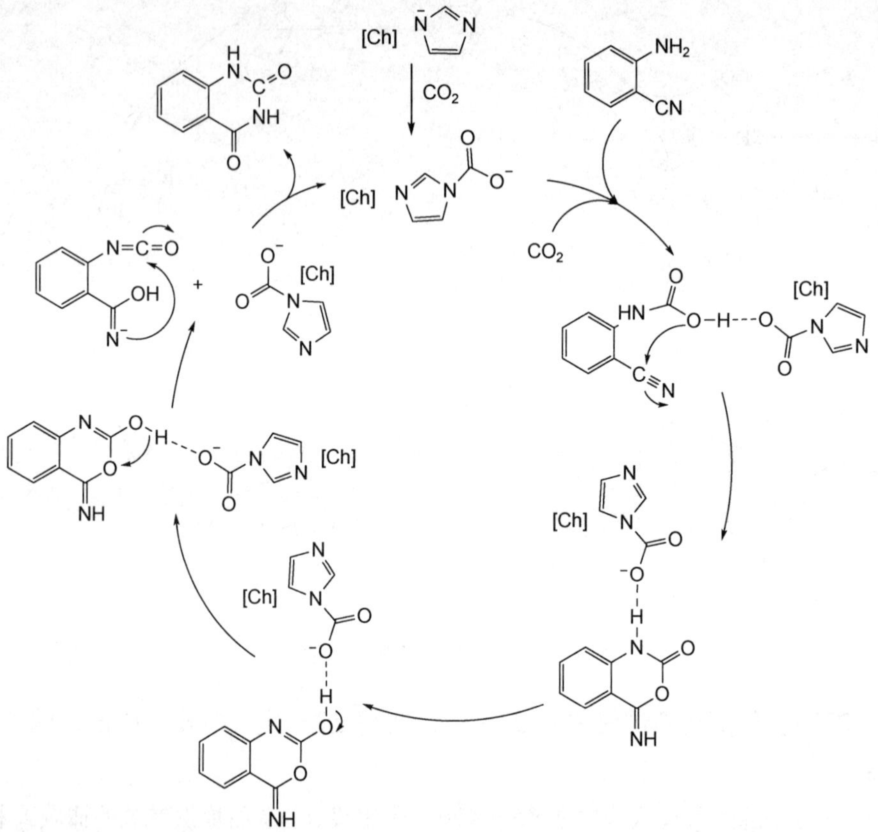

图 7-12　离子液体[Ch][Im]催化 CO_2 合成喹唑啉-2, 4(1H, 3H)-二酮的反应机理

4. 总结

为高效合成喹唑啉-2,4(1H, 3H)-二酮,研究者开发了一种合理设计非质子型离子液体的策略,并设计了具有高催化活性的羟基官能化非质子型离子液体[Ch][Im]。研究发现,阳离子的碱性对其催化活性有很大影响,阳离子的氢键能促进反应。通过量子化学计算、核磁共振光谱研究和对照实验的结合研究, [Ch][Im]-CO_2 络合物被确定为真正的催化剂,一个 OH 基团就足以进行该反应。值得注意的是,[Ch][Im]是可重复使用的,并且该反应可以扩展到2-氨基苄腈。重要的是,在[Ch][Im]为催化剂的情况下,由 2-氨基苄腈和 CO_2 合成喹唑啉-2, 4(1H, 3H)-二酮可以在模拟烟气系统下,以优异的产率在克级范围进行反应,这种策略可以用于其他 CO_2 捕获和利用（CCU）工艺以及气体吸收。

（四）高效催化制备噁唑烷酮和 α-羟基酮

1. 简介

噁唑烷酮和 α-羟基酮是广泛应用于生物、制药和合成化学的两个系列精细化学品。为此,武汉理工大学原晔课题组建立了一种 AgNO₃/IL 催化体系，通过炔丙醇、2-氨基乙醇和 CO₂ 的原子经济三组分反应，同时合成了噁唑烷酮和 α-羟基酮[45]。这是第一个报道的金属催化系统，可以在大气 CO₂ 压力下有效工作，且至少可回收 5 次。绿色指标的评估证明，AgNO₃/IL 催化的过程相对更可持续，比其他 Ag 催化的例子更绿色。进一步的机理研究表明，在此过程中产生了 N-杂环卡宾银（NHC-Ag）配合物和 CO₂ 加合物。随后，首次评估了 N-杂环卡宾银（NHC-Ag）配合物和 CO₂ 加合物的反应活性，最终确定这有利于催化活性。

2. 合成过程

噁唑烷酮和 α-羟基酮的合成在 15 mL 支口管中进行。首先添加 AgNO₃（0.0125 mmol，0.25 mol%）、[C₂C₁Im][OAc]（6 mmol）、2-氨基乙醇（5 mmol）和炔丙醇（7.5 mmol）。然后用 CO₂ 清洗三次，在 0.1 MPa CO₂、60 ℃下搅拌混合物 12 h，然后用乙醚（5×10 mL）提取混合物，收集上层，在真空下浓缩得到粗产物，以石油醚/乙酸乙酯（体积比 5∶1～1∶1）为洗脱液，在硅胶上通过柱色谱进一步纯化。乙醚萃取下层在 60 ℃真空干燥 4 h 后，回收并直接用于下一轮反应，用于研究催化体系的可回收性。图 7-13 为噁唑烷酮和 α-羟基酮的合成机理。

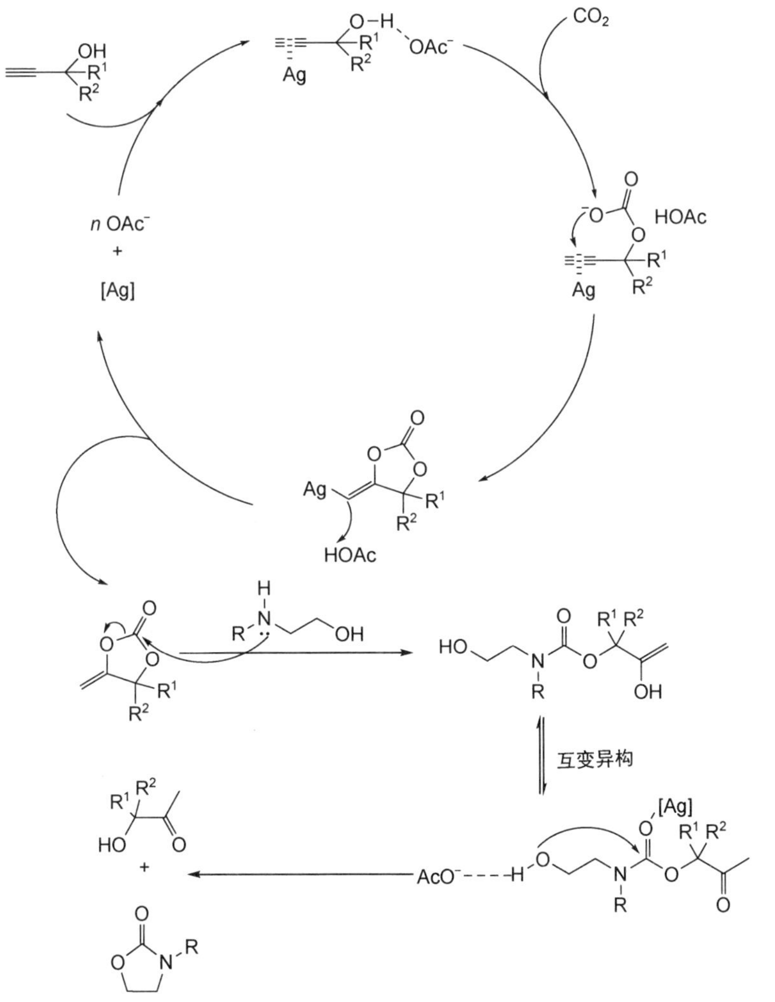

图 7-13　噁唑烷酮和 α-羟基酮的合成机理

3. 离子液体的作用

离子液体 1-乙基-3-甲基咪唑乙酸酯（$[C_2C_1Im][OAc]$）的阴离子 OAc^- 能够与底物—OH 基团中的 H 形成氢键，激活底物羟基，而羟基活化是反应发生的关键。

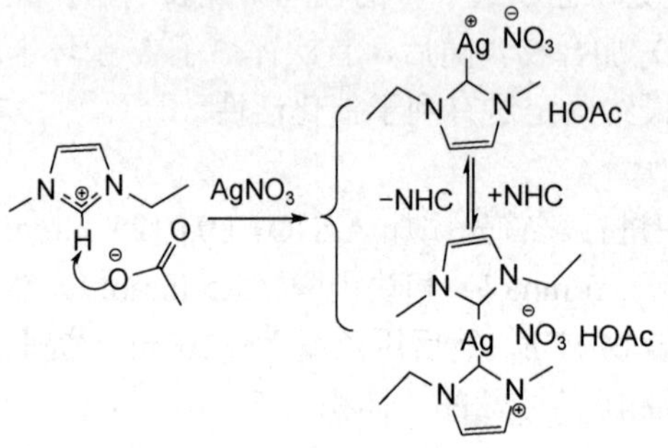

图 7-14　$AgNO_3$ 与咪唑环形成 NHC-Ag 配合物

反应过程中生成了更活跃的催化物种 NHC-Ag 配合物。如图 7-14 所示，在催化反应中，$AgNO_3$ 在碱性 OAc^- 阴离子的辅助下与咪唑环结合，形成 NHC-Ag 配合物。设计两种方案比较底物转化率，在使用等量 Ag 源的情况下，与未提前搅拌 $AgNO_3$ 和 $[C_2C_1Im][OAc]$ 的方案一相比，将 $AgNO_3$ 和 $[C_2C_1Im][OAc]$ 提前搅拌的方案二能够获得较高的转化率。这一结果表明，NHC-Ag 配合物可能是比正常 $AgNO_3$ 更活跃的催化物种。这可能是 $AgNO_3/[C_2C_1Im][OAc]$ 体系即使在最低的 Ag 负载下也具有优异的催化活性的原因之一。

4. 总结

综上所述，武汉理工大学原晔课题组建立了一种 $AgNO_3/[C_2C_1Im][OAc]$ 催化体系，用于炔丙醇、CO_2 和 2-氨基乙醇的三组分反应，同时生成噁唑烷酮和 α-羟基酮。在最低金属负载的催化下，含有不同官能团的众多底物可以有效地转化为所需的产品。值得注意的是，该催化系统被认为是第一个可以在大气 CO_2 压力下有效工作的例子，也是金属催化系统中第一个可以回收和重复使用至少 5 次的报告。在评估绿色指标时，该体系比其他 Ag 催化体系表现出相对更绿色和更可持续的水平，证实了其优异的催化活性和实际应用潜力。此外，机理研究证实了催化过程中存在两种活性物质，即 NHC-Ag 配合物和 NHC-CO_2 加合物。随后，首次对 NHC-Ag 配合物和 NHC-CO_2 加合物在该反应中的反应性进行了评价，最终证明这对催化活性是有利的。

二、制备碳酸酯类化合物

（一）离子液体促进 CO_2 化学固定成环状碳酸酯

1. 简介

河南师范大学王键吉课题组[46]以弱质子供体对超碱进行简单中和制备质子型离子液体 1,8-二氮杂双环-[5.4.0]-7-十一烯鎓2-甲基咪唑内酯（[DBUH][MIm]），用于有效促进 CO_2 的化学固定转化成 α-烷亚基环状碳酸酯（图 7-15）。CO_2 的高效转化从可持续化学的角度来看，在无金属条件下生成增值化学品具有重要意义。该研究采用不同性质的离子液体促进炔丙醇与 CO_2 之间的反应，用于合成 α-烷亚基环状碳酸酯。通过用弱质子供体对超碱进行简单中和制备质子离子液体[DBUH][MIm]，可有效促进反应，产率高。反应结束后，通过简单地加水将离子液体与反应混合物分离，然后在干燥后重复使用，而其催化活性和选择性没有明显降低。通过核磁共振波谱和详细的密度泛函理论分析提出了反应机理，离子液体的阳离子和阴离子在促进反应中均起了关键的协同作用。这些发现可能有助于合理设计 CO_2 与炔丙醇之间反应的新的无金属条件和可回收路线。

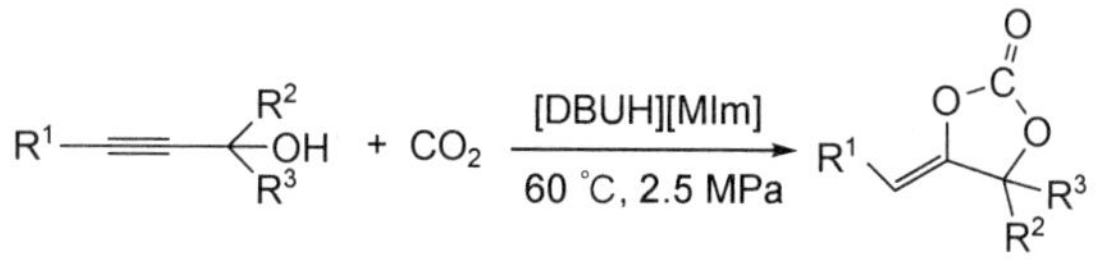

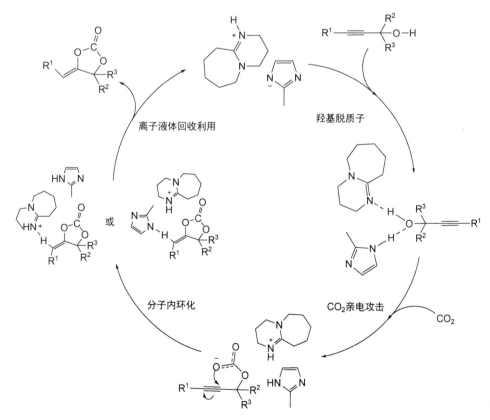

图 7-15 炔醇合成环状碳酸酯

2. 合成过程

以 2-甲基-4-苯基丁-3-炔-2-醇为底物的反应为例,将此炔丙醇(1 mmol)和[DBUH][MIm](2 mmol)加入一个配有磁搅拌棒的 10 mL 不锈钢高压釜中,反应体系中的空气被 CO_2 置换。将密封的高压釜加压至 2.5 MPa,在 60 ℃下搅拌反应混合物 24 h。反应结束后,向反应器中加入 5 mL 水,用正己烷萃取产物。粗混合物采用硅胶柱色谱(乙酸乙酯∶石油醚=1∶20)纯化,得到目标物 α-烷亚基环状碳酸酯。最后在真空条件下去除水,回收离子液体,并在下一次运行中重复使用。

3. 离子液体的作用

[DBUH]$^+$ 中杂环的 H(N)原子与羟基的 O 原子形成氢键,而[MIm]$^-$ 中的 N 原子与羟基的 H 原子形成氢键描述。因此,借助[DBUH]$^+$ 和[MIm]$^-$ 与底物的氢键,底物的羟基氢被激活。结果表明,离子液体的阳离子和阴离子在激活底物中起关键的协同作用。[DBUH][MIm]通过捕获和提供氢质子来促进羟基的去质子化、CO_2 亲电进攻和分子内环化步骤。图 7-16 为环状碳酸酯的合成机理。

图 7-16 环状碳酸酯的合成机理

4. 总结

河南师范大学王键吉课题组利用简单易制备的 DBU 基离子液体在无金属条件下对 CO_2 进行化学固定制备环状碳酸酯。在研究的离子液体中，发现[DBUH][MIm]在 CO_2 与炔丙醇的反应中表现最佳，并以较好的收率合成了一系列所需的产物。在该研究中，离子液体可以很容易地再生和重用，而不会失去活性。^{1}H NMR、^{13}C NMR 和密度泛函理论研究表明，阳离子和阴离子在催化反应中都至关重要，离子液体通过捕获和提供氢质子来促进羟基的脱质子化、CO_2 亲电进攻和分子内环化步骤。这种高效、绿色的离子液体在温和条件下的 CO_2 转化中将会有更多的应用。

（二）CO_2 和甲醇直接制备碳酸二甲酯

1. 简介

南京大学吴有庭课题组在咪唑型碳酸氢离子液体（$[C_nC_mIm][HCO_3]$）的存在下，以 CO_2 和 CH_3OH 直接合成了碳酸二甲酯（DMC）[47]。实验和理论研究结果表明，$[C_nC_mIm][HCO_3]$ 能快速和 CO_2 加合转化为 CO_2 加合物，是一种有效的催化剂和脱水剂，且脱水能力是可逆的。反应中，碳酸二甲酯（DMC）的合成决速步骤的能垒极低，且离子液体可以很容易地重复使用，而不会显著损失其催化和脱水能力。

2. 合成过程

在 CO_2（1 MPa）气氛下，向不锈钢高压釜反应器中加入 CH_3OH（5 mmol）、CH_2Br_2（10 mL）、$[C_1C_4Im][HCO_3]$（5 mmol）以及 Cs_2CO_3（5 mmol），混合物在室温下搅拌 24 h，离心后用气相色谱（GC）分析反应溶液。

3. 离子液体的作用

以 1-甲基-3-丁基咪唑碳酸氢离子液体（$[C_1C_4Im][HCO_3]$）为例，在离子液体中咪唑类离子液体的阳离子与 CO_2 加合形成咪唑基 CO_2 加合物（C_1C_4Im-CO_2）。当有水存在时，加合物 C_1C_4Im-CO_2 在室温下也能快速转化为咪唑基碳酸氢离子液体[$C_1C_4Im][HCO_3]$，将水脱去，使反应继续进行。其合成机理如图 7-17 所示。

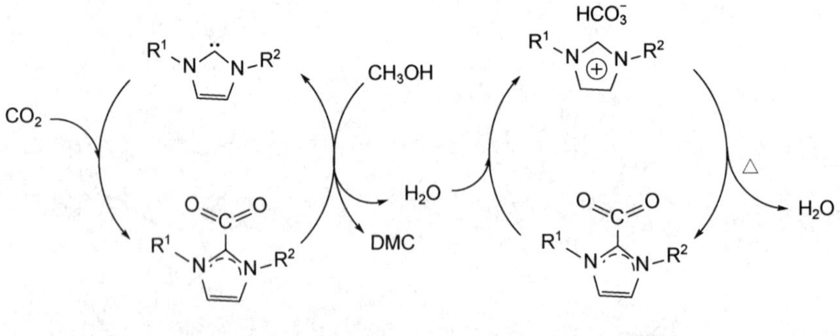

图 7-17　合成碳酸二甲酯的催化剂循环、脱水循环机理

4. 总结

此研究展示了一种在室温下由 CH_3OH 和 CO_2 直接合成 DMC 的双功能咪唑类碳酸氢离子液体$[C_nC_mIm][HCO_3]$，它既是可回收的催化剂又是脱水剂。特别是离子液体$[C_1C_4Im][HCO_3]$，是合成 DMC 的高效、可回收、优良的选择性催化剂和脱水剂。根据实验结果和理论计算，

提出了催化脱水机理，如图 7-17 所示。离子液体具有催化剂和脱水剂两种作用，可以大大简化相应的化学过程。离子液体体系作为催化剂具有很高的活性，实现了罕见的室温 DMC 合成。作为一种脱水剂，该离子液体具有明显的优势。与通常在 200 ℃下再生的分子筛（物理脱水剂）相比，该离子液体体系的再生条件温和且节能。与之前报道的化学脱水剂相比，这种离子液体系统很容易再生，不需要添加任何其他化学物质，避免了脱水产物的复杂分离。

（三）质子离子液体催化 CO_2 和甘油常压高效合成碳酸甘油酯

1. 简介

将 CO_2 和过剩的工业产品甘油转化为高价值的碳酸甘油酯能够实现"变双废为宝"。CO_2 直接与甘油反应制备碳酸甘油酯受热力学限制，通常在苛刻的反应条件下（≥4.0 MPa、≥150 ℃）进行，目标产物收率仍然较低。四川大学新能源与低碳技术研究院梁斌课题组通过向反应体系中加入高能量的环氧化合物，使用"一锅法"利用 CO_2 参与的环加成反应和随后甘油参与的酯交换反应，有效促使了 CO_2 与甘油转化为碳酸甘油酯（图 7-18）[48]。因此，开发对环加成和酯交换反应均具高活性的催化剂是提高"一锅法"反应效率的关键。

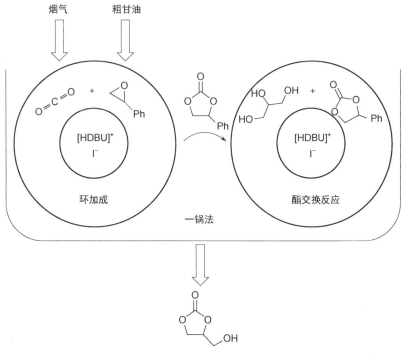

图 7-18　"一锅法"制备碳酸甘油酯

2. 合成过程

在 10 mL 支口管中加入甘油（0.23 g，2.5 mmol）和 5%（摩尔分数）的催化剂（基于甘油），使用纯 CO_2 净化后，加入苯乙烯氧化物（SO）。随后，用磁力搅拌器将反应混合物在 CO_2 气氛（气球）下加热至 100 ℃反应 4 h。反应结束后，将反应混合物冷却至室温，溶解于乙醇中，加入乙二醇丁醚作为内标。采用配备火焰离子化检测器和毛细管柱的气相色谱仪分析产物。在回收过程中，用乙酸乙酯和水的混合物将催化剂从产物中分离出来，再真空蒸馏除去水，将回收的催化剂重复用于下一个反应。

3. 离子液体的作用

离子液体的阴离子在环加成反应中起着重要作用，辅助环氧化合物的活化。1,8-二氮杂双环[5.4.0]十一-7碘化烯（HDBUI）的阴阳离子之间距离较远，表现出较弱的阴离子-阳离子相互作用，且阳离子[HDBU]+有较强的质子离域作用，使得HDBUI中碘阴离子的亲核能力较强，可以很好地活化底物苯乙烯氧化物（SO）。

离子液体的阳离子在酯交换反应中起着重要作用，可活化甘油的羟基。阳离子与甘油的羟基之间存在范德瓦耳斯力，使甘油羟基的O—H键拉长，活化羟基。使得甘油羟基的O原子对苯乙烯碳酸酯（SC）有较强的亲核进攻能力，有效地促进酯交换反应。

4. 总结

梁斌课题组利用质子型离子液体HDBUI能够高效催化"一锅法"反应，在0.1 MPa CO_2 和45 ℃的条件下，碳酸甘油酯收率达到94%。当以低浓度烟气和模拟粗甘油为底物时，反应也获得了高碳酸甘油酯收率，图7-19为反应机理。理论计算结果表明，优选的质子型离子液体因其阴、阳离子间的协同作用而具有良好的底物活化能力。该研究扩展了对 CO_2 和甘油合成碳酸甘油酯机理的认识，并对低浓度烟气和粗甘油的高值化利用具有借鉴意义。

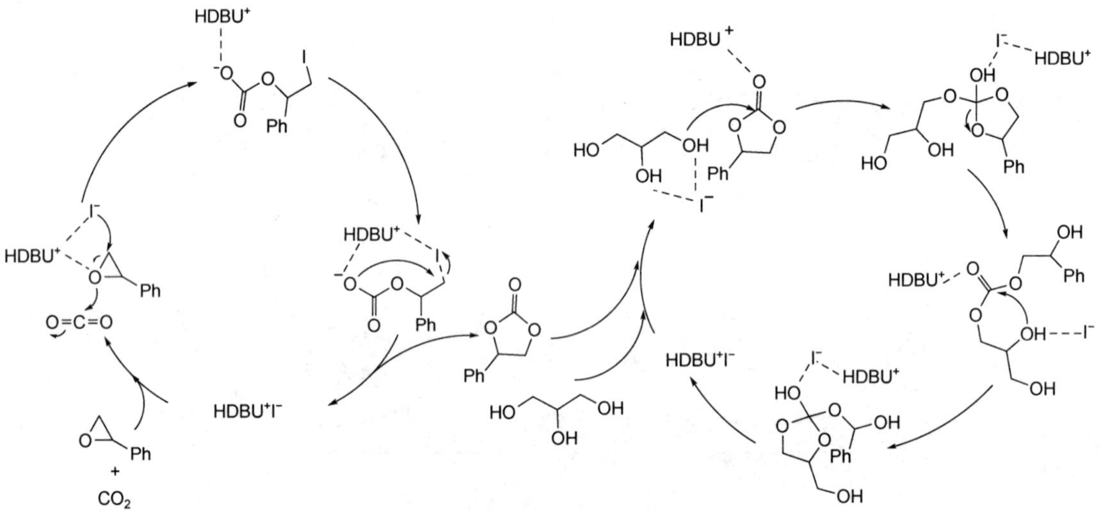

图7-19 碳酸甘油酯合成机理

（四）离子液体 IL-[HMIM]Br 催化 CO_2 循环制备环状碳酸酯

1. 简介

CO_2 与环氧丙烷（PO）合成碳酸丙烯酯（PC）是一个重要的反应，但由于反应动力学和传质性的限制，该反应一般是在高温高压条件下进行的。基于此，中国科学院过程工程研究所李春山研究员课题组提出了一种新型的由离子液体催化的微反应体系[49]。在不同内径的微反应器内，对反应过程（如催化剂、温度、压力、气液流速、催化剂浓度、停留时间等）进行了优化。通过研究离子液体（IL-[HMIm]Br）在微反应器中催化 CO_2 合成碳酸盐的动力学，得到了[HMIm]Br的活化能。根据对传质特性的粗略数值估计，再加上反应特性，微反应器的增强可以将该反应的反应时间减少到几分钟，而通常在常规反应器中是几个小时。这为通过典型的传质控制来增强气液反应和利用 CO_2 以实现碳中性提供了新的机会。

2. 离子液体的作用

离子液体的阳离子和阴离子都会影响催化剂的活性，离子液体中的阳离子为活性中心，阴离子调节离子液体的结构性质。亲核阴离子越多的离子液体在环加成反应中表现出更好的反应活性。阳离子尺寸较大的离子液体会迫使 Br^- 远离阳离子，削弱阳离子与阴离子之间的相互作用，使 Br^- 具有更强的亲核性。水（酸性）和溴离子（路易斯碱）分别通过攻击环氧化合物的 O 原子和空间阻碍较少的 C 原子，表现出协同环氧开环效应。根据 CO_2 与环氧化合物偶联反应的机理（图 7-20），首先，卤素离子（X^-）通过进攻环氧化合物中空间位阻较小的一端使其开环，然后插入 CO_2 形成中间产物。最后，通过关环和催化剂再生生成环状碳酸酯。

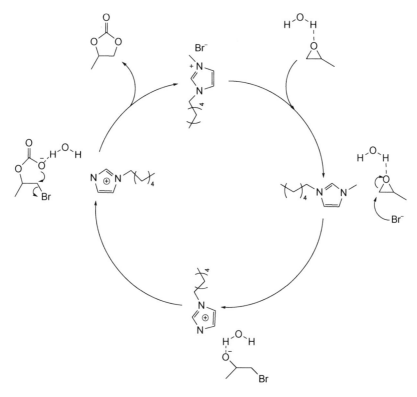

图 7-20　CO_2 与环氧化合物偶联反应机理

3. 总结

李春山课题组在连续微反应器中通过 CO_2 和环氧丙烷（PO）的环加成反应制备碳酸丙烯酯（PC）。实验结果表明，在多种离子液体中，烷基链比较长的离子液体[HMIM]Br 具有较好的催化性能。

（五）离子液体 BMIm·ZnCl₃ 化学固定 CO_2 合成环状碳酸酯

1. 简介

化学固定 CO_2 到环氧化合物是一种原子经济和环境友好的循环碳酸酯生成方法。来自戈亚斯联邦大学研究院的科学家们[50]报道了在环境条件下对不同芳香族和脂肪族环氧化合物进行有效活化的研究成果。研究发现，正丁基-3-甲基咪唑三氯化锌（BMIm·ZnCl₃）离子液体对催化环氧化合物的转化具有较高的活性。

2. 合成过程

所有催化实验均在常压 CO_2 气氛下于 30 mL 支口管中进行。通常是在室温下将反应原料环氧化合物（6.25 mmol）溶解于 BMIm·ZnCl₃（0.625 mmol），然后用 CO_2 对管道进行净化，并使用气球将混合物保持在 CO_2 气氛下，将反应混合物在油浴中按所需温度搅拌加热 24 h。通过 ¹H NMR 计算反应的转化率和选择性。

3. 离子液体的作用

如图 7-21 所示，咪唑类阳离子的 H 与苯基环氧丙烷的 O 原子以氢键结合，活化环氧化合物，ZnCl₃⁻ 的亲核附着发生在阻力较小的碳上并生成锌中间体。然后，锌中间体与 CO_2 生成无环碳酸酯，随后生成环状碳酸酯并再生催化剂。

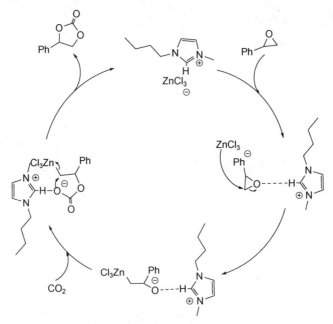

图 7-21 环状碳酸酯合成机理

4. 总结

戈亚斯联邦大学的研究者通过在环境反应条件下有效活化多种芳香族和脂肪族环氧化合物的研究工作发现，1-正丁基-3-甲基咪唑三氯化锌（BMIm·ZnCl₃）离子液体在 0.1～0.5 MPa、40 ℃下，对不同的芳香族和脂肪族环氧化合物的转化率均较高，且离子液体具有较高的活性。与体积较大的环氧化合物相比，小尺寸环氧化合物生成环碳酸酯的转化率和选择性更高，其原因是大尺寸环氧化合物底物限制了向 BMIm·ZnCl₃ 离子液体密闭空间的扩散，限制了反应物接近催化活性位点。

三、合成酰胺类化合物

（一）合成二苯基脲

1. 简介

以苯胺和 CO_2 为原料催化合成二苯基脲（DPU）是一条绿色工艺路线，河北工业大学王延吉课题组重点对 Lewis 酸类离子液体催化该反应性能进行了研究[51]，考察了一系列碱性和

Lewis 酸性催化剂的催化性能，以及溶剂对该反应的影响。结果表明，以无水 AlCl₃ 为催化剂和乙腈为溶剂组成的反应体系效果较好。王延吉课题组以氯铝酸类离子液体为催化剂兼溶剂，考察了离子液体阴阳离子、CO₂ 初始压力、反应时间、反应温度以及催化剂用量等因素对二苯基脲合成反应的影响。研究表明，使用[BMIm]Cl-AlCl₃ 离子液体作为催化剂和溶剂，在 CO₂ 初始压力为 1 MPa、反应时间为 7 h、反应温度为 160 ℃、AlCl₃ 与苯胺的质量比为 1∶1 的条件下，苯胺的转化率达到了 18.1%，二苯基脲的产率为 17.9%，选择性高达 98.9%。此外，该项研究还提出了[BMIm]Cl-AlCl₃ 离子液体催化苯胺和 CO₂ 的反应机理。

2. 合成过程

苯胺与 CO₂ 合成二苯基脲（DPU）的反应是在 100 mL 高压反应釜中进行的。将精确称量的苯胺、溶剂及催化剂加入反应釜中，先用 CO₂ 置换釜内空气 3 次，然后通入一定压力的 CO₂，在搅拌下升温，待温度恒定后开始计时。反应结束后，采用冰水冷却，样品计量后进行液相色谱分析。当采用 Lewis 酸及酸性离子液体为催化剂时，金属氯化物与副产物水发生反应生成盐酸，盐酸进一步与苯胺反应形成苯胺盐酸盐。为了排除由此对苯胺转化率造成的影响，反应后向反应混合物中加入一定浓度的氨水，使其中的苯胺盐酸盐分解完全重新转化为苯胺，然后再进行液相分析。

3. 离子液体的作用

在反应中，离子液体[BMIm]Cl-AlCl₃ 既作为催化剂又作为溶剂，在反应时，阳离子为 [BMIm]⁺，阴离子为 Al₂Cl₇⁻。咪唑类阳离子[BMIm]⁺ 的 C—H 中的 H 与 CO₂ 中的 O 原子形成氢键，促进 CO₂ 的溶解，完成 CO₂ 的活化，同时阴离子 Al₂Cl₇⁻ 进一步活化 CO₂。图 7-22 为其反应机理。

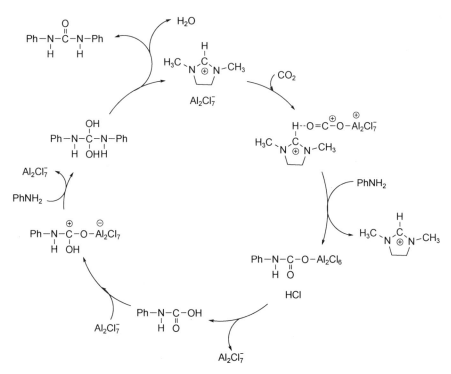

图 7-22 二苯基脲合成机理

4. 总结

王延吉课题组发现在一系列碱性和 Lewis 酸性催化剂中，AlCl₃ 对于合成二苯基脲的反应催化性能最好；随后，对比乙腈/AlCl₃、[BMIm]Cl/AlCl₃ 和 [BMIm]Cl-AlCl₃ 3 个催化体系，离子液体 [BMIm]Cl-AlCl₃ 的效果最好。以 [BMIm]Cl-AlCl₃ 为催化剂兼溶剂，在 CO_2 初始压力为 1 MPa、反应时间为 7 h、反应温度为 160 ℃、AlCl₃ 与苯胺的质量比为 1:1 的条件下，苯胺的转化率、DPU 的收率及选择性分别为 18.1%、17.9% 和 98.9%。鉴于副产物水对 [BMIm]Cl-AlCl₃ 的破坏作用，应开发具有 Lewis 酸性的非氯铝酸类离子液体或固体酸催化剂。

（二）合成甲酰胺

1. 简介

催化固定 CO_2 生产有价值的精细化学品对发展环境中过量碳的绿色可持续循环具有重要意义。贵州大学杨松课题组[52]以大气中的 CO_2 为碳源，苯硅烷为氢供体，简单合成了一系列无毒、可生物降解、可循环利用的不同阳离子和阴离子乙酰胆碱-羧酸酯生物离子液体，用于生产甲酰胺和甲胺。在溶剂或无溶剂条件下，通过改变反应温度来调节对产物的选择性。在 50 ℃ 的乙腈中得到 N-甲胺（收率约 96%），而在 30 ℃ 的无溶剂中得到 N-甲酰胺（收率约 99%）。该工作所建立的生物离子液体催化体系在底物上具有广泛的适用性，在扩大克级生产方面具有很大的潜力；所开发的催化体系相当稳定，可以很容易地重复使用，而没有明显的反应性损失，这可能是由于阳离子和阴离子之间强烈的静电相互作用。实验和计算结果的结合明确阐明了反应机理，生物离子液体激活 PhSiH₃ 有利于 CO_2 的硅氢化反应生成甲酸硅酯，随后与胺反应生成 N-甲酰胺，而 N-甲胺通过进一步的硅氢化反应生成。

2. 合成过程

首先使用机械泵对反应管进行抽真空。然后向反应管中逐步加入胺（0.25 mmol）、乙酸乙酰胆碱（ACH-AA），通入 0.1 MPa 的 CO_2 和苯硅烷（0.75 mmol）。将无溶剂的反应混合物在 30 ℃ 下搅拌 6 h，反应完成后，用 CH_2Cl_2 稀释所得混合物，并使用萘作为内标通过 GC 定量分析液体产物。

3. 离子液体的作用

苯硅烷与催化剂 ACH-AA 混合，催化剂能够激活氢硅烷释放氢化物，从而进一步促进关键中间体甲酸硅酯的生成。之后，CO_2 与甲酸硅酯结合，CO_2 提供碳源、苯硅烷提供氢源。在无溶剂条件下生成 N-甲酰胺，在乙腈溶剂中生成 N-甲胺。该研究选择结构简洁、活性相当的离子液体乙酸氯喹（CC-AA）为催化剂的机理如图 7-23 所示。

4. 总结

该反应体系具有良好的底物普适性，对多种具有不同取代基的芳香胺均表现出较好的活性。此外，研究者对反应体系产物的选择性进行了较好的调控，仅通过决定体系中是否加入溶剂和降低反应温度，就实现了产物高选择转化为 N-甲胺或者 N-甲酰胺。

（三）离子液体-Pd/C 体系催化环胺和 CO_2/H_2 选择性合成甲酰胺

1. 简介

CO_2 是一种丰富、易得、无毒、可再生的 C_1 物质，可转化为增值化学品和燃料，对于促进绿色可持续发展具有重要意义。中国科学院刘志敏课题组[53]报道了在离子液体（例如，1-丁基-3-甲基咪唑四氟硼酸盐，[BMIm][BF₄]）-Pd/C 催化体系上催化环胺和 CO_2/H_2 实现甲酰胺的选择性合成。

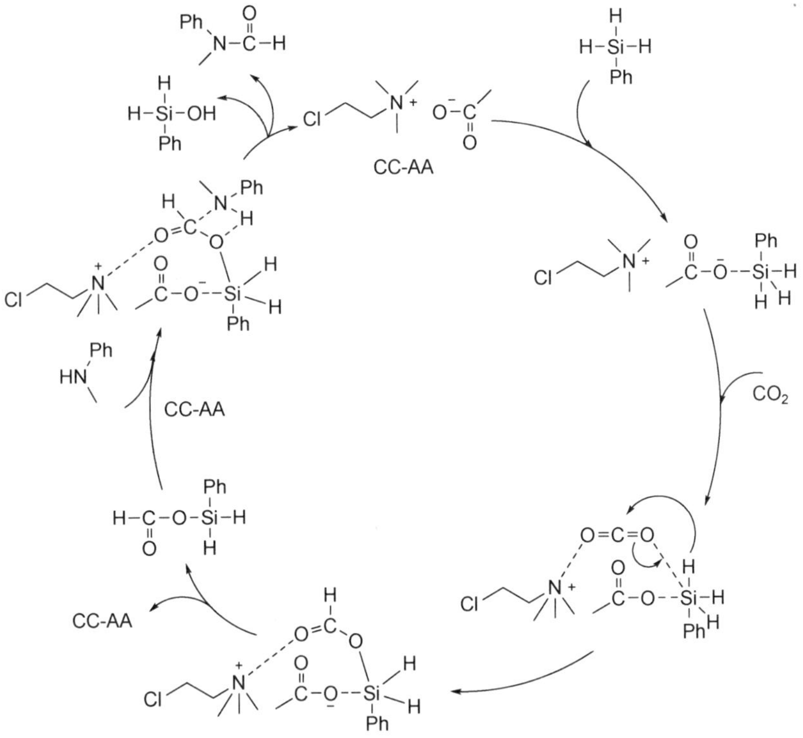

图 7-23 CC–AA 催化合成甲酰胺机理

2. 合成过程

反应使用配备有特氟龙管（内部体积为 16 mL）和磁力搅拌器的不锈钢高压釜。在 N_2 环境下，将哌啶（0.5 mmol）、离子液体[BMIm][BF$_4$]（5 mmol）和 Pd/C（20 mg）依次加入高压釜中，然后密封高压釜。将 H_2（6 MPa）和 CO_2 依次加入反应器中，直到室温下总压力达到 10 MPa，将高压釜升温至 433 K。反应完成后，将反应器放入冰水中冷却，并缓慢排出内部气体。

3. 离子液体的作用

因 IL 的电子可能从 IL 转移到金属 Pd 粒子上，IL 与 Pd/C 之间具有较强的相互作用。离子液体[BMIm][BF$_4$] 通过氢键和静电相互作用与哌啶结合，活化哌啶，进而与 CO_2、H_2 反应，进而合成甲酰胺，图 7-24 为离子液体催化反应机理。

4. 总结

该研究成功利用[BMIm][BF$_4$]-Pd/C 催化体系，通过环胺和氢气的选择性还原反应，实现了二氧化碳到甲酰胺的合成。离子液体[BMIm][BF$_4$]显示出了多种功能，包括提高 Pd 颗粒的催化活性，激活胺底物。[BMIm][BF$_4$]-Pd/C 催化体系耐底物范围广，反应获得的甲酰胺产率中至高。该研究发现为实现 IL 和金属催化剂之间的协同作用提供了见解。

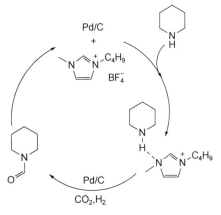

图 7-24 IL–Pd/C 体系催化合成甲酰胺机理

（四）新型聚离子液体催化 CO_2 和酰胺的无过渡金属甲酰化反应

1. 简介

功能化介孔聚（离子液体）是一种有价值的 CO_2 捕获和转化材料。广西师范大学潘英明课题组[54]通过乙烯基改性的离子液体和交联剂的共聚，形成了具有中孔结构的咪唑-聚（离子液体）PIL-s1-HCO_3。该材料对 CO_2 具有优异的吸附性能，使用其作为催化剂，在没有金属参与的情况下，在室温和压力下实现了 CO_2 与各种酰胺的甲酰化（图 7-25）。此外，该材料性能稳定，易于分离，具有良好的重复使用性。在这项工作中，依托新型质子离子液体 PIL 作为一个多功能平台，CO_2 捕获和向高附加值化学品的转化同时完成。

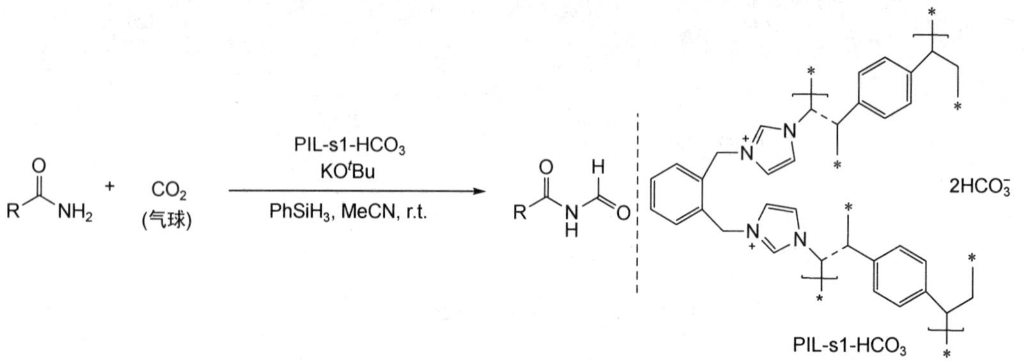

图 7-25 酰胺甲酰化

2. 合成过程

将酰胺（0.5 mmol，1.0 eq.）、KO^{t}Bu（0.2 eq.）、PIL-s1-HCO_3（50 mg）和 PhSiH$_3$（2.2 eq.）一起溶于 1 mL 乙腈中，然后将反应混合物在室温、CO_2（99.99%）气氛下搅拌 24 h。通过过滤分离催化剂，得到粗产物。粗产物通过硅胶柱色谱直接纯化，用石油醚和乙酸乙酯洗脱，得到相应的产物。

3. 离子液体的作用

首先以 1,2-二溴甲基-甲苯和 1-乙烯基咪唑为原料，成功合成了咪唑鎓盐 s1。s1 和二乙烯基苯（DVB）溶于 DMSO 后，偶氮二异丁腈（AIBN）引发共聚反应，得到 PIL-s1-Br。PIL-s1-Br 与碳酸氢钠进一步反应发生阴离子交换形成 PIL-s1-HCO_3。通过这种共聚方法获得的聚（离子液体）是固体粉末。与现有的凝胶自聚离子液体相比，该离子液体材料黏性更小，溶胀更小，在化学反应中更稳定。PIL-s1-HCO_3 的大比表面积和丰富的孔结构为 CO_2 的富集创造了条件。在碱性条件下，PIL-s1-HCO_3 可促进形成 NHC-CO_2 中间体，该中间体的形成是酰胺甲酰化的关键步骤。图 7-26 为 PIL-s1-HCO_3 催化酰胺甲酰化的机理。

4. 总结

在该工作中研究者通过将双齿咪唑离子液体和 DVB 共聚来合成聚离子液体，并通过离子置换向合成的聚离子液体中加入 HCO_3 合成具有中孔结构的咪唑-聚（离子液体）。该离子液体催化剂具有比表面积大、纳米级孔结构丰富、碱性阴离子外露等特点，对 CO_2 具有超高的吸附性能，并表现出优异的催化活性。PIL-s1-Br 和 PIL-s1-HCO_3 均可实现 CO_2 和酰胺在常温常压温和条件下的甲酰化反应。此外，新型聚离子液体催化剂 PIL-s1-HCO_3 使用五次后仍能保持较高的催化活性，具有可持续性和有效性。

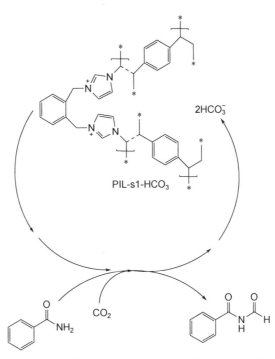

图 7-26 新型聚离子液体催化剂 PIL-s1-HCO₃ 催化 CO₂ 与酰胺的甲酰化反应

第三节 走进离子液体催化实现碳中和的世界

一、离子液体：让 CO_2 接受 "再教育"

CO_2 在空气中浓度极高，是引起全球温室效应的 "元凶" 之一。2018 年全球 CO_2 平均浓度已达 407.8×10^{-6}，是 1750 年工业化前的 147%。面对如此高的 CO_2 浓度，对 CO_2 进行 "再教育" 非常有必要。中国科学院过程工程研究所离子液体研究部团队 2019 年在《中国化工报》上发表了文章，指出离子液体可能是目前对 CO_2 实施 "再教育" 的最好导师。

（一）CO_2 捕集呼唤新思路：寻找合适的离子液体，让懒惰的 CO_2 变活泼

据国际能源署（IEA）统计，由于化石燃料的大规模使用，目前全球每年向大气中排放的 CO_2 总量约为 323 亿吨，已经远远超出了地球环境容纳能力。如何控制大气中 CO_2 含量？一方面，通过限制碳排放并推广低碳技术，从源头减少 CO_2 排放；另一方面，对工业气体中的 CO_2 进行捕集和资源化利用。我国在 "十三五" 规划中设定了单位国内生产总值 CO_2 排放量下 18%的减排目标，推动 CO_2 捕集和资源化利用也成重点任务。然而，在相当长的时间里，CO_2 捕集和资源化利用技术未能取得实质性突破。要降低 CO_2 捕集能耗，必须开发新型吸收剂。为此，中国科学院过程工程研究所离子液体研究部团队针对国家碳减排重大战略需求，围绕离子液体清洁工艺，形成从基础研究到产业应用的贯通式研究思路，提出了离子液体法捕集和资源化利用 CO_2 的新技术。

离子液体是一种由阴阳离子构成的室温下为液态的新型介质。由于其独特的正负离子结

构，离子液体展现出低挥发性、高溶解性和选择性以及可调的结构特性，它们能够在广泛的温度、压力和组分条件下，有效地实现 CO_2 的大规模捕集。然而，由于离子液体种类繁多、结构特殊，传统的溶剂筛选方法往往不适用。同时，气体在离子液体中的传递行为与在常规有机溶剂中迥异，无法应用通用的流动传递模型设计工业装置。中国科学院过程工程研究所的科研团队首次开发了一种基于"离子片"概念的预测技术，用于更准确地预测离子液体的物理特性。该方法不仅提高了离子液体的筛选效率，还实现了多目标优化的逆向设计。此外，研究团队还成功开发了包括咪唑、吡啶、季鏻、胍类、氨基和双氨基等几十种适用于 CO_2 捕集和分离的吸收剂。建成的 8 万标准立方米/年的生物气脱碳装置可实现 85% 的 CO_2 脱出率，能耗较有机胺法降低 30%。此外，研究团队还开发了一种离子型抗降解剂，这种添加剂显著降低了吸收剂在运行过程中的降解速率，从而显著提升了吸收剂的运行稳定性，有效延长了其使用寿命。

CO_2 捕集并非终点，实现低本、高效、绿色的资源化利用才是减缓温室效应的根本途径（图 7-27）。然而，CO_2 是一种具有较强的热力学稳定性和动力学惰性的气体。如何使其高效活化，是许多科学家所感兴趣的话题。研究表明，离子液体可以使 CO_2 分子活化，尤其是在 CO_2 电化学还原中表现出了较高的催化反应活性。因此，离子液体中 CO_2 的活化和转化也成为颇受国际关注的研究前沿和热点。究其机理，一方面，离子液体 CO_2 较强的溶解能力，可有效提高反应相中 CO_2 分子浓度，进而提高平衡转化率；另一方面，离子液体与 CO_2 间较强的氢键、静电及适中的化学作用，使 CO_2 的双键被部分活化，键角和键能发生显著变化。该研究团队对离子液体在电催化还原 CO_2 中的作用机制进行了更为深入具体的研究，设计合成了一系列功能化咪唑基离子液体用于 CO_2 电化学还原制甲酸。研究发现，相较于常规离子液体，CO_2 在功能化离子液体[BMIm][124Triz]介质中的反应效率远高于常规离子液体。功能化离子液体对 CO_2 起到了很好的活化作用，降低了 CO_2 电还原 CO_2^- 的反应电位。同时，在功能化离子液体介质中，电极表面的离子和反应分子的传输速率更快。

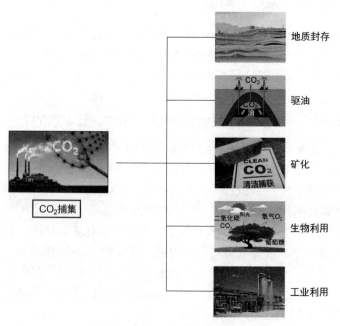

图 7-27　CO_2 资源化利用

（二）CO_2绿色利用有"化"说

目前 CO_2 转化利用主要是通过化学反应来生产甲醇/一氧化碳、乙基纤维素（EC）/碳酸二甲酯（DMC）/尿素及多聚物等液体燃料和化学品。这些中间产物可以进一步合成醇醚、甲烷、乙烯/乙二醇/碳酸酯/聚碳/异氰酸酯等大宗或重要化学品，或者工业化生产电池电解液、聚酯纤维、航空材料等材料（图 7-28）。

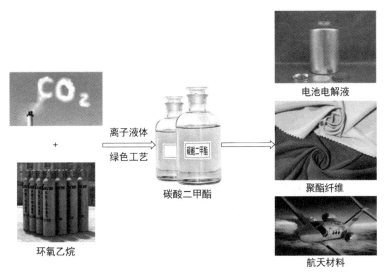

图 7-28　CO_2绿色转化应用

中国科学院过程工程研究所的团队历经 15 年，开发了以环氧乙烷与 CO_2 为原料生产 DMC 联产乙二醇工艺技术。相比于传统的环氧丙烷酯交换法和甲醇氧化羰基化法，其技术路线的核心在于，以乙烯氧化制环氧乙烷排放 CO_2 废气为原料，使其在离子液体催化剂的作用下，与环氧乙烷通过环加成反应生成 EC，再与甲醇反应生产 DMC 和乙二醇。

该技术的生产成本较传统工艺降低了 30%，可实现 100%原子经济性反应和 CO_2 温和转化高效利用，解决了现有 DMC 和乙二醇工艺能耗高、效率低、污水难处理的难题。作为绿色化学应用的成功范例，该技术对碳酸酯、乙二醇产业具有普遍意义。

据项目负责人成卫国介绍，团队于 2014 年与江苏奥克化学有限公司签约合作，建成万吨级工业示范装置，并形成了具有自主知识产权的成套技术专利成果。2018 年底，该技术通过了中国石油和化学工业联合会组织的科技成果鉴定。鉴定委员会一致认为，该技术成果属于"世界首创，国际领先"，为 CO_2 资源化利用、现有乙二醇工艺节能及延伸环氧乙烷产业链开辟了一条兼具经济和社会效益的新途径。

（三）CO_2生物催化更"酶"好

自然界中 CO_2 的转化是一个典型的生物催化过程，这个过程依赖于生物酶。于是科学家尝试将生物酶制剂用于 CO_2 的资源化利用。与 CO_2 制甲醇的化学过程相比，应用生物催化技术可以将 CO_2 在温和条件下转化为无机物或有机物，且选择性高、反应过程绿色，具有潜在的发展前景。例如，利用甲酸、甲醛和甲醇脱氢酶催化转化 CO_2 产甲醇就是一种非常重要的环境友好型洁净能源生产过程，不仅满足新型碳资源开发要求，能从根本上解决 CO_2 排放问题，还能回归生态平衡，实现可持续发展的能源资源绿色生态和人工碳循环新系统。

科学研究发现，离子液体因特殊氢键和微环境而具有高效吸附 CO_2 并稳定酶系结构的独特性能，可为生物催化转化 CO_2 提供新途径。在离子液体法强化 CO_2 生物催化转化技术上，随着技术的发展及学科间的交叉融通，目前国内外在脱氢酶偶合电化学催化，以及通过仿生光反应转化 CO_2 产甲酸、甲醛、甲醇等方面也有了很大的突破。图 7-29 为常用于电还原 CO_2 的离子液体。

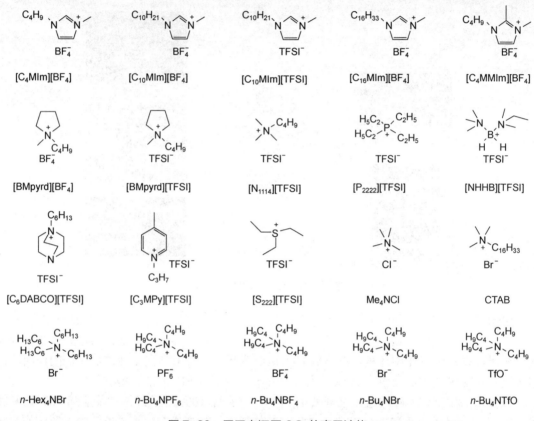

图 7-29 用于电还原 CO_2 的离子液体

中国科学院过程工程研究所张香平团队实现了离子液体中生物酶催化转化 CO_2 产甲醇的新过程。与一般缓冲体系相比，在 20% 胆碱谷氨酸离子液体[CH][Glu]中提高了 CO_2 浓度及甲醇收率。该团队构建的生物膜固定酶反应体系实现了反应过程的原位催化及产物的同步分离。这些研究发现将进一步突破并推动离子液体强化酶催化转化 CO_2 制甲醇新过程的成套工程技术的发展。

二、钙钛矿太阳能电池

太阳能电池在促进、实现碳中和方面起到了非常重要的作用。太阳能电池通过光电效应或者光化学反应直接将光能转化为电能。如今，太阳能电池大致经历了三个阶段：第一代太阳能电池主要指单晶硅和多晶硅太阳能电池；第二代太阳能电池主要包括非晶硅薄膜电池和多晶硅薄膜电池；第三代太阳能电池主要指具有高转换效率的新概念电池，如染料敏化电池、量子点电池、有机太阳能电池等。

钙钛矿太阳能电池为以钙钛矿型有机金属卤化物半导体作为吸光材料的太阳能电池，属于第三代太阳能电池，也称作新概念太阳能电池（图 7-30）。其中，黑相甲脒基碘化铅（α-FAPbI$_3$）钙钛矿材料因具有高转化率而受到广泛关注，但其温度敏感性以及在加工过程中需要严格控制湿度的要求仍然面临挑战。

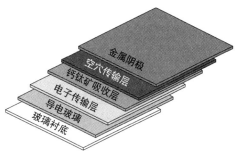

图 7-30　钙钛矿太阳能电池结构示意图

我国科学家创造性地提出多功能"离子液体"作为溶剂替代传统有机溶剂制备钙钛矿光伏材料，实现了黑相甲脒铅碘钙钛矿在室温、高湿度环境下的稳定性，解决了传统钙钛矿光伏材料制备过程中的世界性难题[55]。

在研究的传统认识中，钙钛矿光伏材料怕水、怕空气，尤其是以甲脒基钙钛矿为代表的钙钛矿光伏材料非常"敏感"，需要在惰性气体的保护下才能制备。

目前，只有不超过 5 种溶剂能被应用到钙钛矿材料中，导致扩大应用受限。我国科学家通过大量研究发现，离子液体独特的阴离子和阳离子结构能够在溶液中形成庞大的氢键网络，同时，有机阴离子可与金属卤化物形成螯合物来调节前驱体溶液的性质。离子液体独特的化学作用能够有效调控钙钛矿的结晶动力学过程，从而生长出高质量的钙钛矿薄膜。此项科研成果具有"绿色无毒、稳定高效、成本低廉"的特点，将为钙钛矿太阳能电池的大规模生产利用提供可行方案，为实现碳达峰和碳中和目标助力，也将为世界能源进步贡献中国智慧。

三、CO$_2$ 化工：离子微环境调控的 CO$_2$ 绿色高效转化

CO$_2$ 在大气中的含量不断增加，已成为一个严重的全球性能源和环境问题。同时，CO$_2$ 又是储量丰富且可再生的碳资源，可作为生产酯、醇、醚、酸等重要的化工原料或液体燃料。CO$_2$ 具有直线型分子结构，其中 C 原子的两个 sp 杂化轨道分别与两个 O 原子生成两个 σ 键，两个未参加杂化的 p 轨道与 sp 杂化轨道成直角，从侧面同 O 原子的 p 轨道肩并肩地发生重叠，生成两个三中心四电子离域的大 π 键，导致 CO$_2$ 的活化和断键成为公认的难题，也成为当前的国际前沿和研究热点[56]。

碳达峰、碳中和的任务相当重，需要更多的吸收 CO$_2$ 的方法，现在最常见的仍然是大规模的 CO$_2$ 储存与固定，主要包括地质储存、海洋储存及矿物碳酸化固定。不过也有更多的科学家研究出了更多的吸收 CO$_2$ 的方法，比如用离子液体吸收。离子液体是一种由阴阳离子构成的室温下为液态的新型介质。其独特的正负离子结构赋予了离子液体低挥发性、高溶解性和选择性，以及可定制的结构特性，使其能够在较大的温度、压力和组分条件下实现 CO$_2$ 的大规模吸收。利用基于"离子片"的预测技术，科研人员能够高效筛选离子液体，进行多目标优化的反向设计，并成功开发了包括咪唑、吡啶、季鏻、胍类、氨基和双氨基等在内的几十种适用于 CO$_2$ 捕集和分离的吸收剂，显著提升了 CO$_2$ 的吸收容量和反应速率。此外，开发的离子型抗降解剂有效降低了吸收剂在运行过程中的降解率，显著增强了吸收剂的运行稳定性，并延长了其使用寿命。一项基于离子液体的脱碳节能新方法——离子液体多级闪蒸工艺，比传统的醇胺工艺节能 60% 以上。基于该技术，我国有望建成全球首套离子液体法脱碳的工业示范装置。届时将实现 CO$_2$ 捕集率大于 90%，CO$_2$ 纯度大于 99%，投资及捕集成本较传统乙醇胺（MEA）吸收工艺降低 30%。

目前，CO₂ 转化主要有热化学、电催化和生物催化等方法，如 CO₂ 羰基化制碳酸酯、电化学还原生成 CO、生物转化合成甲醇等。无论哪类反应，高效的反应介质/催化剂都是实现温和转化、降低能耗、提高收率的关键。近年来，离子液体作为一类新型介质，具有酸碱极性可调、正负离子协同、氢键-静电-离子簇偶合、结构可设计等特点，由此形成特殊的离子微环境，在 CO₂ 电化学还原、羰基化等反应中表现出较高活性。离子微环境一方面能有效增加催化剂表界面中 CO₂ 分子的浓度，提高 CO₂ 分子扩散和传递的推动力；另一方面 CO₂ 在离子微环境中可发生双键的弯曲、变形直至断裂，与其他催化剂协同作用，在热、光、电等条件下，可实现 CO₂ 在温和条件下的高效活化转化及产物的定向调控，为绿色变革性 CO₂ 利用技术创新提供了重大机遇。

四、离子液体绿色低碳技术新突破：10 万吨级离子液体催化 CO₂ 合成碳酸酯成套装置成功

碳酸盐作为一种新兴的环保溶剂，可广泛替代对环境和人体有毒有害的传统溶剂，是锂电池电解液的主要成分，在新能源汽车、储能、电子信息等行业的发展中不可或缺。更重要的是，碳酸盐作为一类平台化合物，可以衍生出一系列产品和材料，如聚碳酸酯的合成中，异氰酸酯可以被光气替代，这被公认为绿色化工产业的新基石。乙二醇是生产聚酯、合成纤维、防冻剂、药品等的基本原料。目前，中国的需求量超过 2000 万吨，对外依存度达 50%。2022 年，离子液体催化 CO₂ 合成成套绿色低碳新技术通过中国石油和化学工业联合会组织的成果鉴定。该成果由中国科学院过程工程研究所离子液体研究部团队与深圳新宙邦科技有限公司等单位合作开发，实现了离子液体-催化剂-反应器工艺的系统创新。通过联合攻关在广东惠州大亚湾国家石化区建成了 10 万吨级离子液体催化 CO₂ 合成碳酸酯工业装置，自 2021 年 3 月至今，该装置运行稳定，碳酸酯产品（包括碳酸乙烯酯、碳酸二甲酯等）达到电子级标准，乙二醇产品达到聚酯级标准，系统能耗降低 37%，经济效益良好，减碳效果显著，应用前景广阔。

基于对离子液体 Z 键特性、离子微环境、微观动力学及反应机制的长期研究积累，中国科学院过程工程所离子液体研究部团队设计开发了正负离子协同强化的离子液体催化剂及其规模化制备技术，突破了离子液体活性低、成本高、长周期运行稳定性差等难题；攻克了大型离子液体反应器气液均匀分布、反应-传递高效匹配等关键技术，有效抑制了副反应，实现了 CO₂ 与环氧乙烷的高效高选择性转化；研发了梯次转化-降膜分离-闭路循环的反应新系统，实现了高活性环氧乙烷、强放热反应过程的安全可控；开发了反应-分离偶合过程强化及能量梯级优化利用技术，大幅提高了单程转化率，显著降低了系统能耗。

该成果的突出优势是利用工业排放的 CO₂ 生产电子级碳酸酯联产聚酯级乙二醇。利用高活性环氧乙烷诱导活化惰性 CO₂ 分子提升反应热力学驱动力，通过正负离子协同介导降低过渡态活化能，实现了原子经济性反应"固碳"，突破了 CO₂ 活化难的问题；通过联产聚酯级乙二醇，进一步提高了成套装置的经济效益，解决了制约其大规模应用的难题。

新技术的大规模产业化及推广应用，将有力促进低碳甚至负碳产业链的形成，同时为世界离子液体的应用发展提供了又一成功范例。新技术潜力大、效益好，在相关工业生产领域具有重要的示范作用。

习题

1. 简述离子液体的定义、特征、分类及合成方法。
2. 通过绿色化学实现碳中和目标的过程中，离子液体催化剂有何优势？
3. 判断以下离子液体属于哪种类型。
（1）[BMIM]Cl　　　　　（2）[AMIM][PF$_6$]　　　　（3）[n-Bu$_4$N][BF$_4$]
（4）[Et$_4$P][BF$_4$]　　　　（5）[Pyrr][HSO$_4$]　　　　（6）[mppip][PF$_6$]
4. 通过离子液体催化技术促进碳中和，离子液体催化转化 CO$_2$ 生成哪几类高附加值的产品？
5. 离子液体催化剂在催化体系中的作用有哪些？
6. 查找、阅读文献，简述离子液体催化转化 CO$_2$ 的发展历程及研究进展。
7. 借助互联网查找利用离子液体促进碳中和的前沿技术及未来发展展望。

参考文献

[1] Yu C, Mu T C. Conversion of CO$_2$ to value-added products mediated by ionic liquids [J]. Green Chemistry, 2019, 21(10): 2544-2574.

[2] Walden P. Molecular weights and electrical conductivity of several fused salts [J]. Bulletin de l'Académie impériale des sciences de St.-Pétersbourg, 1914: 405-422.

[3] Frank H H, Thomas P WIer Jr. Electrodeposition of metals from fused quaternary ammonium salts [J]. Journal of The Electrochemical Society, 1951, 98: 203.

[4] John T Y Ⅲ, Joseph F W, Gordon T. Reactions of triethylamine with copper(Ⅰ) and copper(Ⅱ) halides [J]. Inorganic Chemistry, 1963, 2(6): 1210-1216.

[5] (a) Helena L C, Koch V R, Miller L L, et al. Electrochemical scrutiny of organometallic iron complexes and hexamethylbenzene in a room temperature molten salt [J]. Journal of the American Chemical Society, 1975, 97(11): 3264-3265. (b) Gale R J, Gilbert B, Osteryoung R A. Raman spectra of molten aluminum chloride: 1-butylpyridinium chloride systems at ambient temperatures [J]. Inorganic Chemistry, 1978, 17(10): 2728-2729. (c) Robinson J, Osteryoung R A. An electrochemical and spectroscopic study of some aromatic hydrocarbons in the room temperature molten salt system aluminum chloride-n-butylpyridinium chloride [J]. Journal of the American Chemical Society, 1979, 101(2): 323-327.

[6] John S W, Joseph A L, Robert A W, et al. Dialkylimidazolium chloroaluminate melts: a new class of room-temperature ionic liquids for electrochemistry, spectroscopy and synthesis [J]. Inorganic Chemistry, 1982, 21(3): 1263-1264.

[7] Wilkes J S, Zaworotko M J. Air and water stable 1-ethyl-3-methylimidazolium based ionic liquids [J]. Journal of the Chemical Society, Chemical Communications, 1992, (13): 965-967.

[8] Pierre B, Dias A-P, Nicholas P, et al. Hydrophobic, highly conductive ambient-temperature molten salts [J]. Inorganic chemistry, 1996, 35(5): 1168-1178.

[9] Visser E A, Swatloski P R, Rogers D R. pH-Dependent partitioning in room temperature ionic liquids provides a link to traditional solvent extraction behavior [J]. Green Chemistry, 2000, 2(1): 1-4.

[10] MacFarlane R D, Golding J, Forsyth S, et al. Low viscosity ionic liquids based on organic salts of the dicyanamide anion [J]. Chemical communications, 2001, 16: 1430-1431.

[11] Bao W L, Wang Z M, Li Y X, et al. Synthesis of chiral ionic liquids from natural amino acids [J]. The Journal of organic chemistry, 2003, 68(2): 591-593.

[12] Bicak N. A new ionic liquid: 2-hydroxy ethylammonium formate [J]. Journal of Molecular Liquids, 2005, 116(1): 15-18.

[13] 石家华, 孙逊, 杨春和, 等. 离子液体研究进展 [J]. 化学通报, 2002, 04: 243-250.

[14] Hirao M, Sugimoto H, Ohno H. Preparation of novel room-temperature molten salts by neutralization of amines [J]. Journal of The Electrochemical Society, 2000, 147: 4168-4172.

[15] 卞洁鹏, 杨庆浩. 离子液体的合成与纯化方法研究进展 [J]. 材料导报, 2018, 32(11): 1813-1819.

[16] 蒋平平, 李晓婷, 冷炎, 等. 离子液体制备及其化工应用进展 [J].化工进展, 2014, 33(11): 2815-2828.

[17] Gündüz G M, Işli F, El-Khouly A, et al. Microwave-assisted synthesis and myorelaxant activity of 9-indolyl-1,8-acridinedione derivatives [J]. European Journal of Medicinal Chemistry, 2014, 75: 258-266.

[18] 张薇, 马建华, 王雨, 等. 微波辐照合成羟基功能化离子液体氯盐中间体 [J]. 化学通报, 2012, 75(4): 357-360.

[19] Huang Q, Zheng B. Facile synthesis of benzaldehyde-functionalized ionic liquids and their flexible functional group transformations [J]. Organic Chemistry International, 2012, 2012: 1-5.

[20] 朱涛峰, 郭苗, 王邃, 等. 微波辅助合成有机膦功能化离子液体及对稀土离子的萃取 [J]. 应用化学, 2014, 31(5): 529-535.

[21] 李静静. 含硅表面活性离子液体的合成及性能研究 [D]. 石家庄: 河北科技大学, 2016.

[22] Roshan K R, Tharun J, Kim D, et al. Microwave-assisted one pot-synthesis of amino acid ionic liquids in water: simple catalysts for styrene carbonate synthesis under atmospheric pressure of CO_2[J]. Catalysis Science& Technology, 2014, 4(4): 963-970.

[23] Du X G, Du J P, Zhang J, et al. Synthesis of ionic liquids [BMIM]BF_4 and [BMIM]PF_6 under microwave irradiation by one-pot [J]. Advanced Materials Research, 2012, 496: 84-87.

[24] Qian W E, Tominaga H, Chen T L, et al. Synthesis of functional ionic liquids and their application for the direct saccharification of cellulose [J]. Journal of Chemical Engineering of Japan, 2016, 49(5): 466-474.

[25] Bhatt D R, Maheriaa K C, Parikh J K. A microwave assisted one pot synthesis of novel ammonium based dicationic ionic liquids [J]. Rsc Advances, 2015, 5(16): 12139-12143.

[26] Messali M, Ahmed S A. A green microwave-assisted synthesis of new pyridazinium-based ionic liquids as an environmentally friendly alternative [J]. Green and Sustainable Chemistry, 2011, 1(3): 70-75.

[27] Cravotto G, Cintas P. Power ultrasound in organic synthesis: moving cavitational chemistry from academia to innovative and large-scale applications [J]. Chemical Society Reviews, 2006, 35(2): 180-196.

[28] Cravotto G, Cintas P. The combined use of microwaves and ultrasound: improved tools in process chemistry and organic synthesis [J]. Chemistry-A European Journal, 2007, 13(7): 1902-1909.

[29] 张楠, 邓天龙, 刘明明, 等. 离子液体[Bmim]Br 和[Bmim]PF_6 的合成及其物化性质研究 [J]. 天津科技大学学报, 2014, 29(05): 42-47.

[30] Song C E, Shim W H, Roh E J, et al. Ionic liquids as powerful media in scandium triflate catalysed Diels-Alder reactions: significant rate acceleration, selectivity improvement and easy recycling of catalyst [J]. Chemical Communications, 2001, 12: 1122-1123.

[31] Wasserscheid P, Gordon C M, Hilgers C, et al. Ionic liquids: polar, but weakly coordinating solvents for the first biphasic oligomerisation of ethene to higher α-olefins with cationic Ni complexes [J]. Chemical Communications, 2001, 13: 1186-1187.

[32] Hagiwara R, Ito Y. Room temperature ionic liquids of alkylimidazolium cations and fluoroanions [J]. Journal of Fluorine Chemistry, 2000, 105(2): 221-227.

[33] Holbrey J D, Seddon K R. The phase behaviour of 1-alkyl-3-methylimidazolium tetrafluoroborates; ionic liquids and ionic liquid crystals [J]. Journal of the Chemical Society, Dalton Transactions, 1999, 13: 2133-2140.

[34] Zhang S J, Sun N, He X Z, et al. Physical properties of ionic liquids: database and evaluation [J]. Journal of

physical and chemical reference data, 2006, 35(4): 1475-1517.

[35] Owensa G S, Abu-Omar M M. Methyltrioxorhenium-catalyzed epoxidations in ionic liquids [J]. Chemical Communications, 2000, 13: 1165-1166.

[36] Swatloski R P, Visser A E, Reicher W M, et al. Solvation of 1-butyl-3-methylimidazolium hexafluorophosphate in aqueous ethanol—a green solution for dissolving 'hydrophobic' ionic liquids [J]. Chemical Communications, 2001, 20: 2070-2071.

[37] 周剑伟, 赵美廷, 李臻, 等. 新型磺酸功能化离子液体理化性质的研究 [J]. 分子催化, 2011, 25(2): 157-165.

[38] Zhuravlev O E. Effect of the structure of imidazolium ionic liquids on the electrical conductivity and processes of ionic association in acetonitrile solutions [J]. Russian Journal of Physical Chemistry A, 2021, 95: 298-302.

[39] Lei Z G, Chen B H, Yoon-Mo Koo, et al. Introduction: ionic liquids [J]. Chemical Reviews, 2017, 117(10): 6633-6635.

[40] (a) Welton T. Ionic liquids in catalysis [J]. Coordination chemistry reviews, 2004, 248(21-24): 2459-2477. (b) 顾彦龙, 彭家建, 乔琨, 等. 室温离子液体及其在催化和有机合成中的应用 [J]. 化学进展, 2003, 15(3): 222-241.

[41] Bernardo-Gusmão K, Queiroz T F L, Souza D F R, et al. Biphasic oligomerization of ethylene with nickel-1,2-diiminophosphorane complexes immobilized in 1-n-butyl-3-methylimidazolium organochloroaluminate [J]. Journal of Catalysis, 2003, 219(1): 59-62.

[42] Yu B, Zhang H Y, Zhao Y F, et al. DBU-based ionic-liquid-catalyzed carbonylation of o-phenylenediamines with CO_2 to 2-benzimidazolones under solvent-free conditions [J]. ACS Catalysis, 2013, 3(9): 2076-2082.

[43] Chen K H, Shi G L, Zhang W D, et al. Computer-assisted design of ionic liquids for efficient synthesis of 3 (2 H)-furanones: a domino reaction triggered by CO_2 [J]. Journal of the American Chemical Society, 2016, 138(43): 14198-14201.

[44] Chen T T, Zhang Y F, Xu Y J. Highly efficient synthesis of quinazoline-2,4(1H, 3 H)-diones from CO_2 by hydroxyl functionalized aprotic ionic liquids [J]. ACS Sustainable Chemistry & Engineering, 2018, 6(5): 5760-5765.

[45] Du M C, Gong Y Y, Bu C, et al. An efficient and recyclable $AgNO_3$/ionic liquid system catalyzed atmospheric CO_2 utilization: simultaneous synthesis of 2-oxazolidinones and α-hydroxyl ketones [J]. Journal of Catalysis, 2021, 393: 70-82.

[46] Qiu J K, Zhao Y L, Li Z Y, et al. Efficient ionic-liquid-promoted chemical fixation of CO_2 into α-alkylidene cyclic carbonates [J]. ChemSusChem, 2017, 10(6): 1120-1127.

[47] Zhao T X, Hu X B, Wu D S, et al. Direct synthesis of dimethyl carbonate from carbon dioxide and methanol at room temperature using imidazolium hydrogen carbonate ionic liquid as a recyclable catalyst and dehydrant [J]. ChemSusChem, 2017, 10(9): 2046-2052.

[48] Luo C, Wang J Y, Lu H F, et al. Atmospheric-pressure synthesis of glycerol carbonate from CO_2 and glycerol catalyzed by protic ionic liquids [J]. Green Chemistry, 2022, 24(21): 8292-8301.

[49] Chen Y, Yu J Y, Yang Y Q, et al. A continuous process for cyclic carbonate synthesis from CO_2 catalyzed by the ionic liquid in a microreactor system: Reaction kinetics, mass transfer, and process optimization [J]. Chemical Engineering Journal, 2023, 455: 140670.

[50] Tomazett V K, Chacon G, Marin G. et al. Ionic liquid confined spaces controlled catalytic CO_2 cycloaddition of epoxides in BMIm. $ZnCl_3$ and its supported ionic liquid phases [J]. Journal of CO_2 Utilization, 2023, 69: 102400.

[51] Yao S J, Zhao X Q, An H L, et al. Acidic ionic liquid-catalyzed synthesis of 1, 3-diphenyl urea from aniline and carbon dioxide [J]. Chinese Journal of Chemical Engineering, 2012, 63(3): 812-818.

[52] Zhao W F, Chi X P, Li H, et al. Eco-friendly acetylcholine-carboxylate bio-ionic liquids for controllable *N*-methylation and *N*-formylation using ambient CO_2 at low temperatures [J]. Green Chemistry, 2019, 21(3): 567-577.

[53] Li R P, Zhao Y F, Wang H, et al. Selective synthesis of formamides, 1,2-bis (*N*-heterocyclic) ethanes and methylamines from cyclic amines and CO_2/H_2 catalyzed by an ionic liquid-Pd/C system[J]. Chemical Science, 2019, 10(42): 9822-9828.

[54] Chen P B, Tang X Y, Meng X J, et al. Transition metal-free catalytic formylation of carbon dioxide and amide with novel poly (ionic liquid)s [J]. Green Synthesis and Catalysis, 2022, 3(2): 162-167.

[55] Hui W, Chao L F, Lu H, et al. Stabilizing black-phase formamidinium perovskite formation at room temperature and high humidity [J]. Science, 2021, 371(6536): 1359-1364.

[56] (a)Dubey A, Arora A. Advancements in carbon capture technologies: A review [J]. Journal of Cleaner Production, 2022: 133932. (b)张香平, 曾少娟, 冯佳奇, 等. CO_2 化工离子微环境调控的 CO_2 绿色高效转化 [J]. 中国科学化学, 2020, 50(2): 282.

第八章
非金属异相催化实现碳中和

人类对化石能源的使用以及工业生产的需要，使地球的大气组成发生了变化，二氧化碳浓度不断升高。有大量研究表明，大气中二氧化碳浓度的增加会导致全球气候变暖，从而引发巨大的自然灾害。为此各国均出台了各种政策应对碳排放，我国也提出要力争于 2030 年前实现碳达峰，努力争取 2060 年前实现碳中和。使用化学手段对排放的二氧化碳进行循环利用是实现碳中和的一种有效方法，而非金属催化剂作为一种新型可持续的化学材料，具有良好的稳定性和优异的催化性能，被科研工作者广泛利用。本章主要概述了非金属异相催化剂的发展和分类，以及在非金属异相催化剂的作用下将二氧化碳异相催化转化、合成各种化学物质，用于实际生活生产的同时也助力实现碳中和。

第一节　非金属异相催化概述

一、非金属异相催化剂的发展

1954 年，美国 GE 公司采用静态高温高压合成技术，得到了第一颗人造金刚石。1963 年，苏联科学家从碳基炸药所产生的核爆炸中发现了纳米金刚石（ND），也叫作超微金刚石。自此，爆轰法被用来制备这种极具应用前景的纳米金刚石，目前爆轰法制备纳米金刚石已成为主要工业生产方式之一。纳米金刚石具有高硬度、高导热性、高耐磨性、极佳的化学稳定性等特点，长久以来都是一种具有重要理论研究和应用研究价值的材料。例如，斯坦福大学的崔屹教授、朱棣文教授，北京化工大学的谭天伟院士，SLAC 国家加速器实验室 Karen Chan 教授等提出了一种设计策略，通过合理调整氮掺杂纳米金刚石和铜纳米颗粒的组成，创建一种高选择性的、高稳定性的催化界面将 CO_2 还原为 C_2 含氧化合物[1]。

1989 年，Amy Y. Liu 和 Marvin L. Cohen 从理论上预言了 β-C_3N_4 这种新共价化合物的存在。在自然界中，至今仍未发现天然存在的氮化碳晶体，然而在 1993 年 7 月美国哈佛大学研究者在实验室利用激光溅射技术成功合成了 β-C_3N_4。该材料一经报道，立即引起材料界研究人员的广泛关注。1996 年，David M. Teter 和 Russell J. Hemley 通过计算认为 C_3N_4 可能具有 5 种结构，即 α 相、β 相、立方相、准立方相和类石墨相。经研究人员深入研究后发现，具有类似于石墨层状的石墨相 C_3N_4（g-C_3N_4）的结构最稳定。2009 年，王心晨和 Kazunari Domen 课题组首次提出 g-C_3N_4 可以利用可见光的光子能量还原水获取氢气。随着科学技术的发展，氮化碳作为一种高硬度、耐磨损的新型超硬薄膜材料被应用于工业产品和机械零件的涂层，以及用来加工不锈钢等加工材料。近年来，g-C_3N_4 因其特殊的半导体特性、可见光响应等特点，作为新型非金属催化剂广泛应用于催化反应、污水处理、二氧化碳还原等领域。例如，云南大学郭洪教授基于 g-C_3N_4 的中空光催化剂设计了一种具有高浓度空位和异质结结构，辅以形貌构筑进一步增强了催化剂对 CO_2 的催化还原作用[2]。

1991 年，在富勒烯研究推动下，日本电子公司的 Sumio Iijima 博士（又称饭岛博士）发现了一种奇特的碳结构，科学家们将其命名为"碳纳米管"（CNT）。科学家们利用电子显微镜发现碳纳米管是中空的管状材料，同时也是一种典型的一维纳米材料，CNT 自被发现以来一直都是材料科学领域的研究热点之一。碳纳米管为六边形结构连接且具有质量轻、力学和化学性能优异等特点，被应用于电子器件、航天器、功能涂料等领域，同时碳纳米管也作为一种催化剂和催化剂载体被大量应用于二氧化碳还原领域。例如，哈尔滨理工大学张凤鸣团队制备出了一种通过共价连接的、负载于碳纳米管上的卟啉基共价有机骨架（Por-COF）催化剂，可高效催化二氧化碳还原[3]。

2000 年，法国科学家首次报道了通过湿法纺丝工艺，制备碳纳米管含量高达 50%以上的连续纤维材料，拉开了碳纳米管纤维研究的序幕。2002 年，清华大学吴德海教授团队和美国伦斯勒理工学院 Pulickel. M. Ajayan 教授合作，首次报道了利用浮动化学气相沉积的方法制备直径为 300～500 μm 的碳纳米管束。同年，清华大学范守善教授团队首次报道了利用碳纳米管阵列拉丝制备碳纳米管纤维的方法。2004 年，我国科学家李亚利教授在英国剑桥大学访学期间，与 Alan Windle 教授合作，实现了浮动催化化学气相沉积法连续制备碳纳米管纤维。2018年，清华大学魏飞教授团队报道了米级超长超细碳纳米管管束，其强度达到 80 GPa，纤维力学性能已达到国际最高水平。

2004 年，英国曼彻斯特大学的两位科研工作者，Andre Geim 和 Konstantin Novoselov，首次使用胶带通过机械剥离技术实现了单层石墨烯的制备。2009 年，他们在单层和双层石墨烯体系中发现了整数量子霍尔效应及常温条件下的量子霍尔效应，因此获得 2010 年度诺贝尔物理学奖。随着石墨烯产业化应用步伐的加快，石墨烯目前主要应用于航空材料、石墨烯电池、发热衣物等领域。研究发现，石墨烯表面可通过不同的策略，如掺杂、缺陷工程等进行修饰。石墨烯及其复合材料在二氧化碳的催化转化方面具有良好的应用前景。例如，圣地亚哥州立大学顾竞、山西大学张献明与张峰伟和兰州大学董正平等人制备了一种富氮类石墨烯电催化剂，出色地将 CO_2 转化为 CO[4]。

2005 年，美国加州伯克利分校 Omar. M. Yaghi 等首次通过水热法合成了由 B—O 共价键连接的有机多孔框架化合物，从此这种类似于 MOF 结构的有机多孔材料迅速受到人们的追捧。目前，已经合成了包括 C═N、B—N、B—O—B、B—O—C、B—O—Si 等多种键型在内的数百种不同维度共价有机骨架材料（COF）。COF 具有比表面积大、结构易于调控、热稳定性和化学稳定性高等优点，在储能、生物载药、气体吸附和分离、异相催化等领域具有潜在的应用价值。中国科学院福建物质结构研究所黄远标团队合成了带正电的咪唑鎓盐化卟啉基共价有机骨架用于异相催化二氧化碳还原[5]。

二、非金属异相催化剂的分类与制备

（一）非金属有机催化剂

非金属有机催化剂是指具有基本的催化属性且不含有金属离子的一类催化剂。非金属有机催化剂不同于通常的单纯以质子酸中心起主导作用的有机羧酸类、苯磺酸类有机催化剂，而是通过分子中所含的 N、P 等富电子中心与反应物通过化学键或范德瓦耳斯力形成活化中间体，同时利用本身的结构因素来控制产物的立体选择性。

目前非金属有机催化剂主要有三类：有机胺类、有机膦类和手性醇类质子催化剂。有机胺类催化剂可细分为肌类、脯氨酸、脲和硫脲类、金鸡纳碱类、咪唑啉酮类、二酮哌嗪类、N-杂环卡宾类；有机膦类催化剂包括三芳基膦类和三烷基膦类；手性醇类质子催化剂包含 TADDOL 类（即 α,α,α,α-四芳基-1,3-二氧戊环-4,5-二甲醇）。具体分类方法如图 8-1 所示。

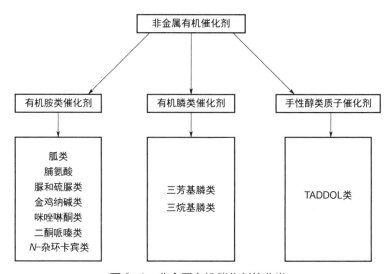

图 8-1　非金属有机催化剂的分类

相对于金属有机催化剂，非金属有机催化剂具有以下特征：

① 非金属有机催化剂毒性较小，在使用过程中对周围生态环境的破坏较小，具有绿色环保的优势；

② 非金属有机催化剂制造成本低、反应条件容易控制且存储方便；

③ 非金属有机催化剂对反应环境的要求很低，在湿溶剂或直接在空气中即可进行化学反应；

④ 非金属有机催化剂易于分离，有利于实现资源循环利用；

⑤ 在进行不对称合成时，非金属催化剂显示出更强的催化活性，能够保证化学反应的高收率和对映选择性。

虽然非金属有机催化剂有着很多的优势，但目前研究人员对于其研究大多停留在理论层面，实践应用很少。其中，非金属催化剂在化学反应中的应用主要体现在以下反应中：

（1）重排反应：非金属有机催化剂可参与分子内的亲核重排和亲电重排反应，如乙醇中新戊基溴的分解和联苯胺重排等。

（2）环加成反应：在反应中，非金属有机催化剂主要利用两类物质完成催化。一类是借助原有的烯结构，在非金属有机催化剂的作用下会形成大型环状分子，如丁二烯酸酯和贫电子烯烃的反应；另一类是借助反应中间体，醛加成形成环加成产物，如乙烯酮和三氯乙醛的反应。

（3）缩合反应：在非金属有机催化剂的作用下，有机分子以共价键结合生成一个大分子，同时在反应过程中会失去 HCl 和 H_2O 等小分子，主要包括羟醛缩合反应、克莱森缩合反应等。

（4）共轭加成反应：在非金属有机催化剂的作用下共轭体系的双键断开，新物质在双键处进行加成而形成。

（5）氰氢化反应：在非金属有机催化剂的影响下，氰化氢和醛类发生反应生成手性氰醇。

（6）烷基化反应：烷基化反应的过程主要包括碳原子的烷基化、活泼亚甲基的烷基化、相转移催化的烷基化以及不饱和双键烯丙基化。利用非金属有机催化剂主要是加快催化反应速度，提高反应速率。

（二）共价有机骨架材料

共价有机骨架材料（COF）是 2005 年由 Omar. M. Yaghi 和他的同事发现的一类多孔结晶有机材料。他们利用硼酸自身脱水缩合的方法构建了第一个晶体拓扑框架 COF-1 和 COF-5，其合成路线分别如图 8-2 和图 8-3 所示。

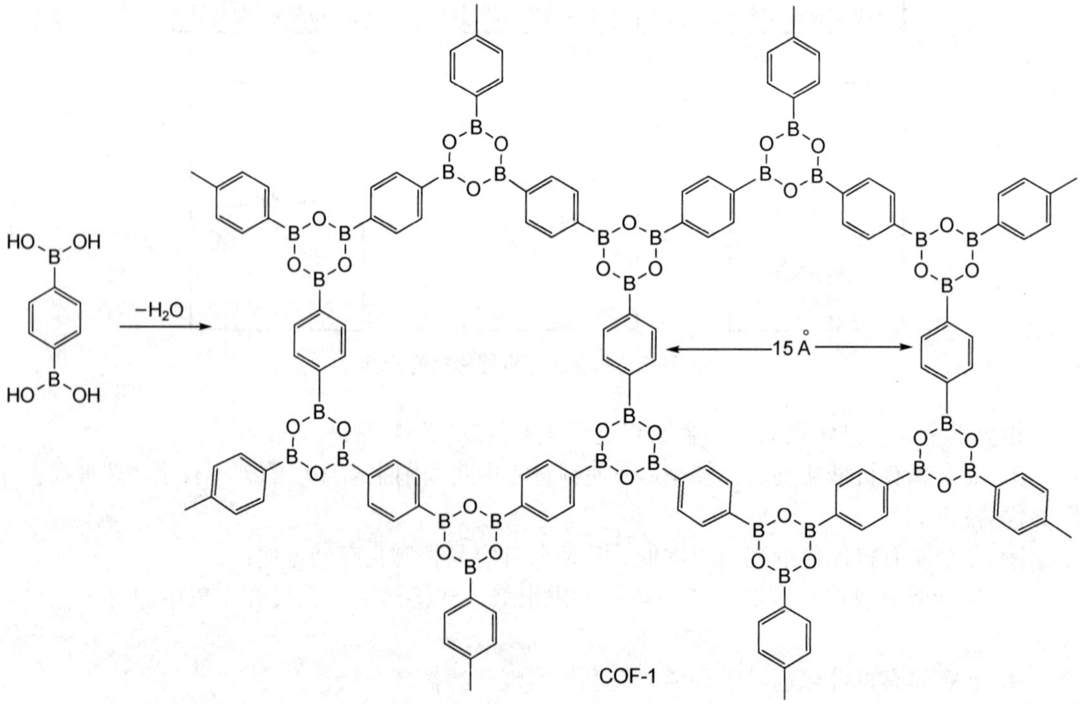

图 8-2　COF-1 的合成路线

COF 是由碳、氢、氧、氮、硼等轻质元素通过强共价键结合形成的多孔结晶高分子材料，是一类通过有机前体之间反应而形成二维或三维结构的晶体材料。组成 COF 的有机分子是通过较强的共价键（如 B—O、C＝N、C—N、C＝C 等）连接而成的，骨架之间的共价作用力很强，这使 COF 不易被化学试剂进攻，在高温条件下不易解离，拥有较高的化学稳定性和热

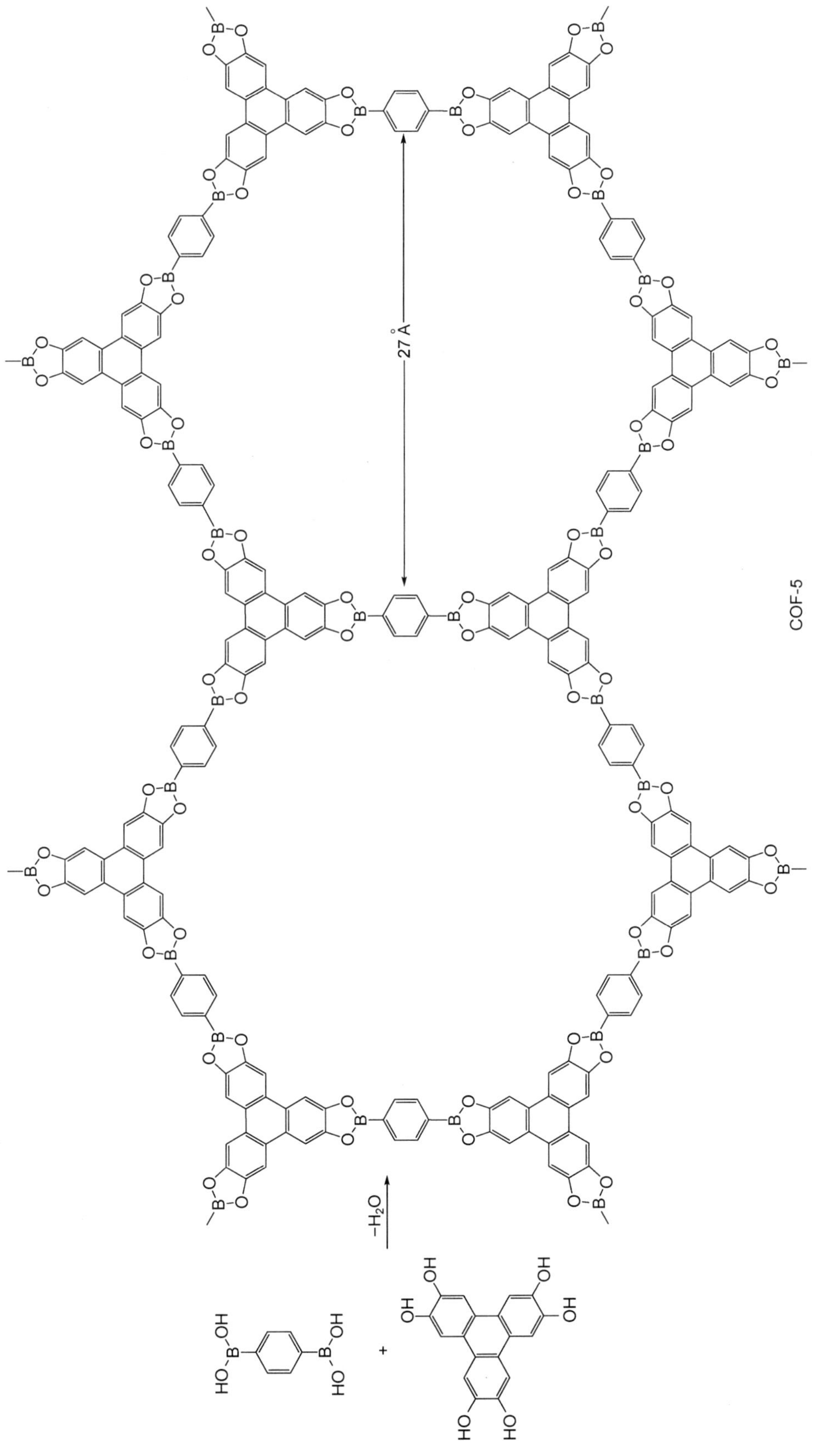

图 8-3　COF-5 的合成路线

稳定性，从而也能保持稳定的结构。这类材料只由轻质元素组成，因此有较低的重量密度。随着研究人员优化合成控制和前体选择，COF 成为有机材料的一个重要分支。

COF 材料根据空间结构可以分为二维 COF 和三维 COF 两大类。二维 COF 和三维 COF 的拓扑结构可以分别用石墨和金刚石作类比，把石墨和金刚石的碳原子分别替换成具有类似几何构型的分子，把原子之间的键相应替换成分子共价键，就可以得到典型的二维 COF 和三维 COF 结构。COF 材料拥有规整的一维孔道，能让小分子通过。COF 单体的可选择性范围很广，所以 COF 的结构多样性和可设计性非常高，有利于针对不同的应用目标设计和合成 COF。因此，多样的选择和丰富的设计赋予 COF 材料无限的研究与应用可能。

COF 材料根据缩聚反应形成的共价键种类可以分为硼酸类、三嗪类、亚胺类、苯腙类、酮-烯胺类、聚酰亚胺类、酞菁类和卟啉类[6]。硼酸类 COF 由 B—O 共价键连接而成，其合成反应主要包括硼酸基团的自身脱水缩聚反应、硼酸基团与多羟基芳香化合物间的脱水缩聚。三嗪类 COF 由芳香氰化合物发生氰基三聚反应，并且通过三嗪环(—C₃N₃—)连接而成。亚胺类 COF 由芳香醛与芳香胺发生席夫碱缩聚反应，再通过 C＝N 共价键连接而成。苯腙类 COF 由酰肼类芳香化合物与芳香醛通过腙键连接而成。酮-烯胺类 COF 是 1,3,5-三醛基间苯三酚与芳香胺发生席夫碱反应合成中间体烯醇-亚胺类 COF，烯醇-亚胺类 COF 发生不可逆的质子互变异构反应并转变成化学性质更稳定的酮-烯胺类 COF。聚酰亚胺类 COF 是由芳香胺与芳香二酐发生酰亚胺化反应，通过酰亚胺环（—CO—N—CO—）连接而成。酞菁类 COF 和卟啉类 COF 是结构相似的两种 COF，分别由酞菁类分子和卟啉类分子通过 B—O 或 C＝N 共价键连接而成。各类 COF 的合成路线及结构分别如图 8-4～图 8-7 所示。

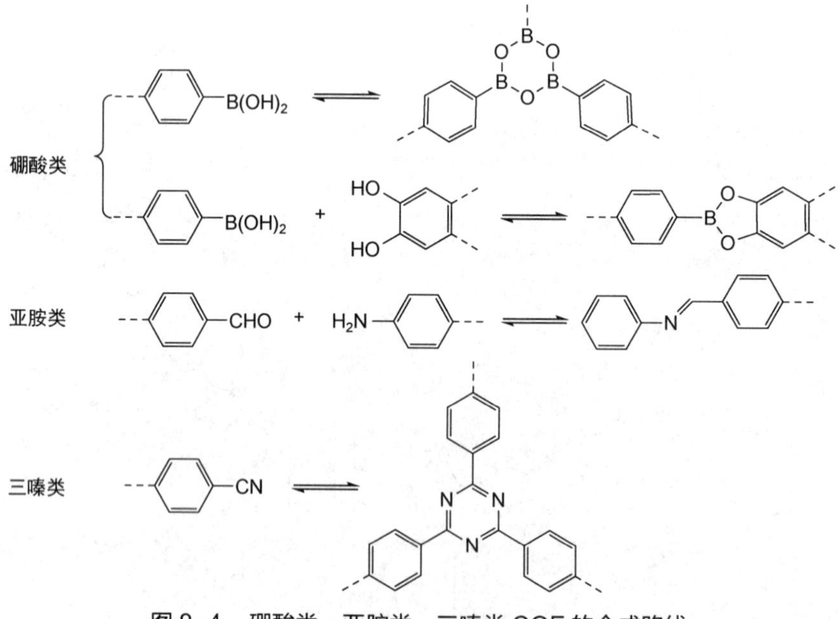

图 8-4　硼酸类、亚胺类、三嗪类 COF 的合成路线

合成 COF 的方法主要有溶剂热法、离子热合成法、微波热合成、机械研磨法[7]，但前两种方法存在条件难控、产品质量不均一、易碳化等缺点。天津大学陈龙课题组[8]总结了 COF 的新型合成方法，主要有微波和机械合成、多组分反应和多步合成、催化反应合成、连接子交换合成、控制单体进料速度合成、功能组保护合成等。例如，中山大学刘卫教授、北京大

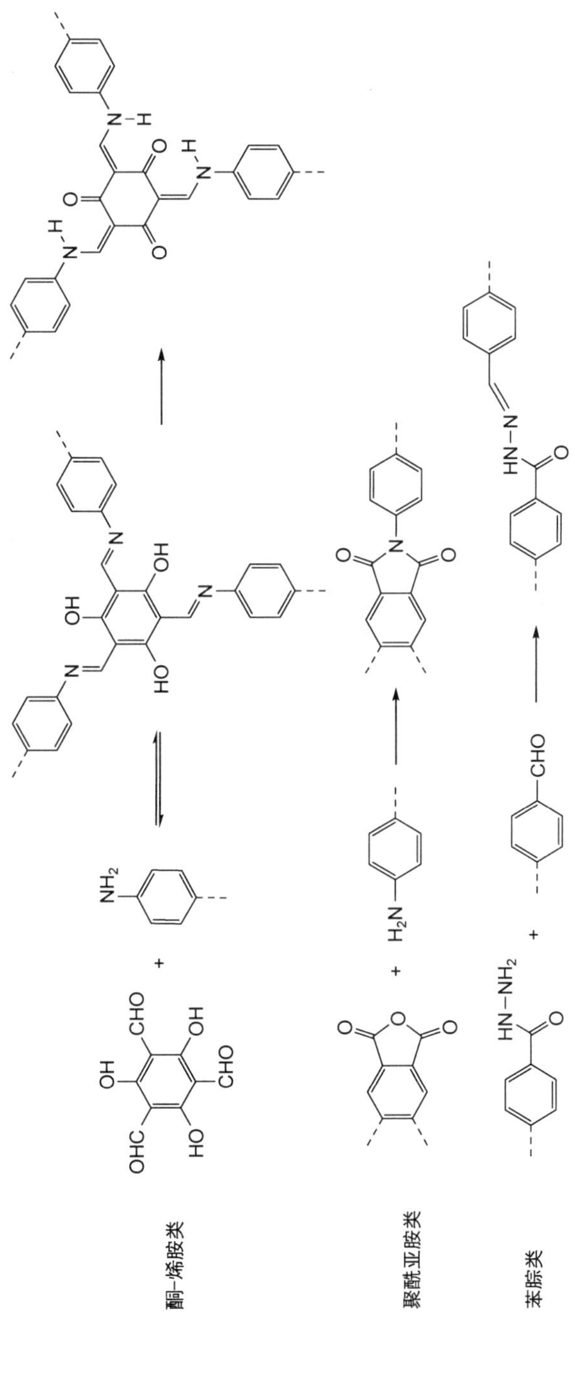

图 8-5 酮-烯胺类、聚酰亚胺类、苯腙类 COF 的合成路线

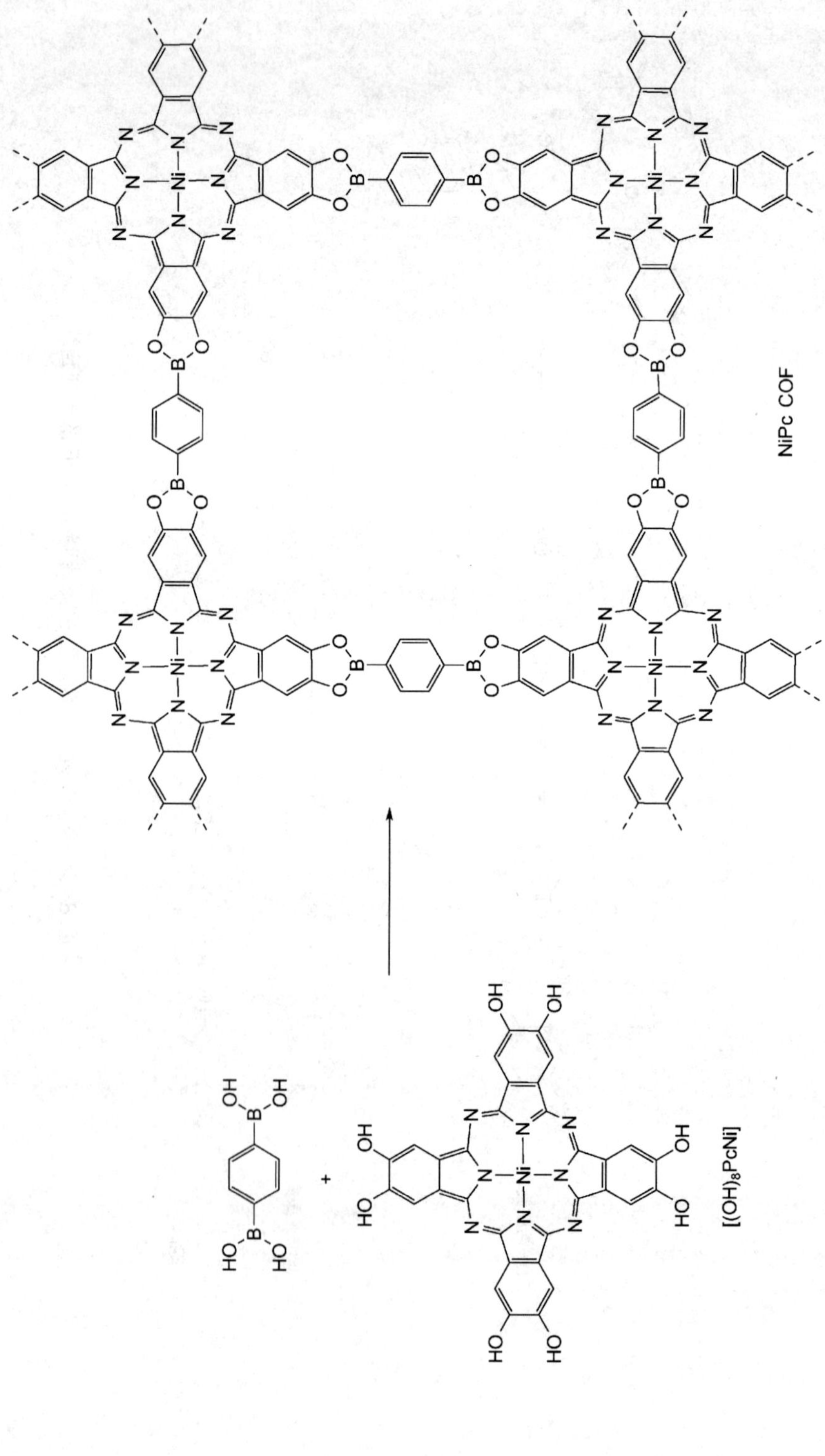

图 8-6 酞菁类 COF 的合成路线

NiPc COF

[(OH)₈PcNi]

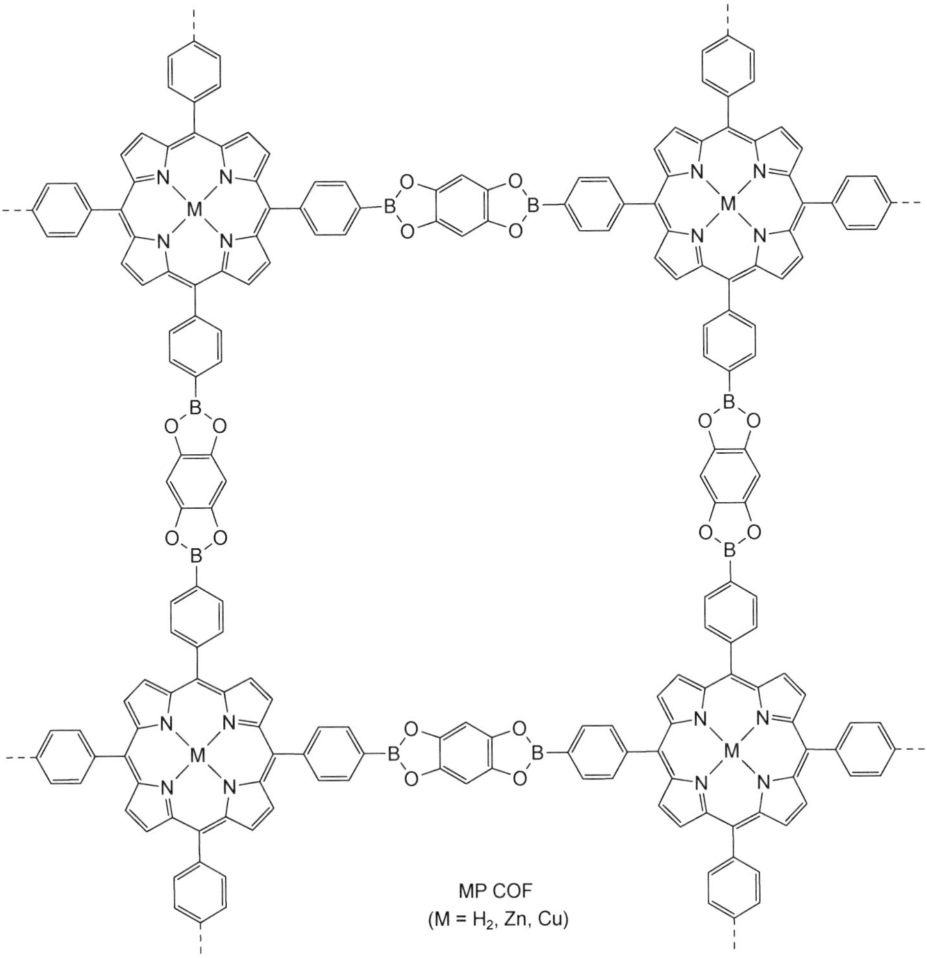

图 8-7　卟啉类 COF 的结构

学孙俊良教授、中山大学和广东工业大学郑治坤教授课题组[9]合作报道了一种在环境条件下利用具有长疏水链的两亲氨基酸衍生物在水溶液中生产单晶亚胺类 COF 的方法。COF 材料凭借其较轻的密度、较高的比表面积、良好的稳定性和较强的结晶性等特点，已经在气体吸附和分离、非均相催化、化学传感、药物释放、锂电池、光电材料和能量存储等方面得到广泛应用。

（三）碳基非金属催化剂

1. 碳纳米管

碳纳米管又称巴基管，是由单层或多层的石墨烯层围绕中心轴按一定的螺旋角卷曲而成的一维量子材料。碳纳米管由碳原子通过 sp^2 杂化的 C—C 键组成，C—C 键具有非常高的键能和强度。因此，碳纳米管表现出具有极高弹性和韧性的力学性能，导电性强的电学性能以及耐酸、耐碱、抗氧化的化学稳定性能等，是研究人员的重点研究方向之一。

目前常用的碳纳米管制备方法有电弧放电法、激光烧蚀法、化学气相沉积法（CVD）以及火焰合成法等[10]。

2. 氮化碳

氮化碳有 α-C_3N_4、β-C_3N_4、立方相 C_3N_4、准立方相 C_3N_4 和类石墨相 C_3N_4 五种结构，其

中具有类似石墨层状结构的石墨相 C_3N_4（$g-C_3N_4$）的结构是最稳定的。制备 $g-C_3N_4$ 常用的方法有剥离方法和模板法两种。剥离方法又包括液相剥离法和热剥离法；模板法包括硬模板法和软模板法[11]。

3. 石墨烯

石墨烯是一种以 sp^2 杂化碳原子连接的紧密堆积成单层二维蜂窝状晶格结构的新材料，是碳的多种形态中的基本结构，既可包裹成零维度的富勒烯，又可卷曲成一维的碳纳米管或堆垛成三维石墨。石墨烯具有比表面积大、吸附性能高、导电性能好、韧度强和透光率高等特点，因此受到科学家们广泛研究。石墨烯制备方法主要有机械剥离法、液相剥离法、气相沉积法（CVD）、氧化还原法等[12]。

4. 硼碳氮

硼碳氮材料（BCN）由于杂原子的协同作用，可促进与相邻 C 原子的电荷转移，具有比单原子掺杂石墨烯材料更强的电化学性能。目前，常见制备 BCN 三元化合物的实验室合成方法有化学气相沉积法、物理气相沉积（PVD）法、化学法、机械合金化法、冲击合成法、高温高压合成（HTHP）法等[13]。新的研究表明，还可使用冷却干燥法结合高温固相反应法[14]制备硼碳氮材料，利用冷冻干燥法可以制备多孔前驱体，固相反应法可以使物质在反应过程中不会破坏 BCN 的多孔结构。硼碳氮多孔材料具有比表面积大、化学性质稳定、导热率高、机械性能优异等特点，在处理废水时，对有机染料和重金属离子表现出良好的吸附性。

5. 纳米金刚石

金刚石具有最大的杨氏模量和硬度，有极高的化学惰性，拥有较宽的光学透过波段以及较宽的禁带。纳米金刚石受其表面效应和小尺寸效应的影响，除具有金刚石本身的优异特性之外，还有具有大比表面积、较高的场发射性质、较好表面修饰性能和生物相容性。纳米金刚石按照颗粒尺寸，可分为纳米晶（10～100 nm）、超单晶粒子（2～10 nm）、类金刚石（1～2 nm）三类；按照其形貌特点，可分为纳米金刚石颗粒、纳米金刚石薄膜、金刚石纳米片和金刚石纳米线材料四种。

目前，合成纳米金刚石颗粒的方法有高温高压法、化学气相沉积法、爆轰法、破碎法、激光冲击法；主要采用化学气相沉积法合成纳米金刚石薄膜，采用反应离子刻蚀技术和化学气相沉积技术制备金刚石纳米片和纳米线材料[15]。

6. 碳纳米管纤维

碳纳米管纤维是一种典型的一维碳纳米管宏观材料，具有高抗拉强度、高柔韧性、轻质等优点。碳纳米管纤维因具有优异的力学、电学和热力学性能，在超强纤维、透明导电膜、柔性可穿戴设备领域具有广阔的应用前景。

通常，碳纳米管纤维的制备方法主要有基于碳纳米管溶液的湿法纺丝法、基于碳纳米管垂直阵列的抽丝纺纱法、基于浮动催化剂法生成的碳纳米管凝胶的直接纺丝法。

7. 非金属多孔掺杂碳材料

碳元素的原子核内质子数为 6，具有多样的轨道杂化方式（sp、sp^2、sp^3 杂化），因此当碳元素以不同的杂化轨道成键时，可以形成各种性质不同的碳质材料。杂原子（N、P、B、S、O）的电负性及原子半径与碳原子不同，因此杂原子引入碳材料的骨架时，容易调节碳原子的电子结构，造成离域 π 键上的电子富集。

经过杂原子表面改性的多孔碳材料，一方面可以引入缺陷，改变多孔碳材料电子云分布，形成新的活性位点，使原本惰性的碳材料具有催化活性；另一方面可以改变碳材料的润湿性和极性，使其电化学性能进一步提高。掺杂在多孔碳材料中的非金属杂原子主要有氮、硼、磷、硫等元素，杂原子可通过单原子掺杂、多原子共掺杂等方式与碳材料发挥作用，从而应用于二氧化碳还原。

多孔碳材料的制备方法有模板法、直接碳化法、活化法。杂原子的引入方式主要包括两种：热解富含杂原子的碳前驱体（葡萄糖、酚醛树脂、离子液体等）和采用富含杂原子的化合物对多孔碳材料进行后处理（浸渍、氧化等）[16]。

三、非金属异相催化在促进碳中和方面的优势

非金属催化材料作为新型可持续催化剂的应用逐渐被人们认识和探索，特别是廉价丰富的非金属碳基纳米材料具有独特的结构、形貌和表界面性质，以及良好的稳定性和环境友好性，在诸多化学反应过程中展示出优异的催化性能。同时，非金属催化材料包含非金属有机催化剂、共价有机骨架材料、碳基非金属材料三大类，种类丰富，大大扩充了实验中反应催化剂的选择范围。近年来，非金属催化剂在电催化方面的研究和应用已成为材料、化学领域的热点方向之一。

（一）可再生，催化性能好，结构多样

非金属 COF 是一种多孔晶体材料，具有球状、纤维状、薄膜状、管状、带状、棒状、笼状[17]等不同的结构，利用不同结构的 COF 材料可以对二氧化碳进行吸附和转化。同时，可以通过合理的策略从分子水平对 COF 材料的孔道或表面进行改性，引入功能分子或物种，实现对特定反应的选择性调控。基于可控的孔道结构和丰富的表面官能团，COF 可以提供多种催化位点并对物质的传输产生非常有利的微环境。除此之外，碳基非金属催化剂作为非金属材料的重要组成部分，尤其是石墨烯、碳纳米管等材料，碳骨架中某些碳原子可以被其他电负性不同的杂原子（如 N、B、P、S 等）所取代，将不同尺寸大小、不同电负性的杂原子引入碳骨架中，通过碳原子与杂原子的电荷转移，引起碳原子局部电荷分布，可改变电子态，从而提高催化性能。

（二）表面化学可调，表面功能化，有独特的活性位点

碳基非金属 COF 是一种结构可调的材料，有合适的可见光吸收范围。有序的孔道结构可以加速 COF 表面的电荷传输速率，抑制电子与空穴对复合；同时，强共价键赋予 COF 较高的稳定性，丰富的活性位点可以避免材料遭受光腐蚀，提高电子存活的寿命。因此，利用 COF 作为催化剂时能够使电子快速迁移到二氧化碳分子上，使二氧化碳活化成各种中间体，最后转化成有用的化学用品。利用 COF 不同的活性位点，可将 COF 与不同化合物进行后修饰，经过后修饰的共价有机骨架去连接不同的官能团，使得 COF 的孔道结构和性质都发生了不同的变化，可以系统地调整材料的功能和孔道结构，加强材料孔表面与二氧化碳的作用力，大大提升对二氧化碳的吸附能力[18]。

第二节　非金属异相催化技术促进碳中和

一、制备烷烃类化合物

将二氧化碳催化转化为气态碳氢化合物燃料，不仅是减少温室气体排放的主要方法，还

是生产可再生燃料的一种有利方式。甲烷是一种重要的燃料，也是天然气的主要成分，高温分解甲烷得到的炭黑可用作颜料、油漆和橡胶的添加剂，还可作为医药化工合成的生产原料。

1. 制备的原理和方法

元素掺杂，特别是非金属元素，如 B、O、P、S，是改变带隙位置、扩大光子吸收、提高电荷转移效率的有效方法，有助于提高 $g\text{-}C_3N_4$ 的性能。泰国曼谷 Malathi Arumugam 等[19]利用非金属（B、O、S、P）掺杂的 $g\text{-}C_3N_4$ 的光催化剂将 CO_2 转变为 CH_4，其中 S 掺杂的 $g\text{-}C_3N_4$ 催化还原效果最好。在 S 掺杂的 $g\text{-}C_3N_4$ 上用水将 CO_2 光催化还原为 CH_4 的反应包括三个步骤：①CO_2 的吸附和活化；②光生载流子激发并迁移到催化剂表面；③光催化 CO_2 还原反应。

S 掺杂的 $g\text{-}C_3N_4$ 光还原的机理可能为：

① 在紫外光照射下，$g\text{-}C_3N_4$ 光催化剂在导带（即在激发态下，晶体中被激发电子所具有的能量水平，简称 CB）中产生电子（e^-），在价带（即在基态下，晶体未被激发的电子所具有的能量水平，简称 VB）中产生空穴（即价电子空位，简称 h^+），见式（8-1）；

② CB 上的 e^- 迁移到分散在 $g\text{-}C_3N_4$ 上的 S，如式（8-2）所示，S 在 $g\text{-}C_3N_4$ 上的掺杂促进了载流子分离并捕获光生电子；

③ e^- 迁移到 CO_2 上使其成为自由基（CO^-），如式（8-3）所示；

④ 水氧化发生在 $g\text{-}C_3N_4$ 的 VB 上，产生高能质子（H^+）和氧气。

⑤ 大量的 H^+ 和 e^- 通过质子耦合电子转移机制，经一个 $8H^+/8e^-$ 还原过程，把 CO_2 还原为 CH_4。

$$g\text{-}C_3N_4 \xrightarrow{hv} h^+VB + e^-CB \qquad (8\text{-}1)$$

$$g\text{-}C_3N_4(e^-CB) + S \longrightarrow S(e^-) + g\text{-}C_3N_4 \qquad (8\text{-}2)$$

$$CO_2 + e^- \longrightarrow CO^- \qquad (8\text{-}3)$$

$$4H_2O + 8h^+ \longrightarrow 2O_2 + 8H^+ \qquad (8\text{-}4)$$

$$CO_2 + 8H^+ + 8e^- \longrightarrow CH_4 + H_2O \qquad (8\text{-}5)$$

杂原子掺杂尤其是 N 原子掺杂，是在碳材料中创建或调节催化位点最常用的方法，已应用于各种电化学反应中。中国林业科学研究院林产化学工业研究所赵玉英团队[20]利用 B、N 共掺杂石墨烯的方式，形成吡啶 BN 构型，吡啶 BN 柱和石墨烯纳米带协同作用，制备了一种多孔碳，用于促进 CO_2 转化为 CH_4。在 B、N 共掺杂石墨烯中，具有不成对电子的边缘 N 构型（吡啶-N 和吡咯-N）倾向于与 B 原子结合，从而导致 BN 构型的形成。多孔结构有利于活性位点的暴露，可促进电解质的迁移；晶体石墨烯纳米带与无定形碳之间的紧密接触有利于快速电子传输。

吡啶 BN 构型将 CO_2 转变为 CH_4 的催化机制可能为：

① CO_2 和催化剂在电解液中反应产生电子，CO_2 在催化剂表面进行吸附和活化；

② 第一个质子耦合电子转移到 CO_2 形成表面吸附的 $COOH^*$；

③ $COOH^*$ 脱去羟基变为 $^*CO$，$^*CO$ 加氢先转化成 $^*CHO$，再转化为 $^*CH_2O$，最后转变为 $^*CH_2OH$；

④ $^*CH_2OH$ 脱去羟基变为 $^*CH_2$，$^*CH_2$ 加氢先转化成 $^*CH_3$，最后加氢转化为目标产物 CH_4。

其中，CO_2 的吸附和活化是决速步骤，$^*CO$ 加氢转化为 $^*CH_2O$ 也是关键步骤，决定了反应速率。$^*CO$ 和 $^*CH_2O$ 是两个关键中间体，$^*CO$ 氢化为 $^*CH_2O$ 发生在吡啶 NB 上，是最有效的活性位点，从而提高 CO_2 的产率。具体涉及的反应如下：

$$^*+CO_2+e^-+H^+ \longrightarrow {}^*COOH$$

$$^*COOH+e^-+H^+ \longrightarrow {}^*CO+OH^-$$

$$^*CO+e^-+H^+ \longrightarrow {}^*CHO$$

$$^*CHO+e^-+H^+ \longrightarrow {}^*CH_2O$$

$$^*CH_2O+e^-+H^+ \longrightarrow {}^*CH_2OH$$

$$^*CH_2OH+e^-+H^+ \longrightarrow {}^*CH_2+OH^-$$

$$^*CH_2+e^-+H^+ \longrightarrow {}^*CH_3$$

$$^*CH_3+e^-+H^+ \longrightarrow CH_4$$

Soumitra Barman 等[21]报道了一种氧化还原活性共轭微孔聚合物 TPA-PQ（又称 CMP）的设计和合成，方法是同化电子供体三(4-乙炔基苯基)胺（TPA）和受体菲醌（PQ）。TPA-PQ 显示出分子内电荷转移（ICT）辅助催化活性，可作为一种非金属催化剂用于可见光驱动的 CO_2 光还原为 CH_4。

首先，分别合成三（4-乙炔基苯基）胺（化合物 **8-4**）与 2,7-二溴苯基-9,10-二酮（化合物 **8-6**），合成路线如图 8-8 所示。再将二者混合，在有催化剂和 DMF 的条件下，高温合成催化剂 TPA-PQ（化合物 **8-7**），合成路线如图 8-9 所示。

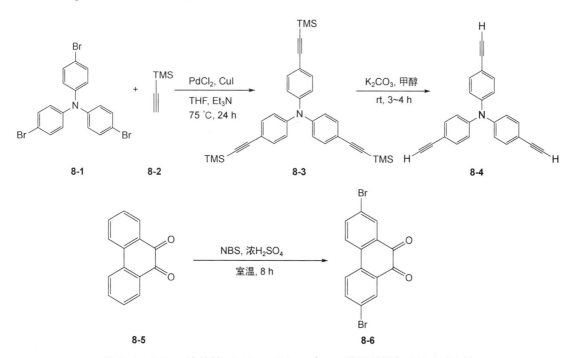

图 8-8　2,7-二溴苯基-9,10-二酮与三（4-乙炔基苯基）胺的合成路线

共轭微孔聚合物 TPA-PQ 将 CO_2 光还原为 CH_4 的机理为：

① 氧化还原活性 PQ 部分充当活性催化位点可以瞬时容纳 CO_2，CO_2 和 PQ 的羰基之间的特定相互作用是通过弯曲 T 形分子构型的路易斯酸碱相互作用实现的。

② 在可见光照射下，电荷（ICT）通过 π 共轭从 TPA 中心跃迁到 PQ，分别在 PQ 和 TPA 上产生光激发电子-空穴对。

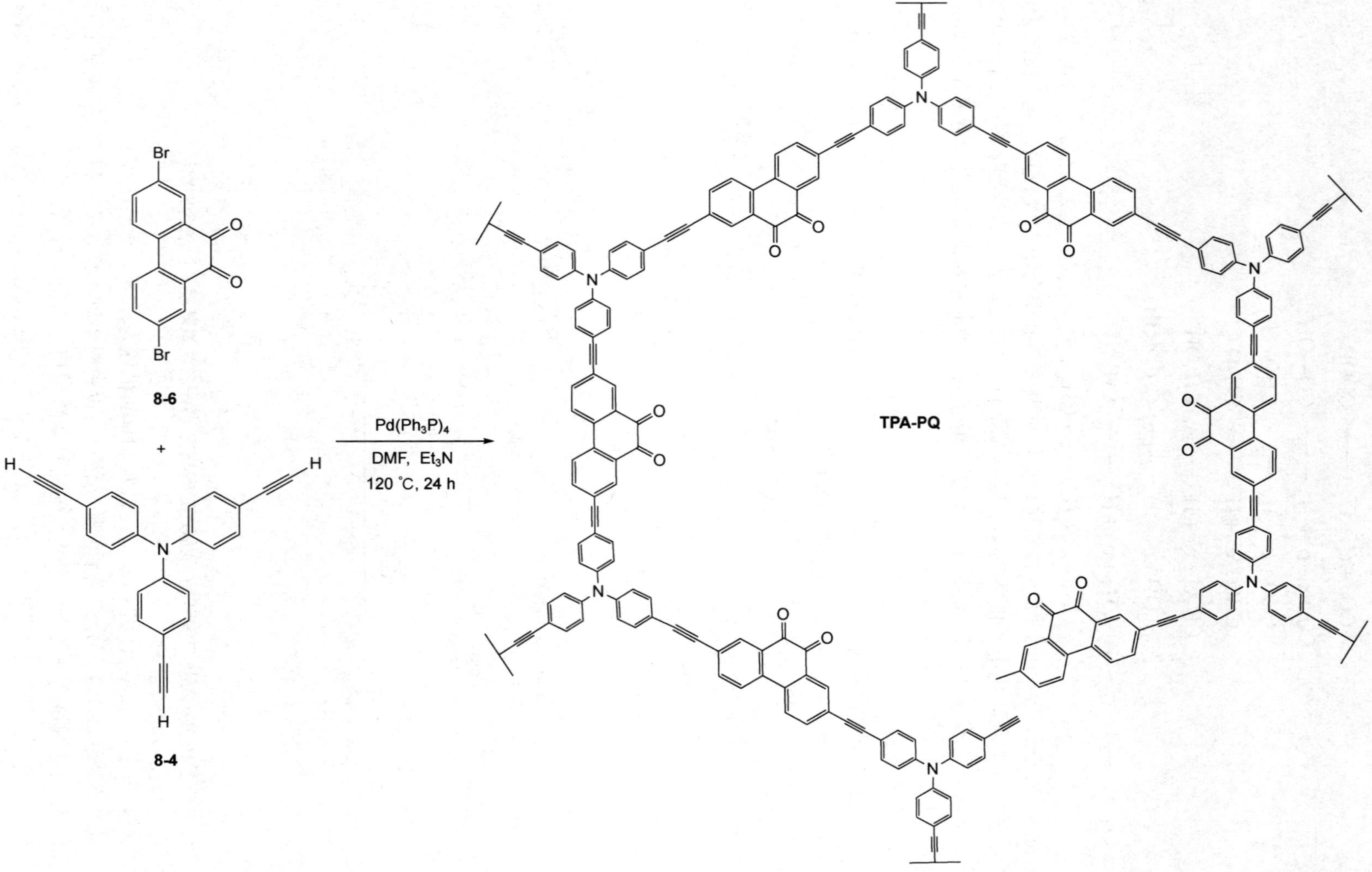

图 8-9 TPA–PQ 的合成路线

③ 光生空穴在牺牲电子供体 BNAH（1-苄基-1,4-二氢烟酰胺）的存在下被还原淬灭，从而抑制载流子的复合，使光激发电子可以储存在 PQ 单元的酮基上。

④ 发生[TPA-PQ⁻-CO₂]⁻的质子化以提供*COOH 中间体，即 CO₂ 通过碳结合形成*COOH 中间体。

⑤ *COOH 中间体发生质子化和水消除，产生高度稳定的*CO 中间体，其中*COOH 中间体的形成是 CO₂ 转化为 CO 的决速步骤。

⑥ *CO 通过质子耦合还原为*CHO 中间体，此步骤具有高放热性，即产生大量热，可驱动 CO₂ 还原反应形成 CH₄。

⑦ 接着发生一系列连续反应：在可见光照射下发生质子偶联还原，*CHO→*OCH₂→*OCH₃→*CH₃OH。

⑧ 接下来将从*CH₃OH 中间体中消除水形成稳定的*CH₃ 中间体。

⑨ *CH₃ 中间体在可见光照射下通过 BNAH 进行质子耦合还原后产生 CH₄⁺*，在此过程中 TPA-PQ 可再生，从而使整个反应可以循环反复进行。

具体涉及的反应如下：

$$^* + CO_2 + e^- + H^+ \longrightarrow {}^*COOH$$
$$^*COOH + e^- + H^+ \longrightarrow {}^*CO + H_2O$$
$$^*CO + e^- + H^+ \longrightarrow {}^*CHO + H_2O$$
$$^*CHO + e^- + H^+ \longrightarrow {}^*OCH_2$$
$$^*OCH_2 + e^- + H^+ \longrightarrow {}^*OCH_3$$
$$^*OCH_3 + e^- + H^+ \longrightarrow {}^*CH_3OH$$
$$^*CH_3OH + e^- + H^+ \longrightarrow {}^*CH_3 + H_2O$$
$$^*CH_3 + e^- + H^+ \longrightarrow CH_4^{+*}$$

2. 主要用途

S 掺杂的 g-C_3N_4 可显著改善电荷分离和迁移，非金属元素的掺杂提供了改进的电荷分离，是提高光催化剂性能的有效途径。这项工作为设计非金属掺杂的 g-C_3N_4 光催化剂提供了一种有利的方法，表明非金属掺杂的 g-C_3N_4 可用作能源应用的低成本材料，并且有望在其他能源应用中发挥作用。

碳材料是最有前途的电催化剂之一，但其产物选择性受到活性位点调节方法的限制。因此，在石墨烯纳米带/无定形碳的分级多孔结构中制造的吡啶 BN 可提供有效的调节位点。石墨烯纳米带和多孔结构可以分别加速二氧化碳还原反应期间的电子和离子/气体传输。这种碳电催化剂可高选择性地将 CO_2 还原为 CH_4。

使用可见光将 CO_2 转化为化学原料是减少温室气体和减缓由持续消耗化石燃料引起的气候变化的有效途径。然而，由于 C=O 键的强稳定性和二氧化碳还原反应（CO₂RR）需要多个质子耦合电子转移，从而使反应需要巨大的能量。此外，CH_4 是燃烧最清洁的化石燃料，故使用共轭微孔聚合物 TPA-PQ 将 CO_2 光还原为 CH_4 具有重要意义，且存在电子离域通道时，CH_4 产率和选择性非常高，这是一种高效、可持续、可回收的方法。因此，具有高产率、低成本的无金属系统可以充当高效多相催化剂，可将其作为一种新战略方法来构建用于光还原 CO_2 以高效生产 CH_4。

二、制备醇类化合物

（一）甲醇

甲醇可以安全储存和运输，并且可作为许多有用的有机化学品（例如甲醛、乙酸）的前体，还可作为燃料的替代品以及在燃料电池起发电的作用，而且能量密度高、易于在大气压下储存以及可在燃料电池中直接利用，因而被认为是一种有价值的产品。

1. 制备的原理和方法

牛津大学化学研究实验室 Andrew E. Ashley 博士[22]利用氢气的异裂活化这一条件，在将 CO_2 转变为 CH_3OH 的第一个均相过程中，把 B—H 键插入 CO_2 中，高效率地将 CO_2 催化转化为 CH_3OH。

H_2 发生异质裂变与 2,2,6,6-四甲基哌啶（TMP，Me_4C_5NH）和 $B(C_6F_5)_3$ 的等物质的量混合物反应，得到盐[TMPH][$HB(C_6F_5)_3$]（化合物 **8-8**）。在 100 ℃下将 CO_2 引入[TMPH][$HB(C_6F_5)_3$]的甲苯溶液中会产生独特的甲硼酸络合物[TMPH][$HCO_2B(C_6F_5)_3$]（化合物 **8-9**）。其反应过程如图 8-10 所示。

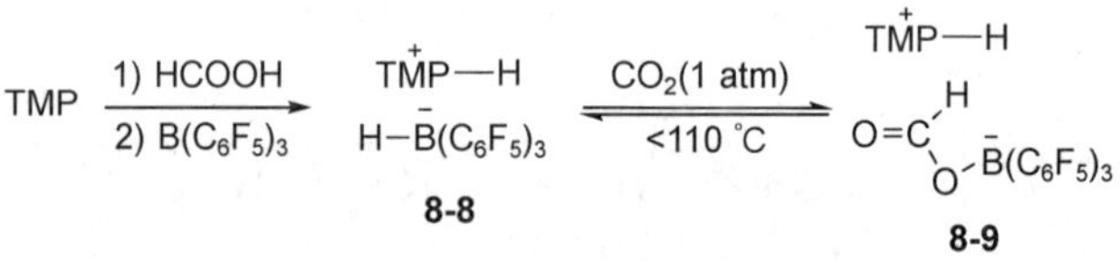

图 8-10　化合物 **8-8** 和 **8-9** 的转化合成路线

CO_2 转变为 CH_3OH 的机理如图 8-11 所示，具体为：

① 化合物 **8-9** 经可逆反应转化成化合物 **8-8** 和 CO_2，并建立起平衡浓度，硼氢化物盐可逆分解为游离 H_2、TMP 和 $B(C_6F_5)_3$；

② $B(C_6F_5)_3$ 攻击化合物 **8-9** 的酰基氧原子，产生中间体甲酸酯氢化物（化合物 **8-10**）；

③ 接下来将中间体甲酸酯氢化物还原为中间体甲醛缩醛（化合物 **8-11**）和 $B(C_6F_5)_3$，缩醛在质子介质中不稳定，容易转化为醛和 H_2O；

④ [TMPH]$^+$抗衡离子可以在化合物 **8-11** 的裂解中充当 H^+供体，得到 $H_2COB(C_6F_5)_3$（化合物 **8-12**）和化合物 **8-13**；

⑤ 化合物 **8-12** 是一种有效的亲电子试剂，并在硼氢化物盐[TMPH][$HB(C_6F_5)_3$]存在的情况下进行最终氢化还原形成化合物 **8-14**；

⑥ 化合物 **8-13** 和 **8-14** 发生热分解，从而产生 CH_3OH。

为了设计高选择性将二氧化碳转化为甲醇的非金属催化剂，四川师范大学化学与材料科学学院熊晓丽课题组[23]找到了磷化硼纳米粒子作为非金属电催化剂。磷化硼纳米粒子作为非金属催化剂通过 B 和 P 协同促进 CO_2 的结合和活化，高效地完成 CO_2 转化。当 CO_2 通入饱和的 $0.1\ mol \cdot L^{-1}$ $KHCO_3$ 中进行测试时，该催化剂在−0.5 V（vs RHE）下实现了 92.0%的最大法拉第效率。CO_2 还原反应的决速步骤由$^*CO+^*OH$ 到$^*CO+^*H_2O$ 过程主导，可能机理为：

① CO_2 分子吸附在最外层的 B 位点上，BP 中 P 将电子提供给 B，达到协同激活 CO_2 变成$^*CO_2$ 的目的；

② $^*CO_2$ 经脱氧转化为$^*CO+^*OH$，而$^*CO+^*OH$ 经催化氢化转变为$^*CO + ^*H_2O$；

③ 由于$^*H_2O$ 经解吸后的 $\Delta G = 0.28\ eV$，易脱落，而$^*CO$ 的 $\Delta G = 0.95\ eV$，脱落困难，故

将 *CO 氢化为 *OCH；

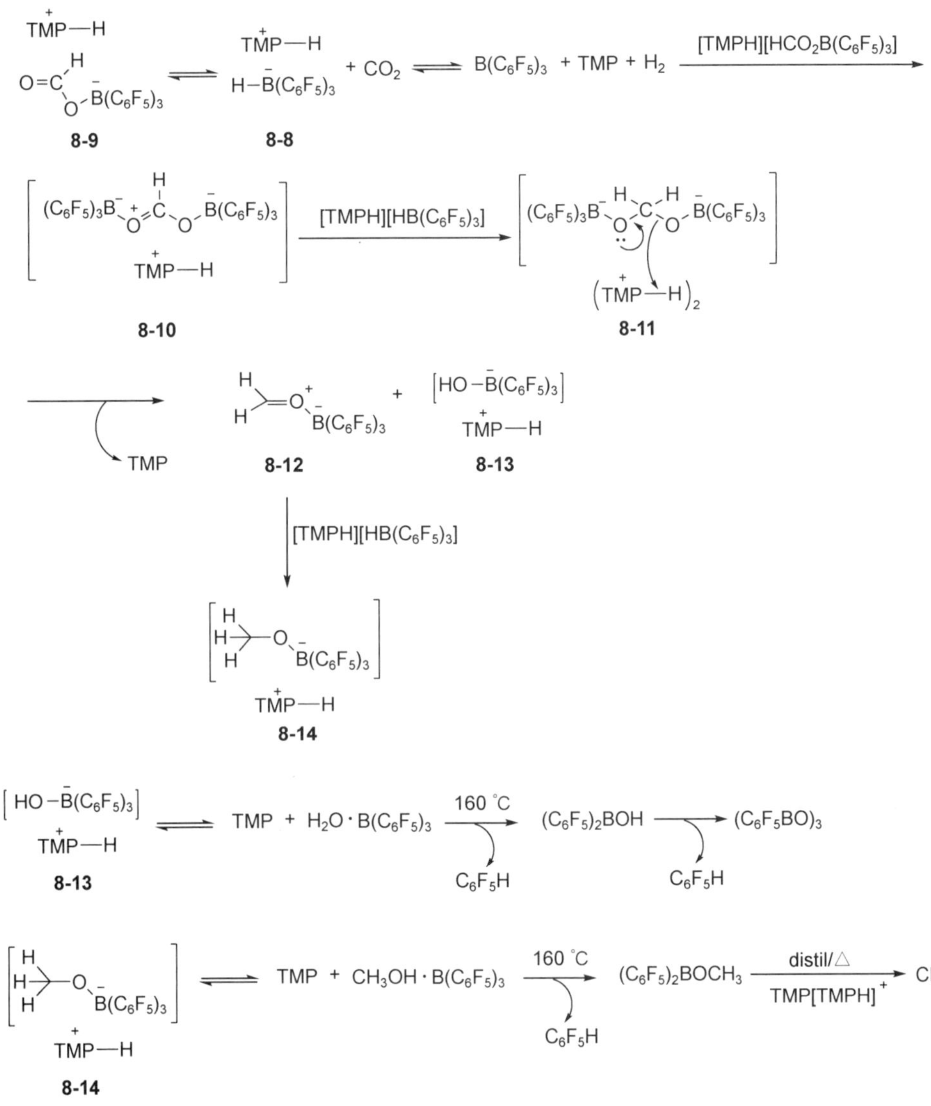

图 8-11 中的反应机理（化学结构式略）：

8-9　　8-8　　+ CO₂ ⇌ B(C₆F₅)₃ + TMP + H₂ —[TMPH][HCO₂B(C₆F₅)₃]→

8-10 —[TMPH][HB(C₆F₅)₃]→ 8-11

→ (−TMP) 8-12 + 8-13

8-12 —[TMPH][HB(C₆F₅)₃]→ 8-14

8-13 ⇌ TMP + H₂O·B(C₆F₅)₃ —160℃(−C₆F₅H)→ (C₆F₅)₂BOH —(−C₆F₅H)→ (C₆F₅BO)₃

8-14 ⇌ TMP + CH₃OH·B(C₆F₅)₃ —160℃(−C₆F₅H)→ (C₆F₅)₂BOCH₃ —distil/△，TMP[TMPH]⁺→ CH₃OH

图 8-11　CO₂ 转化为 CH₃OH 的反应机理

④ 接着发生一系列催化氢化反应，将 *OCH 转变为 *CH₃OH，其转化过程为 *OCH→ *OCH₂→ *OCH₃→ *CH₃OH。

综上，CO₂ 还原为 CH₃OH 的途径涉及的具体反应如下：

$$CO_2 \rightarrow {}^*CO_2 \rightarrow {}^*CO + {}^*OH \rightarrow {}^*CO + {}^*H_2O \rightarrow {}^*CO \rightarrow {}^*OCH \rightarrow {}^*OCH_2 \rightarrow {}^*OCH_3 \rightarrow CH_3OH$$

$$^* + CO_2(g) + H_2O + e^- \longrightarrow {}^*CO + {}^*OH + OH^-$$

$$^*CO + 2{}^*OH + H_2 \longrightarrow {}^*CO + 2{}^*H_2O$$

$$2{}^*CO + H_2 \longrightarrow 2{}^*OCH$$

$$2{}^*OCH + H_2 \longrightarrow 2{}^*OCH_2$$

$$2{}^*OCH_2 + H_2 \longrightarrow 2{}^*OCH_3$$

$$2^*OCH_3 + H_2 \longrightarrow 2CH_3OH$$

类石墨相氮化碳（g-C_3N_4）可作为非金属催化剂还原二氧化碳，光生空穴和电子的快速复合使原始 g-C_3N_4 还原 CO_2 的催化效率低。元素掺杂是提高 g-C_3N_4 催化活性和调整电子结构的有效策略。东北师范大学化学学院苏忠民课题组[24]使用 S 掺杂 g-C_3N_4 非金属催化剂高效地将二氧化碳转化为甲醇，提出了最佳的还原反应路径，即 $CO_2 \rightarrow COOH^* \rightarrow CO \rightarrow HCO^* \rightarrow HCHO \rightarrow CH_3O^* \rightarrow CH_3OH$。

对于 S 掺杂的 g-C_3N_4，价带（VB）由 C、N 和 S 原子组成，导带（CB）由 C 和 N 原子组成。S 掺杂的 g-C_3N_4 的费米能级移动到 CB 底部，表明 S 掺杂 g-C_3N_4 具有 n 型掺杂体系，具有更多的电子，从而能提高 CO_2 还原能力。在 S 掺杂的 g-C_3N_4 上还原 CO_2 产生 CH_3OH 有四种反应路径，如图 8-12 所示。

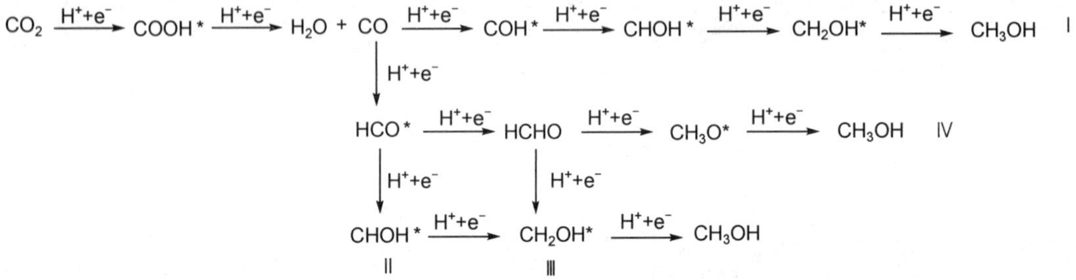

图 8-12　S 掺杂 g-C_3N_4 作催化剂将 CO_2 转化为 CH_3OH 的反应路径

四个反应路径的共同步骤是 $CO_2 \rightarrow COOH^*$ 和 $COOH^* \rightarrow CO$，关键步骤是 CO 氢化为 COH^*（路径 Ⅰ）与 HCO^*（路径 Ⅱ～Ⅳ）。$CO \rightarrow COH^*$ 的吉布斯自由能变化为 1.99 eV，大于 $CO \rightarrow HCO^*$ 的吉布斯自由能变化（0.47 eV）。因此，路径 Ⅱ～Ⅳ 的反应比路径 Ⅰ 相对容易。路径 Ⅱ～Ⅳ 的 HCO^* 的氢化位置不同。路径 Ⅱ 中形成 $CHOH^*$ 后 ΔG 上升了 0.33 eV，而路径 Ⅲ 和 Ⅳ 中的 $HCO^* \rightarrow HCHO$ 步骤的 ΔG 为 -0.65 eV。结果表明，HCO^* 中间体将被还原为 HCHO 而不是 $CHOH^*$。路径 Ⅲ 和路径 Ⅳ 之间的关键选择性步骤是 HCHO 氢化成 CH_2OH^*（路径 Ⅲ）与 CH_3O^*（路径 Ⅳ）。路径 Ⅲ 中的 $HCHO \rightarrow CH_2OH^*$ 反应的 ΔG 上升了 0.45 eV，而路径 Ⅳ 中的 $HCHO \rightarrow CH_3O^*$ 反应的 ΔG 上升了 0.03 eV。因此，CO_2RR 遵循路径 Ⅳ，比路径 Ⅲ 更容易。最后一步 $CH_3O^* \rightarrow CH_3OH$ 的 ΔG 为 -0.68 eV。路径 Ⅳ 中的速率决定步骤是 $CO_2 \rightarrow COOH^*$，自由能变化 1.15 eV。

2. 主要用途

在低压下将二氧化碳选择性氢化为甲醇，为甲醇的生产开发提供了新途径，为解决甲醇供不应求的现状提供了解决策略。

近年来，化石燃料的快速消耗增加了二氧化碳的排放量，引起了能源危机和全球变暖，可以通过将二氧化碳转化为增值碳基燃料和化学原料来缓解此类问题。电催化已成为人工将二氧化碳固定为甲醇的一种有效方法，磷化硼纳米粒子具有很强的电化学稳定性，因此使用其作为非金属电催化剂，可以高效、高选择性地将二氧化碳电化学还原为甲醇，为开发甲醇燃料电池提供了有效途径，同时也开辟一条新途径来探索 P 元素作为一种有效的掺杂剂来调整电催化二氧化碳还原（CO_2RR）的应用性能。

（二）乙醇

乙醇是一种清洁且可再生的液体燃料，具有高热值（$-1366.8\ kJ\cdot mol^{-1}$），是有机化学品和消毒剂的重要原料。乙醇的工业生产消耗大量的农业原料或乙烯，因此迫切需要找到能够选择性地将二氧化碳转化为乙醇的高效电催化剂。

1. 制备的原理和方法

中国科学院低碳转化科学与工程重点实验室孙玉涵-陈伟课题组[25]设计出了一种氮掺杂有序圆柱形介孔碳（c-NC）非金属催化剂用于二氧化碳还原成乙醇。催化剂 c-NC 是以软模板法，通过甲阶酚醛树脂（碳前驱体）、F127（软模板）和双氰胺（氮前驱体）合成的。c-NC 具有独特的圆柱形通道，将氮杂原子掺入碳基质中可以增加电荷密度并将惰性碳结构转变为高活性。同时有序介孔碳具有比表面积大、孔结构可调、通道均匀、化学稳定性高和导电性高等优点，氮杂原子和圆柱形通道构型的协同作用可促进关键 CO^* 中间体的二聚化和质子-电子转移，从而实现了二氧化碳合成乙醇的优异电催化性能。其反应机理如下：

① CO_2 通过质子-电子转移反应形成吸附中间体 CO^*，反应是 CO_2 还原的关键初始步骤；

② 实验表明，在吡啶 N 位点上优先形成 CO^*，接着再通过 CO^* 中间体的二聚作用促进碳碳单键（C—C）偶联形成 $OC—CO^*$ 中间体；

③ 富电子表面进一步促进了随后的单次和多次质子-电子转移反应，从而分别形成中间体 $OC-COH^*$ 和产物 CH_3CH_2OH。

综上，CO_2 还原为 CH_3CH_2OH 的途径涉及的反应如下：

$$CO_2 \rightarrow 2CO^* \rightarrow OC—CO^* \rightarrow OC—COH^* \rightarrow CH_3CH_2OH$$

$$^* + 2CO_2(g) + 4H^+ + 4e^- \longrightarrow 2CO^* + H_2O$$

$$CO^* + CO^* \longrightarrow OC—CO^*$$

$$OC—CO^* + H^+ + e^- \longrightarrow OC—COH^*$$

$$OC—COH^* + 7H^+ + 7e^- \longrightarrow CH_3CH_2OH$$

磷原子具有与氮原子有相同数量的价电子，因此磷原子也可以增强碳基底的电子电导率。C 原子的电负性（2.55）介于 P 原子（2.19）和 N 原子（3.04）之间，因此部分带正电的 P 原子可以作为催化位点。同时，P 的原子半径（110 pm）大于 C 的原子半径（77 pm），可以在碳骨架中产生高度畸变并形成丰富的边缘位点。南昌大学化学化工学院王军课题组[26]设计了一种 P 掺杂的石墨烯气凝胶（PGA）作为非金属催化剂将二氧化碳转化还原成乙醇。P 掺杂的石墨烯的之字形边缘增强了 $^*CO$ 中间体的吸附并增加了 $^*CO$ 在催化剂表面的覆盖率，促进了 $^*CO$ 二聚的同时促进了乙醇的形成。此外，磷掺杂石墨烯气凝胶的分级孔隙结构显示出丰富的活性位点并促进电荷转移。其可能的机理如下：

$$^* + 2CO_2(g) + H_2O + e^- \longrightarrow {}^*COOH + CO_2(g) + OH^-$$

$$^*COOH + CO_2(g) + e^- \longrightarrow {}^*CO + CO_2(g) + OH^-$$

$$^*CO + CO_2(g) + H_2O + e^- \longrightarrow {}^*CHO + CO_2(g) + OH^-$$

$$^*CHO + CO_2(g) + H_2O + 2e^- \longrightarrow {}^*COCHO + 2OH^-$$

$$^*COCHO + H_2O + e^- \longrightarrow {}^*CHOCHO + OH^-$$

$$^*CHOCHO + H_2O + e^- \longrightarrow {}^*CH_2CHO + OH^-$$

$$^*CH_2CHO + H_2O + e^- \longrightarrow {}^*CH_2CHOH + OH^-$$

$$^*CH_2CHOH + H_2O + e^- \longrightarrow {}^*CH_2CH_2OH + OH^-$$

$$^*CH_2CH_2OH + H_2O + e^- \longrightarrow CH_3CH_2OH + OH^-$$

B 和 N 共掺杂金刚石（BND）是一种具有良好稳定性的潜在电催化剂。B 和 N 掺杂可调节金刚石的电子结构，从而形成缺陷诱导的二氧化碳还原活性位点。大连理工大学谢泉课题组[27]采用热丝化学气相沉积法制备了一种 B、N 原子共掺杂金刚石的催化剂（BND），用于催化二氧化碳转化为乙醇，BND 显示出良好的乙醇选择性，法拉第效率高达 93.2%，克服了多碳或高热值燃料选择性低的限制，其优越性能主要源于 B 与 N 共掺杂、高 N 含量和析氢过电位的协同效应。

CO_2 转化成 CH_3CH_2OH 的多电子还原过程涉及的反应如下：

$$CO_2 \rightarrow {}^*COOH \rightarrow {}^*CO \rightarrow {}^*COCO \rightarrow {}^*COCOH \rightarrow {}^*COCHOH \rightarrow {}^*COCH_2OH \rightarrow$$

$$^*CHOCH_2OH \rightarrow {}^*CH_2OCH_2OH \rightarrow CH_3CH_2OH$$

$$^* + CO_2 + H^+ + e^- \longrightarrow {}^*COOH$$

$$^*COOH + e^- \longrightarrow {}^*CO + OH^-$$

$$^*CO + {}^*CO \longrightarrow {}^*COCO$$

$$^*COCO + H^+ + e^- \longrightarrow {}^*COCOH$$

$$^*COCOH + H^+ + e^- \longrightarrow {}^*COCHOH$$

$$^*COCHOH + H^+ + e^- \longrightarrow {}^*COCH_2OH$$

$$^*COCH_2OH + H^+ + e^- \longrightarrow {}^*CHOCH_2OH$$

$$^*CHOCH_2OH + H^+ + e^- \longrightarrow {}^*CH_2OCH_2OH$$

$$^*CH_2OCH_2OH + 2H^+ + 2e^- \longrightarrow CH_3CH_2OH + H_2O$$

2. 主要用途

中孔 N 掺杂碳具有高度均匀圆柱形通道结构，可促进二氧化碳电还原中的碳碳单键（C—C）的形成。通过使用氮掺杂介孔碳所得催化剂，特别是非金属圆柱形介孔 N 掺杂碳，可以使二氧化碳在−0.56 V 的低电势下的析氢反应（HER）副反应受到抑制，在水溶液中的环境气氛下将二氧化碳转化为 77% 的乙醇。这项工作将为开发非金属碳基电催化剂开辟一条途径，可用于将二氧化碳转化为具有高选择性和高效率的 C_2 化合物。

将二氧化碳还原为乙醇是减缓全球变暖和资源利用的一种有效策略。然而，复杂的 C—C 偶联和多次质子-电子转移，使得二氧化碳转化为乙醇具有低活性和选择性，这是一个巨大挑战。而 P 掺杂石墨烯气凝胶作为自支撑催化剂，发挥了非金属碳基催化剂低成本、高效益、久耐用的优点，利用具有 P 活性位点的石墨烯之字形边缘构型，促进 C—C 偶联将二氧化碳高度还原为高纯度乙醇，为液体燃料的生产提供新途径。

三、制备醛类化合物

醛是一种重要的化学物质，在医药、食品加工、纺织等工业生产中被广泛使用。二氧化碳转化为醛类化合物在碳中和领域具有突出地位，但由于二氧化碳化学性质较为稳定，这种转化具有挑战性。

1. 制备的原理和方法

针对 CO_2 在无溶剂反应催化中的应用，日本冈山大学 Tadashi Ema 课题组[28]提出了一种无溶剂有机催化合成甲酰胺和醛的方法。在无溶剂和氢硅烷存在的条件下，四丁基乙酸铵（TBAA）作为一种非金属催化剂可催化 CO_2 的硅氢化反应和胺的 N-甲酰化反应，生成多种甲酰胺，再将甲酰胺依次转化为醛类。这是一种方便、可靠的一锅法合成醛类化合物的方法。

其合成思路如图 8-13 所示。

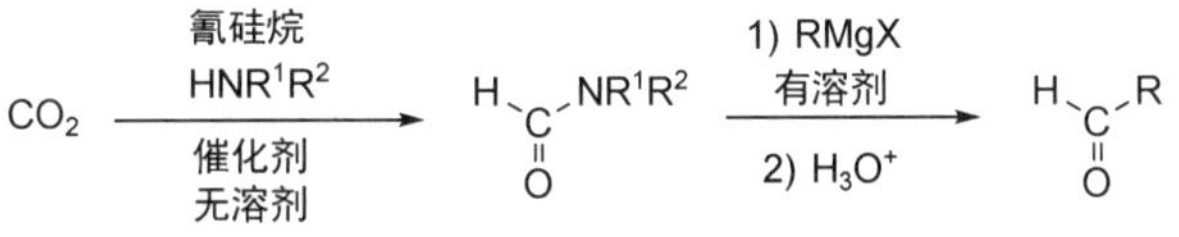

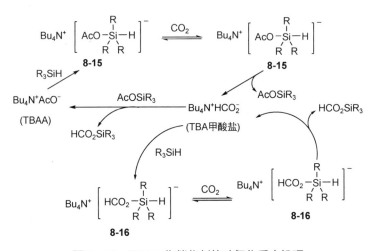

图 8-13　无溶剂有机催化合成醛的合成思路

硅氢化反应的主要合成机理如图 8-14 所示。

① TBAA 的 AcO⁻ 对氢硅烷的 Si 原子的亲核攻击得到五配位硅酸盐（化合物 **8-15**）。

② 随后氢化物转移到 CO_2 上，得到乙酸甲硅烷酯（$AcOSiR_3$）和甲酸盐 TBA（$Bu_4N^+HCO_2^-$），后者是催化活性物质。

③ 同时 $Bu_4N^+HCO_2^-$ 作为亲核试剂产生另一种五配位硅酸盐（化合物 **8-16**）。随后，氢化物转移到 CO_2 得到甲酸硅烷（HCO_2SiR_3），再生甲酸盐 TBA。

④ 甲酸盐 TBA 可与 $AcOSiR_3$ 反应生成 TBAA 和 HCO_2SiR_3，从而实现催化循环。

图 8-14　TBAA 作催化剂的硅氢化反应机理

利用硅氢化反应可将胺类进行 N-甲酰化得到甲酰胺（图 8-15）。其中 N,O-二甲基羟胺可和 $PhSiH_3$ 反应，并且成功转化为 N-甲氧基-N-甲基甲酰胺，再将反应混合物在 THF 的悬浮液中冰浴冷却，并在 N_2 氛围中添加格氏试剂（RMgBr）。在 0 ℃下搅拌 2 h 后，得到各种醛（图 8-16）。合成路线如图 8-17 所示。

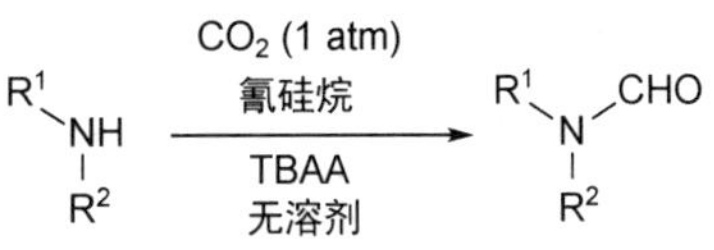

图 8-15　胺类的 N-甲酰化反应

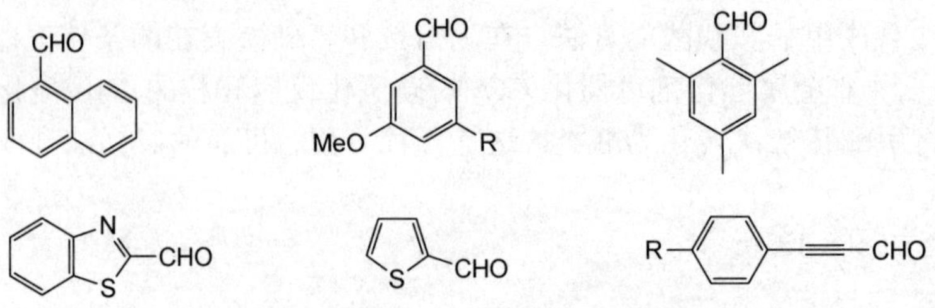

图 8-16　各种醛类化合物

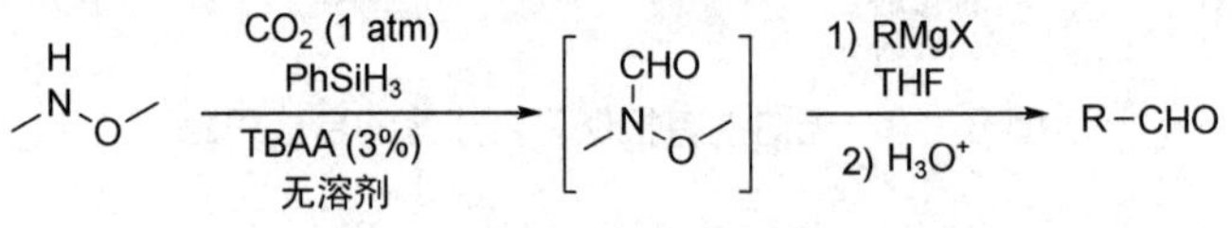

图 8-17　一锅法合成醛的路线

2. 主要用途

醛类化合物广泛用于制造树脂、涂料、塑料、橡胶、纺织品等。甲醛可用于生产脲醛树脂及酚醛树脂；使用甲醛印染助剂可使服装达到防皱、防缩、阻燃等作用，也可保持服装印花、染色的耐久性，改善手感；35%～40%的甲醛水溶液（俗称福尔马林）具有防腐杀菌性能，可用来浸制生物标本。乙醛则可以用作麻醉剂和降低血液中乳酸含量的药物。肉桂醛是抗真菌的活性物质，主要是通过破坏真菌细胞壁，使药物渗入真菌细胞内，破坏细胞器而起到杀菌消毒的效果，此外肉桂醛可抑制肿瘤的发生，具有抗诱变、抗辐射和抗癌的作用。

四、制备酯类化合物

利用二氧化碳合成碳酸酯是碳排放领域的重大转变。环状碳酸酯是由二氧化碳和环氧化合物合成的一类化合物。环状碳酸酯化合物具有偶极矩高、介电常数高、沸点高、无毒、生物相容性好、结构可控性高等特点，主要用作锂离子电池电解质组分，在精细化工、生物医学、极性非质子溶剂等领域也有广阔的应用前景。此外，环状碳酸酯化合物还为生产非异氰酸酯聚氨酯（NIPU）提供了一种绿色替代品，可避免使用有害的异氰酸酯。

1. 制备的原理和方法

纤维素是地球上丰富的生物聚合物，并且是一种可再生资源。纤维素表面具有大量高活性羟基，极易发生化学改性，有助于催化有机骨架载体的开发。而席夫碱配合物具有制备简单、对水和空气不敏感、易于修饰等优点，并且席夫碱中的酚羟基基团还可通过氢键积极参与环氧化合物的活化。昆明理工大学贾庆明课题组[29]将无金属席夫碱配合物作为一种催化剂用于 CO_2 与环氧化合物的无溶剂开环加成反应，该研究团队首先合成了氯纤维素（Cl-Cell）和纤维素基席夫碱复合物（Cell-H₂L），分别作为载体和非均相催化剂，合成路线如图 8-18 所示。

图 8-19 是一种可能的反应机理，即利用 TBAB 助催化剂在 Cell-H₂L 催化剂上由 CO_2 和环氧化合物合成环状碳酸盐。

① 首先是纤维素载体上的羟基与环氧化合物的氧形成分子内氢键以实现活化；来自 Cell-H₂L 席夫碱部分的酚羟基也通过氢键积极参与环氧化合物的活化；来自助催化剂的亲核试剂（Br⁻）攻击环氧化合物的 β 位碳原子。

② 随后，二氧化碳在催化剂的路易斯碱基（亚胺）上被吸附和激活；此时，环氧化合物的 β 碳氧键（β-C—O）可能会断裂并发生开环。

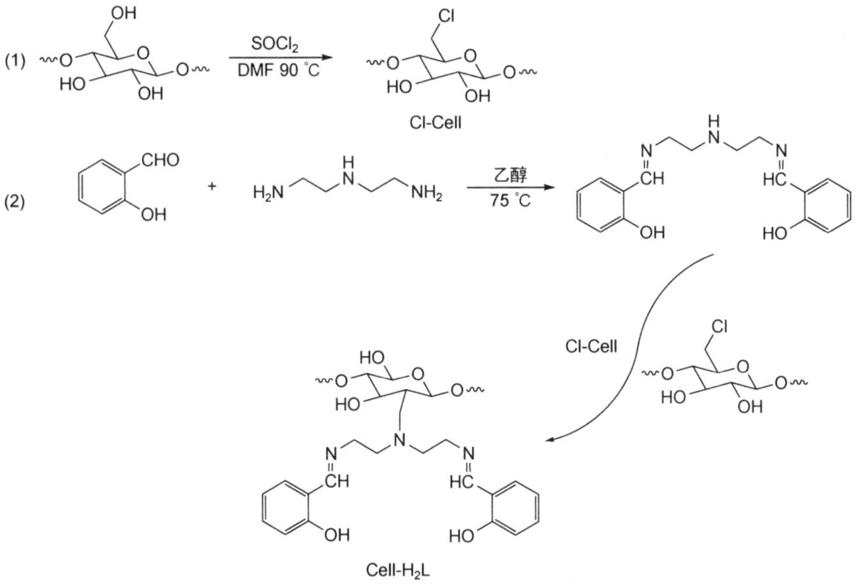

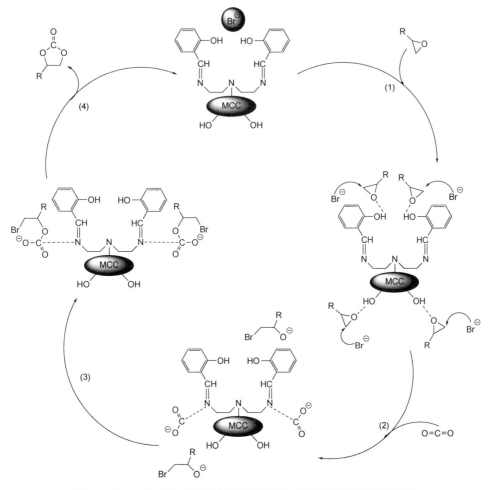

图 8-18　Cl-Cell 和 Cell-H₂L 的合成路线

图 8-19　Cell-H₂L 作催化剂将 CO_2 转化成环状碳酸酯的反应机理

③ 开环后，形成含有 β 碳溴键（β-C—Br）的氧阴离子中间体。

④ 最后是反应的闭环过程，先通过分子内亲核攻击形成环状碳酸酯，催化剂控制活性位点用于下一个催化进程，从而实现循环利用。

罗斯托克大学莱布尼茨催化研究所 Thomas Werner 教授[30]报道了一种合成全氟侧链的双官能团膦盐，并将其作为一种非金属催化剂应用于环氧化合物和 CO₂ 合成环状碳酸酯中。

膦盐催化剂的合成路线如图 8-20 所示。

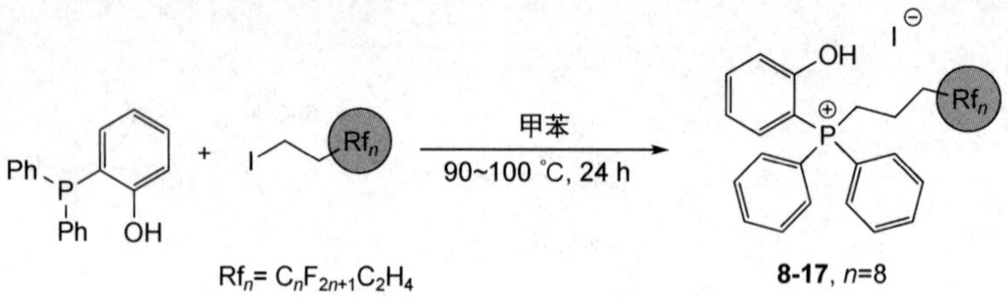

图 8-20 膦盐催化剂的合成路线

双官能团膦盐催化剂将 CO₂ 转化为环状碳酸酯的可能反应机理如图 8-21 所示。

① 在初始步骤中，催化剂 **8-17** 通过氢键活化环氧化合物；

② 随后是碘化物、环氧化合物的亲核开环；

③ 后续 CO₂ 插入形成碳酸盐中间体；

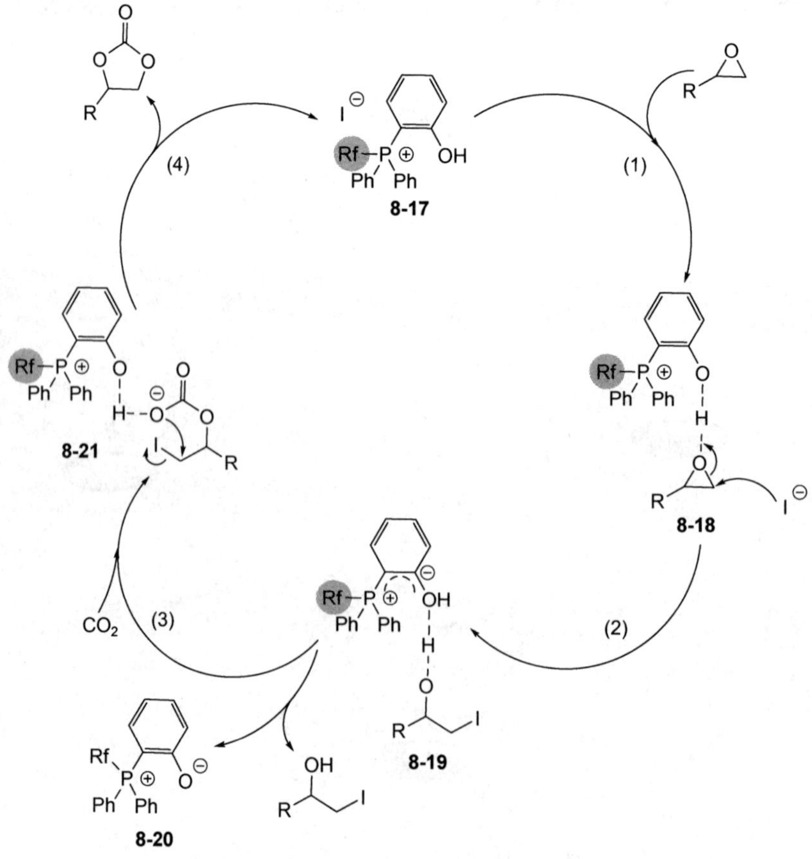

图 8-21 膦盐催化剂将 CO₂ 转化为环状碳酸酯的反应机理

④ 接着分子内亲核取代得到产物环状碳酸酯，释放催化剂 **8-17**，进而继续循环利用。

六盘水师范学院雷以柱课题组和贵州大学万亚丽课题组[31]基于环氧化合物的开环协同和亲核阴离子的整合作用，提出了一种基于双羟基官能化聚合溴化磷（PQPBr-2OH）的新型非均相非金属催化剂，用于环氧化合物和 CO_2 环加成环状碳酸酯。PQPBr-2OH 具有大表面积、多级孔结构、功能性羟基和高密度活性位点，是一种高效、可回收且不含金属的催化剂，可用于环氧化合物与 CO_2 的无添加剂和无溶剂环加成反应。

PQPBr-2OH 催化剂的制备路线如图 8-22 所示。通过聚[三(4-乙烯基苯基)膦]（POL-PPh$_3$）和 1-溴-2,3-环氧丙烷反应，在热水中使环丙烷开环，从而制备出 PQPBr-2OH。

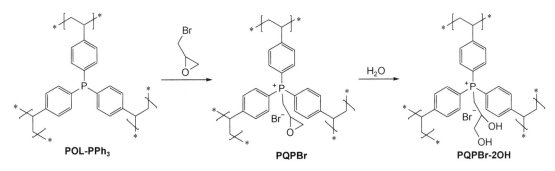

图 8-22　PQPBr-2OH 催化剂的制备路线

PQPBr-2OH 催化 CO_2 转化为环状碳酸酯的一种可能反应机理如图 8-23 所示。

① 首先，在 PQPBr-2OH 的羟基（双羟基中任何一个）与环氧化合物的氧原子之间形成氢键；

② 接着，PQPBr-2OH 的溴化物阴离子（化合物 **8-21**）攻击环氧化合物中空间位阻较小的碳原子，使环氧化合物开环形成卤代烷氧基中间体（化合物 **8-22**）；

③ 卤代烷氧基中间体与 CO_2 反应生成碳酸烷基酯（化合物 **8-23**），最后通过闭环反应将其转化为环状碳酸酯。

昆明理工大学化学工程学院陕绍云课题组[32]通过 β-二酮与亚胺缩合反应制备得到带有氢键供体的非金属催化剂 PENDI，用于 CO_2 与环氧化合物的环加成反应，能够高效合成环状碳酸酯。

2,4-戊二酮和二胺缩合反应合成的催化剂根据两种反应物的名称缩写命名为 PENDI。2,4-戊二酮结构中有共存的酮和烯醇互变异构体，烯醇具有 C_{2v} 对称性，这意味着两个氧原子能够均等共享氢原子。因此，2,4-戊二酮结构中 α 位活泼氢原子、羰基、羟基、双键共存，因此合成的催化剂 PENDI 可同时具有亚氨基（C＝N）和羟基（—OH），作为双功能催化剂在 CO_2 环加成反应中发挥着重要作用。PENDI 催化剂的合成路线如图 8-24 所示。

PENDI 的红外光谱特征如下：

① C＝N 键伸缩振动的特征峰值出现在 1630 cm^{-1}；

② 2,4-戊二酮的烯醇式结构相互转化，引起 C＝C 伸缩振动，在 1448 cm^{-1} 处出现特征峰；

③ 羟基的伸缩振动和变形振动的特征峰值分别出现在 3220 cm^{-1} 和 696 cm^{-1}。

PENDI 的核磁共振波谱特征如下：

① 在氢谱（^1H NMR）中，PENDI 中的羟基（—OH）低强度峰出现在 δ 10.67 处。这是因为羰基（CO）与亚氨基（—NH）之间的缩合破坏了 2,4-戊二酮的烯醇式结构中羰基与羟基

之间的原始氢键（O—H···O），原来的氢键被催化剂的亚氨基和羟基之间的新氢键（O—H···N）所取代，即 O 电负性大于 N，导致羟基的化学位移移动到高场。

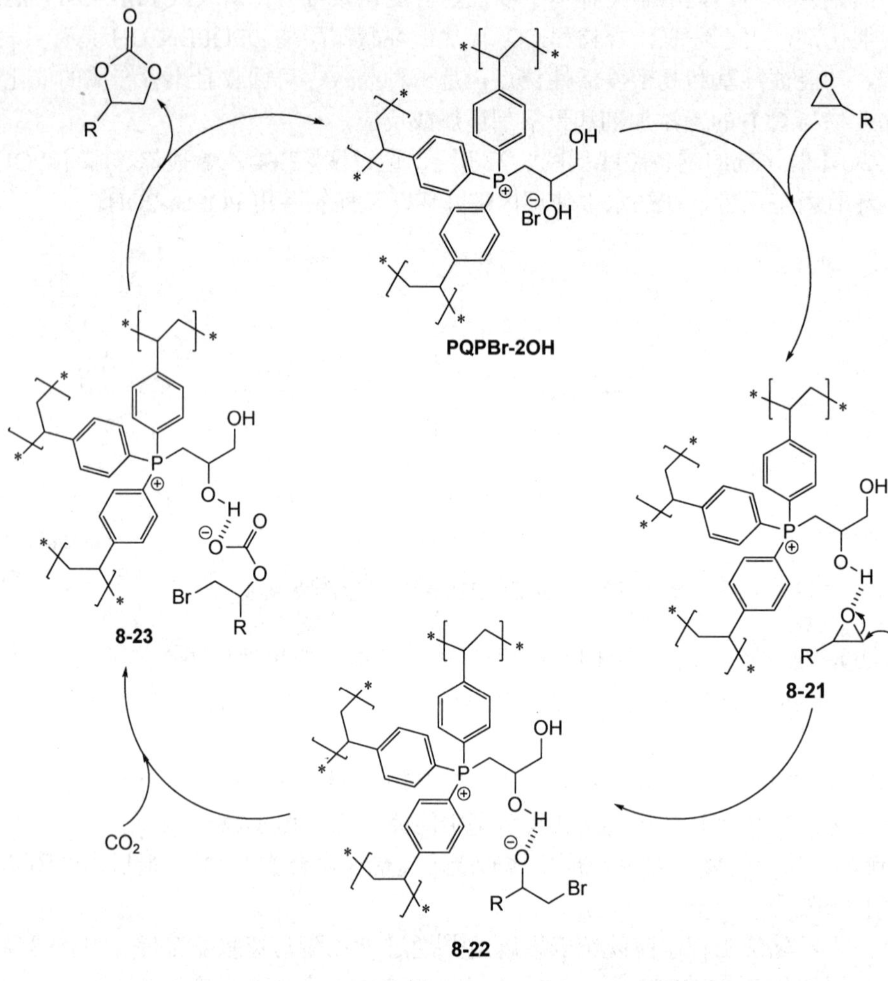

图 8-23　PQPBr-2OH 催化剂将 CO₂ 转化为环状碳酸酯的反应机理

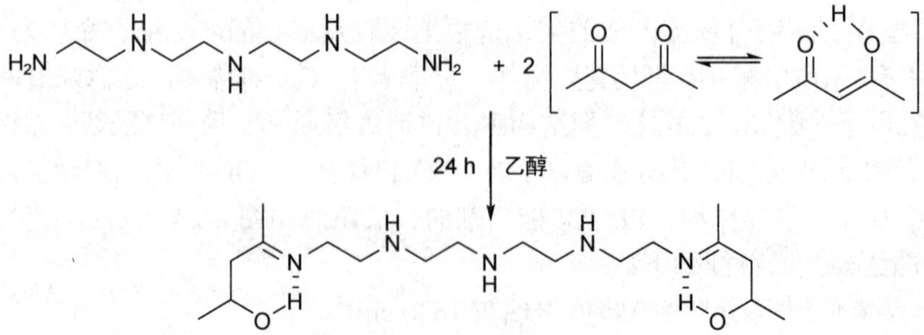

图 8-24　催化剂 PENDI 的合成路线

②　在碳谱（¹³C NMR）中，亚氨基的特征峰值出现在 $\delta\,162.74$ 处。

PENDI 对末端有吸电子基团或供电子基团的环氧化合物具有较强的催化活性，并且

PENDI 作为催化剂，二氧化碳与含氯的环氧化合物反应时，得到产率最高的合成产物是 3-氯丙烯碳酸酯。其合成路线与合成机理分别如图 8-25 与图 8-26 所示，反应机理包括环氧化合物吸附、环氧化合物开环、CO_2 插入和环状碳酸酯的形成。

① 环氧化合物环通过 PENDI 的羟基（—OH）和亚氨基（—NH）之间的氢键相互作用发生活化，形成中间体（化合物 **8-24**）；

② PENDI 的亚氨基（—NH）提供路易斯碱性位点以吸收和激活 CO_2，形成中间体（化合物 **8-25**）；

③ 将活化的 CO_2 插入中间体 **8-25** 中以形成中间体（化合物 **8-26**）；

④ 中间体 **8-26** 中的分子内发生亲核攻击，生成环状碳酸酯并完成 PENDI 的再生，实现反应循环过程。

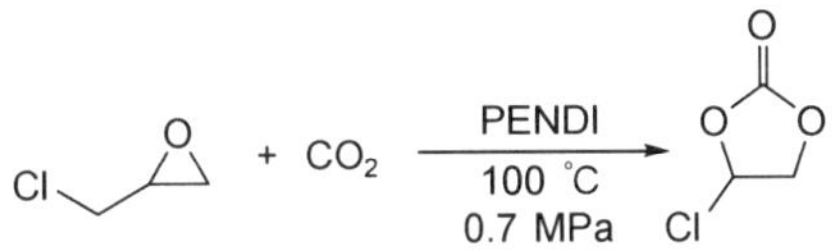

图 8-25　3-氯丙烯碳酸酯的合成路线

氢键供体（HBD）催化剂是一种化学结构中含有氨基、亚氨基、羟基、羧基等官能团的催化剂。HBD 通过与环氧化合物的氧原子结合形成氢键后极化环氧化合物的碳氧键，从而促进环氧化合物的开环。昆明理工大学化学工程学院支云飞课题组[33]报道了一种新型三嗪基咪唑 HBD 催化剂（PMP-TDNs-MI），该催化剂在 CO_2 与环氧化合物的环加成反应中表现出优异的活性（产率高达 99.9%），无须任何添加剂且可重复使用。

催化剂 PMP-TDNs-MI 由三聚氰胺和 4,5-咪唑二甲酸（4,5-IDCA）反应制备而成，合成路线如图 8-27 所示。

聚酰胺网络中酰胺键、咪唑和三氮烯环的存在赋予了 PMP-TDNs-MI 路易斯碱性和提供氢键供体的能力，这对于环氧化合物开环和 CO_2 吸附与活化至关重要。在此反应中，功能氢键和氮碱性位点之间的协同催化活化机理如图 8-28 所示。

① 首先，PMP-TDNs-MI 中酰胺的亚氨基、咪唑的亚氨基和双键作为氢键供体，与环氧化合物中的氧原子结合形成氢键（—NH···O 和 ＝CH···O）。

② 这些氢键导致 β-碳氧键（C_β—O）具有较小的空间位阻和较低的环氧基核外电子云密度，从而发生极化和断环，进一步形成活化的环氧化合物中间体（化合物 **8-27**）。

③ 接着环氧化合物激活了中间体 **8-27** 的 β-碳正离子（C_β^+），β-碳正离子攻击活化的 CO_2 中的氧离子，形成碳酸酯半酯化合物（化合物 **8-28**）。

④ 随后，碳酸酯半酯化合物经历分子内亲核攻击形成中间体 **8-29**，再进一步从"背面"闭环环化。

最终形成的环状碳酸酯从减弱的氢键上断裂并从 N 吸附位点解吸，同时催化剂得到再生并进入下一个循环。整个环加成反应的决速步骤是环氧化合物的开环。PMP-TDNs-MI 聚酰胺网络中多功能氢键和高密度 N-碱性位点之间的协同作用有效促进了环加成反应。

2. 主要用途

将无金属纤维素基席夫基复合物应用于环氧化合物与 CO_2 加成反应中，不仅能合成出具有广泛应用前景的环状碳酸酯，也大大减少了 CO_2 的排放量。无金属纤维素基席夫基复合物

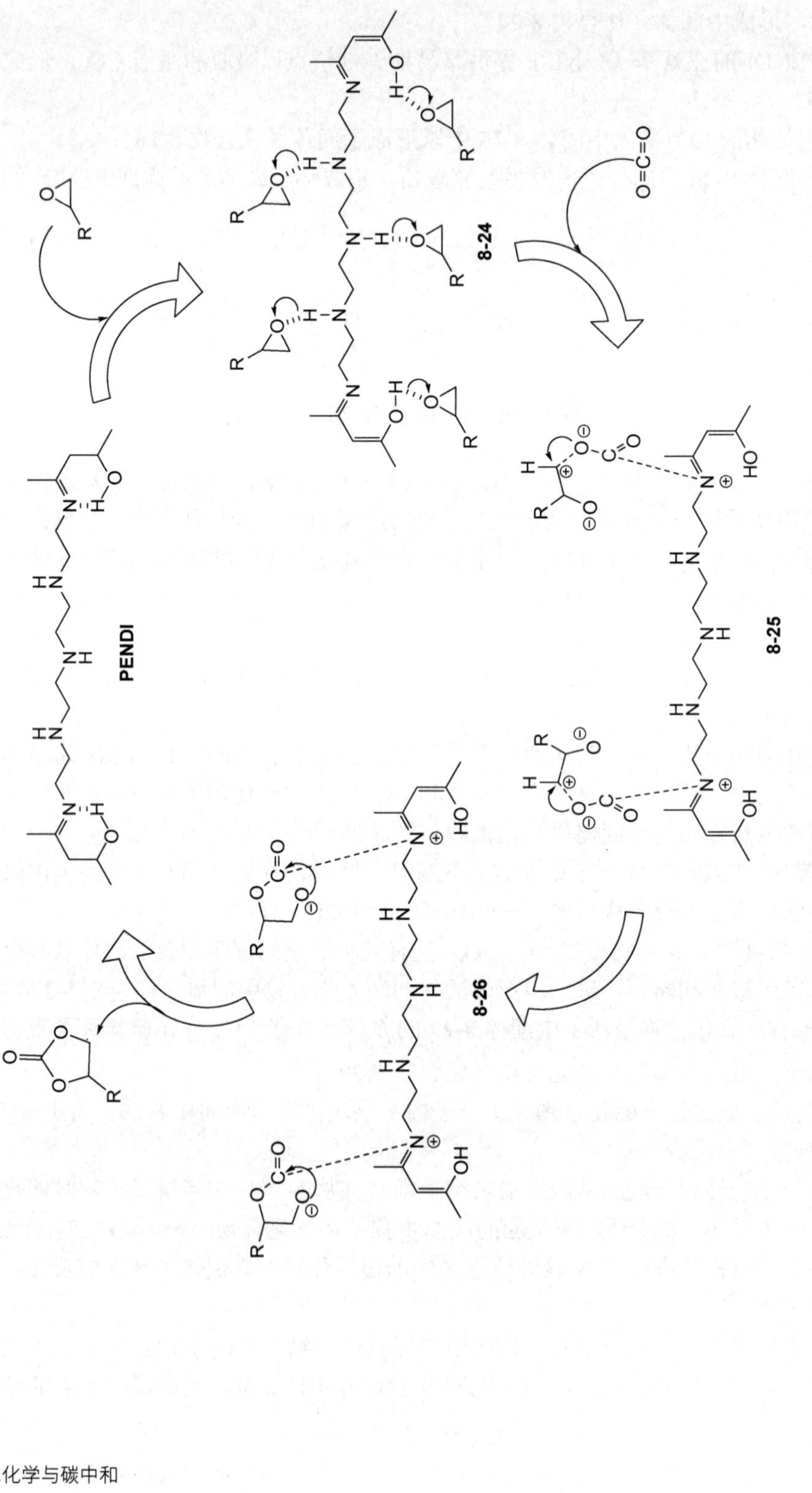

图 8-26 PENDI 催化剂将 CO₂ 转化为环状碳酸酯的反应机理

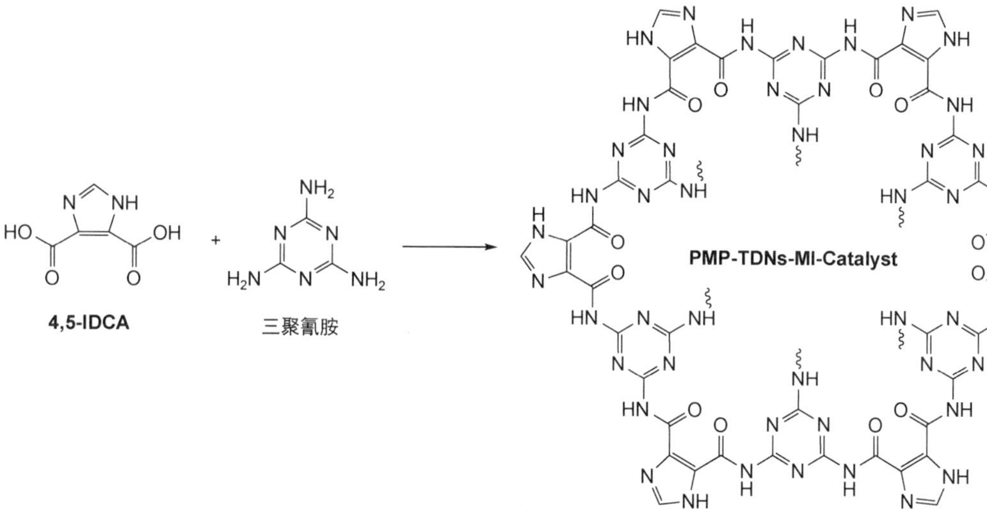

图 8-27　催化剂 PMP-TDNs-MI 的合成路线

可通过简单的过滤方法回收,并且可以重复使用。该非均相催化剂不含金属,高效、环保且含有天然载体,在无溶剂反应条件下也能表现出高活性,符合现代绿色化学的要求,可在相关催化和工业领域中发挥巨大作用。

使用磷基多孔离子聚合物(PQPBr-2OH)作为环氧化合物与 CO_2 环加成反应的高效非金属异相催化剂,可大大提高二氧化碳的利用率,减少二氧化碳的排放量。此外,PQPBr-2OH 是非常稳定且可回收的催化剂,可以重复使用,催化剂使用后不会发生化学结构和形态的明显变化。

PENDI 催化形成的烯醇时具有最佳的催化效果,因为它可以提供较低的空间位阻和较高的羟基活性。因此,与其他催化剂相比,PENDI 具有更加自由灵活的空间结构,可以充分暴露于反应物。同时,PENDI 对环氧氯丙烷(ECH)具有很强的吸附作用,吸附能高达 21.47 kcal·mol^{-1}(1 kcal=4.185 kJ),且根据密度泛函理论计算,ECH 对羟基(—OH)的吸附作用强于亚氨基(—NH—),—OH 和 —NH— 之间的协同作用可以为 CO_2 环加成反应提供优异的催化性能。

PMP-TDNs-MI 作为一种新型非金属催化剂,在不涉及卤化物和溶剂的情况下,在 CO_2 与环氧化合物的环加成反应中表现出优异的活性(产率约为 99.9%)。PMP-TDNs-MI 对 CO_2 环加成有显著催化效率的原因是:①多种 HBD 能力和富氮碱性活性位点的协同效应;②不存在惰性基团;③有序的介孔环境。此外,PMP-TDNs-MI 有良好的热稳定性和可重复使用性,对于工业 CO_2 环加成反应具有巨大优势。

五、制备羧酸类化合物

(一)甲酸

甲酸是一种重要的工业材料,在动物饲养和皮革鞣制方面有着悠久的历史。在过去的几十年中,甲酸已被应用于氢载体和直接甲酸燃料电池的制作当中。甲酸是基本有机化工原料之一,广泛用于农药、皮革、染料、医药和橡胶等工业。甲酸在农药工业中用于生产粉锈宁、杀虫醚、三氯杀螨醇等农药产品;在皮革工业中可作为鞣制剂、脱灰剂和中和剂;在染料工

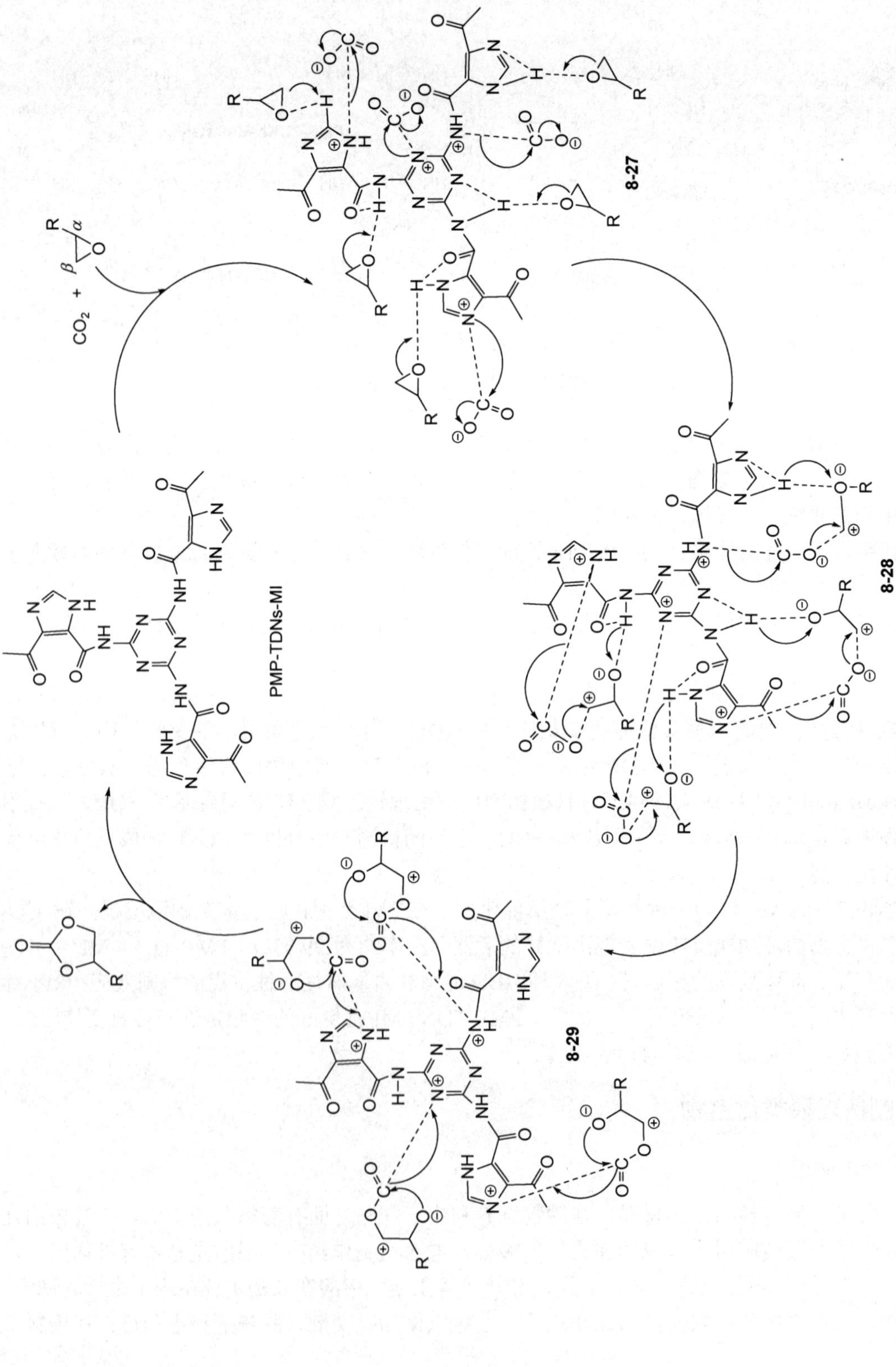

图 8-28 催化剂 PMP-TDNs-MI 催化 CO₂ 转化为环状碳酸酯的反应机理

业中可作为媒染剂用于染色过程中的中间步骤，甲酸可直接用于织物加工和青饲料的贮存，也可用作金属表面处理剂；在医药工业可用于合成维生素 B$_1$、甲硝唑、甲苯咪唑等药物剂；在橡胶工业可用于天然橡胶凝聚剂的加工和橡胶防老剂的制造。

1. 制备的原理和方法

日本研究者 Yasuaki Einaga[34]在氯化钾、硫酸钾电解质溶液中利用硼掺杂金刚石（BDD）电极上的还原反应，高效率、高选择性地将二氧化碳还原成甲酸。BDD 活化将甲酸的法拉第效率从 10%提高到 90%。首先，CO_2 在饱和 KCl 溶液中进行阴极电解，该过程称为 BDD 的活化过程，接着将饱和 KCl 溶液替换为饱和 K_2SO_4 溶液进行第二次电解。在这个过程当中，BDD 电极在阴极电解中被视为电子供体。根据实验结果提出的反应机理如图 8-29 所示，具体为：

① 首先 SO_4^{2-} 会干扰 CO_2 分子到电极表面的运输，该过程称为 SO_4^{2-} 对 CO_2 分子质量传输的屏蔽效应；

② 接着表面 COOH 基团（BDD-COOH）由 BDD 活化过程生成，甲酸阴离子通过一个电子和一个质子转移释放；

③ 最后由于甲酸阴离子从电极表面释放，SO_4^{2-} 屏蔽层发生波动，靠近亥姆霍兹外层（OHP）的 SO_4^{2-} 数量减少，使屏蔽效应失效，从而促进了 CO_2 的运输。

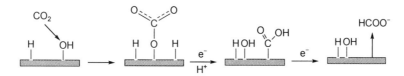

图 8-29 催化剂 BDD 将 CO_2 转化为甲酸的反应机理

南京师范大学化学与材料科学学院孙晓旭课题组[35]应用 N 掺杂石墨烯作为非金属催化剂实现了 CO_2 高效、高选择转化成甲酸。Z 字形吡啶 N 掺杂石墨烯和 Z 字形石墨 N 掺杂石墨烯对 HCOOH 生产具有出色的催化活性和选择性。其可能机理为：

① CO_2 从游离分子到吸附状态，能量升高。CO_2 吸附在催化剂表面后，会被 H^+、e^- 对氢化。

② O—H 键的形成，生成*COOH；C—H 键的形成，生成 HCOO*中间体。

③ 接着再进行 HCOO*的氢化，产生 H_2COO^* 和 HCOOH。

涉及的具体反应如下：

$$^*+CO_2 \longrightarrow \ ^*CO_2$$
$$^*CO_2 + H^+ + e^- \longrightarrow \ ^*COOH$$
$$^*COOH \longrightarrow HCOO^*$$
$$2HCOO^* + 2H^+ + e^- \longrightarrow H_2COO^* + HCOOH$$

2. 主要用途

利用可再生能源的二氧化碳电化学还原反应（CO$_2$RR）提供了一种生产燃料和增值化学品的有效方法。杂原子（如 N、B 和 S）的引入不仅可以修饰碳材料的电子结构，而且有助于适当地利用现有的缺陷促进反应的进行。硼掺杂金刚石（BDD）是传统电极材料的替代品，具有出色的性能。BDD 电极在电分析、环境降解、电合成、电催化、电化学储能、电化学还原二氧化碳等领域都有突出应用。利用硼掺杂金刚石（BDD）电极还原二氧化碳为甲酸，BDD活化使甲酸的法拉第效率从10%提高到90%。将CO_2通入电解质溶液中，再通过非金属催化剂催化产生甲酸，这一途径对于生产应用（如作为氢载体和燃料电池）具有实际意义。此外，将N元素分别在平面内、锯齿形边缘、扶手椅边缘和吡咯边缘位点掺杂到石墨烯中，可大大提高二氧化碳的还原速率，对甲酸的生产具有优异的催化活性和选择性。

（二）乙酸

乙酸是大宗化工产品，是最重要的有机酸之一，主要用于生产乙酐、乙酸酯及乙酸纤维素等。聚乙酸乙烯酯可制成薄膜和黏合剂，也是合成纤维维纶的原料。乙酸纤维素可制造人造丝和电影胶片。在食品行业中，乙酸可用作酸化剂、增香剂，还可用于合成食醋。过度使用化石燃料导致二氧化碳排放的急剧增加，导致严重的温室效应，电化学还原二氧化碳是一种可减少二氧化碳排放并将其转化为有用化学品的新兴技术。使用金属催化剂虽能加快二氧化碳的还原速率，但是金属催化剂会产生析氢反应使效率降低，且金属催化剂产品选择性差、过电位高、易失活并且贵金属供应有限，因此利用金属催化剂还原二氧化碳的成本过高。使用非金属催化剂催化二氧化碳还原成乙酸，不仅能够提高产率、保护环境，还大大降低了成本费用，因此非金属催化剂催化二氧化碳还原成乙酸成为热门研究。

1. 制备的原理和方法

氮掺杂纳米金刚石作为一种非金属催化剂在二氧化碳还原方面具有较大优势，因为N掺杂引起的应变和缺陷位点可以为电化学反应提供活性位点。大连理工大学环境学院谢泉课题组[36]合成了一种N掺杂纳米金刚石的硅棒阵列（NDD/Si RA）作为一种高效的CO_2还原非金属电催化剂，该催化剂能快速地将CO_2转化为乙酸，电动力学数据和原位红外光谱显示CO_2还原的主要途径为：

$$CO_2 \longrightarrow CO_2^- \longrightarrow (COO)_2^- \longrightarrow CH_3COO^-$$

首先利用光刻技术制备NDD/Si RA，其制备工艺流程为：

① 在p-Si(111)晶原表面通过900℃热氧化2 h生长出一层SiO_2薄膜，再通过溅射将具有设计图案的铬膜沉积在玻璃板上；

② 用CF_4气体在离子反应蚀刻器中蚀刻SiO_2薄膜，再用SF_6气体在交替电感耦合等离子体中蚀刻硅膜，最后用HF溶液除去SiO_2薄膜，即可得到硅棒阵列（Si RA）衬底；

③ 以丙酮为溶剂，在纳米金刚石悬浮液中对Si RA衬底进行超声预处理，通过微波等离子体增强化学气相沉积，将NDD薄膜沉积在Si RA衬底上，最终得到N掺杂纳米金刚石的硅棒阵列（NDD/Si RA）这一非金属催化剂。

以下为NDD/Si RA催化CO_2的循环途径：

① 首先CO_2吸附在NDD/Si RA电极表面，被还原为CO_2^-；

② CO_2^-形成的动力学很快，形成的CO_2^-自由基可以与另一个自由基结合生成$^-$OOC-COO$^-$；

③ 最后$^-$OOC-COO$^-$被质子化并进一步还原生成乙酸，反应会有副产物甲酸产生。

涉及的具体反应如下：

$$CO_2 + e^- \longrightarrow CO_2^-$$

$$CO_2^- + CO_2^- \longrightarrow {}^-OOC\text{-}COO^-$$

$$^-OOC\text{-}COO^- + 4e^- + 7H^+ \longrightarrow CH_3COO^- + 2H_2O$$

2. 主要用途

化石燃料作为主要能源，在世界范围内被广泛使用，并导致 CO_2 的排放增加。将 CO_2 转化为有价值的燃料或化学品，是防止 CO_2 在大气中积聚的一个强有力的解决方案。通过利用 N 掺杂纳米金刚石具有优异的化学稳定性、N 掺杂诱导的应变和缺陷位点可以为电化学反应提供活性位点的特性，将 N 掺杂纳米金刚石作为一种非金属催化剂用于 CO_2 还原，能够高效、高选择性地将 CO_2 还原为乙酸，为开发用于 CO_2 还原和将 CO_2 转化为 C_2 产品的碳基电催化材料开辟了新的途径。

六、制备其他化合物

1. 制备的原理和方法

法国图卢兹大学 Tsuyoshi Kato 博士等[37]合成了一种稳定的二硅炔基双膦加合物，用作 CO_2 还原为 CO 的高效非金属催化剂。

首先是合成二硅炔基双膦加合物，合成路线如图 8-30 所示。

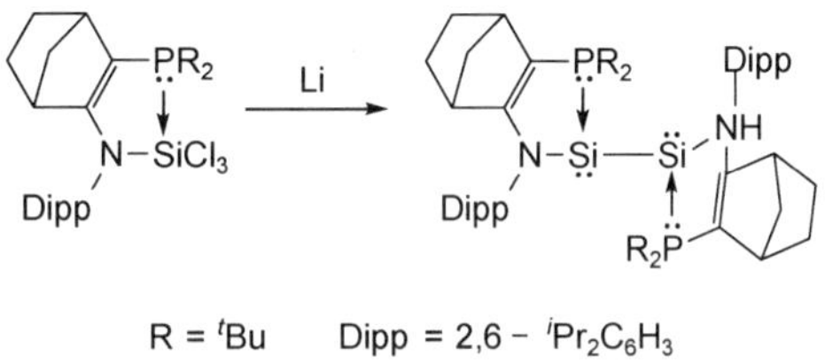

二硅炔基双膦加合物作为催化剂将 CO_2 转化为 CO 的可能反应机理如图 8-31 所示，具体步骤如下：

① 第一等量的 CO_2 中 O^{2-} 进攻二硅炔基双膦加合物的 Si，生成五配位硅烯，硅烯衍生物是不稳定的分子，会释放出 CO，得到二氧化二硅烯衍生物；

R = ^tBu Dipp = 2,6 - $^iPr_2C_6H_3$

图 8-30　二硅炔基双膦加合物的合成路线

② 随后在 CO_2 氛围中，2,4-二氧杂环[1.1.0]四硅烷衍生物与第二等量 CO_2 进行类似反应后，可与第三等量 CO_2 反应得到硅烯衍生物中间体；

③ 由于中间体不能参与 Peterson 型反应，最后的 CO 释放反应可能是由其中一种膦配体的亲核攻击辅助进行的，在 CO 消除后得到两种新的硅烯衍生物；

④ 最后，高活性的三环硅酸盐将被四分之一当量的 CO_2 捕获，得到稳定的氨基硅酸盐。

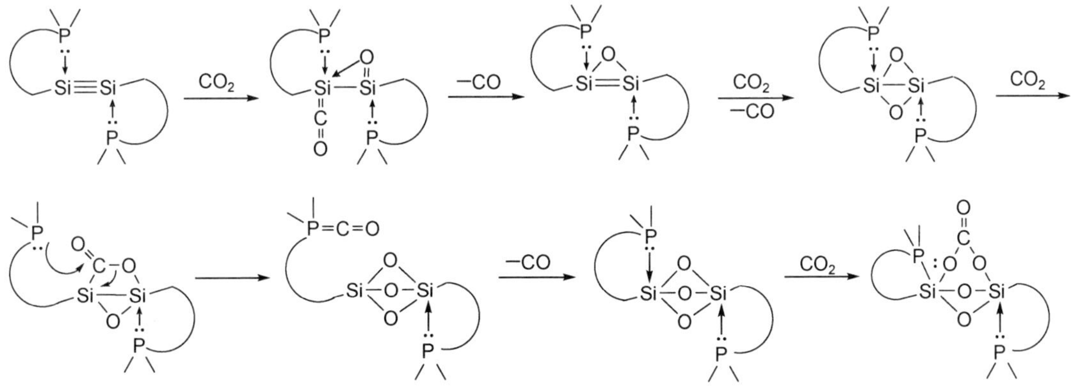

图 8-31　二硅炔基双膦加合物催化 CO_2 转化成 CO 的反应机理

硼掺杂金刚石（BDD）是二氧化碳还原常用的非金属催化剂。在电极表面进行分子修饰是从分析化学到分子电子学等各个领域的一项重要技术。日本 Yasuaki Einaga 教授[38]制备了胺修饰的 BDD（NH_2-BDD）作为催化剂用于将二氧化碳还原成一氧化碳当中。

通过电接枝对碘硝基苯制备 NH₂-BDD 电极的过程如图 8-32 所示，并通过 X 射线光电子能谱（XPS）证实其已被胺修饰。

在 NH₂-BDD 的情况下，CO_2 将被胺分子层捕获，形成氨基甲酸根阴离子，然后被还原为 CO，见图 8-33。此时，随着反应的进行，C＝O 伸缩振动的峰强度会降低。在 1640 cm⁻¹ 附近，观察到 C＝O 伸缩振动的宽峰，并且随着施加的电位变为负值，峰强度降低。

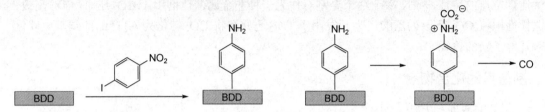

图 8-32　胺修饰 BDD 催化剂的过程　　　图 8-33　胺修饰 BDD 催化剂将 CO_2 转化成 CO 的过程

2. 主要用途

一氧化碳在常压下是气体，容易从电解液中分离，把二氧化碳还原为一氧化碳，可以将其他能量储存在化学键中，从而使二氧化碳转化为高附加值的燃料或化工原料。在化学工艺中，一氧化碳作为合成气和各类煤气的主要成分，是合成一系列基本有机化工产品和中间体的重要原料，利用一氧化碳与过渡金属反应生成羰络金属或羰络金属衍生物的性质，可以制备有机化工生产所需的各类均相反应催化剂。在冶金工业中，利用羰络金属的热分解反应，可以从原矿石中提取高纯镍。一氧化碳作为还原剂，在炼钢高炉中用于还原铁的氧化物。一氧化碳和氢的混合物即合成气，还可用于生产某些特殊钢，例如直接还原铁矿石可生产海绵铁。此外，在多晶态钻石膜的生产中，可用研究级 CO（99.99%）为化学气相沉积工艺过程提供碳源。非金属催化剂成本低、稳定性高，可以达到较高的 CO 法拉第效率，有望实现大规模工业化应用。杂原子掺杂的非金属碳基材料的电催化性能主要依赖于碳结构和杂原子。杂原子掺杂碳材料不仅可以调节邻近碳原子的电子性质，而且杂原子本身也可以作为活性位点增强碳材料还原 CO_2 的能力，阐明活性位点及作用机理对非金属碳材料的应用仍具有重要的研究价值，有待深入探索。

第三节　走进非金属异相催化实现碳中和的世界

一、新型二氧化碳基可降解材料的研发

众所周知，二氧化碳的过度排放会引发温室效应，导致全球变暖、海平面上升，破坏生态系统平衡，对人类生存环境产生巨大的危害，但同时二氧化碳也是一种廉价易得的碳氧资源，因此将二氧化碳固定于高分子材料中，再应用于实际生活生产，是减少二氧化碳排放、实现碳中和的重要手段。聚碳酸亚丙酯（polypropylene carbonate，PPC）是由二氧化碳和环氧丙烷合成的脂肪族聚酯，因其合成过程可直接消耗二氧化碳且具有完全生物降解等优点，受到越来越多的关注。

PPC 具有生物降解特性，可代替聚乙烯、聚丙烯等制备一次性使用材料。自 20 世纪 70

年代开始，亚欧各国开展了大量研究，逐步实现聚碳酸亚丙酯共聚物的应用，并最终实现了工业化。

我国 PPC 产业开始于 20 世纪 90 年代，其中，中国科学院是国内聚碳酸亚丙酯重要研究机构，也是国内首先进行 PPC 工业化的研发机构。国内首套 PPC 装置是采用中国科学院长春应用化学研究所的技术，由内蒙古蒙西高新技术有限公司以 0.2 万吨装置于 2002 年投产。河南天冠企业集团有限公司采用中山大学生产工艺以 0.5 万吨/年装置于 2005 年投产。中国科学院广州化学研究所采用中国科学院广州化学研究所工艺以 0.2 万吨装置于 2007 年 3 月投产。海南东方中海石化公司 0.3 万吨装置于 2008 年 6 月投产。浙江温岭邦丰有限公司 3 万吨/年装置于 2013 年 9 月投产运行，该公司主要产品以出口为主；投产后，公司产能扩至 13 万吨/年左右，新增装置在 2021 年投产运行。另外，博大东方新型化工（吉林）有限公司新增的 30 万吨/年装置，一期 5 万吨/年装置在 2020 年投产，二期项目计划在 2025 年前后投产；该项目在 2017 年 4 月奠基，投产后，将成为国内工业化规模最大的聚碳酸亚丙酯项目。

然而不可忽视的是，PPC 的价格较高、玻璃化温度较低、力学性能和热稳定性能较差，加工和流动性差，这些缺点严重限制了它的推广应用。因此，有必要对 PPC 进行改性。

2022 年 11 月陕西煤业化工集团有限责任公司采用研发的高活性非金属催化剂，以二氧化碳和环氧环己烷为原料，制备二氧化碳基可降解材料——聚碳酸环己烯酯（PCHC），并进行中试实验，主要建设 10 万吨/年环氧丙烷联合装置和 10 万吨/年可降解塑料装置。

与 PPC 相比，PCHC 的主链上引入了环己基这一刚性结构，使得 PCHC 具有更高的玻璃化温度（约 120 ℃），有助于改善 PPC 耐热性方面的不足，因此 PCHC 有望成为继 PPC 之后最重要的二氧化碳基聚合物。

二、人工合成淀粉

2021 年 9 月 24 日，*Science* 刊发中国科学院天津工业生物技术研究所[39]在淀粉人工合成方面取得的重大突破性进展。该研究在国际上首次实现了二氧化碳到淀粉的从头合成。

该研究团队采用一种类似搭积木的方式，联合中国科学院大连化学物理研究所，利用化学催化剂将高浓度二氧化碳在高密度氢能作用下，还原成碳一（C_1）化合物，然后通过设计构建碳一聚合新酶；依据化学聚糖反应原理将碳一化合物聚合成碳三（C_3）化合物，最后通过生物途径优化，将碳三化合物又聚合成碳六（C_6）化合物，再进一步合成直链和支链淀粉（C_n 化合物）。

这一人工途径的淀粉合成速率是玉米淀粉合成速率的 8.5 倍，向实现设计自然、超越自然的目标迈进了一大步，为创建新功能的生物系统提供了新的科学基础。

2023 年 5 月 27 日，中国科学院天津工业生物技术研究所所长马延和对外宣布，二氧化碳人工合成淀粉的吨级中试装置已经成功建成，并已启动相关测试程序。与投入实际应用相比较，$1 m^3$ 大小的生物反应器中能够合成的淀粉量与 5 亩（15 亩=1 公顷）玉米相当，这一技术如果成熟并投用的话，将大大节省农业土地，粮食安全问题将大大缓解，二氧化碳这种废气的排放问题同样能得以缓解，而且本来属于废气的二氧化碳还会用作生产淀粉的原料，成为一种有用的资源。

习题

1. 谈谈你对非金属异相催化剂还原 CO_2 的认识。

2．请写出以下合成氯纤维素（记为 Cl-Cell）和纤维素基席夫碱复合物（记为 Cell-H₂L）的反应机理。

（1）

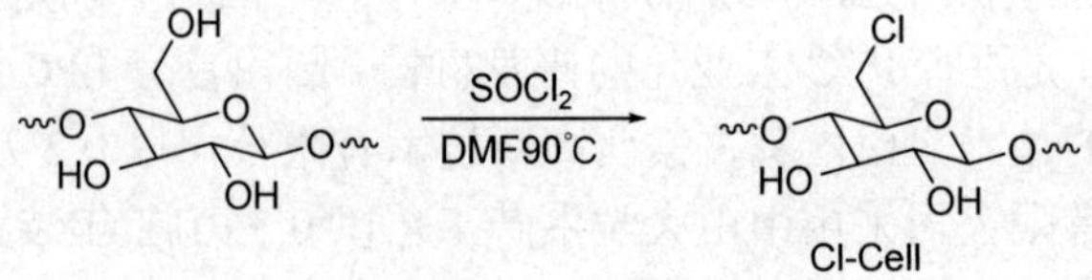

（2）

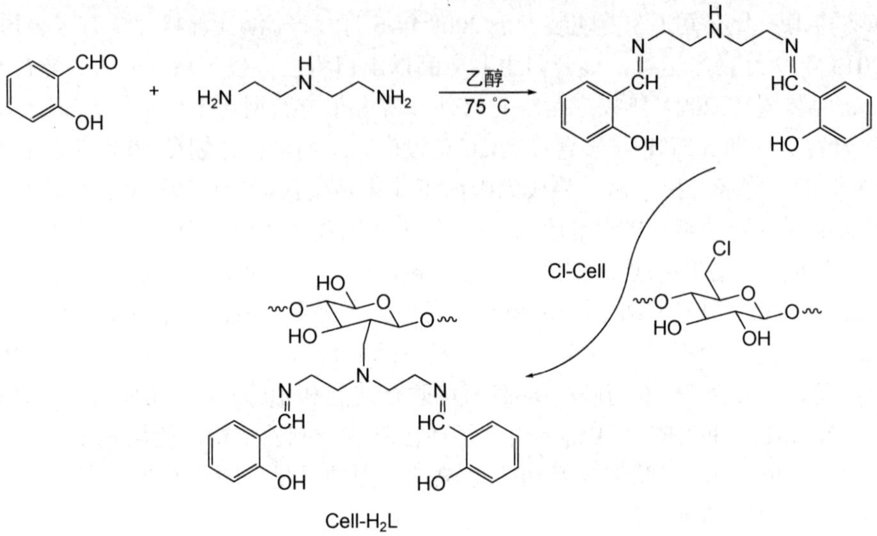

Cell-H₂L

3．三(4-乙炔基苯基)胺与 2,7-二溴苯基-9,10-二酮的合成路线如下图所示，请推理该反应的合成机理。

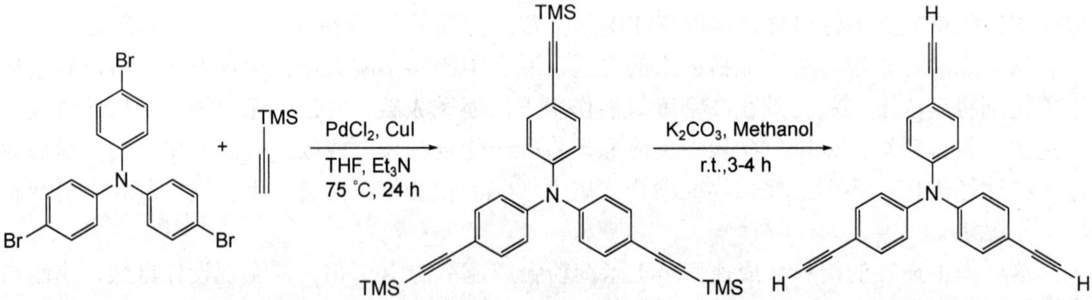

4．已知 H₂A 可作为二氧化碳的还原剂，且 H₂A 可作为四电子供体，在氧化过程中释放 CO_2，请根据已知信息推断下列反应的机理。

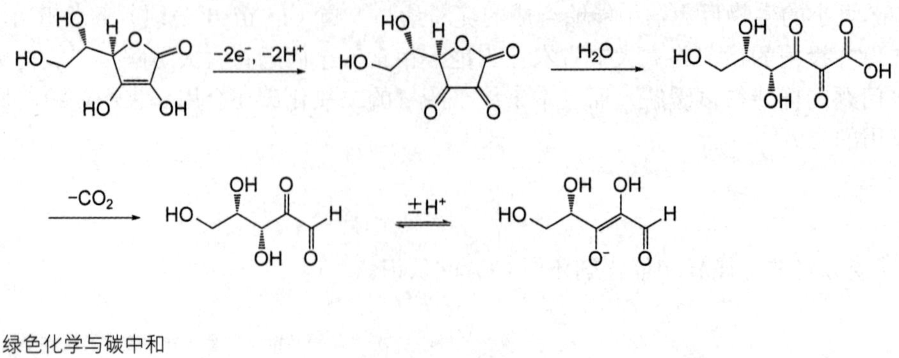

5．请写出下列酮-烯胺类 COF 和聚酰亚胺类 COF 的反应机理。

参考文献

[1] Wang H, Tzeng Y K, Ji Y, et al. Synergistic enhancement of electrocatalytic CO$_2$ reduction to C$_2$ oxygenates at nitrogen-doped nanodiamonds/Cu interface [J]. Nature Nanotechnology, 2020, 15(2): 131-137.

[2] Liu S, Chen L, Liu T, et al. Rich S vacant g-C$_3$N$_4$@ CuIn$_5$S$_8$ hollow heterojunction for highly efficient selective photocatalytic CO$_2$ reduction [J]. Chemical Engineering Journal, 2021, 424: 130325.

[3] Dong H, Lu M, Wang Y, et al. Covalently anchoring covalent organic framework on carbon nanotubes for highly efficient electrocatalytic CO$_2$ reduction [J]. Applied Catalysis B: Environmental, 2022, 303: 120897.

[4] Li J, Zan W Y, Kang H, et al. Graphitic-N highly doped graphene-like carbon: A superior metal-free catalyst for efficient reduction of CO$_2$ [J]. Applied Catalysis B: Environmental, 2021, 298: 120510.

[5] Wu Q J, Si D H, Wu Q, et al. Boosting electroreduction of CO$_2$ over cationic covalent organic frameworks: hydrogen bonding effects of halogen ions [J]. Angewandte Chemie International Edition, 2022: e202215687.

[6] 张关印, 关清卿, 庙荣荣, 等. 共价有机骨架材料的合成及应用 [J]. 材料导报, 2021, 35(13): 13215-13226.

[7] 常书晴. 三嗪基共价有机骨架材料的合成及其光催化还原 CO$_2$ 的研究 [D]. 金华: 浙江师范大学, 2022.

[8] Li Y, Chen W, Xing G, et al. New synthetic strategies toward covalent organic frameworks [J]. Chemical Society Reviews, 2020, 49(10): 2852-2868.

[9] Zhou Z, Zhang L, Yang Y, et al. Growth of single-crystal imine-linked covalent organic frameworks using amphiphilic amino-acid derivatives in water [J]. Nature Chemistry, 2023, 15(6): 841-847.

[10] 韩霜. 碳纳米管的制备及其用于高效太阳能蒸发器性能研究 [D]. 北京: 北京化工大学, 2019.

[11] 柳璐, 张文, 王宇新, 等. 石墨相氮化碳的可控制备及其在能源催化中的应用 [J]. 化工学报, 218, 69(11): 4577-4591.

[12] 李壮. 石墨烯复合材料的制备及其电化学性能的研究 [D]. 南京: 南京信息工程大学, 2022.

[13] 穆云超. 硼碳氮晶体的制备工艺研究 [D]. 郑州: 郑州大学, 2006.

[14] 林国强, 郭玉呈, 许蒙, 等. 硼碳氮多孔材料的制备及其吸附再生性能研究 [J]. 硅酸盐通报, 2022, 41(8): 2879-2888.

[15] 姚凯丽, 代兵, 乔鹏飞, 等. 纳米金刚石材料的研究进展 [J]. 人工晶体学报, 2019, 48(11): 1977-1989.

[16] 王同洲, 王鸿. 多孔碳材料的研究进展 [J]. 中国科学:化学, 2019, 49(05): 729-740.

[17] 王晓涵, 曹东晓, 李薇, 等. 形貌可控的共价有机骨架材料的合成与应用 [J]. 大学化学, 2023, 38(05): 110-118.

[18] 蒋琴. 共价三嗪有机骨架材料的设计、合成及吸附性能的研究 [D]. 北京化工大学, 2019.

[19] Arumugam M, Tahir M, Praserthdam P. Effect of nonmetals (B, O, P, and S) doped with porous g-C_3N_4 for improved electron transfer towards photocatalytic CO_2 reduction with water into CH_4 [J]. Chemosphere, 2022, 286: 131765.

[20] Zhao Y, Yuan Q, Fan M, et al. Fabricating pyridinic N-B sites in porous carbon as efficient metal-free electrocatalyst in conversion CO_2 into CH_4 [J]. Chinese Chemical Letters, 2023, 34(08): 317-321.

[21] Barman S, Singh A, Rahimi F A, et al. Metal-free catalysis: a redox-active donor–acceptor conjugated microporous polymer for selective visible-light-driven CO_2 reduction to CH_4 [J]. Journal of the American Chemical Society, 2021, 143(39): 16284-16292.

[22] Ashley A, Thompson A, O'Hare D. Non-metal-mediated homogeneous hydrogenation of CO_2 to CH_3OH [J]. Angewandte Chemie International Edition, 2009, 48: 9839-9843.

[23] Mou S, Wu T, Xie J, et al. Boron phosphide nanoparticles: a nonmetal catalyst for high-selectivity electrochemical reduction of CO_2 to CH_3OH [J]. Advanced Materials, 2019, 31(36): 1903499.

[24] Wang Y, Tian Y, Yan L, et al. DFT study on sulfur-doped g-C_3N_4 nanosheets as a photocatalyst for CO_2 reduction reaction [J]. The Journal of Physical Chemistry C, 2018, 122(14): 7712-7719.

[25] Song Y, Chen W, Zhao C, et al. Metal-free nitrogen-doped mesoporous carbon for electroreduction of CO_2 to ethanol [J]. Angewandte Chemie International Edition, 2017, 56(36): 10840-10844.

[26] Yang F, Liang C, Yu H, et al. Phosphorus-doped graphene aerogel as self-supported electrocatalyst for CO_2-to-ethanol conversion [J]. Advanced Science, 2022, 9(25): 2202006.

[27] Liu Y, Zhang Y, Cheng K, et al. Selective electrochemical reduction of carbon dioxide to ethanol on a boron-and nitrogen-Co-doped nanodiamond [J]. Angewandte Chemie International Edition, 2017, 129(49): 15813-15817.

[28] Murata T, Hiyoshi M, Ratanasak M, et al. Synthesis of silyl formates, formamides, and aldehydes via solvent-free organocatalytic hydrosilylation of CO_2 [J]. Chemical Communications, 2020, 56(43): 5783-5786.

[29] Chen S, Pudukudy M, Yue Z, et al. Nonmetal schiff-base complex-anchored cellulose as a novel and reusable catalyst for the solvent-free ring-opening addition of CO_2 with epoxides [J]. Industrial & Engineering Chemistry Research, 2019, 58(37): 17255-17265.

[30] Ren C, Spannenberg A, Werner T. Synthesis of bifunctional phosphonium salts bearing perfluorinated side chains and their application in the synthesis of cyclic carbonates from epoxides and CO_2 [J]. Asian Journal of Organic Chemistry, 2022, 11(9): e202200156.

[31] Lei Y, Wan Y, Zhong W, et al. Phosphonium-based porous ionic polymer with hydroxyl groups: a bifunctional and robust catalyst for cycloaddition of CO_2 into cyclic carbonates [J]. Polymers, 2020, 12(3): 596.

[32] Liu Y, Hu S, Zhi Y, et al. Non-metal and non-halide enol PENDI catalysts for the cycloaddition of CO_2 and epoxide [J]. Journal of CO_2 Utilization, 2022, 63: 102130.

[33] Yue Z, Hu T, Zhao W, et al. Triazinyl-imidazole polyamide network as an efficient multi-hydrogen bond donor catalyst for additive-free CO_2 cycloaddition [J]. Applied Catalysis A: General, 2022, 643: 118748.

[34] Otake A, Du J, Einaga Y. Activation of boron-doped diamond electrodes for electrochemical CO_2 reduction in a halogen free electrolyte [J]. ACS Sustainable Chemistry & Engineering, 2022, 10(44): 14445-14450.

[35] Sun X. Achieving selective and efficient electrocatalytic activity for CO_2 reduction on N-doped graphene [J]. Frontiers in Chemistry, 2021, 9: 734460.

[36] Liu Y, Chen S, Quan X, et al. Efficient electrochemical reduction of carbon dioxide to acetate on nitrogen-doped nanodiamond [J]. Journal of the American Chemical Society, 2015, 137(36): 11631-11636.

[37] Gau D, Rodriguez R, Kato T, et al. Synthesis of a stable disilyne bisphosphine adduct and its non-metal-mediated CO_2 reduction to CO [J]. Angewandte Chemie International Edition, 2011, 50(5): 1092-1096.

[38] Mikami T, Yamamoto T, Tomisaki M. Amine-functionalized diamond electrode for boosting CO_2 reduction to CO [J]. ACS Sustainable Chemistry & Engineering, 2022, 10(45): 14685-14692.

[39] Cai T, Sun H, Qiao J, et al. Cell-free chemoenzymatic starch synthesis from carbon dioxide [J]. Science, 2021, 373(6562): 1523-1527.

第九章
未来展望

实现碳中和已经成为我国及世界各国在环境方面的共同目标，也是当今社会在环境上的大势所趋，化学助力碳中和是众多实现方式中最重要的一环。前面已经从二氧化碳电池、电化学技术、光催化、金属催化、非金属异相催化、有机小分子催化及离子液体催化七个方面详细地介绍了目前化学助力实现碳中和的几种主要方式。当然这并不是全部，还有很多没有挖掘到或者刚刚被发现还没能形成规模化，相信未来在各方的不懈努力下，碳中和一定可以实现，化学也将在碳中和的实现过程中大放异彩。本章将介绍一些将来有应用前景或是开始工业应用的方法。

第一节　人工光合作用

一、概述

人工光合作用旨在模拟自然光合作用这一自然过程，创造一种高效、清洁、经济的方式，将太阳光转化为可储存的能源形式——主要是氢或其他太阳能燃料[1]，是一项潜力巨大的技术。一般来说，人工光合作用常常通过开发光电化学电池来实现，这种电池可以吸收光，并将水分解成氢气和氧气，或者利用太阳能将二氧化碳还原成碳基燃料[2]。然而，人工光合作用面临着挑战，以合理的成本和高效率催化这些反应的技术仍在开发之中。目前，人工光合作用主要有四个方向：光电化学电池、析氢和析氧反应、仿生方法及催化 CO_2 还原。这里我们将重点阐述催化 CO_2 还原技术。

二、催化 CO_2 还原

催化 CO_2 还原过程涉及使用特殊材料将二氧化碳转化为碳氢化合物，碳氢化合物可用作燃料，这种转化可通过电催化、光催化、光电催化和生物催化等多种方法来实现，图 9-1 列出了二氧化碳还原反应的一些可能途径。这些方法可以利用二氧化碳作为原料，从而大幅减少温室气体的排放，然而这些过程都比较复杂。值得注意的是，在常温常压下，二氧化碳在水中的溶解度仅为 $0.033\ mol \cdot L^{-1}$[5]，导致其在吸附过程中与水分子竞争时表现不佳，二氧化碳在水溶液中的低扩散率和低溶解度大大限制了二氧化碳的转化效率。此外，二氧化碳是一种具有两个强键的非极性线性分子，需要使用大量能量来断开 C=O 键，从而导致转化率较低[6]。科学家多年来一直在研究如何解决这些问题，以提高二氧化碳转化的效率和选择性，目标是开发能够模拟自然的系统，以降低大气中的二氧化碳含量，并利用这些碳合成高价值的化合物。在前面我们已经详细地介绍了电催化及光催化 CO_2 还原的方法，在这里不再赘述，下面主要介绍另外两种方法——光电化学（PEC）方法及生物催化方法。

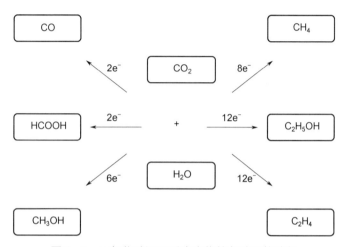

图 9-1　二氧化碳还原反应产物的各种可能途径

（一）PEC 方法

PEC 方法是在光照射下利用二氧化碳生产燃料和化学品，是一种更加环保的方法。该法结合了电催化和光催化方法的优点，同时提高了光生电子-空穴对的分离效率[7]。生成的乙烯（C_2H_4）等富含能量的化学原料，可用于多种用途[8]；甲醇等醇类也是储氢的重要原料，可用于生产汽油和生物柴油[9]。根据 PEC 电池使用的电极类型可以区分不同的光反应器配置：暗阳极/光阴极[10]、光阳极/暗阴极[11]和光阳极/光阴极[12]。无论如何配置，光电极和电解液的选择对于工艺的性能来说都是至关重要的。不同系统及其效率的例子不胜枚举，它们有一个共同点：都是使用 n 型半导体作为光阳极，p 型半导体作为光阴极[12]。当光线照射到光阳极时会产生电子和空穴对，电子随后被转移到阴极参与还原反应，而空穴对则促进光阳极表面的氧化反应。相反，在光阴极的情况下，光照射后会产生电子-空穴对，光产生的电子参与光阴极表面的还原反应[13]；与此同时，光阳极表面也会因为光产生的空穴对而发生氧化反应。当光电阳极和光电阴极都受到光照射时，光电阳极中的光生电子通过外部偏置电位传输到光电阴极，并与光在光电阴极中产生的电子结合。同时，光阳极中产生的空穴对会促进光阳极室电解质中的氧化反应[13]。

一些 p 型光电阴极包括 GaP、CuO、CdTe 或 InP 等材料在溶液中非常不稳定，甚至有毒[14]。氧化锌（ZnO）[15]、氧化铁（Fe_2O_3）[16]和氧化钨（WO_3）[17]等 n 型半导体材料更稳定、毒性更低，而且容易获得，已被作为替代方案应用到 PEC 系统中。其中，二氧化钛成本低、毒性小且易于制备，是研究最多的材料之一，已被用作光阳极。然而，TiO_2 在 PEC 系统中的实际应用仍存在一些缺点，如 TiO_2 仅对紫外光响应而紫外光在太阳光中占比仅约 4%，这大大制约了 TiO_2 在 PEC 器件中的应用。所以一直以来，科学家都在积极寻找其他材料进行应用。Ruotolo 等[18]合成了两种具有不同形态特征和独特性质的铜钒酸盐（n 型 β-$Cu_2V_2O_7$ 或 p 型 α-$CuVO_3$），α-$CuVO_3$ 会转化为 β-$Cu_2V_2O_7$，从而在生成甲醇方面表现出高效率和高选择性。最近，Reisner 团队[19]开发了一种高效的 PEC 系统，利用单个光吸收器、无须任何外加电压，即可同时进行太阳能驱动的二氧化碳还原和塑料重整，从而生成增值产品。该系统将三种不同类型的二氧化碳还原催化剂（分子催化剂、双金属合金和生物催化剂）与包晶石光吸收器集成在一起，形成光电阴极。此外，双金属合金还可作为氧化催化剂，将聚对苯二甲酸乙二醇酯（PET）塑料转化为乙醇酸，远红外效率超过 90%。结合阳极的 PET 重整，PEC 系统具有高选择性，以及 CO、合成气和甲酸等的极高形成率，产品分布可调。他们的研究代表了一种可持续工艺的成功应用，该工艺将太阳能驱动的二氧化碳减排与塑料废物的价值化相结合并取得了重大进展。

（二）生物催化方法

在光合作用过程中，在植物、藻类和一些细菌通过卡尔文循环将大气中的二氧化碳转化为有机化合物的过程被称为碳固定。该过程由酶调控，因具有特殊的选择性和特异性以及显著的效率和温和的反应条件而被大家熟知[19]。迄今为止自然界最主要的碳固定生物是水生藻类，这些生物生长快速，比陆生植物更容易获得养分，故其产生的生物量是陆生植物的两倍。也正因为如此，光合藻类可以说是一个活生生的实验室，可以被用于了解碳固定是如何发生的，以及如何从实用的角度利用它们。2021 年，Valle 等[23]描述了利用共同固定在硅质介质结构中细胞泡沫（MCF）中的三种酶，通过酶还原法将二氧化碳转化为甲醇的反应，具体过程如下：①甲酸脱氢酶，将二氧化碳转化为甲酸；②甲醛脱氢酶，将甲酸转化为甲醛；③甲醇脱氢酶，将甲醛转化为甲醇。该研究表明，使用 MCF 这种简单的固定方法可以显著提高级联反应中酶的活性。随后，Reisner 等[24]利用固定酶，特别是甲酸脱氢酶作为理想的催化剂，研究了共同固定碳酸酐酶的效果，探讨了对二氧化碳进行水合对二氧化碳还原系统性能的影响。结果表明碳酸酐酶的共同固定增强了二氧化碳水合的动力学，从而通过减少局部 pH 值变化，改善了酶促二氧化碳还原。此外，固定二氧化碳也可以获得矿物质或其他高附加值产品[25]，例如，Chafik 等[25]将碳酸酐酶用于二氧化碳封存和 $CaCO_3$ 生产，这在工业上均有重要应用，为了获得一种能够耐受高浓度 CO_2、Ca^{2+} 以及高 pH 值和高工作温度并且稳定、高效的碳酸酐酶，研究人员从骆驼肝脏中纯化分离出来一种新型碳酸酐酶。该酶是单体，含有作为生理相关辅助因子的铁，而不是通常的锌，并表现出较高的最适 pH 值（9.0）和温度（45 ℃），甚至可在较高温度（60 ℃）下发挥作用。研究发现，在高浓度 Ca^{2+} 存在下，该酶能高效地将 CO_2 转化为 $CaCO_3$。在另一项研究[26]中，从黄色棒状杆菌中分离出了细菌碳酸酐酶，其最适温度为 35 ℃，最适 pH 值为 7.5，并发现 Na^+、K^+、Mn^{2+} 和 Al^{3+} 对其活性有很大的抑制作用，而 Zn^{2+} 和 Fe^{2+} 则可略微增强其活性，纯化的碳酸酐酶在将 CO_2 转化为 $CaCO_3$ 方面表现出显著的效果。另一种用于二氧化碳固定过程的酶是核酮糖-1,5-二磷酸羧化酶/氧合酶（RuBisCO）[27]，可参与卡尔文-本森-巴塞尔循环（CBBC），经五个部分反应最终生成了两分子 3-磷酸甘油酸，这种酶在生物二氧化碳同化中发挥着重要作用，也可在大肠杆菌中表达使二氧化碳与葡萄糖共同代谢产生代谢产物[28]。因此，这种酶在二氧化碳固定中有着可观的应用前景。

第二节　二氧化碳矿化

一、概述

CO$_2$ 矿化在处理固碳方面潜能巨大，在人类目前可利用的范围内（地下 15 km 深），硅酸盐的储量理论上可以封存至少 $4×10^4$ 亿吨 CO$_2$，快速吸收矿化已能通过化学链技术实现。利用富含镁、钙等天然矿物或固体废弃物与二氧化碳发生反应，将二氧化碳以碳酸盐的形式固定下来的技术，具有优越的热力学特性及易于操作的特点，是二氧化碳封存与利用的新途径。二氧化碳矿物技术是大规模封存和长期应用在经济和环境方面的一项前瞻性技术，比其他封存方式更易于在商业应用中获得回报。

二、高钙基材料制备微细碳酸钙技术

（一）氧化钙

在实验室研究中，碳酸钙是使用高纯度氧化钙（CaO）粉末作为钙源，不同浓度的 CO$_2$ 气体作为碳源，通过直接鼓泡合成的。Zhou 等[29]成功地在膜反应器中同时净化沼气和制备碳酸钙纳米颗粒。沼气净化率均大于 99%，在外加剂 EDTA 作用下，碳酸钙平均粒径为 334 nm。工业上 CO$_2$ 气体鼓泡法合成氧化钙基碳酸钙是较为经济的方法之一。天然石灰石首先经高温（约 1000 ℃）煅烧得到 CaO，用足够的水消化得到 Ca(OH)$_2$ 浆液，并将 CO$_2$ 气体鼓泡到浆液中进行碳酸化，通过调控反应参数及加入分散剂获得用于不同行业的微细碳酸钙粉末。Barhoum 等[30]通过控制 CaO 水溶液与 CO$_2$ 气体的反应，在没有添加剂或有机溶剂的情况下，通过降低 CaO 浓度（≤ 0.5 mol/L）和增加 CO$_2$ 流速（≥ 1000 mL·min^{-1}），合成了晶型和颗粒尺寸受控的纳米解石晶体，路线简单、绿色且成本低，可用于工业规模生产纳米方解石。日本白石公司[31]通过在 1000 ℃下煅烧碳酸钙获得 CaO，经水消化得到 Ca(OH)$_2$ 乳液，将 CO$_2$ 气体引入 Ca(OH)$_2$ 乳液中，并在反应过程中加入少量石灰乳合成了链状纳米碳酸钙颗粒，表现出更高的脱水能力和较低的过滤阻力。

（二）氢氧化钙

氢氧化钙基碳酸钙的制备过程通常是一个气-液-固三相反应，CO$_2$ 气体被压缩并引入碳酸化反应器中使浆液起泡。碳酸化反应过程中，氢氧化钙浆液处于连续高剪切搅拌，在 Ca(OH)$_2$-H$_2$O-CO$_2$ 反应体系中主要参与的反应有：

$$Ca(OH)_2(s) \longrightarrow Ca^{2+}(aq) + 2OH^-(aq)（步骤 1）$$
$$CO_2(g) \longrightarrow CO_2(aq)（步骤 2）$$
$$CO_2(aq) + 2OH^-(aq) \longrightarrow HCO_3^-(aq)（步骤 3）$$
$$HCO_3^-(aq) + OH^-(aq) \longrightarrow H_2O + CO_3^{2-}(aq)（步骤 4）$$
$$Ca^{2+}(aq) + CO_3^{2-}(aq) \longrightarrow CaCO_3(s)（步骤 5）$$

步骤 3 到步骤 5 是瞬态反应。控制反应过程主要是氢氧化钙的溶解过程和 CO$_2$ 吸收过程。有研究表明通过一种射流装置将碳酸钙结晶区和稳定区分开，可以控制 Ca(OH)$_2$-H$_2$O-CO$_2$ 体系下碳酸钙颗粒尺寸分布，并可在晶体生长之前尽快从结晶区移入稳定区。在结晶阶段，颗粒开始从它们的边缘溶解，打开颗粒的内部孔隙，在结晶的后期，开孔闭合，实现对碳酸钙成核与结晶的分步控制，所合成的微细碳酸钙为中空结构。

CO_2 气体鼓泡至 $Ca(OH)_2$ 水溶液中来合成碳酸钙的优势在于可以获得形态较为均匀的纳米碳酸钙。在碳化塔中增加多级搅拌装置，增强反应的湍流程度，提高了传热、传质效果，通入的 CO_2 能够很好地分散于体系中，与反应原料能更好地接触，反应较为均匀，所制备的碳酸钙平均粒径在几十纳米至十微米的范围内，颗粒较均匀，适合大规模连续生产。雾化法制备碳酸钙晶体，通常采用多个喷雾塔串联操作，通过调控雾滴大小、气体流量、反应温度等工艺参数，得到不同形貌及粒径的纳米碳酸钙。在碳酸钙合成过程中 $Ca(OH)_2$ 乳液被雾化成细小雾粒，不仅提高了 $Ca(OH)_2$ 与 CO_2 间的气液传质系数，还增大了气液传质面积，反应迅速，雾化后的 $Ca(OH)_2$ 细小雾粒可以使所制备的纳米碳酸钙产品粒径分布较窄，但此方法设备成本高，生产操作技术要求高。此外，不同于传统采用 CO_2 气体作为碳源合成微细碳酸钙的方式，沙峰等通过水热合成方式以雾化的 $Ca(OH)_2$ 为钙源，二乙二醇-乙二胺基 CO_2 储集材料（CO_2SM）为碳源合成碳酸钙晶体，CO_2SM 既为碳酸钙生长提供了碳酸根离子，又发挥了晶体调控剂的作用[32]。

三、磷石膏矿化 CO_2

磷石膏是生产湿法磷酸过程中形成的废渣，每生产 1 吨湿法磷酸要产生 5～6 吨磷石膏废渣[33]。我国每年需生产湿法磷酸 800 万吨以上，产生磷石膏废渣 5000 万吨左右，每年需新增堆放场地 2800 平方米。开发以天然气净化厂的 CO_2 和磷酸厂排出的磷石膏废渣为原料制取硫酸铵和碳酸钙技术，可以解决磷石膏废渣综合利用问题，制取的硫酸铵（硫铵）可作为肥料，副产的碳酸钙可以作为生产水泥的原料[34]。磷石膏矿化二氧化碳工艺流程如图 9-2 所示。

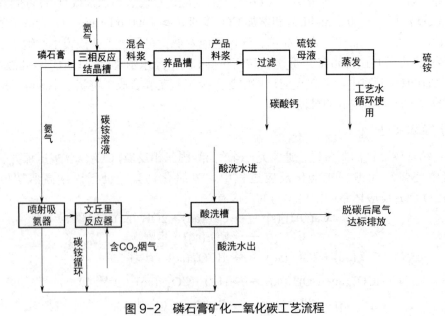

图 9-2　磷石膏矿化二氧化碳工艺流程

第三节　二氧化碳技术链

一、CO₂+H₂技术链

利用 CO_2+H_2 技术链[35]可回收 CO_2 与各类氢资源，在催化剂作用下生产合成气，开发新的技术链。该技术适用于煤电、煤化工和水泥产业，即煤主导的产业链。利用绿电电解水生产氢和氧，氢和 CO_2 可经合成气利用费-托合成反应生产高碳烃燃料，从而实现高值化。煤电厂可用此过程为煤电调峰，电解水生产的氧可代替空气或空分，分别用于煤电和水泥的空气替代。用于煤化工的空分替代，既节能减排，又降低了 CO_2 回收成本。

二、CO₂+CH₄技术链

CO_2+CH_4 技术链[35]可用于非常规天然气和沼气的高值利用，海南一些气田富含 CO_2，利用天然气中的 CO_2 和 CH_4 生产合成气及甲醇，可节能减排，实现 CO_2 高值化利用。利用沼气中的 CO_2 和 CH_4 干重整转化为合成气可用于生产绿氢和经费-托反应合成生物燃料，特别是用于生产生物航油，促进乡村振兴。世界上经济发展到一定阶段，需要工业补贴农业，我国东部地区已发展到此阶段。世界上工业补贴农业成功的国家无一例外是在工业与农业间架设一个能源通道，建一个能源基金池，如美国的玉米乙醇汽油、德国的玉米青贮沼气发电产热及生物天然气补贴通道等。我国已经采用了沼气和生物乙醇汽油模式，光伏风电的发展在中国东部有望在村镇与生物能源集成，形成以绿电和生物油气一体化的能源通道，探索出我国模式的工业补贴农业的乡村振兴成功之道。中国石油大学重质油国家重点实验室正与相关企业合作，试点孵化乡村振兴能源通道，以村镇垃圾农村废弃物清洁能源化为绿色低碳技术作为切入点生产沼气，然后经 CO_2 和 CH_4 干重整合成生物航油，建立起能源补贴通道，在村镇进行种养、环境能源化与农副产品加工三位一体企业化经营，以上述生物航油通道为纲，纲举目张，探索出中国乡村振兴发展的特色道路。

三、CO₂+CH₄+H₂+CO 技术链

CO_2+CH_4+H_2+CO 技术链[35]特别适用于炼厂干气、焦炉和兰炭煤气生产合成气，使甲醇产能高值化，甲醇制烯烃生产乙烯和丙烯，然后生产固体聚合物如聚乙烯和聚丙烯等，可实现碳源固化。中国石油大学重质油国家重点实验室相关团队已完成焦炉煤气制合成气技术开发，在山西左权建成了 100 万吨/年焦化配 30 万吨/年气基还原铁，已完成工业示范；正在组织山东和西北地区的炼厂干气及 CO_2 进行生产甲醇示范；利用天然气与 CO_2 干重整生产合成气及 CO，用于高碳醇示范等。

第四节　二氧化碳制汽油

一、双活性位点催化剂驱动 CO₂高效转化

目前，CO_2 还原制备甲醇、甲酸、甲烷和一氧化碳等 C_1 小分子已经取得较大进展，而将

CO₂ 转化成含有两个或更多碳的化学品,还比较困难。现有的 CO_2 合成高碳烃类化合物的研究主要围绕改性的铁基费-托催化剂,但效率不高且稳定性不好。鉴于此,中国科学院大连化学物理研究所孙剑、葛庆杰团队设计了一种含有 Fe_3O_4、Fe_5C_2 和酸性位点三种活性位点的新型多功能复合催化剂 Na-Fe₃O₄/HZSM-5[36],实现了 CO_2 直接加氢制取高辛烷值汽油,$C_5 \sim C_{11}$ 汽油馏分烃选择性高达 78%,甲烷选择性仅 4%。其中:①Fe_3O_4 活性位点用于逆水煤气转换;②Fe_5C_2 位点用于烯烃合成;③沸石中的酸性位点用于异构化、芳香化以及寡聚反应。中国科学院上海高等研究院孙予罕、钟良枢和高鹏团队设计了一种双功能催化剂 In₂O₃/HZSM-5,实现了 CO_2 高选择性还原直接制取高碳烃类化合物,汽油烃类组分选择性为 78.6%,甲烷选择性仅为 1%。双功能催化剂的双活性位控制在抑制水煤气变换逆反应以及高选择性方面扮演了重要角色:①In_2O_3 表面的氧空位起到活化 CO_2 的作用,通过加氢生成甲醇;②在沸石孔道内部,甲醇发生 C—C 偶联反应,生成具有高辛烷值的汽油类高碳烃类化合物。

二、多活性位点协同与反应路径调控实现 CO₂ 转化

作为抑制二氧化碳排放和利用绿色氢能的一项前景广阔的战略,将二氧化碳直接转化为汽油范围内的碳氢化合物已引起世界各国的极大关注。众所周知,铁基催化剂是合成气转化为碳氢化合物的费-托催化剂,可通过逆水煤气转换反应实现 CO_2 经 CO 中间体转化为长链碳氢化合物。通过与沸石的进一步结合,可以打破费-托合成的产物分布规律限制,从而获得对汽油范围烃类的高选择性。铁基成分的改性对提高二氧化碳活化效率至关重要,而沸石成分的拓扑结构和酸性则通过调节扩散或反应动力学对产物分布起着至关重要的作用。另外,与铁基催化剂相比,涉及甲醇合成的串联反应可表现出更高的选择性,因为 C—O 活化和 C—C 偶联反应是分开进行的。过渡金属氧化物在高温下对甲醇具有更高的选择性,因此在大多数情况下被用来代替铜基催化剂。氧空位被认为是二氧化碳活化的关键活性位点,而氢活化对中间产物的形成同样重要。通过将沸石成分与经过调整的通道结构和酸性位点相结合,可使产物分布转向更多的轻质芳烃或其他高附加值碳氢化合物。此外,甲醇合成和烷基化的串联反应为通过二氧化碳加氢的偶联反应合成高价值芳烃提供了一种有效的策略。

三、双路径协同催化体系驱动 CO₂ 高效转化

尽管改良傅里叶变换路线和甲醇介导路线存在显著差异,但都能为二氧化碳直接加氢制取汽油范围内的碳氢化合物提供可观的效率。一般来说,改性铁基催化剂的 C—C 偶联效率较高,所以基于费-托反应的工艺总是有助于提高 CO_2 转化率和相应的碳氢化合物产率。相比之下,甲醇合成往往受到热力学的限制,但独特拓扑结构和酸性沸石中的 C—C 偶联的可控性,有利于特定碳氢化合物(如芳香烃)的生产。幸运的是,通过优化活性成分和操作条件,可以缩小基于费-托反应和基于甲醇的系统之间的差距。值得注意的是,不同成分之间的相互作用对基于傅里叶变换技术的系统和基于甲醇的系统都有很大影响。在苛刻的氧化还原条件下,这种相互作用总是不可避免地存在,可以通过控制两种成分的接近程度来进行调节。强烈的相互作用甚至会导致大量元素迁移,并通过改变酸性和通道结构产生各种影响。除实验室研究外,二氧化碳加氢制取汽油范围内的碳氢化合物的实际工业应用已通过一批中试项目取得了很好的进展,这表明未来对这些催化系统的深入研究具有重要意义。

四、CO_2制汽油催化剂设计展望

二氧化碳加氢生产汽油级碳氢化合物的整个过程涉及复杂的偶联反应，包括 C—O 的高效活化和 C—C 键的可控形成，以及各种中间产物的微调生成和转移。因此，催化剂结构和活性位点的共同调整会对最终效率产生很大影响，而不同组分的集成方式和匹配的操作条件在实际生产中也起着至关重要的作用。然而，人们对涉及不同活性组分之间相互作用的基本机制仍缺乏深入了解，这给催化剂的进一步优化带来了挑战。因此，全面了解活性组分之间的关系对于优化设计具有高可靠性和长期经济性的催化剂和工艺非常重要。提高经济效益的另一个策略是选择性地合成具有高商业价值的特定目标产品，因为分离过程所需的大量成本会极大地限制工业生产的实现。通过微妙地调节沸石的拓扑结构或引导不同的反应路线，有可能在直接二氧化碳加氢过程中优先合成特定产品，这对未来的实际应用具有重要意义。因此，优化催化剂和工艺以获得出色的效率和优异的产品选择性是进一步研究发展的最重要方向，为未来扩大工业生产规模带来了广阔前景[37]。

第五节　电转醚工艺

本节将介绍电转醚工艺，以其中最为经典的二甲醚（DME）为例，电能转化 DME 过程一般分为间接过程和直接过程。DME 目前被认为是一种清洁的合成燃料，与传统柴油相比具有更高的十六烷值、更高的含氧量，而且没有 C—C 键。此外，DME 燃烧时产生的颗粒物、烟雾和 CO 一般较少[38]。DME 还是一种重要的平台化学品，可有效转化为醋酸、乙醇、醋酸甲酯和芳烃。

一、间接电能制 DME 工艺

在间接电能制 DME 工艺中，首先将 CO_2 和 H_2 转化为甲醇，然后在酸性催化剂（如 γ-Al_2O_3 和 HZSM-5 沸石）和离子交换树脂上进一步脱水得到 DME[38]。热力学平衡限制了甲醇的转化率，粗产品中可能含有未反应的甲醇，从而导致后续复杂的分离步骤。因此，需要通过以下方法进一步提高甲醇的总转化率，如回收未反应的甲醇和反应蒸馏（RD）。例如，Michailos 等[39]通过蒸馏从粗产品中分离出甲醇，并将其回收到 DME 反应器中，甲醇的总转化率达到99.9%，二氧化碳的总转化率达到82.3%。此外，基于过程强化原理的相对偏差也正在成为一个新兴的研究热点，旨在进一步提高受平衡限制的工艺性能，降低能耗和经济成本。例如，Bîldea 等[40]开发了一种结合相对偏差的新型反应器-分离-循环工艺，如图 9-3 所示。该工艺实现了甲醇的完全转化，还减少了 6%特定能源需求和 30%资金支出。

二、动力直接转化 DME 工艺

在动力直接转化 DME 工艺中，二氧化碳在 Cu-Zn-Zr/zeolite 等双功能催化剂上直接加氢合成 DME[41]。甲醇合成和随后的脱水步骤在同一反应器中进行，从经济角度考虑可节省设备成本[42]。此外，原位生成和消耗甲醇有助于打破甲醇合成的热力学限制，甲醇合成可在更高温度和更低压力下进行[43]。Chen 等[44]从热力学角度比较了直接工艺和间接工艺，发现直接工艺的热力学限制比间接工艺低，选择性和产率也更高。与间接工艺类似，回收未反应的 H_2

和 CO_2 可进一步提高 DME 产量。例如，Kartohardjono 等[45]比较了不同回收量对 DME 产量的影响，发现当回收量增加 70%时，DME 产量增加了 65.1%。此外，Zhang 等[46]还比较了直接和间接工艺的技术性能，发现直接工艺由于没有耗能的蒸馏和蒸发单元，具有更高的能效、放能效率和二氧化碳净减排率。

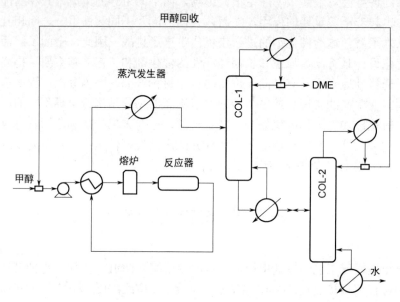

图 9-3　采用反应蒸馏技术的间接电能制 DME 工艺示意图

　　无论是直接工艺还是间接工艺，都会产生大量的副产品水，尤其是直接工艺问题更为严重。少量的水可以减少焦炭沉积[47]，但随着含水量的增加，催化剂的活性会受到抑制，导致二氧化碳转化率和 DME 产量下降[48]。因此，有必要及时去除水分以提高工艺性能。Peinado 等[49]使用 3 A 沸石原位脱水的生产效率可提高 2 倍。Kampen 等[50]使用相同的吸附剂，开发了一种结合变压吸附的吸附增强型 DME 合成工艺，发现 DME 的生产效率是传统 DME 工艺中不使用变压吸附技术的 4 倍。Ateka 等[51]利用 H_2O 渗透选择性膜（H-SOD 型沸石膜）原位去除 H_2O，CO_2 转化率和产率分别达到 70%和 60%。De Falco 等[52]设计了一种由多个传统反应器和选择性膜组件串联组成的分阶段膜反应器，与上述原位去除 H_2O 不同，分阶段膜反应器将膜从反应器中分离出来，并在每个反应器之后去除 H_2O，因此可以防止膜受到不适当操作条件的影响。

三、电力制 OME_n 工艺

　　分子结构为 $CH_3O(CH_2O)_nCH_3$ 的氧亚甲基醚（OME_n）由 H_2 和 CO_2 催化转化而成，目前正引起学术研究和工业界越来越多的关注[53]。关于 OME_n 的研究主要集中在 OME_{3-5} 上，它们是很有前途的含氧燃料，其理化性能表现与传统柴油相似。不过，由于缺少 C—C 键，OME_{3-5} 燃烧产生的烟尘和有害废气一般少于传统柴油[54]。

　　OME_n 的合成路线可分为 A 和 B 两类。在路线 A 中，甲醇和甲醛在酸性催化剂（如离子交换树脂）上发生缩合反应，得到 OME_n[55]；在路线 B 中，甲醇与甲醛反应生成甲缩醛，甲缩醛在沸石上进一步与三氧化二砷反应，得到 OME_n[54]。这两种路线的相似之处在于中间体甲醇和甲醛是必不可少的，甲醇在催化剂上部分氧化或直接脱氢得到甲醛[55]。特别是在甲醇直接脱氢的过程中，产物 H_2 需要循环利用，从而降低了电解的电力需求[56]。与路线 B 相比，路线 A 会产生大量的水，从而降低 OME_n 的选择性，副产物水可以通过膜（如沸石膜）去除，但会同时增加设备投资[57]。路线 B 中的 OME_n 生产复杂度高、能耗高、产量低、价格高[58]。此外，与路线 A 相比，路线 B 需要更多的操作单元，这就需要更高的资金支出。在能源效率方面，Goncalves 等[56]从系统效率和热集成的角度对路线 A 和路线 B 进行了比较。他们发现，路线 A 的效率为 31.3%～36.3%，而路线 B 的效率为 29.2%～36.7%。

总之，二氧化碳转化率、产品产率和选择性是学术界和工业界关注的问题，可通过反应和原位产品分离的工艺整合、开发更高效的催化剂以及研究其反应机理来加以改进。

习题

1．为实现碳中和，化学在能源领域可以发挥的作用不包括以下哪一项？（　　　　）

A．开发新型高效的太阳能电池材料

B．提高化石燃料的燃烧效率

C．大量生产一次性塑料制品

D．研究新型储氢材料

2．列举三种可以通过化学方法减少大气中二氧化碳含量的途径。

3．从化学角度分析，开发新型可再生能源有哪些重要意义？

4．有人认为，实现碳中和主要依靠政策推动，化学等科学技术的作用有限。请你对此观点进行反驳，并阐述化学在碳中和进程中不可替代的地位。

5．假如你是一位化学科学家，你会从哪些方面着手研究，以更好地助力碳中和目标的实现？请详细阐述你的研究计划和预期成果。

参考文献

[1] Machín A, Fontánez K, Arango J C. One-dimensional (1D) nanostructured materials for energy applications [J]. Materials, 2021, 14(10): 2609.

[2] Wang X, Wu Q, Ma H. Fabrication of PbO_2 tipped Co_3O_4 nanowires for efficient photoelectrochemical decolorization of dye (reactive brilliant blue KN-R) wastewater [J]. Solar Energy Materials and Solar Cells, 2019, 191: 381-388.

[3] Kobayashi A, Takizawa S, Hirahara M. Photofunctional molecular assembly for artificial photosynthesis: Beyond a simple dye sensitization strategy [J]. Coordination Chemistry Reviews, 2022, 467: 214624.

[4] Kalyanasundaram K, Graetzel M. Artificial photosynthesis: biomimetic approaches to solar energy conversion and storage [J]. Current Opinion in Biotechnology, 2010, 21(3): 298-310.

[5] Lu W, Zhang Y, Zhang J. Reduction of gas CO_2 to CO with high selectivity by Ag nanocube-based membrane cathodes in a photoelectrochemical system [J]. Industrial & Engineering Chemistry Research, 2020, 59(13): 5536-5545.

[6] Song J T, Song H, Kim B. Towards higher rate electrochemical CO_2 conversion: from liquid-phase to gas-phase systems [J]. Catalysts, 2019, 9(3): 224.

[7] Raj A G K, Murugan C, Pandikumar A. Efficient photoelectrochemical reduction of carbon dioxide into

alcohols assisted by photoanode driven water oxidation with gold nanoparticles decorated titania nanotubes [J]. Journal of CO_2 Utilization, 2021, 52: 101684.

[8] Merino-Garcia I, Albo J, Solla-Gullón J. Cu oxide/ZnO-based surfaces for a selective ethylene production from gas-phase CO_2 electroconversion [J]. Journal of CO_2 Utilization, 2019, 31: 135-142.

[9] Zhang W, Qin Q, Dai L. Electrochemical reduction of carbon dioxide to methanol on hierarchical Pd/SnO_2 nanosheets with abundant Pd-O-Sn interfaces [J]. Angewandte Chemie International Edition, 2018, 57(30): 9475-9479.

[10] Chu S, Ou P, Rashid R T. Decoupling strategy for enhanced syngas generation from photoelectrochemical CO_2 reduction [J]. iScience, 2020, 23(8): 101390.

[11] Liu B, Wang T, Wang S. Back-illuminated photoelectrochemical flow cell for efficient CO_2 reduction [J]. Nature Communications, 2022, 13(1): 7111.

[12] Pawar A U, Kim C W, Nguyen-Le M T. General review on the components and parameters of photoelectrochemical system for CO_2 reduction with in situ analysis [J]. ACS Sustainable Chemistry & Engineering, 2019, 7(8): 7431-7455.

[13] Thangamuthu M, Ruan Q, Ohemeng P O. Polymer photoelectrodes for solar fuel production: progress and challenges [J]. Chemical Reviews, 2022, 122(13): 11778-11829.

[14] Chen P, Zhang Y, Zhou Y. Photoelectrocatalytic carbon dioxide reduction: fundamental, advances and challenges [J]. Nano Materials Science, 2021, 3(4): 344-367.

[15] Kumaravel V, Bartlett J, Pillai S C. Photoelectrochemical conversion of carbon dioxide (CO_2) into fuels and value-added products [J]. ACS Energy Letters, 2020, 5(2): 486-519.

[16] Tang P Y, Han L J, Hegner F S. Boosting photoelectrochemical water oxidation of hematite in acidic electrolytes by surface state modification [J]. Advanced Energy Materials, 2019, 9(34): 1901836.

[17] Ros C, Andreu T, Morante J R. Photoelectrochemical water splitting: a road from stable metal oxides to protected thin film solar cells [J]. Journal of Materials Chemistry A, 2020, 8(21): 10625-10669.

[18] Oliveira J A, Roberta Silva R M, da Silva Gelson T S T,et al. Copper vanadates: targeted synthesis of two pure phases and use in a photoanode/cathode setup for selective photoelectrochemical conversion of carbon dioxide to liquid fuel [J]. Materials Research Bulletin, 2022, 149: 111716.

[19] Bhattacharjee S, Rahaman M, Andrei V. Photoelectro chemical CO_2 -to-fuel conversion with simultaneous plastic reforming [J]. Nature Synthesis, 2023, 2: 182-192.

[20] Bierbaumer S., Nattermann M, Schulz L. Enzymatic conversion of CO_2: from natural to artificial utilization [J]. Chemical Reviews, 2023, 123(9): 5702-5754.

[21] Nabavi Zadeh P S, Zezzi do Valle Gomes M, Åkerman B. Förster resonance energy transfer study of the improved biocatalytic conversion of CO_2 to formaldehyde by coimmobilization of enzymes in siliceous mesostructured cellular foams [J]. ACS Catalysis, 2018, 8(8): 7251-7260.

[22] Oliveira A R, Mota C, Mourato C. Toward the mechanistic understanding of enzymatic CO_2 reduction [J]. ACS Catalysis, 2020, 10(6): 3844-3856.

[23] Do Valle Gomes M Z, Masdeu G, Eiring P. Improved biocatalytic cascade conversion of CO_2 to methanol by enzymes Co-immobilized in tailored siliceous mesostructured cellular foams [J]. Catalysis Science & Technology, 2021, 11(21): 6952-6959.

[24] Cobb S J, Badiani V M, Dharani A M. Fast CO_2 hydration kinetics impair heterogeneous but improve enzymatic CO_2 reduction catalysis [J]. Nature Chemistry, 2022, 14(4): 417-424.

[25] Chafik A, El Hassani K, Essamadi A. Efficient sequestration of carbon dioxide into calcium carbonate using a novel carbonic anhydrase purified from liver of camel (Camelus dromedarius) [J]. Journal of CO_2 Utilization, 2020, 42: 101310.

[26] Sharma T, Sharma A, Xia C L. Enzyme mediated transformation of CO_2 into calcium carbonate using purified microbial carbonic anhydrase [J]. Environmental Research, 2022, 212: 113538.

[27] Sharkey T D. The discovery of rubisco [J]. Journal of Experimental Botany, 2023, 74(2): 510-519.

[28] Pang J J, Shin J. S., Li S. Y. The catalytic role of RuBisCO for in situ CO_2 recycling in Escherichia coli [J].

Frontiers in Bioengineering and Biotechnology, 2020, 8: 543807.

[29] Zhou J, Cao X, Yong X. Effects of various factors on biogas purification and nano-CaCO₃ synthesis in a membrane reactor [J]. Industrial & Engineering Chemistry Research, 2014, 53(4): 1702-1706.

[30] Barhoum A, Van Assche G, Makhlouf A S H. A green, simple chemical route for the synthesis of pure nanocalcite crystals [J]. Crystal Growth & Design, 2015, 15(2): 573-580.

[31] Erdogan N, Eken H A. Precipitated calcium carbonate production, synthesis and properties [J]. Physicochemical Problems of Mineral Processing, 2017, 53: 331-346.

[32] 李文秀, 杨宇航, 黄艳. 二氧化碳矿化高钙基固废制备微细碳酸钙研究进展 [J]. 化工进展, 2023, 42(4): 2047-2057.

[33] 叶云云, 廖海燕, 王鹏. 我国燃煤发电 CCS/CCUS 技术发展方向及发展路线图研究 [J]. 中国工程科学, 2018, 20(3): 80-89.

[34] 杨馥宁. 磷石膏矿化二氧化碳生产硫酸铵和碳酸钙试验探索 [J]. 硫酸工业, 2022, (04): 15-17, 21.

[35] 周红军, 周颖, 徐春明. 中国碳中和目标下 CO₂ 转化的思考与实践 [J]. 化工进展, 2022, 41(06): 3381-3385.

[36] Wei J, Ge Q, Yao R. Directly converting CO₂ into a gasoline fuel [J]. Nature Communications, 2017, 8(1): 15174.

[37] Shang X, Liu G, Su X. A review of recent progress on direct heterogeneous catalytic CO₂ hydrogenation to gasoline-range hydrocarbons [J]. EES Catalysis, 2023, 1: 353-368.

[38] Tomatis M, Parvez A M, Afzal M T. Utilization of CO₂ in renewable DME fuel production: A life cycle analysis (LCA)-based case study in China [J]. Fuel, 2019, 254: 115627.

[39] Michailos S, McCord S, Sick V. Dimethyl ether synthesis via captured CO₂ hydrogenation within the power to liquids concept: A techno-economic assessment [J]. Energy Conversion and Management, 2019, 184: 262-276.

[40] Bîldea C S, György R, Brunchi C C. Optimal design of intensified processes for DME synthesis [J]. Computers & Chemical Engineering, 2017, 105: 142-151.

[41] Frusteri F, Migliori M, Cannilla C. Direct CO₂-to-DME hydrogenation reaction: New evidences of a superior behaviour of FER-based hybrid systems to obtain high DME yield [J]. Journal of CO₂ Utilization, 2017, 18: 353-361.

[42] Ateka A, Pérez-Uriarte P, Gamero M. A comparative thermodynamic study on the CO₂ conversion in the synthesis of methanol and of DME [J]. Energy, 2017, 120: 796-804.

[43] Aguayo A T, Ereña J, Mier D. Kinetic modeling of dimethyl ether synthesis in a single step on a CuO- ZnO-Al₂O₃/γ-Al₂O₃ catalyst [J]. Industrial & Engineering Chemistry Research, 2007, 46(17): 5522-5530.

[44] Chen W H, Hsu C L, Wang X D. Thermodynamic approach and comparison of two-step and single step DME (dimethyl ether) syntheses with carbon dioxide utilization [J]. Energy, 2016, 109: 326-340.

[45] Kartohardjono S, Adji B S, Muharam Y. CO₂ utilization process simulation for enhancing production of dimethyl ether (DME) [J]. International Journal of Chemical Engineering, 2020, 2020: 1-11.

[46] Gao R, Zhang L, Wang L. Conceptual design of full carbon upcycling of CO₂ into clean DME fuel: Techno-economic assessment and process optimization [J]. Fuel, 2023, 344: 128120.

[47] Ateka A, Ereña J, Pérez-Uriarte P. Effect of the content of CO₂ and H₂ in the feed on the conversion of CO₂ in the direct synthesis of dimethyl ether over a CuOZnOAl₂O₃/SAPO-18 catalyst [J]. International Journal of Hydrogen Energy, 2017, 42(44): 27130-27138.

[48] De Falco M, Capocelli M, Centi G. Dimethyl ether production from CO₂ rich feedstocks in a one-step process: Thermodynamic evaluation and reactor simulation [J]. Chemical Engineering Journal, 2016, 294: 400-409.

[49] Peinado C, Liuzzi D, Retuerto M. Study of catalyst bed composition for the direct synthesis of dimethyl ether from CO₂-rich syngas [J]. Chemical Engineering Journal Advances, 2020, 4: 100039.

[50] van Kampen J, Booneveld S, Boon J. Experimental validation of pressure swing regeneration for faster cycling in sorption enhanced dimethyl ether synthesis [J]. Chemical Communications, 2020, 56(88): 13540-13542.

[51] Ateka A, Ereña J, Bilbao J. Strategies for the intensification of CO₂ valorization in the one-step dimethyl ether synthesis process [J]. Industrial & Engineering Chemistry Research, 2019, 59(2): 713-722.

[52] De Falco M, Capocelli M. Direct synthesis of methanol and dimethyl ether from a CO_2-rich feedstock: thermodynamic analysis and selective membrane application [M]. Methanol. Elsevier, 2018: 113-128.

[53] Cai L, Jacobs S, Langer R. Auto-ignition of oxymethylene ethers (OME_n, $n= 2\sim4$) as promising synthetic e-fuels from renewable electricity: shock tube experiments and automatic mechanism generation [J]. Fuel, 2020, 264: 116711.

[54] Lautenschütz L, Oestreich D, Seidenspinner P. Physico-chemical properties and fuel characteristics of oxymethylene dialkyl ethers [J]. Fuel, 2016, 173: 129-137.

[55] Breitkreuz C F, Hevert N, Schmitz N. Synthesis of Methylal and Poly (oxymethylene) Dimethyl Ethers from Dimethyl Ether and Trioxane [J]. Industrial & Engineering Chemistry Research, 2022, 61(23): 7810-7822.

[56] Goncalves T J, Arnold U, Plessow P N. Theoretical investigation of the acid catalyzed formation of oxymethylene dimethyl ethers from trioxane and dimethoxymethane [J]. ACS Catalysis, 2017, 7(5): 3615-3621.

[57] Bongartz D, Burre J, Mitsos A. Production of oxymethylene dimethyl ethers from hydrogen and carbon dioxide—Part I : Modeling and analysis for OME_1 [J]. Industrial & engineering chemistry research, 2019, 58(12): 4881-4889.

[58] Burre J, Bongartz D, Mitsos A. Production of oxymethylene dimethyl ethers from hydrogen and carbon dioxide—part II modeling and analysis for OME_{3-5} [J]. Industrial & Engineering Chemistry Research, 2019, 58(14): 5567-5578.